福建省社科规划项目（FJ2017B021）

# 从“潜存”到“显现”

## ——城市风貌特色的生成机制研究

杨昌新 著

中国建筑工业出版社

**图书在版编目（CIP）数据**

从“潜存”到“显现”：城市风貌特色的生成机制研究 / 杨昌新著. —北京：中国建筑工业出版社，2020.3
ISBN 978-7-112-24883-4

Ⅰ. ①从… Ⅱ. ①杨… Ⅲ. ①城市风貌－研究 Ⅳ. ①TU984

中国版本图书馆CIP数据核字（2020）第031283号

本书试图在复杂思维范式下，采用跨学科的研究方法，通过理论嫁接、比较分析、实证考察，获取以下结论：城市风貌是一个复杂适应系统，它的形成是一个生成的过程，即从“潜存”、经“缘结”再到“显现”的过程，其中“潜存”与“显现”是一种间接的关系，需要通过随机影响因子——“缘结”的作用才能实现从“潜存”向“显现”的转化。在全球化和信息化的背景下，城市风貌特色模糊、衰微的趋势，是源于“缘结”是以市场机制为主导，经济要素作为主要的有效因子，而城市风貌特色维育的途径是通过政治“缘结”的介入，对经济“缘结”进行干预和控制，并且利用宏观控制、中观分布和微观机制的融贯作用，才能实现地方性、地域性、特殊性的回归。本书从几个主体章节展开研究：现代生成思想多向度溯析；城市风貌系统的生成原理；城市风貌系统的生成特征；城市风貌系统的生成与演化机制；城市风貌特色的生成路径。本书适用于城市规划、建筑学等专业师生，建筑行业从业者，对建筑学感兴趣的人士阅读。

责任编辑：唐　旭
文字编辑：李东禧　孙　硕
书籍设计：锋尚设计
责任校对：姜小莲

**从“潜存”到“显现”——城市风貌特色的生成机制研究**
杨昌新　著
*
中国建筑工业出版社出版、发行（北京海淀三里河路9号）
各地新华书店、建筑书店经销
北京锋尚制版有限公司制版
北京建筑工业印刷厂印刷
*
开本：787×1092毫米　1/16　印张：15½　字数：397千字
2020年4月第一版　2020年4月第一次印刷
定价：69.00元
ISBN 978-7-112-24883-4
（35628）

# 前言

城市风貌特色危机是当代城市发展过程中一个持续困扰的问题。在全球化和信息化时代，尽管，城市政府视鲜明、独特的城市形象为主要的城市竞争力，世界流动资本也在追逐城市特色的稀缺性，设计单位在城市规划、城市设计和建筑设计过程中也特别关注于城市特色环境的塑造，但是始终无法逆转城市空间日益同质化和趋同化的趋势。这种在城市局部形塑空间特色却造成整体风貌特色流失的矛盾局面，一定程度上归结于对城市和城市风貌系统复杂性的认知不足。倘若，要真正认识矛盾的根源和本质，必然要超越经典科学的简单思维范式，借助全新的视角——“复杂性思维”，对城市风貌现象的复杂性进行重新认识，才能破解城市特色衰微的窘境。基于此，本书提出了城市风貌特色显现的研究课题，以城市风貌作为研究对象，探索城市风貌系统及其特色的生成机制。

本书研究的目的是，试图在复杂思维范式下，采用跨学科的研究方法，通过理论嫁接、比较分析、实证考察，获取以下结论：城市风貌是一个复杂适应系统，它的形成是一个生成的过程，即从“潜存”、经“缘结”再到“显现”的过程，其中“潜存”与“显现”是一种间接的关系，需要通过随机影响因子——“缘结”的作用才能实现从“潜存”向“显现”的转化。在全球化和信息化的背景下，城市风貌特色模糊、衰微的趋势，是源于“缘结”是以市场机制为主导，经济要素作为主要的有效因子，而城市风貌特色维育的途径是，通过政治“缘结”的介入，对经济“缘结”进行干预和控制，并且利用宏观控制、中观分布和微观机制的融贯作用，才能实现地方性、地域性、特殊性的回归。根据上述总体性的结论，全书从以下六个章节展开论述：

第1章，绪论。在开篇的绪论中，主要对选题由来、相关研究动态以及研究内容、方法与框架进行介绍。

第2章，对现代生成思想进行多向度的溯析。本章在解析“生成”概念的基础上，从物理学、生成哲学、生成科学、生成理论四个方面展开对现代生成思想内容和渊源的追溯，阐述了生成思想的形成过程、发展脉络及核心内容。

第3章，解析城市风貌系统的生成原理。本章首先通过分析复杂性科学理论的整合效应、挖掘城市风貌传统理论的生成思想内涵，来建立城市风貌系统生成论的基础理论体系和解析框架；其次，通过对生成论与构成论的比较分析，阐明了城市风貌系统生成观和内涵；最后，从概念解析、过程刻画、逻辑梳理等角度入手，解析城市风貌系统生成原理的具体内容。

第4章，考察城市风貌系统的生成特征。首先，以系统理论为基础，依据城市风貌系统的生成原理，从系统要素、系统缘结以及系统样态和事态三个方面，来描述城市风貌系统的组成要素和一般属性；其次，借助复杂适应性系统（CAS）理论，来总结城市风貌系统的生成特征：适应性、复杂性和多样性；最后，指明城市风貌系统主体的适应性造就了城市风貌系统的复杂性和多样性。

第5章，揭示城市风貌系统的生成与演化机制。本章应用城市风貌系统生成原理和复杂性理论，揭示城市风貌系统生成过程的作用机制：标识机制、积木机制和适应机制，以及演化过程的作用机制：广义目的机制、竞争协同机制、信息分形机制、受限涌现机制和超循环更新机制。同时，结合城市风貌系统生成原理、系统特征和演化规律，提出了基于城市风貌系统生成原理的原则和方法。

第6章，探索城市风貌特色的生成路径。首先，从构建城市风貌特色的生成观念出发，在与构成路径的比较中，提出了特色的生成原则和干预机制。随后，提出了城市风貌特色生成步骤的三个环节：宏观约束承继化、中观分布鲜明化及微观机制创新化。进而，从传播学和感知角度出发，提出了城市风貌特色显现方式。最后，以福州城市为例，来解析城市风貌特色的培育路径。

第7章，研究结论。在最后的篇章中，系统地概括了研究的结论要点和创新点，并提出后续研究的主要导向。

# 目录

# 3

## 城市风貌系统的生成原理



# 4

## 城市风貌系统的生成特征

# 5 城市风貌系统的生成与演化机制

# 6

## 城市风貌特色的生成路径



# 7

## 研究结论

# 1

# 绪论

"城市并非如通常意义上所认定的，只是客观的物质实体，它是活的。城市可以以自己的逻辑思考、行动及进化。"[1]因此，"城市是典型的复杂系统"，[2]其复杂性的本质来源于城市系统包含有大量的适应性主体，它们自组织、自适应、自学习所表现出来的随机性和不可预见性，自下而上地触发城市的生成、生长和演化，其所呈现出的城市风貌复杂现象正是这些多种力量共同作用的表征。在全球化、信息化的时代，现实中由于系统复杂性导致的城市风貌异化和特色衰微的趋势，与广域化城市竞争对特色风貌的向往构成了一种反向的张力，以及社会发展、技术进步、复杂性科学的研究进程，促使城市风貌特色研究主题成为了城市研究的热点之一。

## 1.1 选题缘起

在全球文化趋同的背景下，城市风貌特色研究日渐成为城市政府和规划编制单位关注的焦点。以什么样的视角来看待城市风貌及特色研究的问题，以及如何在城市风貌复杂的现实态中使城市风貌特色得以显现，是本选题关注的重点。那么，选题缘起将从研究背景、选题来源、选题意义三个方面展开阐述。

### 1.1.1 研究背景

关于城市风貌特色研究的选题，其研究背景主要涉及社会发展背景和科学发展背景两个方面。其中，社会发展背景呈现的是社会发展当前阶段的现实状态，为理解选题所要解决的问题提供了现实支点；而科学发展背景描绘的是科技进步和理论创新的总体面貌和趋势，为选题所要解决的问题提供新视角、新思维和新方法。

1. 社会发展背景

当代，因交通运输与通信技术的进步而触发的经济全球化、全球城市化、信息网络化，导致世界空间收缩成了一个小小的"地球村"（图1-1），彼此之间经济和生态上的依存关系日益增强。[3]在"时空压缩"的背景下，资本为了寻求最大增值的可能，克服了空间上的障碍、国家间的壁垒，实现了在全球城市之间自由地流动，从而引发和加剧了更为"广域化"的城市竞争。面对剧变了的竞争环境与发展条件，促使以规模层级为基础的世界城市体系逐渐向以特色为基础的网络体系转化，并不断地进行重组。[4]每个城市都在竭力地成为这一网络体系的主要结点或维持和加强枢纽城市的中心地位。

图1-1 地球村
（资料来源：http://pic. ffpic. com）

我国正借助城市化的推进、市场化的改革、经济区域化的手段，从根本上改变国内城市发展的环境，促使大部分城市更快、更有效地融入世界城市网络体系构建和竞争。然而，在经济全球化浪潮下，快

图1-2　城市空间同质化

速城市化进程中，因资本转向了对建成环境的投资[5]所造成的空间市场化的影响下，形象趋同、产业同构、风貌失落、文脉断裂等城市问题在我国众多城市中显现，风貌特色危机已经成为中国当代城市发展过程中的一个重要问题（吴良镛，2002；仇保兴，2004、2005；阮仪三，2004）。这种趋势导致城市风貌特色成为极具价值的“稀缺性”资源，并且发展成为政府经营城市的重要手段和参与全球化竞争的锐利武器（蔡晓丰，2005）。如果说城市风貌特色是当今全球化时代城市的主要竞争手段，那么，因竞争而导致的空间市场化趋势所构成的反力，却逐渐消解了城市空间的特征，使之日益同质化和趋同化（图1-2）。这种在城市局部形塑空间特色却造成整体风貌特色流失的循环式的悖论，应归结于对城市复杂性、城市风貌现象复杂性的简单认知所造成的偏差。如果要真正认识悖论的根源和本质，必须超越经典科学的简单性思维，借助全新的视角——“复杂性思维”对城市风貌现象的复杂性进行重新认识，才能破解城市特色衰微的窘境。

### 2. 科学发展背景

英国著名物理学家斯蒂芬·霍金（Stephen Hawking）曾称：“21世纪将是复杂性科学的世纪”。兴起于20世纪80年代的复杂性科学（complexity sciences），是系统科学发展的新阶段，也是当代科学发展的前沿领域之一。其重要的贡献是在研究方法论或者思维方式上的突破和创新，它的发展不仅引发了自然科学界的变革，而且也日益渗透到哲学、人文社会科学领域。复杂性科学是指以复杂性系统为研究对象，以超越还原论为方法论特征，以揭示和解释复杂系统运行规律为主要任务，以提高人们认识世界、探究世界和改造世界的能力为主要目的的一种“学科互涉”的新兴科学研究形态。[6]而复杂性思想则是埃德加·莫兰（Edgar Morin）提出的思维范式，是当今社会科学领域内非常有影响力的思想之一。复杂性是简单性和多样性的统一，复杂思维范式是简单思维范式的批判、修正和补充。

经典科学的建立与发展是基于简单思维范式为前提，简单思维范式认为，现象世界的复杂性能够而且应该从简单的原理和普遍的规律出发加以消解。因此，复杂性仅是现实的表象，而简单性则构成了世界的本质。莫兰把支配着经典科学的简单思维范式的认识论归结为三个基本原则：普遍性原则、还原性原则和分离性原则（表1-1）。[7]

简单思维范式的认识论三个基本原则　表1-1

| 简单思维范式 | 内涵 |
|---|---|
| 1. 普遍性原则 | 把局部性或特殊性作为偶然性因素或残渣从认识对象中排除出去 |
| 2. 还原性原则 | 把对总体或系统的认识还原成组分等简单部分或基本单元的认识 |
| 3. 分离性原则 | 为了确保研究的客观性，对象与知觉主体和认识主体应绝对分离 |

资料来源：莫兰的《复杂思想：自觉的科学》。

这三个原则是支配着经典科学认识世界的特有理解方式。可以说，追求简单性本质的信念是近代科学研究的重要传统和发展动力之一。伴随着20世纪物理学和生物学等日行千里的发展速度，自然科学进入了鼎盛发展时期，经典科学的简单思维范式越发显示出其内在的缺陷：直接将生命系统分解为机器系统，否定了系统的生成性、关系性和过程性，丧失了对系统多样性和复杂性的认识。因此，在如何深入解释复杂现象特别是生命系统上遭遇到前所未有的困难。

今天，复杂性一词已不再是科学意识所驱逐的对象，而是一改昔日被消解的窘境，以超越简单性、迎接新挑战的姿态出现。经典科学终极追求的简单性对生物进化等生命现象无能为力的盲点，却构成了复杂性范式的生长点。通过贝塔朗菲、普里高津和霍兰等为代表的一批科学家的数十年努力，复杂性范式终于初步确立，随后便蔚然成风。复杂性思维孕育于决定论思维之中，是区别于决定论的全新思维；复杂性思维正是针对系统跨层次、事物的形成及演化过程、事物之间的关系等新世界观的概括和总结，它不仅含有多样性、无序性、随机性、生成性，同时，也是规律性、秩序性、组织性、构成性的综合。莫兰把关于世界复杂观念的形成的理解原则的总体称为复杂性范式。实际上，复杂性思想还包含着统一性和多样性的统一、有序性和无序性的统一、主客体的交互作用等核心观念，它们都超越了经典科学的简单性范式的思维框架（表1-2）。

简单性范式与复杂性范式的对比　表1-2

| 序号 | 类别 | 简单性范式 | 复杂性范式 |
|---|---|---|---|
| 1 | 本体论 | 普遍性原则<br>决定论原则<br>线性因果原则<br>时间可逆性原则<br>构成性原则 | 统一性与多样性共存原则<br>决定论与非决定论共存原则<br>非线性因果原则<br>时间不可逆性原则<br>生成性（过程性）原则 |
| 2 | 认识论 | 客体性原则<br>对象环境相分离原则<br>摒弃目的性原则 | 主客体统一原则<br>对象环境一体化原则<br>兼容目的论原则 |
| 3 | 方法论 | 还原论原则<br>形式化和数量化原则<br>单值逻辑原则 | 涌现性原则<br>有限形式化和有限数量化原则<br>两重性或多值逻辑原则 |

资料来源：对黄欣荣《复杂性科学的方法论研究》[8]的归纳整理。

对照上表，可以瞥见复杂性范式对简单性范式的超越，主要表现在以下三个方面：其一，在本体论上，复杂性范式倡导生成性原则，即重视事物规律、结构的过程性，强调事物的生成性和自组织性；而简单性范式的构成性原则，则把对事物的认识化归为对事物固有的有序性（规律、不变性、稳定性等）的认识。其二，在认识论上，复杂性范式倡导主客体统一原则，即主、客体相互关联不能完全分离，对象与环境一体，可以区分但却不能分割，换言之，把观察者或认识者与研究对象相关联，把观察者或认识者引入任何物理的观察或实验的领域中，把处于文化、社会、历史上的一定时空的人类主体引入任何人类学或社会学的研究范围中；而简单性范式的客体性原则，则强调对象与认识主体之间的绝对分离，以确保研究和认识对象的客观性，因此，在科学认识中尽量消除任何有关主体的问题。其三，从方法论上来说，复杂性范式倡导涌现性原则，认为把物理世界中简单的基本单元加以孤立是不可能的，强调认识元素或部分与认识总体或系统相结合的必要性；而简单性范式的还原论原则，则把对总体或系统的认识还原为对组成它们简单部分或基本单元的认识。上述复杂性思维范式中的三原则将为选题所要解决的问题提供新视角、新思维和新方法（表1–3）。

选题所运用的复杂性思维范式中的三原则　　表1–3

| 序号 | 类别 | 复杂性范式三原则 | 具体内容 |
|---|---|---|---|
| 1 | 本体论 | 生成性（过程性）原则 | 重视事物规律、结构的过程性，强调事物的生成性和自组织性 |
| 2 | 认识论 | 主客体统一原则 | 主、客体相互关联不能完全分离，对象与环境一体，可以区分但却不能分割 |
| 3 | 方法论 | 涌现性原则 | 强调认识元素或部分与认识总体或系统相结合的必要性 |

### 1.1.2 选题来源

关于《从“潜存”到“显现”——城市风貌特色的生成机制研究》的选题，无疑，来源于两条途径：其一，是解决城市风貌特色塑造社会实践问题的需要，这是直接性来源；其二，在廓清城市风貌研究全貌的基础上，从学科研究最前沿的成果中发现新的研究方向和理论突破点，这是间接性来源。两条途径相互作用、互为前提、互为因果，触发上述选题的生成，其生成逻辑可以概括为：现实疑惑—理论困境—复杂性启示—热点追踪—假设提出。

1. 现实的疑惑

从1980年代后期开始，我国许多城市纷纷开展以城市风貌为主题的规划研究。然而，迄今为止，形象趋同、产业同构、风貌失落、文脉断裂等城市问题依然显著，风貌特色危机成为了当代城市发展过程中一个持续困扰的问题。尽管，城市政府视鲜明、独特的城市形象为主要的城市竞争力，世界流动资本也在追逐城市特色的稀缺性，设计单位在城市规划、城市设计和建筑设计过程中也特别关注于城市特色环境的塑造，但是始终无法逆转城市空间特征日益同质化和趋同化的趋势。这种在城市局部形塑空间特色却造成整体风貌特色流失的悖论，构成了本选题对现实问题的追问。

## 2. 理论的困境

从国内外城市风貌研究的历程来看，在不同的历史时期相继出现过不同的研究走向，如景观主义走向、功能主义走向、人文主义走向、系统主义走向和形态主义走向等。当这些研究成果真正地落实于城市环境设计和建设层面时，在解决现实问题上总存在一定的缺陷，这些缺陷是学科分类自制所造成的结果，特别是面对城市等复杂性系统以及交叉领域的问题时，更感到力不从心。这种学科分野所造成的研究窘境，期待一个“学科互涉”的新兴科学的出现才能得以消解。对于研究困境的思考，启发了选题视角的选择。

## 3. 复杂性启示

“21世纪将是复杂性科学的世纪”（斯蒂芬·霍金），兴起于20世纪80年代，处于当代科学发展前沿领域的复杂性科学（complexity sciences），其重要的贡献是在研究方法论或者思维方式上的突破和创新，它是以复杂性系统为研究对象，以超越还原论为目标，以揭示和解释复杂系统运行规律为主要任务，以提高人们认识世界、探究世界和改造世界的能力为主要目的的一种“学科互涉”的新兴科学的研究形态。这个横断性学科的出现，能否为城市风貌的复杂性提供一个全新的视角和方法，从而真正地认识上述悖论的根源和本质，以破解城市风貌特色丧失的窘境？复杂性科学在思维方式上的转向，成为本选题研究视角的最佳选择。

## 4. 热点的追踪

通过中国知网的硕、博士学位论文全文检索和期刊论文检索可知，2000~2012年期间，关于城市风貌研究的论文共有131篇，其中特色研究达23篇，占总篇数约18%，可见“特色”问题是城市风貌研究最为关注的热点之一。城市风貌的研究论文共包含三种类型，分别为学位论文（26篇）、期刊论文（94篇）和会议论文（11篇），其中学位论文具体的构成是：博士2篇、硕士24篇。分析近12年城市风貌研究的总趋势，基本上可以分为两个阶段：平稳期（2000~2010年）、骤热期（2010~2012年）（图1-3）。基于以上的分析，可见本选题研究对象的确定是源于对热点问题的追踪。

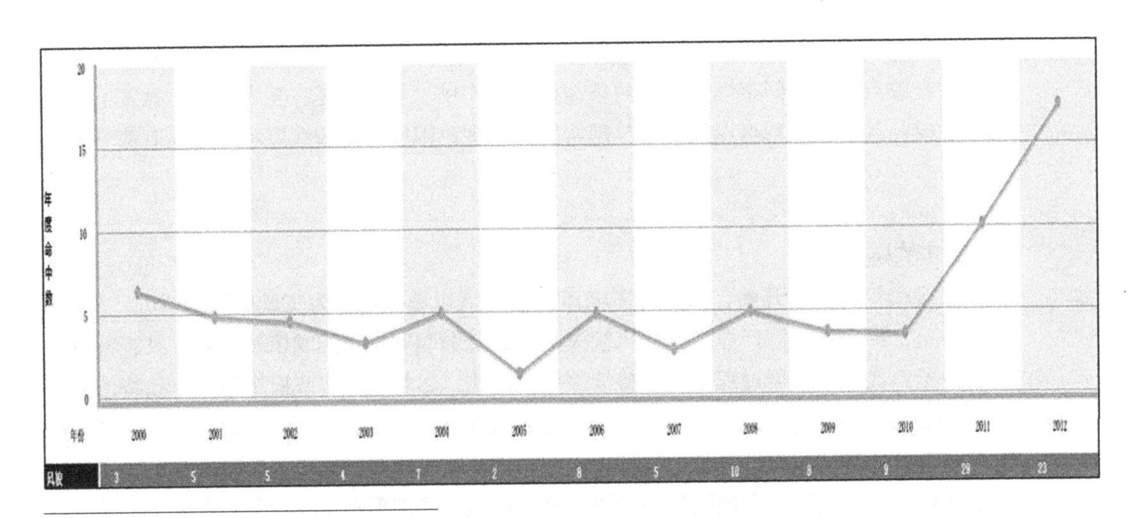


图1-3 2000~2012年城市风貌研究的趋势分析
（资料来源：中国知网的数据统计）

5. 假设的提出

以《从“潜存”到“显现”——城市风貌特色的生成机制研究》为题，是基于一种假设：城市个性尚存，仅表现于市民生活方式和城市文化等潜在要素的层面上，这便是金吾伦的《生成哲学》中所描述的一种“潜存”的状态。[9]所谓的“潜存”是指暗中存在的意思，是一种不明朗的状态或被现象遮蔽的特征，其预设的前提是：某种状态或特征实实在在地存在着，需要一种外力的干预才能以实存的方式完全地显现出来。在《生成哲学》中，基于复杂性科学的视角还提出了一种崭新的物质结构观：“潜存—显现”。所谓“显现”是针对主体而言，它强化了主体对事物认识的重要性，即“如何看决定了如何显现”，这便是复杂范式的主客体统一原则。金吾伦认为事物的产生、发展、变化是一个生成的过程，这个生成过程可以描述为“潜存—缘结—显现”不同状态的转变。[9]而“缘结”是指代随机性的干预因子，它将“潜存”状态带向“显现”的状态，实现生成的过程。本选题试图通过对城市风貌特色的生成机制进行自我目的性的干预，触发潜存的风貌特色得以显现。

### 1.1.3 选题意义

当今，中国快速的城市化进程正迅速地向深度和广度拓展。在持续推进的过程中，迫切需要具有当下适应性的中国特色的城市发展理论为城市发展提供科学决策和规划指引。运用复杂性思维范式，试图能更为深刻地揭示在全球化背景下城市风貌特色的生成机制，使城市在与生态环境保护、能源开发、土地利用相协调的基础上，持续保有城市风貌特色的竞争优势，真正实现城市的可持续发展。

1. 学术意义

城市风貌研究的意义不仅仅局限于美化城市视觉空间环境，提升城市空间环境品质，而是更多地关乎如何塑造城市特色，繁荣城市文化，打造城市品牌，提升城市竞争力，并实现“以风貌触发展，以特色强实力”的规划理念。[10]本选题通过复杂性科学、传播学、环境认知心理学等多学科方法的引入，有助于修正城市风貌本体观的认识，正确、全面地把握城市风貌的特性，揭示城市风貌系统中物质空间、文化意蕴、人的活动等要素之间相互作用的关联性，了解城市品格、城市精神和城市意境的培育和生成机制，以及城市社会信息交流的发展规律对城市风貌特色感知的影响，为未来制定城市空间规划的发展战略提供科学的理论基础。同时，城市风貌的研究可以促进城市规划学科的发展，作为城市总体规划专题研究的重要组成部分，城市风貌研究的科学成果亦能反作用于城市规划设计，使土地利用、功能布局以及城市设计向着有利于风貌特色生成的方向转化。

2. 实用意义

21世纪，风貌趋同、特色危机是全球化时代城市面临的共同窘境。而流动资本对于城市形象、生活质量以及地方文化等“软性”因素稀缺资源的偏好，恰恰使城市风貌特色塑造成为城市竞争的主要手段。本选题结合复杂性科学研究成果以及信息时代的技术背景，针对现存时代的城市问题，提出符合人性认知特征的城市风貌特色的建构模型，该模型为消解城市特色衰微的窘境提供了新思路与新方法。事实上，特色鲜明的城市风貌可以说是一个城市宝贵的物质和精神财富，对内可以增强自豪感和凝聚力，有利于提高市民素质；

对外可以使城市具有更强的个性感知的识别性，有利于提高知名度、增强感染力、吸引力和影响力，提高城市的区域竞争力。因此，关于城市风貌特色的研究，既是对《城乡规划法》（2008）中“保持地方特色、民族特色和传统风貌”[11]要求的回应，又是解决城市发展问题和居民心理归属的现实诉求。

## 1.2 城市风貌研究综述

选题试图引入复杂思维范式的主客体统一原则，揭示城市风貌系统产生、发展、变化的一个持续生成的过程。针对选题的研究内容，研究综述从认识论的角度，对不同时期、不同阶段城市风貌研究的思维范式进行分析、判断和分类，并从城市风貌概念辨析、城市风貌研究动态两个方面廓清研究全貌，以此作为城市风貌研究述评的基础。

### 1.2.1 城市风貌概念辨析

城市风貌概念辨析，目的是通过追溯“风貌”一词用法的演化和“城市风貌”术语产生的渊源，来体会其概念的深刻内涵；进而，通过综述诸多学者对“城市风貌”的定义及其要素构成，从主客体统一的角度，提出了选题对“城市风貌”概念的解析，用以回答“城市风貌的本质是什么”这一基础性研究的问题。

1. 概念的提出

基本概念的基本意义是在历史发展过程中形成的，是历史地确定的。[9]“风貌”最早是源自于文化学的用语（杨华文，蔡晓丰，2006；[12]李明，朱子瑜，2009[10]），主要用于描绘人物的风采和体貌特征（《辞海》，1999），这种常用的用法，一直延续至今。早在西晋，张华在《博物志》卷六中就有这样的描述：“初粲与族兄凯避地荆州依刘表，表有女。表爱粲才，欲以妻之，嫌其形陋周率，乃谓曰：君才过人而体貌躁，非女婿才。凯有风貌，乃妻凯。”后来，唐代诗人元稹在《去杭州》中也写道：“去年江上识君面，爱君风貌情已敦。”宋代，孙光宪《北梦琐言》卷五：“唐大中初，卢携举进士，风貌不扬，语亦不正，呼携为彗，盖短舌也。”当今，柯岩（1980）在《奇异的书简·天涯何处无芳草》中写道：“也不仅仅是一个和女演员风貌相似的女作家，而还是一个对自己工作有着执著热情的学者和社会活动家。”“风貌”还引申用于事物的拟人化描写，指事物的面貌格调（《辞海》，1999）。如清代，王士禛《池北偶谈·谈艺二·忆秦娥词》：“破檐数椽，风貌朴野。”魏巍《东方》第四部第二章：“除了铁路工厂那个年代久远的老烟筒之外，许多地方还保留着古老的风貌。”峻青《记威海》：“它质朴、刚毅、深沉、含蓄，更多地富有我们的民族风貌。”风貌的词义引申指涉范围甚广，从建筑聚落的整体外观印象，到地方风情，以及民族精神，从物质向非物质逐渐递进。

“风貌”用于描述历史遗存和景观的独特风格和文化美学意涵①则是出现在1962年发表的文件《关于保护景观和遗址的风貌与特征的建议》中，其对应的英文为“the Beauty”。城市历史遗存的保护经历了逐步发展演进的过程，伴随着从“文物保护单位”到“历史街

① 《关于保护景观和遗址的风貌与特征的建议（1962）》其对应的英文翻译如下：
The Recommendation Concerning the Safeguarding of the Beauty and Character of Landscapes and Sites.

区保护”的意识的推进，与之相对应的便有建筑风貌、历史街区风貌的提法出现。因此，“风貌”运用于城市的起源必须追溯城市历史遗存保护的历程，从中我们能更好地领悟该词最初的意指，以及随着保护的发展其内涵不断深化的过程，从而，为更好地解读“城市风貌”，澄清线索和脉络，并为进一步推进新的解读找到依据。

“风貌”一词真正与城市结合，并用于指涉城市场所精神、地方文化，是基于对城市“特色危机”“生态危机”的意识以及对“文化”“精神”“传统”“情感”缺失的忧患的一种回应；而城市风貌规划产生的背景则是在全球化竞争到来的时期，这一时期全球兴起了视城市特色、城市形象为城市竞争力的潮流，而城市风貌便是城市特色、城市形象的主要构成。

### 2. 定义与要素

事物的本质总是通过人类的哲学思想认识活动从混沌自然中发现、界定、彰显和产生出来的。人们对研究对象的认知，常常以概念等思维形式来描述事物的本质属性，将感知到的事物的共同本质特点通过理性认识抽象出来，加以概括，形成概念。概念一般包含内涵和外延，即涵义和适用范围。从20世纪90年代以来，国内许多学者致力于城市风貌的研究，形成城市风貌研究的高潮期。尽管他们的研究视角有所差异，但基本上形成了对城市风貌概念和核心内涵的共识。由于城市风貌系统的复杂性，多数学者采用发生定义法对城市风貌的概念进行描述，因此，在概念的表述与英译上出现了较大的差异（表1-4）。

城市风貌的定义与构成要素　　表1-4

| 思维范式 | 认识论 | 学者 | 定义 | 构成要素 | 出处 |
| --- | --- | --- | --- | --- | --- |
| 简单性思维 | 客体原则 | 郝慎钧 | 城市风貌是一个城市的形象，反映出城市特有的景观和面貌、风采和神态。表现了城市的气质和性格，体现出市民的文明、礼貌和昂扬的进取精神，同时还显示出城市的经济实力、商业的繁荣、文化和科技事业的发达。是一个城市最有力、最精彩的高度概括 | 1.建筑及周围环境的形式与色彩；<br>2.街道景色与行人衣着；<br>3.文脉、历史性的表现形式；<br>4.商业标志；<br>5.市民需要与空间活力；<br>6.设计准则与个性和多样性；<br>7.特色城市结点：码头、广场、集市及其活动；<br>8.富有意味的自然环境；<br>9.联欢节、游行 | （日）池泽宪，（著）. 城市风貌设计［M］. 郝慎钧，（译）. 北京：中国建筑工业出版社，1989：1.（郝慎钧对城市风貌概念的阐述位于专著的前言部分） |
| | | 张继刚 | 城市风貌即是指城市的风采格调与面貌景观。城市风貌信息是通过一定的物质载体形式反映出来的，表征客观的城市风貌显质形态和潜质形态变化和特征的实质性内容（Urban Feature） | 1.显性形态要素：<br>人工要素、复合要素、自然要素。<br>2.潜质形态要素：<br>可量化、不可量化 | 张继刚.城市风貌的评价与管治研究［D］. 重庆：重庆大学，2001：5-7，22-30；张继刚. 城市风貌信息系统理论分析［J］. 华中建筑，2000，18（4）：38-41 |

续表

| 思维范式 | 认识论 | 学者 | 定义 | 构成要素 | 出处 |
| --- | --- | --- | --- | --- | --- |
| 简单性思维 | 客体原则 | 金广君 | 城市风貌特色是指城市的社会、经济、历史、地理、文化、生态、环境等内涵所综合显现出的外在形象的个性特征（Urban Feature and Characteristics） | 1.“片区”<br>（风貌特色非重点区域）。<br>2.“骨架”<br>（风貌特色重点区域）<br>内容：发展结构、用地性质、建筑高度、建筑风格、街区色彩、绿化特点等涉及宏观、中观、微观三个层面 | 金广君，张昌娟，戴冬晖．深圳市龙岗区城市风貌特色研究框架初探［J］．城市建筑，2004（2）：66-70 |
| | | 李晖等 | 城市风貌是一个城市的形象，是城市景观特征、神韵气质、经济文化水平的综合表述。城市风貌是一个城市最有力、最精彩的高度概括（City Scene） | 1.景观中心的确定；<br>2.景观轴线及景观视廊的控制；<br>3.景观序列的组织；<br>4.绿地系统规划；<br>5.高度控制系统；<br>6.天际线的形成；<br>7.建筑物的形式与风格设计 | 李晖，杨树华，李国彦，吴启焰．基于景观设计原理的城市风貌规划——以《景洪市澜沧江沿江风貌规划》为例［J］．城市问题，2006（5）：40-44 |
| | | 蔡晓丰 | 城市风貌是通过自然景观、人造景观和人文景观而体现出来的城市发展过程中形成的城市传统、文化和城市生活的环境特征（City Style and Feature/ Townscape） | 1.内在构成：文化核<br>2.外在构成：风貌载体<br>（圈、带、区、核、符号）<br>1）空间结构载体<br>2）文化时序载体 | 蔡晓丰．城市风貌解析与控制［D］．上海：同济大学，2005：4-5；杨华文，蔡晓丰．城市风貌的系统构成与规划内容［J］．城市规划学刊，2006（2）：59-62 |
| | | 马武定 | 城市风貌是对某个城市而言具有深层文化意义的城市形态特征，而这种形态特征可以由城市中的各种景观集综合地反映出来，也可以在某些局部景观上突出地反映出来（Cityscape） | 1.城市特色风貌基质；<br>2.城市特色风貌基调；<br>3.城市特色风貌斑块（区）；<br>4.城市特色风貌走廊（带）；<br>5.城市特色风貌节点；<br>6.城市特色风貌符号——艺术中的符号（美学符号）；<br>7.城市艺术形象——作为艺术符号的城市特色 | 马武定．城市风貌与城市特色［C］．第二届“U+L新思维”全国学术研讨会论文集，2006：3-4；马武定．风貌特色：城市价值的一种显现［J］．规划师，2009（11）：12-16 |
| | | 王建国 | 城市风貌特色主要是指一座城市在其发展过程中由历史积淀、自然条件、空间形态、文化活动和社区生活等共同构成的、在人的感知层面上区别于其他城市的形态表征（Urban Feature） | 1.自然条件、空间形态；<br>2.文化活动和社区生活；<br>3.建设发展理念与主导价值观；<br>4.地域文化、政治宗教 | 王建国．城市风貌特色的维护、弘扬、完善和塑造［J］．规划师，2007，23（8）：5-9 |

续表

| 思维范式 | 认识论 | 学者 | 定义 | 构成要素 | 出处 |
|---|---|---|---|---|---|
| 简单性思维 | 客体原则 | 俞孔坚 | 城市风貌被称为城市的风采容貌，就是城市的自然景观和人文景观及其所承载的城市历史文化和社会生活内涵的总和（Urban Landscape Identity） | 1.城市物质环境：城市整体及构成元素的形态和空间的总和。<br>2.特有的文化内涵和精神取向 | 俞孔坚，奚雪松，王思思. 基于生态基础设施的城市风貌规划——以山东省威海市城市景观风貌研究为例［J］. 城市规划，2008（3）：87-92 |
| | | 余柏椿 | 城市风貌可以理解为城市的面貌和格调，是城市的一种特定的表现形态和状态。城市特定的形态和状态是由城市的物质和非物质构成要素共同表现出来的（City Feature） | 1.城市的物质环境风貌：是由自然环境风貌和人工环境风貌来表现的。<br>2.城市的非物质环境风貌：是由城市中的社会、经济和文化活动及生活的各种形式和状态共同来表现的 | 余柏椿. 景观·风貌·特色［J］. 规划师，2008，24（11）：94-96 |
| | | 陈秉钊 | 城市风貌与特色应从街道美学中体现人的主体地位；风貌与特色，不是简单追求视觉的效果，而应挖掘历史，丰富城市的文化（Cityscape） | 城市历史是城市风貌与特色的重要元素，要尊重历史的原真性，在保存历史信息的同时，又要有所创新，反映城市的时代特性 | 城市风貌与特色——从街道美学说起［J］. 规划师，2009（12）：8-11 |
| | | 段德罡等 | 城市风貌是以空间为平台，对积极的、正面的城市特色空间的倡导（City Style） | 1.精神空间。<br>2.物质空间：<br>城市层面：定位、结构（分区、廊道、节点）；<br>区域层面：意向、格局（分区、廊道、节点） | 段德罡，孙曦. 城市特色、城市风貌概念辨析及实现途径［J］. 建筑与文化，2010（12）：79-81 |
| | | 赵燕菁 | 把城市视作一个生命体，制度就好像是城市的基因。制度如同基因，负载着城市遗传的密码，复制出一个个不同但却相似的城市种族。城市风貌是城市生命体的表征（Urban Landscape） | 1.城市街道的制度因素；<br>2.公共服务的供给模式；<br>3.税收模式 | 赵燕菁. 城市风貌的制度基因［J］. 时代建筑，2011（3）：10-13 |
| | | 尹潘 | 城市风貌是城市的面貌格调，是城市的一种特定的表现形态和状态 | 1.城市物质环境；<br>2.城市非物质环境 | 尹潘. 城市风貌规划方法及研究［M］. 上海：同济大学出版社，2011：2-4 |
| | | 王敏 | 城市风貌是一个综观概念，涵盖城市形象、城市文化、城市特色、城市精神、城市情感等内涵，具有城市独特性的形态表现（Cityscape） | 1.外显物态环境：人、事、物等。<br>2.内隐内涵：文化、传统、精神、情感等 | 王敏. 20世纪80年代以来我国城市风貌研究综述［J］. 华中建筑，2012，30（1）：1-5 |

续表

| 思维范式 | 认识论 | 学者 | 定义 | 构成要素 | 出处 |
|---|---|---|---|---|---|
| 复杂性思维 | 主客体同一原则 | 渝城市风貌课题组 | 城市风貌是指人们对城市所进行的一系列审美活动中，在审美主客体之间的意向性结构中所产生的审美意象。其侧重于审美主体对城市意义的整体感受与体验 | “风”是对城市社会人文取向的软件系统的概括，“貌”则是对城市总体环境硬件特征综合的把握 | 重庆市城市风貌课题组. 重庆市城市总体规划［Z］，1996：34 |
| | | 赵钢 | 是指人们在对城市所进行的一系列审美活动中，在审美主客体之间所产生的审美意象。“风”是对城市社会人文取向的软件系统的概括，“貌”则是对城市总体环境硬件特征的综合把握（City Style） | 1.城市实体的景物形态；<br>2.审美主体（人）的审美感观 | 赵钢. 论城市特色风貌的失落［J］. 重庆建筑大学学报，1998（2）：22-25 |
| | | 吴伟 | 城市风貌是城市物质信息、人文意蕴和生活内涵的复杂综合，是指城市审美活动中主客体所产生的审美意象。<br>“风”是对城市社会人文软件系统的概括，即城市格调、城市风采等方面的统称；“貌”则是对城市总体环境硬件特征的综合把握，即城市的面貌、形态、容貌等（Characteristics Cityscape） | 1.自然环境风貌：包括山、水、植物、气候等。<br>2.人文景观环境：包括城市历史发展积淀、现代城市建设成果。<br>城市风貌包括三个层次：①城市客体的景观物质要素的宏观结构层次；②城市主体的心理结构层次；③场所的视觉结构层次 | 吴伟. 城市风貌学引论［C］. 世界华人建筑师协会城市特色学术委员会2007年年会论文集，2007：12-14；<br>吴伟，代琦. 城市形象定位与城市风貌分类［J］. 上海城市规划，2009（1）：16-19 |

从国内相关的研究文献来看，诸多学者对城市风貌的英译存有较大的差异（见表1-4），如Urban Feature（张继刚，2001；金广君，2004；王建国，2007）、City Feature（余柏椿，2008）、Urban Landscape（俞孔坚，2008；赵燕菁，2011）、Cityscape（吴伟，2008；陈秉钊，2009；王敏，2012）、City Style（赵钢，1998；蔡晓丰，2006；段德罡，2010）、City Scene（李晖，2006）等。同济大学的吴伟教授认为，如同希伯来语中的Noff一样，用以描绘耶路撒冷的壮丽景色，当代英语Cityscape、法语Paysager和日语“都市景观风致”等在各自的语境中均是用来描述城市景象的。[13] 而Cityscape与Townscape、Landscape有共同的词根：-scape，它是由古代英语的-scipe（=shape）演化而来的，表示“～样子”的意思，只是Cityscape与Townscape相比，在城市规模、密度和现代性上有所差异。因此，在中文的翻译中，习惯将Cityscape翻译为“城市景观”，并指代城市二维及三维系统的总和，或特指城市中的绿地和广场等实体。事实上，Cityscape还有视觉美学的意涵，与城市风貌的概念有相通之处，拥有共同的物质载体和审美偏好，只是后者更强调特色的重要性，以及形态背后的文化意涵。因此，对照上表中不同学者对城市风貌的定义和英译，从城市规划的专业角度出发，笔者更倾向于以“Cityscape Characteristics”的含义来指代“城市风貌特色”的英译。

倘若要深刻地理解城市风貌的内涵，一定要追溯它的研究产生的哲学与伦理学背景。20世纪60年代末到70年代初，环境主义运动在西方萌芽，生态伦理思想受到了重视。生态伦理之父奥尔多·利奥波德（A. Leopold）在1947年发表的《沙乡的沉思》中提出了“大地伦理”的思想，呼吁人们以谦卑的姿态善待土地，并强化土地共同体的概念。1972年，挪威哲学家阿恩·奈斯（Arne Naess）提出了“深生态学”思想：倡导非人类中心主义和整体主义，关心整个自然界的福祉。于是，“深生态学”在东方的“天人合一”整体论中找到了哲学前提和基础，把“人类和自然”整体地视为具有内在价值的共同体。相应地，城市风貌的研究也是建立在这样一种整体论的生态哲学的基础上，即将人的发展置于整体和谐的关系中，尤以人和自然的和谐为第一要义。[14]以整体论的视角全面审视人类的发展，技术在促进经济增长、社会进步的同时，也在制约和异化人类，使之产生了内部性危机；与此同时，也在损害环境、割裂自然，造成了更为严峻的外部性危机。于是，人类首先发现了文化的丧失，进而发觉远离了自然。在此背景下，开启了城市风貌的研究，企图实现两个目标的回归：和谐于自然生态、丰富于人类文化。

基于这样的研究背景和研究目的，考察上述学者对城市风貌概念的解读，均在不同程度上涉及自然与文化两种构成要素，只是因为思维范式的差异，导致对主、客体关系的认识产生了较大的分野，从而影响了对城市风貌本体的认知和理解。在简单性思维范式中，认识事物采用的是分离性原则，即为了确保认识的客观性，对象与认知主体应绝对分离，因为不同的观察者或实验者所进行的验证均带有各自的主观性。而复杂性思维范式的基本认识方法则是采用主客体同一原则，认为世界是由观察活动创造出来的，正如海森伯所说：“我们观察到的东西不是自然界本身，而是由我们提问方法所暴露的自然界”，[9]因此，主体的如何看也就决定了对象的如何显现。于是，上述学者也因此分成了两大阵营，多数学者习惯性地沿用传统经典科学简单性思维的客体性原则看待城市风貌，强调本质主义；而少数学者如赵刚博士（1998）、吴伟教授（2009）在城市风貌定义中采用主客体同一原则，融入主体审美意识，认为城市风貌是审美活动中在审美主客体之间所产生的审美意象，是一种过程性的思维（表1-3）。

综合“风貌”词义的演化、城市风貌研究的哲学与伦理学背景，以及诸多学者研究的成果，借助复杂性思维范式的视角，本书认为城市风貌（Cityscape）是引发城市集体意象的生成、富有特色意涵的物质（自然与人工）与非物质等总体客观实在的形态综合，它涵盖城市物质信息、人文意蕴和生活内涵。其研究内容是由形体物理特征和面貌、可观察的活动与功能、含义或象征三个部分组成。[15]所谓的综合，即为主体认知事物的模糊把握法，也就是关注事物的整体性，以及组分组合后整体组织结构及新质的涌现。进一步诠释城市风貌的内涵，它包含以下几种特性：首先，城市风貌是集体意象的来源，强调主客体同一性；其次，城市风貌是城市特色的资源，强调它的文化属性和个性；其三，城市风貌是总体性的客观形态，强调的是城市风貌的整体性；其四，城市风貌是各要素综合后的涌现，强调的是城市风貌生成的过程性。它的外延至少包括三个层次，即城市客体的景观物质要素的宏观结构层次、城市主体的活动心理结构层次、及被特指场所的视觉结构层次。

鉴于“城市本质上是最复杂、最宏大的人工与自然的复合物，是一种复杂的自适应系统（CAS）”，[16]而城市风貌作为城市的子系统之一，既是城市母系统的组分——适应性主体，同时，又构成了下一层次的复杂适应系统（CAS），因此，从系统角度出发，城市风貌如同城市一样是一个拥有多主体的复杂适应系统（CAS），同时又是一个具有时间性和过程性的系统，在生长的不同阶段都伴随着涌现现象的出现。

### 1.2.2 城市风貌研究动态

从哲学范畴来解析，“主体是自觉地认识和改造世界的人”，而“客体是人认识和改造世界的活动所指向的对象”，[17]二者在实践过程中处于支配与被支配的地位。它们相互作用和相互促进，从而导致自然界与人类社会的对立统一。因此，认清主客体关系是认识世界和改造世界的前提。城市风貌研究，实际上是人和城市环境在审美创造活动过程中的一种互动，从而导致了城市风貌审美主体和审美客体之间的分野，人成为了审美活动的主体，人类生活和环境则成为审美活动的客体。因此，在城市风貌研究中，必然涉及三方面的要素：人（主体）、环境（客体）、相互作用（过程）。由于在不同时期受不同思维范式的影响，导致对三个要素强调各有不同，于是，主客体之间呈现客体性主导、主体性主导和主客体统一等三种关系模式，从而造就了不同时期对城市风貌内涵理解的差异，以及研究范畴的转变。

针对城市风貌不同的研究内容，国内诸多学者进行了较为系统的梳理，如，有以法规为线索的国内外历史风貌保护历程的概述；[18, 19, 13]有针对城市风貌特色研究及规划实践历程的回顾；[20]有对国内外城市风貌规划发展和研究现状的整理；[21]有针对国内近30年城市风貌理论研究与规划实践的归纳、总结和评述。[22]尽管上述工作试图廓清城市风貌研究的全貌，但限于国内外对城市风貌概念尚存歧义，且国外将城市风貌纳入城市设计的研究范畴；[23, 13]因此，难见全面的涉及国内外城市风貌研究的综述。况且，仅针对研究内容的梳理，尚不足以阐明不同时期城市风貌研究主题更替的缘结，因此，才有了本次述评的缘起。本述评以主客体关系的视角来审视城市风貌研究历程发展，它将是一个管窥城市风貌研究时代性主题产生、发展、演变的重要途径，企图能够更好地揭示城市风貌研究时代性主题更替的根本动因。同时，亦可洞悉在当下复杂性思维范式的影响下，城市风貌研究可能的转向。

#### 1. 城市风貌研究缘起与理论渊源

20世纪60年代以来，人地关系新理论的发展，由过去的“环境决定论”“或然论”“适应论”转变为“和谐论”，致使城市风貌的研究主题突显。20世纪70年代，在生态科学、行为科学、环境科学的影响下，人文地理学提出了“和谐论”，并主张以此为视角看待人与环境的关系。如何和谐地处理自然环境和人类文化生活的关系，正是城市风貌研究的核心诉求。尽管，城市风貌研究兴起于20世纪60～70年代，但是，其理论渊源应追溯到19世纪末至20世纪初（1893～1920年）发端于美国的“城市美化运动”。[24, 25]“城市美化运动”是一场利用城市景观设计手段寻求新古典主义的城市纪念性来应对和处理早期商业与工业发展带来的城市风貌混乱和鄙陋的城市改良运动，[26]它既促进了城市规划专业和学科的发展，改善了城市形象，同时，又为开启城市风貌的研究奠定了方法论的基础。基于此，本书对城市风貌研究的历史进程的追溯将以“城市美化运动”为起点。

#### 2. 西方城市风貌研究的历史视野

国外研究一直将城市风貌保护与塑造看做是城市设计的重要工作，[20]因此，西方城市设计理论发展脉络将成为考察城市风貌理论研究的重要线索之一。基于此，文章将以城市设计理论的发展脉络为背景，以时间为线索，从认识论（主客体关系）的角度结合不同的

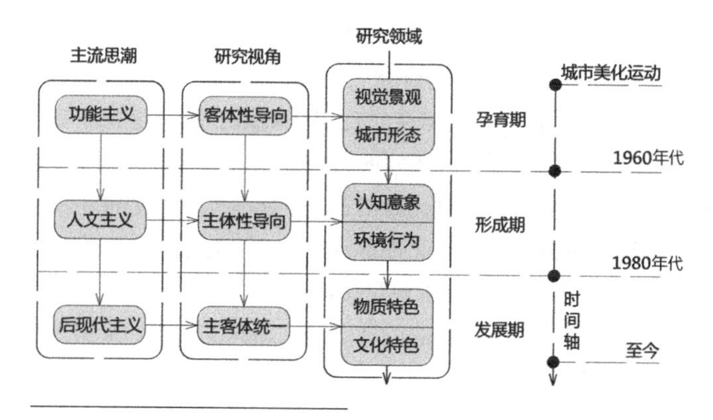


图1-4 西方城市风貌研究视角和领域

研究领域和方向将各种与城市风貌相关的理论进行梳理，并评析不同阶段研究的内容和特点。根据相关的研究文献，由于受不同时期城市设计思潮的影响，国外城市风貌研究大致分为3个研究视角、6个研究领域和3个时期（图1–4）。

1）客体性导向的研究（孕育期："城市美化运动"至1960年代）

该时期是西方城市风貌研究的孕育阶段，由于受城市设计功能主义思潮的影响，对待研究对象秉承科学理性的客体性原则，即对象与认识主体之间绝对分离原则，以确保研究的客观性。因此，客体性导向的研究特征是：将城市景观风貌视为独立于主体之外的客体，用艺术的眼光看待城市空间，用景观手段塑造城市风貌，关注物质空间环境、城市形态和美学秩序。该阶段主要涉及两个研究方向，即视觉景观和空间形态，它们构成了城市风貌的基础性和传统性的研究领域，同时，在城市规划和建筑学专业教学和实践中占据着主导地位。

视觉景观研究：C. Sitte是这个时期的代表人物，也是城市规划理论的奠基人。1889年，在发表的《城市建设艺术》中考察了大量中世纪欧洲城市的广场与街道，总结归纳了适应当时条件的城市建设的艺术原则，提出了一条在城市内建造一种能够体验文化与情感刺激的室外生活环境的美学途径：①自由、灵活的平面设计；②建筑之间的相互协调；③广场和街道应组成有机的围合空间。[27]随后的许多城市景观风貌设计著作，如《城市艺术》（W. Hegemann，E. Peets，1922）、《城镇设计》（F. Gibberd，1953）、《城市空间》（R. Krier，1979）等都引用了他的论述。同时期的论著还有，C. M. Robinson的《城市与市镇的改进》（1901）、《现代市政艺术》（1903）和《街道的宽度与布局》（1911），以及R. Unwin的《城镇规划实践：设计城市和郊区的艺术导论》（1909）也是反映物质空间美学秩序的典型代表。后期的经典著作还有G. Cullen的《简明市容》（1961），[28]P. D. Spreiregen的《城市设计：城镇的建筑》（1965）[29]等。

空间形态研究：形态研究主要涉及建筑形态、布局形态、城市形态三项内容。1894年，法国历史学家J. Fritz发表了《德国城镇设施》，首次运用城镇平面图的形态描述法来分析德国城镇的分布和布局类型，对城市形态学而言具有划时代的意义。1899年，O. Schlater发表了论文《城镇平面布局》，标志着城市形态学作为学科的诞生。相继出现的论著还有，《景观形态学》（C. O. Sauer，1925）、《瑞典梅勒达伦：城市形态学中的一项研究》（J. B. Leighly，1928）均在不同程度上推动了城市形态研究的发展。1960年，英国城市地理学家M. R. G. Conzen发表了在城市形态学历史上具有里程碑意义的论著《城镇平面格局分析：诺森伯兰郡安尼克案例研究》，引进了术语“城镇景观”，将城市空间的三维形态作为研究对象。[30]认为分析城镇景观应从城镇平面、建成环境和空间利用等三个层面着手，其中城镇平面包含了三种要素的组合，即街道及其街道系统、地块及其地块模型以及这些模型的建筑物排列。同时，提出了“平面单元”和边缘带的概念、租地权周期思想以及城镇平面图分析方法。随后又提出定置线、形态框架、形态区域、形态时期、形态塔等概念。[31]同期，在建筑学和景观学所建立的城市形态研究构架的基础上，由于城市社会学研究的介入，为理解城市形态的动态演化加深了认识。美国芝加哥学派核心人物相继提出了三种城市形态理论：同心圆理论（E. W. Burgess，1925）、扇形理论（H. Hoyt，1939）和多核心理论（C. D. Harris，E. L. Ullmann，1945），1955年，E. G. Ericksen 综合上述三种学说提出了折中学说。

2）主体性导向的研究（兴起期：1960～1980年代）

20世纪60～70年代，环境主义运动使生态伦理思想受到了重视，同时，由于受到当代社会科学的影响，城市研究中的主体意识开始觉醒，特别是行为地理学发展成为了现代人文地理学中重要的学科分支之时，人们开始重新审视人类和自然、主体与客体的关系，在城市空间分析中强调空间行为的研究，强调行为主体与空间客体之间的互动关系。正是在这样的背景下，兴起了真正意义上的城市风貌的研究。由于囿于经典科学简单性思维范式，这个阶段的主体是一种抽象性的主体，强调普遍性的特征。这一时期，主体性城市风貌理论和客体性城市风貌理论的研究并行不悖，在环境心理学的影响下，形成主体性导向城市风貌理论的两个主导的研究领域，即认知意象和环境行为。

认知意象研究：目的是通过对环境意象的分析和理解，揭示认知行为的规律以及可读性城市景观风貌的特征，以此来创造和改善城市环境，使之满足人们的心理需求。早在1960年代之前就有相关环境认知方面的论著，为认知意象研究奠定了理论基础，如G. Kepes的《视觉语言》（1944），提出了“联想场”的概念，用以描绘活动影画的构成原理。1940年代后期先后发表了三篇具有里程碑意义的论作：《作为生态变量的情感和象征》（W. Firey，1945）、《地理研究的助手》（J. K. Wright，1947）和《老鼠与人类的认知地图》（E. C. Tolman，1948），它们分别将城市感情及象征性和经济学、社会学、地理学、心理学联系起来，认为人类行为被环境意象所策划，并提出“田野地图”的概念。[32]1956年，K. Boulding 以现代的观点将“意象”概念渗透到心理学与社会心理学的领域，他提出了意象的十个向度，其中包括空间、时间、关系、个人、价值、情感的意象以及意象在意识、潜意识、下意识的划分，意象的确定向度、真实向度和公私向度等；[33]随后，K. Lynch 发表了环境意象研究的经典著作《城市意象》（1960），开启了真正意义上城市风貌主体化的研究领域。K. Lynch 采用实证研究的方法，概括了城市意象的五个要素：路径、边界、区域、结点和标志物，并以此形成人脑中的认知地图；同时，认为特色的城市环境具有三个基本特征：识别性、结构和意义，强调城市应该拥有自己的景观风貌特色，利用城市意象的要素创造易于理解和感知的城市环境。[34]后期相关的论著还有，K. Lynch 的《城市形态》（1981）[35]和H. Ikezawa 的《城市风貌设计》（1985）。[36]

环境行为研究：与认知意象研究不同的是，它更关注环境与人的外显行为之间的关系与相互作用，因此，具备更强的应用性。除了K. Lynch 之外，C. N. Schulz和A. Rapoport都是这个研究领域的代表。C. N. Schulz从《建筑意向》（1965）[37]到《实存・空间・建筑》(1971)、[38]《西方建筑的意义》(1975),[39]再到《场所精神：迈向建筑现象学》(1979),[40]一直延续着心理学研究的路径。在承续方面，他发挥了第一部论著中有关知觉、认知基模、社会化以及具体呈现等心理学概念对环境行为的诠释功能；在推进方面，表现为研究对象的扩展和研究内容的深化，他首先在第一部著作中论述了建筑学中的文化象征主义，然后，在后三部的论著中相继提出了“实存空间”“场所精神”以及“住居”等概念，并指出个体对环境的两项心理需求，即方向感和认同感。1977年，A. Rapoport 在《城市形态的人文方面》中揭示了城市形态形成的动因，建成环境对人的心情和行为的影响以及人与环境的相互作用的机制；[41]1982年，在《建成环境的意义》中研究人的环境行为规律，挖掘环境蕴涵的意义以及环境意义对于规划设计和城市风貌塑造的积极作用。[42]这一领域的相关论著还有，描述人与城市、街道、开放空间、建筑空间的相互关系(D. Appleyard，1976；R. Kaplan，S. Kaplan，1978；J. Lang，1987)，揭示人类环境认知和反应的心理学原因(D. V. Canter，1977；K. C. Bloomer，C. W. Moore，R. J. Yudell，1977)，研究人类环境认知和反应的研究方法(R. B. Bechtel，R. W. Marans，W. M. Michelson，1987)和研究人的环境审美(Jack L. Nasar，1988)，等等。1970年代，随着政治经济学的介入，环境行为研究领域从个体行为研究转向社会生产活动的研究，试图在建成环境与空间生产过程之间建立联系(A. H. Lefebvre，1968～1972；D. Harvey，1973、1985；M. Gottdiener，1985)。

3)主客体统一的研究(发展期：1980年代至今)

自20世纪80年代以来，随着全球化进程的加速，世界经济一体化日益增强，资本克服了国家之间的壁垒，在全球范围内自由流动，寻找增值的空间，城市陷入了更加广域化的竞争，从而应运而生了城市经营的竞争模式。这一时期城市研究的特点是，从生态角度观察城市，用企业眼光看待城市。城市经营就是充分挖掘资源禀赋强化城市的综合竞争实力，于是，差异化战略、特色之路便成为城市发展的必然转向。由于城市特色维育与塑造对城市物质环境、城市文化基因的天然依赖，从而形成了这一时期城市风貌理论研究的两大主导观，即特色物质构成观、特色物质文化观。显然，文化基因的生长、经济建设和发展都是来源于人与环境相互作用的结果，同时，由于受到复杂性思维范式的影响，在城市风貌特色研究中引入具有特定时空性的城市主体因素，强调主体和客体之间的相互关系和相互作用，正是借助于主客体统一原则，来探求城市风貌特色的影响因子。

物质构成观下特色研究：城市风貌特色的物质构成观以 D. Hummon 和 S. Greene 为代表，如同 D. Hummon(1986)将城市风貌特色定义为“一个重要的、标志性的场所”[43]一样，S. Greene(1992)认为城市风貌特色是“能反映特殊或独特性品质的环境视觉形象”。[44]基于城市环境改造的现实需要，城市风貌特色的物质构成观不乏后来的追随者。1995年，W. J. V. Neil 等在研究贝尔法斯特和底特律城市改造时提出了重塑城市风貌的发展路径，并且认为城市风貌特色并不是形象的简单塑造，而是包括创造适宜的场所形象和良好的商业环境；[45]M. A. E. Saleh(2001)认为城市风貌特色是可识别的、可感知的和具有自我表达的标志物，并且，指出广场、城门、城堡式塔楼、尖塔、防卫塔、清真寺、皇宫和市场是穆斯林城市单体建筑的标志，同时，认为建筑特色是由材料、单体建筑、布局、形态、天际线和符号等构成的；[46]D. Oktay(2002)则强调城市风貌特色的本质目标之一是城市追求一个良好的未来环境，使城市居民具有归属感、责任感、拥有感。对于一般的历史悠久的城市，许多理论家认为特色组成元素包括街区、公共区域、街道和广场，[47]N. Johnson

（1995）和M. Pretes（2003）一样更关注历史遗存对特色的意义，强调历史遗存是城市特色形成和持续的关键因素。

物质文化观下特色研究：城市风貌特色的物质文化构成观具有一定的历史传统，早在1960年，K. Lynch就提出了他的观点，认为城市环境特色是能让人感知和回忆的，从整体上区别于其他城市和地区的唯一特性，是城市文化的集中表现；同时，他归纳了城市意象的三个组成内容：识别性、结构和意义。1985年，H. L. Garnham在K. Lynch的研究的基础上对城市风貌特色内涵有了更深入的理解，认为城市风貌特色包括城市形体环境特征和面貌、城市中可观察的活动和集会活动、含义或象征等三方面的内容。[15]后期相关的实证研究进一步强化了这个观点，如I. Cornelsen、P. Franz和U. Herlyn（1995）认为城市景观风貌特色的保护和塑造与城市居民情感寄托的加强与社区凝聚力的提升等方面息息相关。[48] N. Taylor（1999）认为城市设计的艺术就是创造城市风貌的艺术，并指出城市风貌与城市设计的构成要素是完全一致的，其组成包括：场地自身及其周边环境，场地上的地物、由地物构成的空间场所，使用者的感知，公众的社会行为几个部分。[23] A. M. S. Ouf（2001）强调了城市历史遗存、自然景观的真实性，以及社区价值认同感、地方性的创造对塑造城市风貌特色的重要性；[49] Taylor、Francis（2003）认为城市风貌特色与场所精神的塑造有关，场所精神直接来源于生活的体验而非场所制造。[50] N. M. Cherry和Y. Whelan（2007）认为文化景观常常被视为一个地方的标志，城市风貌特色与集体记忆、城市遗产和文化景观存在着重叠而又复杂的关系，并试图寻找一种文化景观的转换方式，有利于城市风貌特色的显现。[51]

### 3. 国内城市风貌研究的发展脉络

受西方城市设计思潮的影响，伴随着中国城市规划思想发展史，国内城市风貌研究的发展历程呈现一条清晰的发展轨迹和脉络：从近代（以城市美化运动为起点）接受西方城市建设美学思潮开始，经历当代城市景观风貌建设的探索与停滞发展阶段，再到现阶段的盲目多元化与修正发展阶段，大约可概括为3个研究视角、5个研究领域和5个发展阶段（图1-5）。

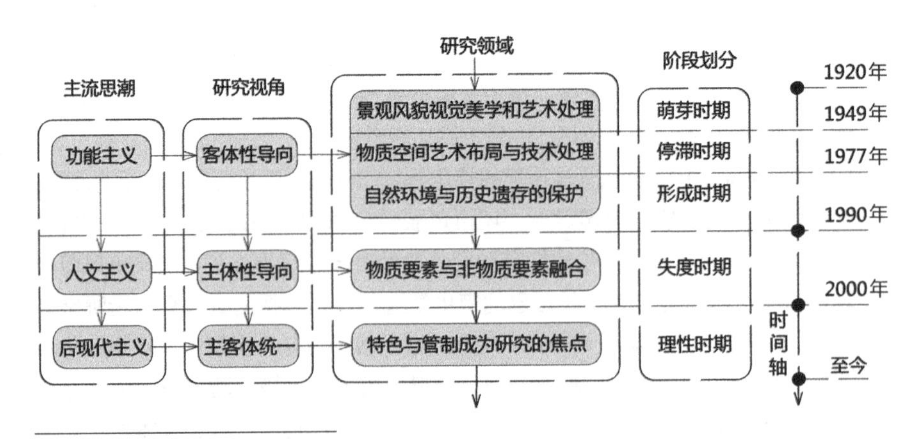


图1-5　国内城市风貌研究视角和领域

1）客体性导向的启蒙阶段（1920～1949年）

近代，由于社会制度的变革，封建专制制度逐步解体。随着西方民主自由思想的传入，个性化思想受到了重视，中国社会思潮逐渐趋于多元化。1893～1920年，在美国兴起的新城市建设美学思潮，对我国也产生了一定的影响。[52]杨哲明在《美的市政》（1927）一书中写道："要使人们的生活实行艺术化"，他不仅对城市美化运动进行了介绍，并且借鉴田园城市理论提出了多种较为系统的城市规划建议。1927年国民政府定都南京，1928年着手国都规划，并于翌年12月公布了《首都计划》，其规划指导思想是：以"本诸欧美科学之原则""吾国美术之优点"作为规划的指导方针，宏观上采纳欧美规划模式，微观上采用中国传统形式。1928年，陈植在《东方杂志》上撰文，强调首都的城市美观的意义："美为都市之生命，其为首部者尤须努力改进，以便追踪世界各国名城，若巴黎、伦敦、华盛顿者"，从而，开启了国人对城市景观风貌的审美意识。这种意识在城市规划专业教学上得到了强化，1930年，大学教材《都市计划学》独立编撰了"城市美观"的章节，初步表明了现代城市景观风貌美学设计的理论和实践在我国已经萌芽。受西方城市设计思潮的影响，这个时期对城市景观风貌的认知主要限于视觉美学和艺术的意识。

2）客体性导向的萧条阶段（1949～1977年）

至1949年新中国成立，国体重构已基本完成，借鉴苏联高度集中的政治、经济管理体制，新中国完成了管理体制的建设和权力配置。于是，开始了现代中国的城市化进程，旨在实现经济增长、军事优势、科学进步，以及属于现代化特征的其他一些目标。[53]新中国成立初期，为了恢复国民经济，城市经济发展的重点是变消费城市为生产城市，国家基本政策是：以发展工业经济为主，在人民生活方面满足最基本的物质生活需要。于是，提出了最节俭的城市建设的指导思想："适用、经济，在可能的条件下注意美观"，[54]装饰被认为是城市基本建设中典型的浪费行为。在反对浪费的节俭运动和苏联模式下的标准化运动中，城市景观风貌培育与塑造一度受到冷落甚至批判。1958～1960年是中国的"大跃进"时期，错误的经济政策使经济发展和城市建设严重受挫；接踵而至的是1966～1976年十年的"文革"浩劫，中国国民经济濒临破产的边缘，城市化进程和城市规划几乎停滞不前。由于受到经济建设极大的限制，城市景观风貌的研究也是停滞不前，城市景观风貌审美意识始终"萌"而不发，在认识上与启蒙阶段相比并没有本质的区别：将城市空间视为抽象的物质空间，忽视空间的社会性、经济性，城市空间规划的内容偏重于空间的艺术布局和技术处理，对于空间发展经济、社会因素及其相互作用的研究匮乏。[55]

3）客体性导向的复苏阶段（1977～1990年）

20世纪70年代末开始，改革开放触发经济体制的深刻变革，城市化进程加速，城市规划、建设和管理逐步步入正轨。20世纪80年代，我国正处于城市社会经济结构的转型期，表现为城市功能及人口规模的变迁。随着城市生活水平的提升，人们对城市环境与文化质量的要求也日益提高，环境美化成为衡量城市生活质量的标准之一。于是，城市景观风貌的研究工作在现实需求中获取了动力，并取得了一定的进展。自20世纪80年代后期以来，伴随着城市更新与保护的矛盾突显、城市特色趋同的现象出现，"城市风貌"作为重要的关键词，出现在以"建设中国特色的城市"为议题的文章《一个现代化的中国城市风貌》中。于是，从20世纪80年代后期开始，许多城市纷纷开展了以之为主题的规划研究。由于城市建设发展的提速，导致城市物质空间形态出现断层、碎片，传统文化生活受到抑制，甚至消亡，为此一系列的“保护”“挽救”乃至“夺回”等风貌保护、强化行为于20世纪90年代在全国各地普遍展开，尤其是一些历史积淀较为厚重而城建势头迅猛的大中城市，事实上，城市风貌规划就是一种风貌“危机论”的产物。[10]同期，开始出现相关议题的论著和译著，其中国内主要论著有：《城市环境美学》（吴良镛，1982）、《创造更新更美的江南水乡城镇风貌》（尚廓，1983）、《一个现代化的中国城市风貌》（梁鹤年，1988）、《城市风貌·建筑风格》（唐学易，1988）。这一时期对城市风貌的基本认识是：延续城市景观风貌的物质观，认为自然环境和历史遗存是城市风貌特色的基础，建筑设计和城市设计是维育和塑造特色的手段。[56]

4）主体性导向的狂热阶段（1990～2000年）

改革开放以来，特别是20世纪90年代后期开始，在经历了经济的快速发展的积累后，为了应对工业化带来的环境问题，各个城市先后开展了大规模的城市景观风貌整治，城市环境和面貌得到了初步的改善。1995年，在正式提出加入世贸组织的申请之后，我国加快了经济市场化的进程，城市开发与建设主体也随之发生了转变，土地使用的开放性和灵活性得到了解放。20世纪90年代末至21世纪初，以国家为主导的城市开发模式完全被企业开发模式所取代。这个阶段城市景观风貌规划设计的对象大大拓展，从城市门户、城市中心公共空间、城市边界滨水区，到商业街区，以及扩展到生活住区，城市发展进入到空间市场化的阶段。同时，由于全球化进程的深入，城市经营模式的出现，城市形象和特色成为城市竞争的主要手段。在这样的时代背景下，自20世纪90年代初我国便兴起了一场“城市化妆运动”“与一百年前发生在美国以及随后发生在其他国家的城市美化运动，有着惊人的相似之处”，[57]过度的美化建设反而导致城市风貌特色丧失。尽管城市景观建设失度，但是，针对现实问题的研究还是取得了较大的进展，主要表现在城市风貌的理论研究和规划实践两个方面。在理论研究方面，意识到保护城市历史遗存和历史文化遗产的重要性，“历史人文环境成为最能展现城市风貌的最富有特色与吸引力的部分”。[58]同期国内发表的主要的研究论文和专著有，《风景景观环境感受信息遥感》（刘滨谊，1991）、《城市环境规划设计与方法》（齐康，1997）等。部分城市开始了城市风貌的专题研究，青岛、天津、上海是较早开展城市风貌专项规划的城市，洛阳市进行了城市风貌专家研讨（1999）。在规划实践方面，大量城市开始着手编制城市风貌规划，比如，《青岛市城市风貌保护规划》（1990）、《威海市城市风貌规划》（1993）、《成都市城市风貌特色规划》（1996）、《天津市城市风貌与地域性建筑风格的专题研究》（1999）。这一时期，主要从城市建筑、城市山水格局、城市传统文化三个方面，来实施城市风貌的保护与建设工作。[22]而对于城市风貌的认识，开始从物质要素向非物质要素转向，主体意识在环境认知中的作用开始觉醒。

5）主客体统一的冷静阶段（2000年之后）

21世纪初，中国正式加入世贸组织（2001年11月）之后，人们开始重新审视“城市化妆运动”所带来的城市特色衰微的现象，城市景观风貌研究进入了冷静期，其标志点是国发文件《关于加强城乡规划监督管理的通知》（［2002］13），通知指出“一些地方不顾地方发展水平和实际需要，盲目扩大城市建设规模，在城市建设中互相攀比，急功近利，贪大求洋，搞脱离实际、劳民伤财的所谓‘形象工程’‘政绩工程’；对历史文化名城和风景名胜区重开发、轻保护 …… 这些问题严重影响了城乡建设的健康发展”。在反思的过程中，首先放缓了城市建设的速度，把工作重点转移到城市风貌理论研究和引

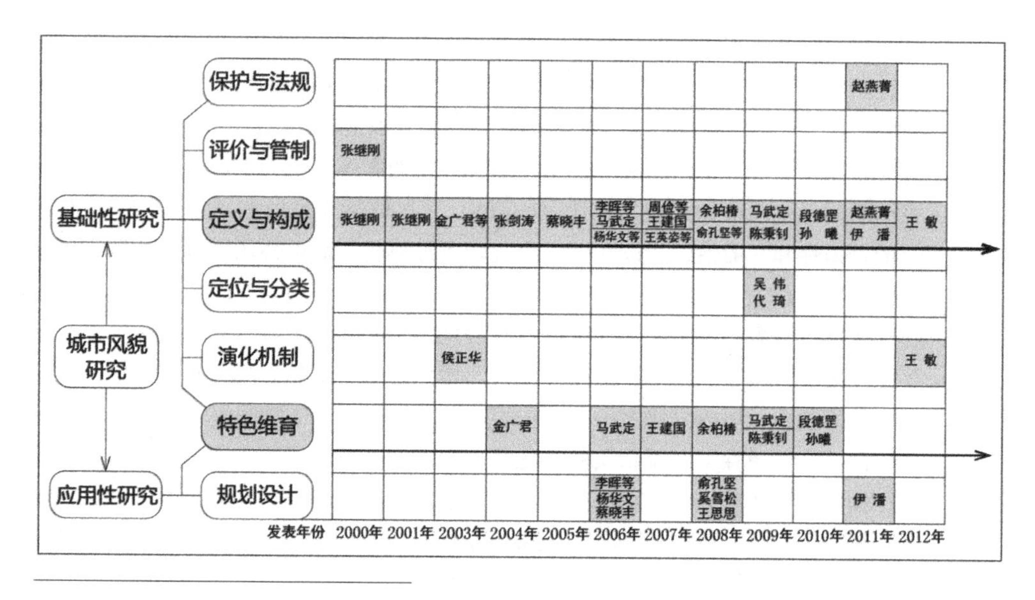


图1-6 2000～2012年国内城市风貌研究动向

导机制的建设上。诸多学者开始全面、深入地探讨城市风貌的定义内涵和系统构成，以及城市风貌的定位与分类、[59]演化机制、[60]评价与管制、[18]保护和法规、[61]规划设计、[62, 12, 20, 21]特色维育[63～69]等（图1-6）。特别是在当前的城市风貌特色研究中，诸多学科的原理都被借鉴，从而产生出多样的规划原则和方法，如基于城市形态学理论，城市风貌规划是进行城市风貌区的划分和管理；[70]基于系统理论，城市风貌设计对象可被划分为五种结构，分别是城市风貌型、城市风貌区、城市风貌带、城市风貌核、城市风貌符号；[12]基于景观规划原理，城市风貌规划内容包括景观中心的确定、景观轴线及景观视廊的控制、景观序列的组织、绿地系列规划、高度控制系统、天际线的形成、建筑物的形式与风格设计；[62]基于类型学原理，城市风貌是由建筑、街道、界面组成的多样的空间肌理，设计阶段包括辨别提取、类型还原、形态重组，设计原则有保护肌理、修补原型、功能导向、关联拓展、整合创新等；[71]基于传播学原理，城市风貌感知包括两个方面：一方面是符合受众心理特征的、承载着明确信息的城市环境，另一方面是利于人们感知的场所，它们共同构成城市风貌感知系统。[72]在城市风貌管制中，首先采用政策倡导办法，如经济补助机制、行政激励机制等；其次，设置了诸多关于城市风貌景观建设奖项来加以引导，如国家级的奖项有："国家园林城市"（1992）、"中国人居环境奖"（2001）及"中国人居环境范例奖"（2001）等，社会媒体类奖项有"中国魅力城市"等。这一时期，特色与管制成为研究的焦点，认为城市风貌是由物质和非物质要素组成，历史遗存、文化基因、生活蕴涵是塑造现代城市风貌特色的关键。在认知城市风貌本体的过程中，关注城市主体和客体之间的相互关系和相互作用，强调主客体统一原则。

### 1.2.3 城市风貌研究述评

以主客体关系视角来审视城市风貌研究历程发展，在廓清城市风貌研究全貌之余，力图揭示城市风貌研究时代性主题产生与更替的原因。纵观国内外城市风貌研究的历史进程，表现出主题内容和演化趋势基本相同的研究态势。从总体历程来看，国内外城市风貌研究受三种城市设计思潮影响至深，它们分别是功能主义、人文主义和后现代主义，由此形成了三个基本研究视角：功能主义倾向的客体性研究、人文主义倾向的主体性研究、后现代主义倾向的主客体统一。其中，"客体性研究"和"主体性研究"因追求科学的普遍性和一般性，所以在认识论上带有经典科学简单性思维范式的倾向，而"主客体统一"则是复杂性思维范式认识论的三原则之一，认为只有融入主体的身体性和体验性，才能创造事物的多样性和特殊性，因此，它必然成为城市风貌特色研究所遵从的重要原则之一。基于三个不同的研究视角，国内外城市风貌研究分别涉及6个领域及5个主题，尽管如此，国内外研究的主体内容基本相同、发展态势也基本统一，呈现从"物质性"向"非物质性"乃至物质和文化相互融合的"特色研究"方向发展；从阶段划分来看，国外城市风貌研究历程大约分为三个阶段：孕育期、兴起期、发展期，而国内城市风貌研究历史进程的"五段论"，是基于我国特殊历史背景的影响因素，将客体化研究单独分解为三个阶段：萌芽阶段、停滞阶段和形成阶段。因此，无论国外的"三段论"还是国内的"五段论"都是基于以下的前提：不同时期城市设计主流思潮的社会价值取向，决定了城市风貌研究的时代性主题和目标。从而，这些研究成果也难免会烙上时代的印记，难以摆脱历史思潮的局限性。

而城市风貌研究中不同学科的介入和不同研究领域的形成，正是城市风貌研究时代性需求的结果。从城市风貌研究的发展脉络来看，功能主义倾向的客体性研究领域最初是以建筑学、规划学、景观学的研究占据着主导的地位，伴随着人文地理学、政治经济学、环境行为学、社会学、生态学、系统科学的介入，城市风貌研究逐步转向了人文主义倾向的主体性研究领域，从物质空间环境转向了对人文等非物质要素的关注。20世纪80年代，随着复杂性科学的兴起，带来了思维范式的突破和创新，引发了自然科学、哲学、人文社会科学领域认识论的重大变革，主客体同一原则成为复杂思维范式认识论的重要的三原则之一。伴随着复杂思维范式的介入，城市风貌研究转向了后现代主义倾向的主客体统一特色研究阶段。综上所述，在当下复杂性思维范式的影响下，城市风貌特色研究和复杂性科学既是全球化和信息化时代的产物，也是未来城市风貌的主导研究领域和主要研究方法。

## 1.3 研究内容、方法与框架

运用复杂思维范式，以生成的视角进行城市风貌理论的研究，其目的是更全面、更准确地揭示城市风貌的本质特性，从而有效地触发城市风貌特色的生成和显现。下面根据选题研究内容的需要，提出具有针对性的研究方法和研究逻辑框架。

### 1.3.1 研究内容

针对城市风貌的理论研究和现状实践的不足，提出选题研究的方向。选题是以城市风貌特色为研究对象的应用基础研究，在基础研究方面，主要回答三个问题，即城市风貌是什么？城市风貌系统是如何生成的？以及城市风貌系统的生成和演化机制是什么？而如何在全球化信息时代使城市风貌特色得以显现，是选题应用研究方面的重点，在理论与方法论建构的基础上，提出了当代城市风貌特色的显现途径。具体而言，选题研究内容主要包含以下三个方面：城市风貌系统的生成原理、城市风貌系统的生成和演化机制、基于生成原理的城市风貌特色显现。

1. 城市风貌系统的生成原理研究

城市风貌系统生成论研究的主要任务是回答以下几个问题：城市风貌系统生成的起点何在？生成的过程、机制、规律如何？ 根据科学理论五要素原则：经验事实、原理、概念、定律、方法性解释。城市风貌系统生成原理，将从生成观、生成原理、生成基本规律以及方法论原则等四个方面展开描述。

运用复杂思维范式中的现代生成思想，创造性地提出了风貌意、自主体、潜有（质料、素材）、缘结（协同整合机制）、实有（组分、风貌形）等相关观念，并且，通过阐释概念之间的逻辑关联，刻画了城市风貌系统的生成过程和生成逻辑，同时，更为下一步进行的城市风貌系统的刻画提供了一个描述框架。具体研究内容如下：

首先，在生成论与构成论对比分析中，阐述了城市风貌系统生成观的具体观点：适应性系统观、生灭性过程观、自组织演化观、全域性信息观、差异性整合观、共生性生态观；其次，在生成观的观照下，以金吾伦生成哲学及李曙华、苗东升等生成思想作为哲学基础，借鉴德勒兹的生成理论，采用分形论、超循环论和CAS理论等科学理论工具，提出了城市风貌系统生成原理；其三，根据城市风貌系统生成原理，以及外部环境物质、能量、信息等流体作用机制，和内部自适应、自组织、自稳定的作用机制，揭示城市风貌系统的内在联系和系统整体的发展趋向；其四，结合城市风貌系统生成原理和生成规律，借鉴复杂性科学方法，提出了城市风貌系统生成论的方法论原则，即整体性、过程性、时间性、信息性、事件性和贯通性等原则，以此作为解释风貌系统复杂现象、掌握风貌系统生成规律、把握风貌系统发展趋势的指导思想。

2. 城市风貌系统的生成和演化机制

关于城市风貌系统生成和演化机制的研究，试图揭示城市风貌系统复杂现象生成的主要原因，以及城市风貌复杂现实态与生成机制之间的关联性，以预见城市风貌特色塑造的可能性。具体研究内容将从城市风貌系统生成因子、生成机制、演化动因、演化机制四个方面展开论述。

城市风貌系统的生成来源于三个主导因子共同作用：基础性因子、个体驱动力和集体引导力，而贯穿整个生成过程的是三个微观机制的作用，即标识机制、积木机制和适应机制。城市风貌适应性主体通过标识机制进行集聚，利用积木机制进行组合，并以“流体”为媒介相互之间产生非线性的作用，同时，遵循适应性主体“刺激—反应”的内部模型，涌现出城市风貌系统的中观、宏观层次，以及新功能和新结构，从而导致城市风貌复杂性和多样性的生成。那么，城市风貌系统演化的基本动因，来源于系统内外两种因素的变化与作用。这些变化和作用主要表现在，微观层面上自主体更替和进化、人化组分的更新，以及宏观层面上外部环境的变化。自主体和人化组分的更新，使它们之间的固有关系发生了改变，并生成内部力场的张力，引导流体重新分布；而外部环境的变化，是触发城市风貌适应性主体自我调整的重要因素。因此，环境变化是城市风貌系统演化的外在促因，而内部力场的张力是最主要的决定因素。而演化机制则包括广义目的机制、竞争协同机制、信息分形机制、受限涌现机制和超循环更新机制，它们的共同作用，触发城市风貌系统自下而上涌现出风貌形、新功能、新结构，从而导致城市风貌系统的演化过程呈现两个比较明显的趋势，即趋于复杂性的状态和趋于多样性的特征。

3. 基于生成原理的城市风貌特色显现

基于生成原理的城市风貌特色显现的研究，是运用生成原理的方法，构建城市风貌特色生成的研究框架，从特色概念界定、特色生成原则、特色干预机制、特色显现方式四个方面入手，为城市风貌特色显现指明了方向和路径。

首先，从生成视角出发，将特色视为生态、社会和空间三大子系统、组分及适应性主体之间一种良性关系或和谐关系的外在呈现。其次，文章以超越构成路径的全新视角建立特色的生成原则，其中多样性原则、脉络性原则用于指导自上而下的宏观约束，动力性原则、过程性原则和自主性原则用于激发自下而上的微观机制，而涌现性原则、适应性原则用以促成宏观与微观之间的互动与关联。其三，通过干预生成模型避免出现不良的宏观效果，其途径是：以观念机制强化自主体文化意识与价值取向，以制度机制限定政府力和资本力的自由度，以节事机制来组织城市流体的流向和分布。其四，在特色生成路径下，提出了城市风貌特色生成步骤的三个环节：宏观约束承继化、中观分布鲜明化及微观机制创新化，认为这三个环节在相互控制、适应、反馈和调整的不断循环往复的过程中，触发城市风貌特色表现形式适时地更新和演化。其中，宏观约束借助中观分布具体而微地演绎，逐步实现对微观机制的控制和约束，以此有效地限定和引导城市风貌特色的生成方向。最后，从传播学和感知角度出发，文章提出了城市风貌特色的显现方式，其概括为：特色样态信息的组织、特色事态信息的整合及特色感知系统的部署。

### 1.3.2 研究方法

选题针对性的研究方法主要包括复杂思维范式、比较分析方法和学科融贯方法三种类型。其中，复杂思维范式用以改变思维方式和引入新的研究视角；比较分析方法是以对比简单思维范式与复杂思维范式、构成论与生成论的异同点，来澄清复杂思维范式中的生成思想；学科融贯方法就是针对城市风貌系统复杂性，运用多学科交叉的方法进行研究。

1. 复杂思维范式

复杂思维范式是简单思维范式的批判、修正和补充，它是针对系统跨层次、事物的形成及演化过程、事物之间的关系等新世界观的概括和总结，它不仅含有多样性、无序性、随机性和生成性，同时，也是规律性、秩序性、组织性、构成性的综合。认识论上，复杂思维范式主张主客体统一原则，认为二者可以区分但却不能分割，因此，主体便转化为对象系统内的适应性主体；同时，它强调了复杂系统的生成性，认为适应性主体触发了复杂系统的生成和演化。无疑，以主客体统一的视角，城市自诞生之日起便是一个复杂的自适应巨系统，同样，城市风貌也是一个包含物质信息、人文意蕴和生活内涵等多主体的复杂综合体，并且受科学技术、社会经济、历史文化、自然环境等多重因素的影响与制约。于是，只有复杂思维范式才是解开城市风貌特色复杂性问题的一把钥匙。

2. 比较分析方法

首先，选题运用比较分析方法，澄清了复杂范式对简单范式的多面向超越，主要内容表现在如下两个方面：本体论上，复杂性范式认为，简单范式的还原性原则把对总体或系统的认识还原成组分等简单部分或基本单元，对于认识复杂系统已力不从心，更为重要的是要重视事物规律和结构的过程性，强调事物的生成性和自组织性；认识论上，简单范式的分离性原则将对象与知觉主体和认识主体进行绝对的分离，而复杂范式认为，主客体相互关联不能完全分离，对象与环境一体，可以区分但不能分割。其次，选题运用比较分析方法，建立起城市风貌系统生成原理的思考起点，通过对比构成观提出了生成观的思想。城市风貌系统生成观相较于传统构成观而言，是一种思维范式的转换，它是以生命隐喻取代机器隐喻的方式，引导人们重新理解城市风貌系统的生成和演化。

3. 学科融贯方法

学科融贯方法就是针对城市风貌系统的复杂性，运用多学科交叉和互涉的方法进行研究。城市风貌是引发城市集体意象的生成、富有特色意涵的物质与非物质等总体客观实在的形态综合，它涵盖城市物质信息、人文意蕴和生活内涵。其研究内容是由形体物理特征和面貌、可观察的活动与功能、含义或象征三个部分组成，并且受科学技术、社会经济、历史文化、自然环境等多重因素的影响与制约。选题以复杂性科学、传播学、心理学、规划学、建筑学和景观学交叉研究为主导，所涉及的学科还包括地理学、社会学、经济学、生态学等。对城市风貌的研究，不仅仅拘泥于物质层面，而是深入到社会、经济、文化层面，揭示现象背后内在的本质原因。

### 1.3.3 研究框架

见图1–7所示。

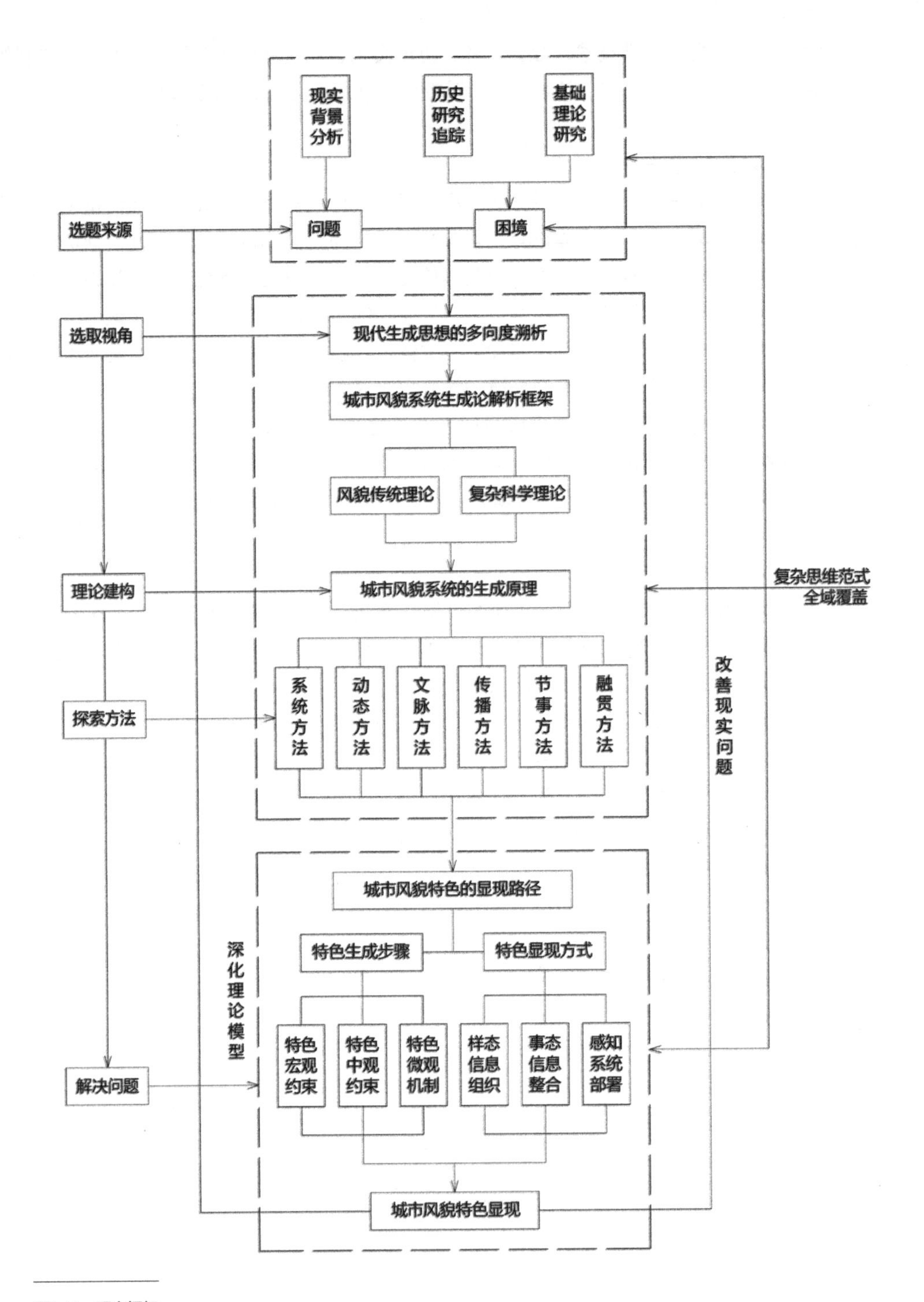

现实背景分析
历史研究追踪
基础理论研究
选题来源
问题
困境
选取视角
现代生成思想的多向度溯析
城市风貌系统生成论解析框架
风貌传统理论
复杂科学理论
理论建构
城市风貌系统的生成原理
复杂思维范式全域覆盖
系统方法
动态方法
文脉方法
传播方法
节事方法
融贯方法
探索方法
改善现实问题
城市风貌特色的显现路径
深化理论模型
特色生成步骤
特色显现方式
特色宏观约束
特色中观约束
特色微观机制
样态信息组织
事态信息整合
感知系统部署
解决问题
城市风貌特色显现


图1-7　研究框架

# 2

# 现代生成思想多向度溯析

“对于一切使人感到舒适的、被人所爱或追求的美的认知都依赖于感受、想象、研究、推测和理解。”[73]当然，科学思想也不例外，它来源于对宇宙的本原和秩序的想象、推测与追问。对于宇宙是来源于生成还是构成的探讨，形成两种不同的思想，“前者主张变化是‘产生’和‘消灭’或者‘转化’，而后者主张变化是不变的要素之结合和分离。”尽管，生成论和构成论在古代的东方和西方都曾经产生过，但是它们的传统地位各不相同，在东方生成论是主流，而在西方构成论是主流，“生成论和构成论的差异是造成东西方传统科学差异的总根源。”[74]20世纪下半叶，随着复杂性科学的兴起和发展，构成论已不再完全适合于系统科学的发展。基于构成论的局限性，整体生成论思想在复杂性科学研究新发现中应运而生，并昭示着一场新观念和新思维的变革，这场运动以现代生成论和经验原则相结合的方法论框架来认识自然和社会，并要求从“整体”的动力学角度去认识“部分”的性质。采用这种方法和角度看问题，有利于促成人与自然和谐共存、科技和人文有机融合、东西方文化相互交融，于是，整个宇宙便处于循环运动网络的动态平衡中。基于此，本章在澄清“生成”概念的基础上，将从物理学、生成哲学、生成科学、生成理论四个方面，展开对现代生成思想内容和渊源的追溯，力图全面展现生成思想的形成过程、发展脉络及核心思想。

## 2.1 “生成”概念与内涵

“生成”（Generate）是生成思想中一个最基本的概念，是用以超越还原论、阐述生成论的一个最为重要的关键词。因此，对于“生成”词义的解读，是追溯现代生成思想的形成和发展的重要前提。“生成”所对应的英文单词是“Generate”，依据 generate 在《21世纪大学新英语读写译教程教学参考书》（2010）和《牛津高阶英汉双解词典（6$^{th}$Edition）》（2004）中的英文释义，其分别表达为“to cause something to exist”和“to produce or create sth”，其中隐含着引起、存在、产生、孕育、创造等深层的含义。“生成”过程由于隐含着“创造”的意涵，因此，它不是一个平铺直叙的过程，其中必然带有突现或涌现（emergence）的现象。而“emergence”的动词形式“emerge”，本意是“从液体中浮出”（Come up out of Liquid），转意为“现出、显现”（come into view）、“生成、露出”（issue），引申义为“引起注意或脱颖而出”（rise into notice）等。刘刚认为理解 emergence 不仅要注意到其突发性的一面，更重要的是理解突发后显现的状态。由此他认为将 emergence 译为“朗现”更好，目的就是突出显现后的状态。[75]

那么，“emergence”所表示的结果是一个“成”（becoming）的过程。所谓“成”也是从结果来看的，如果从开始那一端来看，则是“生”。因而，“生”与“成”则是 emerge 一词的起点和终点。“成”的过程便是“从无到有”的过程，其关键在于突现性，由突现性开始，到现实性结束。突现性有两重含义：一个是“突现”，即actualize，指的是“生”，即“开始”的意思；一个是由突现或开始这个动作变成现实（actuality）的“成”的结果。把这两个方面的含义结合起来就是 actualization，即实现过程或生成过程。在亚里士多德那里，这个过程被称为“隐得莱西”，即“完满”（perfection）。在刘刚看来，“生”与“成”便是这个过程的起点和终点。刘刚的这一考察，正好与金吾伦在《物质可分性新论》中所提出的“潜存—显现”观相一致，即现在所谓的“实现”或“生成”。[9]

## 2.2 物理生成现象描述

20世纪物理学的发展，使得科学的自然观与世界观发生了重大的变革，无论是渺观、微观的认识，还是宏观、宇观，乃至胀观的认识，正日益从构成论转向生成论（图2-1）。科学正在以生命隐喻取代机器隐喻，引导人们重新理解世界。在生成论的世界图景中，“整个宇宙就是在创造性的催动下现实实有生成、消亡，再生成的过程。”[76]基于构成论的物质是否无限可分的问题，逐渐成为不合时宜的话题，其主要归功于物理学的新发现，我们看到的世界是，宇宙万物乃至粒子正不断地上演着诞生、生长、完成和湮灭的一幕幕。

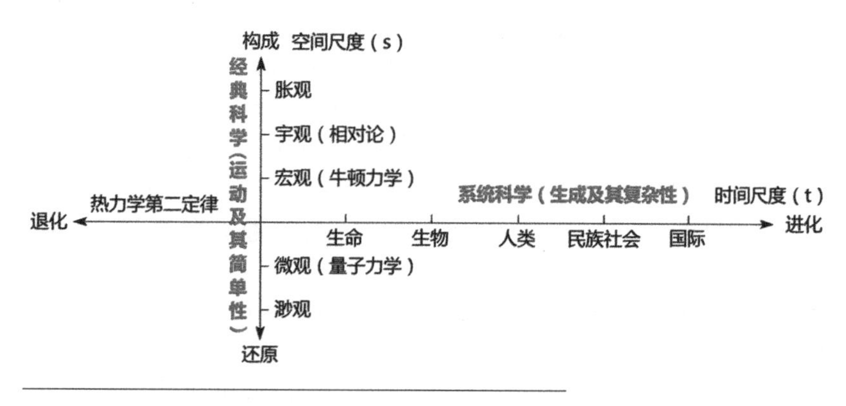


图2-1 科学发展的两条路径
（资料来源：李曙华的《系统科学——从构成论走向生成论》）

### 2.2.1 宇宙的创生

关于宇宙起源的问题，从东西方哲学思想来看，都含有宇宙生成观的主张。老子《道德经》中“道生一，一生二，二生三，三生万物”的思想，正是中国宇宙生成观的最早陈述。其含义是：事物因混沌之气分化成万物，由简单到复杂的过程；此“生”乃是化生，变化生成，即分化或发展之谓。[77]在《易传·系辞》中，孔子后学之手将生成思想发展成为一种逻辑化图式：“易有太极，是生两仪，两仪生四象，四象生八卦，八卦定吉凶，吉凶生大业。”尽管，上述描述的是卦系的生成过程，但它的逻辑图式却是来源于对自然过程的模拟。进而，在《易传·说卦》中，列出八卦所意指的八种自然现象：以乾象天、以坤象地、以震象雷、以巽象风、以坎象水、以离象火、以艮象山、以兑象泽。于是，通过象征意义将易卦逻辑图式转变成宇宙生成模式。在《灵宪》中，张衡也论及天地生成、宇宙起源和宇宙结构等问题。认为天地万物生于原始之元气，初元气混沌不分，后始分清浊，清浊之气相互作用，形成了宇宙。宇宙生成于物质运动的本身，宇宙结构也随之不断发展变化，而非亘古不变。张衡的宇宙生成思想表明，两千年前中国的哲学思想已经形成了对宇宙生成和演化规律的初步认识。而邵雍《皇极经世书·观物外篇》中的“太极乾坤演化模式”，在中国古代宇宙生成思想中，则更具代表性，它是对《易传》宇宙生成模式的继承和发扬，认为“太极既分，两仪立矣，阳下交于阴，阴上交于阳，四象生矣。阳交于阴，阴交于阳，生天之四象，刚交于柔，柔交于刚，而生地之四象，于是八卦成矣。八卦相错，然后万物生矣。”从邵雍的太极乾坤演化思维模式中可以看出，他以辩证思维理解宇宙的生成，形成古老东方特色的自然辩证法则及宇宙生成观，它们构成了中国传统科学思想中最基本的宇宙物理原理。

西方传统宇宙观中也含有宇宙创生的思想，但是，“亚里士多德和大多数其他希腊哲学家不喜欢创生的思想，因为它带有太多的神学干涉的味道。”[78]所以，他们宁可相信，世界从过去到现在乃至未来始终如此，并且将永远如此存续下去。他们接受恩培多克勒“四根说”（即四要素构成说）和阿那克萨戈拉的“种子说”（即种子构成说），二者都是典型的构成论思想。现代宇宙学研究告诉我们，宇宙很可能不是永恒的，它是从“无”经过量子跃迁创生出来的。当代的宇宙创生思想已经具有了坚实的科学依据，自从16～17世纪出现现代科学以来，物理学家和天文学家便不断地回溯宇宙的起源问题，并采用实测得到的宏、微观数据加以证明。如英国物理学家霍金（S. W. Hawking）利用对银河之外星系的观测结果，提出了宇宙大爆炸理论的猜想，并在《时间简史》（1988）中，通过宇宙自足理论的研究，阐述了宇宙如何从既没有空间也没有时间的状态产生出空间和时间，从而走向宇宙生成论。美国物理学家惠勒（J. A. Wheeler）依据宇宙学的启示，提倡“质朴性原理”而认为，物理定律也是从无到有的生成过程，甚至连时间和空间也同样是生成的。[79]在宇宙大爆炸之前，并不存在时间和空间，它们有起源之后，便有了一个从无到有的生成过程。

将中、西方宇宙生成思想作比较，可发现其思想内涵有着异曲同工之妙。无论是中国古老的太极乾坤宇宙生成观，还是西方的宇宙大爆炸理论，都是建立在以极点作为“生成之初”的假设上。太极乾坤宇宙生成观承认，宇宙是在极点上开始生化的，这个极点即为“太极”，乃一个界点。在界点之先，是一个孕育过程，称为“五运”，经历“五运”形成“太极”界点之后，逐步开始分化，生成宇宙万物。而西方宇宙大爆炸理论认为，150亿年前，宇宙由一个致密的、炽热的、体积极小的“奇点”在一次大爆炸后膨胀形成。大爆炸之后，宇宙物质从这个极点向外逸散，随着宇宙不断膨胀，温度慢慢下降，逐步形成了现实宇宙中的星系和日月星辰。尽管，中、西方关于宇宙生成的路径的认知有所差异，但归根结底，其生成性思维是一致的。只不过西方宇宙大爆炸理论的猜想是建立在对银河之外星系的观测结果上，其实测得到的宏、微观数据，比起东方古老思想上的猜想和思辨，更有利于展示宇宙生成规律的物理蓝图。

### 2.2.2 粒子的转化

德国物理学家海森伯（W. K. Heisenberg）是微观物理生成现象的先觉者，他从粒子物理学研究中领悟到，运用生成或转化概念描述粒子产生和转化现象，比运用构成论原理更具说服力：“在碰撞中，基本粒子确实也会分裂，而且往往分裂成许多部分……实际上不是基本粒子的分裂，而是从相互碰撞的粒子的动能中产生新的粒子。”进而，他最后得出的结论是：“……基本粒子……能够相互转化。”显然，海森伯很早就强调粒子的生成、湮灭和转化的观念，但粒子碰撞所导致的生成、湮灭和转化现象，“的确不能由构成论的观点得到理解，而生成论却易于理解它。量子场论中的‘产生算符’和‘湮灭算符’的概念基础正是生成论，各种统一场论要求一切粒子从统一场经对称破缺产生的概念基础也是生成论的宇宙观。”[74]海森伯的关于粒子是生成的论断，为我们展示了这样一幅物理世界图景：在宇宙创生时刻，最基本的粒子从混沌中生成，这些粒子进而生成、组成更为复杂的粒子，乃至宇宙万物；自宇宙生成至今，宇宙间最基本的粒子总是处在不断的生成和湮灭之中，使宇宙呈现一幅生生不息、绚烂多彩的画卷。

在现代物理学研究中，微观世界的生灭现象在新发现中愈来愈得到印证。例如，原子核的β衰变，光子与正负电子对的相互转化，以及高能激发下P介子被击碎时并不分割成它的部分，而是产生了一大堆新的P介子等。对于这类生成和转化现象，进一步表明了，构成只是物质存在的一种可能形式，绝非唯一形式，而生成和转化也是物质存在的一种形式。1934年，费米（E. Fermi）发表了用量子场论方法处理β衰变的研究成果，它是物理学场论研究中“产生算符”和“湮灭算符”的首次成功运用。他的理论表明，电子既可以创生也可以消失。此后，物理学家们便开始使用“旧粒子吸收”和“新粒子产生”的术语，配上适当的守恒律，去描写各种微观过程。在新的理论里，不再认为现今看到的东西早先必定已经存在。这种关于粒子生成的新观念，就这样从根本上免除了在原子核内部储存电子的必要性。[80]而对于光子的研究，进一步强化了物理生成现象的认识。现代物理学研究表明，通常情况下，光子并不是光的组成实体，而传播中的光束也不是光子流，光子只是在光与物质相互作用之时产生的或被吸收的。基于此，对于光子概念的新认识，同样触发了从构成思维向生成思维的转变。正如玻姆（D. J. Bohm）总结量子与基本粒子之探索历程时所说：“在更深更广的各个隐层面上，显析序将消解于隐背景的隐缠序之中，展现出万事万物之整体性；内涵更深的显析序将在隐背景中浮现出来，从而形成崭新的、概括力更强的显结构，然而，新的显析序必将消解于更深层的隐缠序之中。宇宙、意识以及它们的整体，就是在这种卷入—展出的完整运动中演化着，这个过程永远不会完结。”[81]系统科学与生成科学不正处于这一伟大演化过程中的一个阶段吗？由此可见，生成是宇宙最本质的特征。有了生成的能力，才有无数新事物的产生。正如怀特海（A. N. Whitehead）所说：“创生性系诸共相的共相，刻画了终极的事相。其乃终极的原理，唯有借此原理，繁多——即分离的宇宙，始成单一的实际缘现——即结合的宇宙；繁多之进而为复合的统一体，系万物之本性使然。”[82]

## 2.3 现代生成哲学的思想

现代生成观念的产生来源于物理学领域的新发现，当对物理学理论的思考进入到最深层阶段时，其所涉及的都是实在、时空、运动等最根本的哲学问题，于是，在自然科学和社会科学知识的日积月累中，这种生成意识逐步上升为一种哲学上的思辨和认识。因此，现代生成哲学思想的形成，不仅是对于自然科学知识和社会科学知识的概括和总结，而且也理所当然地被自然科学和社会科学所证实。纵观现代生成哲学思想，最具代表性的是怀特海的生成原理、玻姆的生成序理论、德勒兹的生成理论和金吾伦的生成哲学（表2-1）。

现代生成哲学的思想　　表2-1

| 序号 | 学者 | 哲学思想 | 生成过程 |
|---|---|---|---|
| 1 | 怀特海 | 生成原理 | 可能态—现实态 |
| 2 | 玻姆 | 生成序论 | 隐序—显序 |
| 3 | 德勒兹 | 生成理论 | 差异—共生 |
| 4 | 金吾伦 | 生成哲学 | 潜存—显现 |

### 2.3.1 怀特海的生成原理

英国的阿尔弗雷德·诺斯·怀特海（A. N. Whitehead）被誉为具有多面性的思想家。他承袭柏拉图、亚里士多德以来的西方哲学传统，吸取爱因斯坦所代表的相对论和量子力学以后的科学成果，构筑了“有机体哲学”。在他的有机哲学的过程思想中，包含着许多生成论的观点，如他在《过程与实在》（1929）中所断言的，实际的世界是一个过程，而过程则是实际实体的生成。[83]同时，他认为，现实世界一切事物不具有实体的性质，而是相互包容地生成。[84]因此，在王治河博士看来（美国过程研究中心），怀特海的过程思想不仅仅是一种理念，更重要的是一种生活方式；而北大刘孝廷教授则认为，其过程思想中的生成观与中国传统文化所倡导的“生生之谓易”的生成论观点不谋而合。从这个意义上看，怀特海的过程哲学给我们描述的世界图景，从根本上说，不是一个实体性的静止的世界，而是一个不断流动和生成的动态世界。[85]

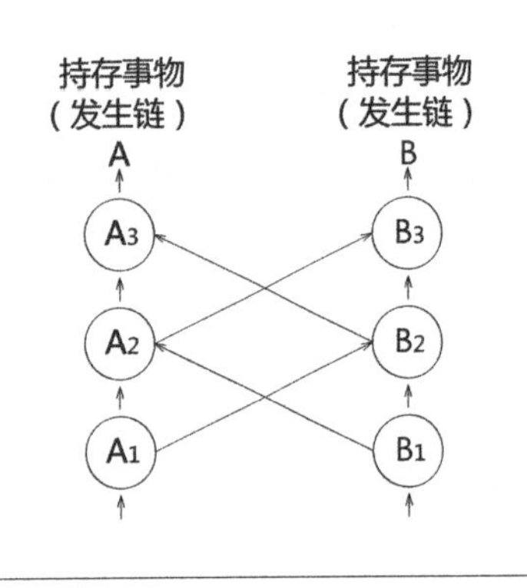


图2-2 事物的相互内在方式图解
（资料来源：田中裕的《怀特海——有机哲学》）

怀特海的生成原理的核心思想：

首先，生成是关联性的持续创造（图2-2）。他认为，自然、社会、人的思维乃至整个宇宙都是活生生的生命有机体，它们是由各种事件及各种实际存在物的互相连接和相互包含而形成的，始终处于永恒的创造进化过程之中。因此，构成宇宙世界的基本单位，并非是原初所认为的物质或物质实体，恰恰是由性质和关系共同构成的有机体。有机体的根本特征是活动，而活动往往表现为过程，那么，过程则是构成有机体的各元素之间具有内在联系的、持续的创造过程，它表明一个机体可以转化为另一个机体，创新性是新旧事物转化的必不可少的环节。一种类型的秩序出现之后会有各种发展的可能性，达到发展高潮之后进入衰败阶段，随后进入新的秩序类型，在此基础上，整个宇宙表现为一个生生不息的活动过程。[86]现实生活世界，无论在宇观和宏观层面还是在微观领域，都是一个活生生的、动态的有机的世界。万事万物都不是孤立存在的，也不是静止不动的，而是一个相互内在关联不断自我生成的动态过程。

其次，生成过程决定了存在状态。任何事物要成为现实的存在，必然先要成为一个过程，而这个过程决定了生成的结果，正如怀特海所言：“现实存在物是如何生成的构成了这个现实存在物为何物。”换言之，生成过程的不同决定了现实存在物存在状态的不同，因此，现实存在物“它的‘存在’是由它的‘生成’所构成的，这就是过程原理。”[83]

其三，生成是一种本性的体现。本性是指事物内在的组织结构，即可感性质所依托的东西。在任何特定情况下，生成过程所适应的每一种条件都有其原因，这些原因要么来自合生（即汇聚及融合）过程中某种实际存在物的本性要求，要么是合生过程之中主体之本性使然。这种由生成素材与生成目的之本性所决定的生成过程称为“本体论原理”，也可称为“直接有效的和终极的因果关系原理”。由此可得出结论，一种实际存在物在其过程中所要满足的条件表达了这样的事实，它或者与某些其他实际存在物的“实在的内在构造”有关，或者与制约那个过程的“主观目的”有关（图2-3）。[83]

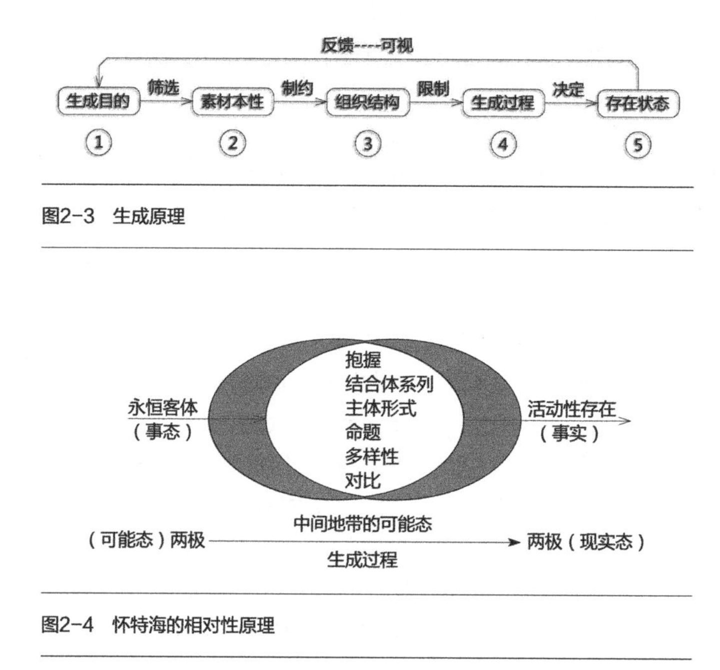


图2-3　生成原理

图2-4　怀特海的相对性原理

其四，存在是生成的可能态。现实世界是各种实际存在物生成的过程，它们由分离的各种不同形式的潜在要素，通过整合，形成一种现实的统一性，这个过程即为潜在性的合生。在实际存在物的生成过程中，新的摄入、连接、主观形式、命题、多重性和对比也随之生成。许多存在物无论是现实还是非现实的，都有成为合生之中的某种成分的潜在可能，这种潜在性即为所有现实的和非现实的存在物的本性，它对每一种生成来说就是一种潜能。“生成”是“存在”的现实态，“存在”是“生成”的可能态，这就是“相对性原理”。[84]怀特海的“相对性原理”对后期金吾伦的生成哲学的建立具有启发的意义。

其五，生成过程即从事态到事实的存在状态之转化。怀特海从有机哲学的立场出发，给出了八个“存在范畴”，描述生成的不同状态：①活动性存在；②抱握；③结合体系列；④主体形式；⑤永恒客体；⑥命题；⑦多样性；⑧对比。其中，“活动性存在”和“永恒客体”位于存在的两极，即前者为最现实的存在（即事实），而后者为纯粹可能性的存在（即事态），其余的都介于中间地带（图2-4）。基于此，活动性存在居于基础的地位，“没有活动性存在就丧失根据”。这就是“存在论原理”。[84]怀特海的存在论原理表明，无论所讨论的是过去已生成的最后成为客体的，还是现在正在生成的仍是主体的，都可用“活动性存在”一词来概括，换言之，“活动性存在”既可以指已经生成终结的“事物”，也可以表示正在生成着的“事态”。

其六，生成与生成之间的不连续。有机论自然观认为，诸存在既相互包容又分别多样化地实现着各自的价值和目的，并作为有机体而相互联系着。怀特海认为“生成的连续性是不可能的”，因为，生成本身是量子化的、不连续的过程。在量子力学中，物理量只能以确定的大小一份一份地进行变化，具体有多大则要随体系所处的状态而定。这种物理量只能采取某些分离数值的特征，叫做量子化，变化的最小份额称为量子。

## 2.3.2　玻姆的生成序理论

当代著名的量子物理学家、科学思想家和哲学家戴维·玻姆（D. J. Bohm），始终关注物理学中哲学问题的研究和探讨。在他的哲学思想中，生成性整体观是最基本的观点，他曾这样说过：“在我的科学和哲学著作中，我主要关心的是，把一般实在的性质和特殊意识的性质作为一个结合的整体来理解，这个整体绝不是静止的或完成了的，而是处于运动的和展开的无限过程之中。”[81]他认为，基本实在就是存在于变化过程中的事物的总体，这个总体是囊括一切的。因此，它的存在、它的意义以及它的任何特征都不依赖于它自身之外的任何别的东西。就这种意义而言，变化过程中的事物的无穷整体是绝对的。[81]事实上，玻姆整体论的思想渊源，主要来自对玻尔关于量子现象整体性观点的继承并发扬，他利用量子势因果解释（或称隐变量解释）和隐序理论两大基石搭建起自然哲学的主要构架，其中，无论是因果量子解释还是隐序理论，都始终贯穿着某种生成性整体思想。

在《整体性与隐缠序》（1980）中，玻姆提出了“隐序”和“显序”等相关概念，用以表达隐序理论中的生成整体论思想。“隐序”与“显序”是一对相对的术语，前者是指内在的、暂时没有显现出来的序，而后者是指外在的、具有稳定特征的序。玻姆认为，序总是处于不断的“卷入”与“拓展”之中，所以，常常把“隐序”称为“卷序”，把“显序”称为“展序”。万事万物都只是隐序在某些特定条件下对显序某方面特征的显现，一旦它所适合的条件发生了变化，它又会重新卷入到整体运动中去。我们的经验世界仅仅是卷入和拓展过程中的一个环节罢了。“卷入”和“拓展”是交替作用的，整体的物理运动是一个不断地卷入和拓展的动态过程，因此，可以看出，经验世界只具有相对独立和相对自主的一些特征，我们对经验世界的认识只具有相对的意义。[87]后来，玻姆运用隐序理论对宇宙起源问题给予了解释，认为现有观察到的膨胀宇宙是作为显序的一种显现，整个宇宙世界统一于能量，而这种能量是整个物质世界的基础，它本身就是完整的运动，是一种隐序。万事万物总是从中拓展出来，然后又被卷入，最终回归于能量（图2–5）。

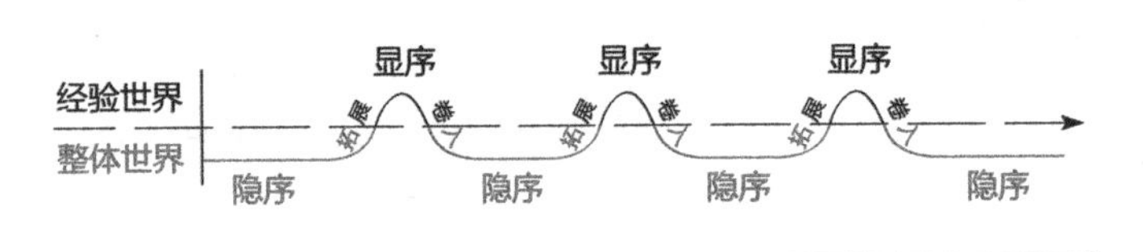


图2–5　整体性与隐缠序

玻姆在生成序理论中，在对“序”“度”和“结构”的考察基础上，提出了“生成序”（generative order）概念，用以表明任何事物都有一个发生、发展、成熟、衰老和消亡的过程。生成序隶属于序的范畴，是用来表达事物生成和演化的特殊的序，即内在的生成机制和生成方法，任何事物所显现的状态都是由这种序拓展而来的。正如玻姆所指，生成序“主要不涉及连续顺序的序之发展和进化的外部方面，而是涉及更深和更内在之序事物的显现形式，是创造性地从这种序中产生的”。[88]张桂权在《玻姆自然哲学导论》中对生成序作了这样的解释：第一，生成序与事物的发展和进化有关，但不是其外部方面，而是事物内在的生成机制；第二，生成与创造有关，事物的显现形式创造性地产生于生成序。[89]因此可以说，“生成序”是事物的产生和形成过程中内在的生成机制。

基于上述“生成序”的定义，玻姆对生成机制进行了进一步的探讨，并作出两方面的推理。首先，事物在生成过程中遵循着自相似性原理。自相似性是分形的重要特质，它是指在不同的空间尺度或时间尺度下，某种结构或过程的特征基本相似，或是指某系统的整体结构、性质与局域结构、性质相类似。另外，在整体与整体之间或部分与部分之间，也会存在自相似性。现实生活中此类现象随处可见，例如，连绵的山峦、蜿蜒的海岸线、飘浮的云朵、六角形的雪花、树木的枝条、植物的叶片甚至人体的循环系统等。正是源于自相似性原理，事物生成与演化秉承禀赋中特有的序、度和结构，以至于可以维持自身特点而异于他物，同时，随着事物的不断发展变化，在规模和维度上体现出了与前期的差异。其次，事物的生成过程遵循着由一般到个别、由普遍到特殊、由全域到定域的原则。众所周知，对自然界的认识方法总是通过对个别的、特殊的、具体的事物的认识，进而上升到对该事物的普遍性和一般性的把握。而事物的生成恰恰是通过内在的生成机制，在生成

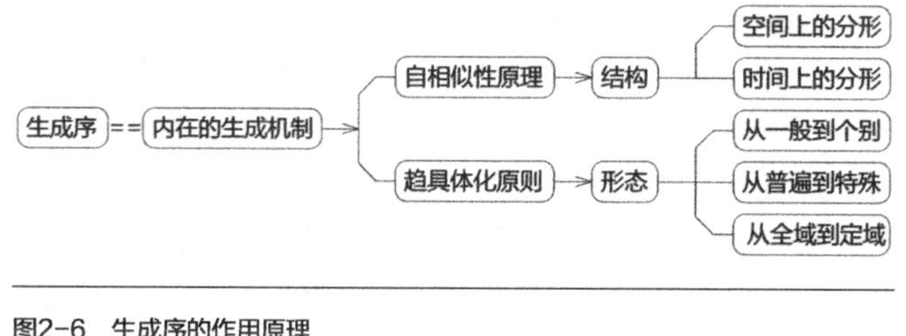


图2-6　生成序的作用原理

过程中将普遍性整合成为一个具体的整体，乃至一个具体的事物（图2-6）。基于此，可以将生成分为两类：一类是由普遍性整合成特殊的事物，从混沌生成现今的宇宙属于这一类，艺术家的创作过程生成栩栩如生的艺术形象属于这一类。另一类是由简单生成复杂，以生成元、生成子的整合形成新事物。

玻姆的理论复杂且深刻，其整体生成论大致可概括为：第一，宇宙是一个不可分割的整体，那种分离、分割的破碎观是一种幻觉。第二，部分是由整体生成的，整体从逻辑上先于部分。第三，我们的理论应被看成是看待整个世界的一种方式，而不应看成是关于万物本身怎样的绝对真知识。万物本身是一个不可分割的整体，而许多理论常常使其破碎化了，也即是被分割、分解了。第四，玻姆认为，物质与精神、心和物形成一个不可分割的整体。因此，他被称为是一位更彻底的整体论者。[90]

### 2.3.3　德勒兹的生成理论

20世纪，法国著名的后现代主义哲学家吉尔·德勒兹（G. Deleuze）的生成论思想在西方思想史上具有特殊的意义，因为，他提供了不同的解读世界的方式。正如科尔布鲁克（C. Colebrook）在《吉尔·德勒兹》（2002）中所指，整个西方思想史都建立在“存在与认同”的基础上，而德勒兹恰恰相反，他强调的是“差异与生成”。德勒兹以自己特有的方式，重读和清算了哲学史，与加塔利（F. Guattari）一起创造了一系列特色斐然、内涵丰富的后结构主义概念，如“生成”“块茎”“感觉”“褶子”“游牧”“千高原”“解辖域化”“逃逸线”等，其中生成是最重要的概念之一，因为他的全部思想，都贯穿着对生成而非存在的强调。[91]德勒兹的生成论思想对许多学科领域都产生了巨大的影响，当然对城市规划和建筑学也有重要的理论价值。下文拟从德勒兹的“块茎”概念入手，管中窥豹，阐述一下他的生成论的哲学思想。

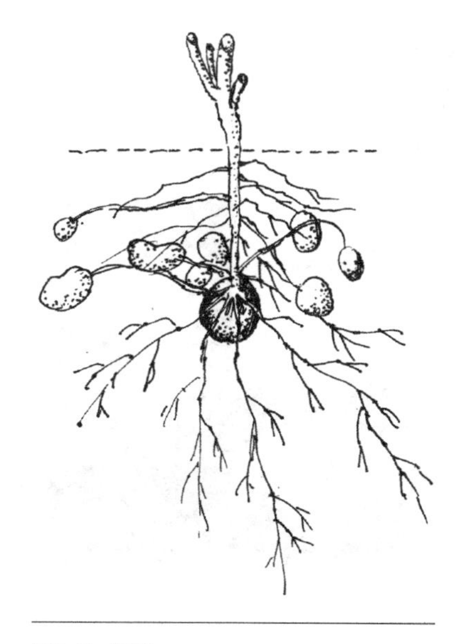

图2-7　块茎

德勒兹的生成思想：

从本质上说，德勒兹的哲学是关于生成的本体论。德勒兹生成论是建立在差异性元素之上的建构性哲学，认为差异性元素的存在是导致动态生成的主要原因。差异的存在引起运动，一旦差异被消除就会导致静止，因此，运动的关键在于差异是否在场。德勒兹用“块茎”理论来阐述生成论中独特的生成思想，其主要原因是，“块茎”是用以指称差异性的。事实上，“块茎”是一种植物，如同马铃薯或黑刺梅树，与树等根状植物不同，它既没有永久的根基，也不固定在某一特定的地点。“块茎”只要扎下临时的而非永久的根，就可在地表上蔓延，并借此生成新的“块茎”，然后，持续蔓延。一个“球状块茎”就相当于一个点，点的链接过程即是生长的过程，德勒兹称之为“生成”（图2-7）。因此，在他看来，“块茎”是一种异于一脉相承或高度统一的树状结构的非中心化结构。树状结构具有统一性、整体性、一致性和固定性的特征，用来比喻线性的、循序渐进的、有序的系统；而“块茎”结构则具有差异性、差异关联性、多样性和动态性的特征，它隐藏着一种潜在的统一性，尽管表面上看起来是无中心的、非统一的。“块茎”结构既存于地下，同时又是一个完全显露于地表的多元网络，由根茎和枝条所构成；它没有中轴，没有统一的源点，没有固定的生长取向，而只有一个多产的、无序的、多样化的生长系统。[92]因此，“块茎”结构隐喻了一种异质共生的生成图式。

就方法论而言，德勒兹的生成论与传统构成论有着本质的区别。构成论“试图寻找表层之下隐蔽的深度，试图在表象的背后挖掘出一个终极存在或此在。”而德勒兹的生成论“所感兴趣的恰恰是从未隐藏过的关系”，是一个客体现象之间以及现象及其外部之间的关系。它既不追问现象是什么，也不探究“能指”和“所指”的意义以及事物的本质；恰恰相反，它追问的是现象的状态是什么，与它相关或不相关的强力是什么关系，它是如何演进的，又引起了哪些自身的变形。[92]由此可见，德勒兹生成论的哲学思想，既和传统结构主义的“构成”划清了界限，同时又与德里达的“反构成”保持了距离，因为它并不探求事物表象背后的本质，在否认本质的同时，并未像德里达那样通过“暴力”切断了事物的“能指”和“所指”的关系，而只是将探求的重点转向了该事物和其他事物的联系或关系，并以动态的眼光审视该事物在这种关系中的变化和演进。正是德勒兹这种无统一源点而重视事物之间联系的生成思想，为重新审视复杂性世界提供了一种新的方法论。在这个方法论中，“构成”不再等同于确定性，“反构成”也不再指代无序，和它们相比，“生成”更多地受到各种内部和外部因素的影响。同时，“生成”并不以某种人为的法则或者是审美情趣作为预设的目标，而是在设计中强调“生成”的方式，即重视各种影响设计的参变量的相互作用，也重视设计自身的逻辑规则的演化过程，从而最终让形态自然地浮现（图2-8）。于是，作为“结果”的“构成”就转化成了作为“过程”的“生成”。基于此，如

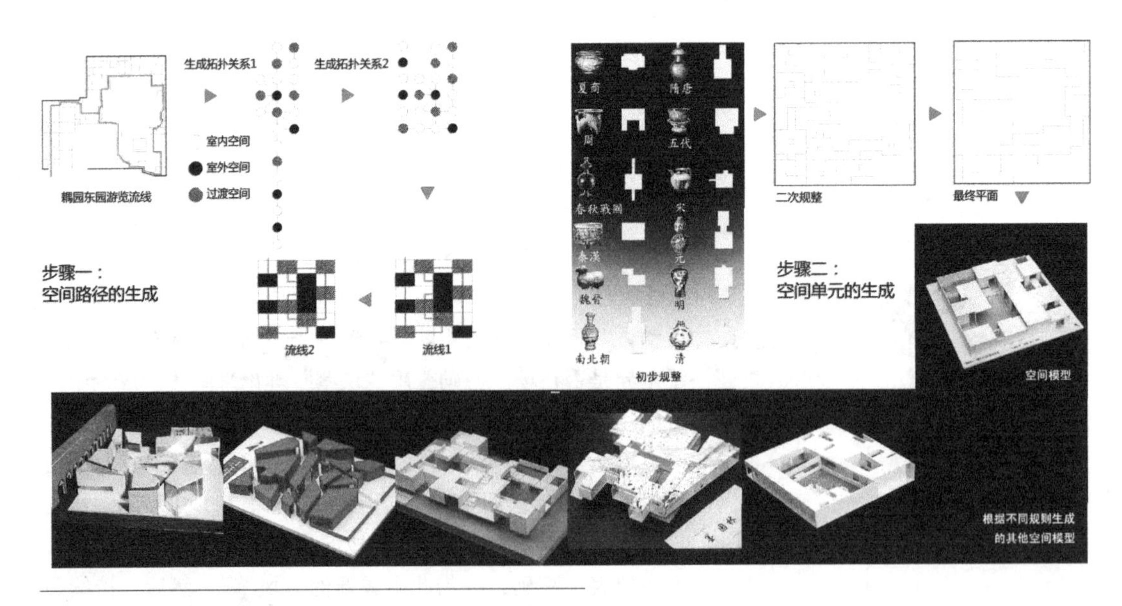


图2-8　威尼斯瓷器展厅的生成
（资料来源：戚广平、俞泳、孙澄宇的《建筑生成学基础教程概论》）

果说结构主义的“构成”方法论更多地被描述为是“自上而下”的话，那么，“生成”之方法则体现出“自下而上”的设计思想。[93]

德勒兹生成论的意义：

首先，德勒兹生成论的美学意义在于，对柏拉图所预设的基要主义及模仿论传统的颠覆，认为不再有某种源头或存在作为生成的基点。他不仅是把生成置于存在之上，而且试图消解西方传统哲学的二元对立的观念，体现出多元共生适应生命时代的思想内涵。德勒兹倡导内在性的生成，通过对二元对立的主体与客体、域内与域外的精神与物质的解辖域化，建立多样性动态的事物运行机制与模式。因此，德勒兹生成论中体现的共生思想内核，实际上是在不断地否定和吸收前人学说的基础上建立的流动的多元论。德勒兹生成论的这种多元共生及流动多样的运行模式，正契合了生命时代建筑发展的内在要求。[94]其次，德勒兹生成论的意义还表现在，对人类中心主义和逻各斯传统的解构和活力论的重构。他认为，有一个真实世界、一个稳定的存在隐匿在生成之流背后，这样的设想是错误的。大千世界除了生成之流以外别无他物，一切存在皆不过是生成生命之流中的一个相对稳定的瞬间。由此，西方传统中的人本主义和主体中心论被视为妨碍生成的障碍。德勒兹拒斥以人作为基本存在的观念，肯定大千世界各种存在都有生存价值与意义的多元，肯定动态的生成观，因为维度不同而生成殊异。人类的眼睛、大脑和心灵只对自身感兴趣的东西加以感知，把感觉的混沌世界缩减成为特定的客体，而自己成为观察这种客体的主体。德勒兹倡导以活力论的多元视角对传统的人类主体论视域解辖域化，由此，可以从一种非人类的视角想象生活。[91]

### 2.3.4 金吾伦的生成哲学

金吾伦的生成哲学，是基于对中国传统哲学生成思想的继承，以及结合西方现代自然科学的新成果而提出的，是中西文化合璧的产物。根据对历史的考察，认识到人们在自然科学中使用分析方法的局限性，特别是在面对如何诠释有机界与生物界的研究对象时，构成论更显得力不从心。进而，人们引进了整体论即系统论，而其明显的缺陷在于该理论仍以实体主义为基础，在反对分析方法的同时，却又以分析方法作为其研究的手段。为了能彻底摆脱以实体主义为基石的构成论的窠臼，金吾伦主张以生成论代替构成论，强调“要素是生成的，把‘生成’概念提高到最本质的地位，没有生成，就没有要素。”因此，他在《生成哲学》(2000)中，从批判还原论与构成论入手，在修正整体论的基础上，进行生成哲学的探讨和建构。

金吾伦的生成哲学核心思想就是生成论。为了搭建生成论的基本框架，他首先提出了生成最本质的特征，即动态性和整体性。随后，他以五个特性对上述特征进行了详细的描述：①潜在性；②显现性；③全域相关性；④随机性；⑤自我同一性。通过“源头”“途径”及“过程”等字眼来刻画生成的关键环节，认为潜在性是生成之源，显现性是生成之途，显现过程就是“生”的过程，而全域相关性、随机性与自我同一性是对“生”这个过程的详细刻画。这里的“自我同一性”就是个体性，而个体性的出现和保持与潜在性的结构、全域相关性、随机性有着密切的关联。金吾伦的生成论重点强调的是以下几个观点：其一，宇宙及宇宙间的一切都是一个生成过程，生成是宇宙本身的内在特性，而“‘创生性’是诸共相的共相，它刻画了终极事实的特征。”[95]有了生成的能力，新事物才能不断地产生，于是，便有了宇宙的时间和空间以及世间的万事万物。其二，这个生成过程是整合的，即从潜存到显现过程中将相关因素都整合在其中，从而生成具有个性的新事物。其三，潜在性即是“道实在”，它是“有”与“无”的统一体，具有双重结构。[9]

生成论原理的相关概念。在《生成哲学》原理部分的开篇处，金吾伦首先提出了生成论最基本的概念，即“生成”。认为“生”的过程不是将现存的要素组合转变而成，而是整合了有关的全部潜能才能得以实现。如婴儿之出世，非单纯地从母腹出来的那一瞬，而是通过母体的长期孕育，从中吸纳氧气和养分，借助母体与外界不断地交换能量，经受无数随机因素的作用，才能获得婴儿的新生。其次，为了更好地解释生成的过程，金吾伦富有创造性地提出了“生子”的概念。“生子”概念是基于对莱布尼茨的“单子”、柯斯特勒的“全子”和阿那克萨戈拉的“种子”批判的基础，结合老子的生成思想而创造的。金吾伦将宇宙的内在特性——“创造力”或“驱力”，称为“生子”，它是生成的基本因子。金吾伦的生子，既不是物质，也不是能量，更不是精神，而类似于一种信息，在可能的情况下它能转化成物质和能量。生子的特点是，时间上是瞬间持续的，空间上是非定域的，且能自己运动的，具有触发演变的自主性和自组织性，同时，生子是有机的，是“其小无内”的，因而是不能无限分割的。[9]

生成逻辑的描述。金吾伦认为，生成是可以从“无中生有”的。生成不是简单的分离和结合，不是从一种实存到另一种实存，而是自生长，是从潜存到实存的。“生子”中并不包含万物尔后生长中所具备的一切基因，而是在生长中实现和生成的。为了能够生动、形象地刻画生成的过程，他创造了三个相关的概念，即“潜有”“缘有”和“实有”。“潜有”是“无”和“有”相统一的有；“缘有”是“机遇的有”，它是“潜存”的状态，内在的阴阳互动与具体环境随机地互相作用，个体生成转化为“实有”，“实有”便是我们所见的经验现象，可观察事物，它是“显现”的状态。于是，生成过程便是潜有—缘有—实有的过程，即从“潜存”到“显现”的过程（图2-9）。[9]从潜在到现实实有的转变，其中经历了一个“缘有”阶段，亦可称为“缘结”。这里的“缘有”有点类似于混沌理论中的“吸引子”①。当动力促使系统产生分叉时，新的吸引子出现，将引导系统向新的稳定态转化；这意味着系统的量和质都发生了改变，新的吸引子支配着系统，使之呈现出全新的结构和性质。

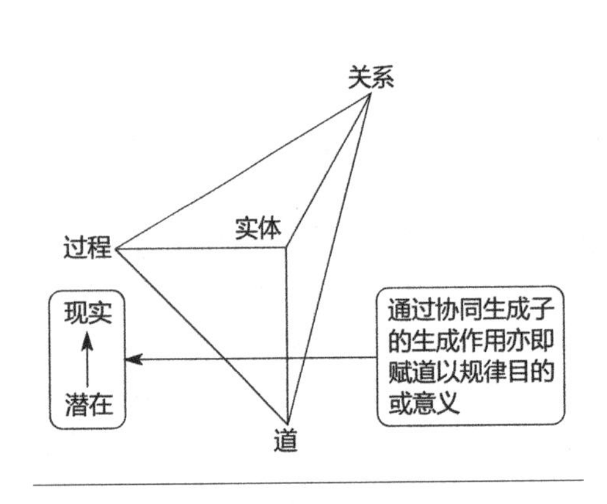


图2-9　生成之道
（资料来源：金吾伦的生成哲学）

## 2.4 现代科学的生成思想

科学与哲学不同，科学的思维仅仅是哲学思维中一条脉络的延展。哲学总是注重思维上的思辨，关心的是存在的多种可能性，它的价值在于指导人们如何看待这个世界，提供多元化的思维；而科学的特点是，强调实践和经验积累，其主要的方法包括：实验试验论

① 从相空间上看，系统演化的目的体现为一定的点集合，代表演化过程的终极状态，即目的态，具有终极性、稳定性和吸引性。

证、模拟试验论证、观察和分析等，因此，作为科学的研究对象总是需要一个可以作实证描述的起点。基于此，从科学角度来看待生成过程，与哲学上的思辨有着本质的不同。哲学上认为，任何具体事物都是“从无到有”生成出来的，无或零可以是哲学描述事物生成的起点；但是，从科学的视角出发，事物生成作为一种过程，需有一个可以作实证描述的起点，它应当是某种非零的存在。事实上，自然万物的生成本为生生不已的无限过程，而科学的研究却是有限的[96]，因此，科学意义上的生成，指的是具有非零起点的受限生成过程。关于现代科学生成思想的研究，国内外均有所建树，其中，最为突出的包括：霍兰的受限生成过程、李曙华的系统生成科学、苗东升的系统生成论以及刘劲杨的整体生成论等（表2-2）。

现代科学的生成思想　　表2-2

| 序号 | 学者 | 科学思想 | 生成过程 |
|---|---|---|---|
| 1 | 霍兰 | 受限生成过程 | 活性主体相互作用—可能态—对策树—规则与机制—限制与约束—目标态 |
| 2 | 李曙华 | 系统生成科学 | 生成元（未分化的整体）—信息选择、组织—更新质料—发育生长—分化出部分—发育完成新的整体—形成复杂系统与复杂网络 |
| 3 | 苗东升 | 系统生成论 | 信息的积聚、分化、重组、改变、转化、生灭—信息核即“微”（生成元）—信息运作综合集成（信息的选择、获取、表示、传送、加工、增值、创生、积累、转录、翻译）—新系统整体 |
| 4 | 刘劲杨 | 整体生成论 | 是机制而非某个实体或关系成为了生成性整体。生成性整体的实质是一个生成与演化的过程，整体是一种过程的持存，在此意义上，实体与关系只是过程的显现 |

### 2.4.1 霍兰的受限生成过程

涌现性思想是世界著名的科学家约翰·H·霍兰（J. H. Holland）科学思想的核心。霍兰和他的同事所做的非线性动力学的计算机模拟、元胞自动机的运用等复杂性科学的研究工作，对他的涌现性思想产生了重要的影响。霍兰的受限生成过程，主要通过建模的方式模拟一种“涌现”（亦称突现）现象，即由“生”之开始跃升到“成”的结果的中间环节。他在《涌现——从混沌到有序》（1998）中指出：“如果我们要理解涌现现象，就要进一步研究这种生长出来（生成）的复杂性。”[97]书中霍兰讲述了从“蕴含着规范、能够生成像巨大的红杉和普通的雏菊那样复杂而独特结构”的微小种子，到能够通过自学习在西洋跳棋游戏中让设计者一败涂地的计算机；从能够修建桥梁、跨越深沟和驾驭树叶之舟在溪流上航行的蚁群，到诗人充满感情的创作等涌现现象的种种具体表现。同时，在比较了显示涌现现象的不同系统和模型的基础上，揭示了它们之间共同的规则或规律。[97]

涌现现象的基本特征。首先，涌现的本质就是，由小生大，由简入繁。[97]众多大且复杂的事物都是由小而简单的事物发展而来的，从而，具备了比原先简单事物更为复杂的形态特征和功能行为，正如沃尔德罗普所言：“复杂的行为并非出自复杂的基本结构……确实，极为有趣的复杂行为是从极为简单的元素群中涌现出来的。”[98]其二，涌现现象的规则可循性。涌现现象产生的根源，来自适应性主体在某种或多种毫不相关的简单规则支配下的相互作用。这种简单规则，在某种情况下会变得相当复杂，不过完全可以将其简化为一种或多种的规则，使涌现现象更易于被认知。其三，整体大于部分之和。主体适应规则所导致的相互作用，是一种充满了非线性和耦合性的前后关联，“只有非线性才能产生小原因能导致大结果”[99]的效应，因此，涌现后的整体行为比各部分行为的总和更为复杂。在涌现生成过程中，尽管规律本身不会改变，但是，规律所决定的事物却会变化，从而导致大量的新结构和新模式的生成。其四，涌现是可以认识并会重复发生的，具有动态性和规律性。在涌现生成过程中，会存在大量不断生成的结构和模式，这些结构和模式具有恒新性，更为重要的是，它们可以重复发生作用。其五，涌现具有层次性。在所生成的既有结构的基础上，可以生成具有更多组织层次的生成结构。也就是说，一种相对简单的涌现可以生成更高层次的涌现，而且对更高层次涌现的认识要比相对简单或基础的涌现更容易一些。另一方面，涌现是复杂系统层级结构间整体动态的宏观现象，系统高层次所拥有的属性、特征、行为和功能一旦被还原到低层次就不复存在。[100]

涌现现象的模拟建模。霍兰借鉴了古希腊人描述事物的方法，试图从机制和它们相互结合的过程去分析和看待涌现现象。为了更好地分析，他对机制概念进行了扩展，以“基本粒子”相互作用机制来取代原“杠杆、螺钉”等机制，进而，用扩展了的机制的概念对产生涌现现象的元素、规则和相互作用进行精确的描述。霍兰是用“生成过程的概念来解释如何基于这些规则产生复杂性的”，换言之，他是采用生成过程来研究涌现现象的。这种方法就是所谓的受限生成过程的方法。由于生成的模型是动态的，故称之为“过程”，支撑这个模型的机制“生成”了动态的行为，而事先规定好的机制间的相互作用“约束”或“限制”了模型其他的可能性，就像游戏的规则约束了可能的棋局一样，使之按照受限生成过程达到预期的生成目的。[97]随后，霍兰提出了四个操作步骤，以加强对受限生成过程的理解。首先，将规则的概念转换成机制的概念。正如规则之于游戏、规律之于物质系统一样，机制将被用来定义系统中的元素，那么，元素就成为活性主体，其内在机制根据行为或信息作出反应，对输入进行处理并产生最终的输出行为或信息。更复杂的机制可能会有多个输入，并产生若干个不同的输出。其次，把多种机制连接起来形成网络的方法，这些方法的作用过程就是所谓的受限生成过程。必须明确，正是机制间的相互作用产生了复杂的有组织的行为。通常情况下，多数模型都不止涉及一种机制，但实际用到的机制种类不会很多，一旦实际运用的基本机制的数量大大增加，整个系统行为的复杂性也会迅速增大。其三，多种机制一旦连接，一些带约束条件互相作用的机制就会产生所有可能性的集合，于是构成了可以进行选择的对策树，而状态树则是模仿行为可能过程的一种便利方法。为了实现某种目的，需要事先定义总的受限生成过程的状态，然后，通过选择约束机制试图实现这个总体状态的生成。将所有涉及将来可能性的与受限生成过程有关的一切事物，提炼成被称为全局状态的一个单一实体。然后，继续描述从一种状态转换成另一种状态的合法方式。最后，提供受限生成过程中一个特别的过程，来定义集合中的层次，这就是使用基本机制建立起复杂机制的过程（图2–10）。

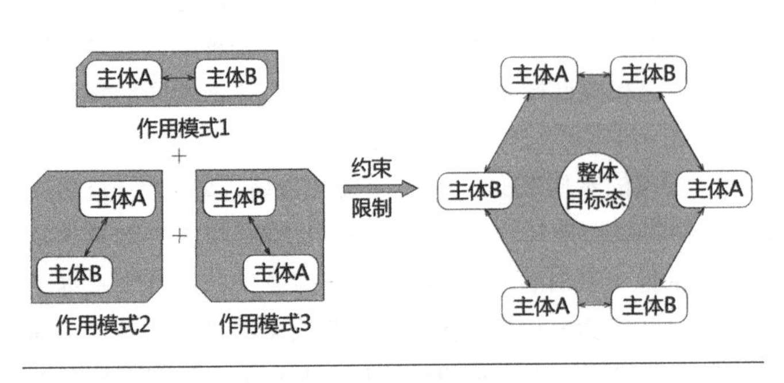


图2–10　受限生成过程

涌现性的内涵。霍兰对涌现现象详细刻画，归结为以下八个要点：其一，涌现现象出现在生成系统之中；其二，在这样的生成系统中，整体大于各部分之和；其三，生成系统中一种典型的涌现现象是，一种组成部分不断改变的稳定模式；其四，涌现出来的稳定模式的功能是由其所处的环境决定的；其五，随着稳定模式的增加，模式间相互作用带来的约束和检验使系统的功能也有增强；其六，稳定模式通常满足宏观规律；其七，存在差别的稳定性是那些产生了涌现规律的典型结果；其八，更高层次的生成过程可以由稳定性的强化而产生。[97]

## 2.4.2 李曙华系统生成科学

李曙华系统生成科学的实质与核心思想是生成整体论，是一种以生成科学为基础的生成自然观，其描绘的是整体生成演变的世界图景以及系统生成的特征和规律。试图通过超越经典科学的还原论，来探索生成整体论的方法论原则。从生成整体论的角度，李曙华认为，“变化指的是生与灭，世界图景中唯一不变的是生成演变本身。这里，过程是基本的，实体是暂存的，有条件的。”“无”是万物生成的终极因，它生成万物而自身不被生成。从宇宙论的角度，生成就是从无到有乃至万物的过程，即从隐性潜在之物向显性有形之物的转化。为了呈现生成的基本逻辑，她提出了“生成元”概念，作为生成整体论的逻辑起点，并将“生成元”定义为“未分化的整体”（图2-11），其内涵包括五个基本要点：“其一，生成元首先透显的是‘动力因’和‘目的因’，而不是‘质料因’；其二，生成元不是既存的，而是生成的，因此生成元可生可灭，本质上是过程；其三，生成元是整体，不是部分，部分由分化生长而成，具有整体性与分形性；其四，生成元相对不变或稳定的属性是生成规则，而实体则是不断生长变化的；其五，决定生成元生长的是信息，而不是载体的原子质量。”[101]

系统生成过程的描述：

李曙华认为，生成是信息和能量跨层次的传递和转换，生成演化规律本质上是信息规律。于是，系统生成过程可以描述为：从生成元即未分化的整体出发，经信息选择、组织、更新质料，发育生长，分化出部分，进而发育完成一个新的整体，最终形成复杂系统与复杂网络，如豆芽的生长过程（图2-12）。从生成过程来看，生成整体论与构成论有着本质的区别，生成论主张先有整体后

生成元 —— 信息选择、组织、更新质料 / 发育生长出"部分" ——> 复杂系统与复杂网络

未分化的整体　　　　完成的整体

图2-11　生成过程图式
（资料来源：李曙华的《关于中西科学会通的几点思考》）

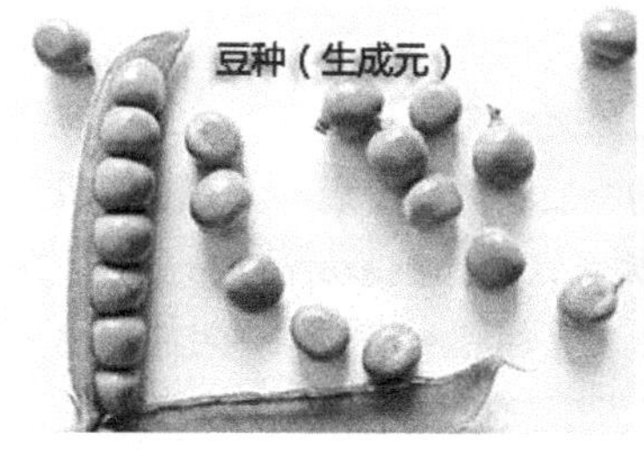

图2-12　豆芽生长过程

有部分，整体通过信息反馈、复制与转换，生长出部分，而非部分通过相互作用构成整体。李曙华认为，“物质不是既成的，部分不是已知的。生成的过程是信息指导物质的生成，是新事物不断出现的过程。对于生成来说，重要的不是物质的空间运动，而是信息和能量的跨层次传送和转换，由此生成整体必然具有突现性、多层次性、不可分性和不可还原性。与此相应，作为生成整体论的基本研究方法，不是将系统分解还原为基本层次，而是探索贯穿所有层次的普遍规律和层次间跃迁的共同规律。其关注的重点，不是系统的基本物质组成，而是系统整体突现的特性。因此，生成科学寻找的，主要不是量的守恒律，而是质的相似律。它的使命在于：如何突破还原分析的传统方法，找到整体作为整体，非平衡作为非平衡，非线性作为非线性的新的研究方法，而不满足于在构成的基础上附加考虑相互作用，在局域平衡的基础上附加考虑子系统间的不同情况，或考虑如何将非线性问题转化为线性处理。”[102]

生成系统的特征描述：

在李曙华看来，生成系统应具备以下五种特性：其一，开放性与整体性。生成系统的存在与进化，依赖于持续不断地与外部环境进行物质、能量和信息的交换。因此，开放性既是生成系统生存的必要条件，又导致与环境之间的整体不可分性。同时，整体性还表现在，生成系统内部单元之间及层级之间的不可分性。在生长过程中，同一层级各单元之间具有功能耦合的非线性反馈关系，不同层级之间亦存在不可分割的功能偶联和信息回环的关系。于是，被生成者反过来进一步催生了自己的生成者，形成了系统自组织、自生成的反馈整体。其二，分形性与信息一致性。生长并非是部分与部分单独变化相加的总和，系统形态每变换一次，都要涉及所有的相应部位，正所谓“牵一发而动全身”，换言之，系统所有的相应部位都是与整体同步生长的。而在生成过程中，由于始终贯彻着系统内部各个层级之间信息的一致性和时间的绵延性，从而决定了生成系统整体与部分的全息原则和分形原则，即部分携带整体的全部信息，部分与整体之间具有形态或信息、功能、能量上的自相似性。从微观到宏观，通过非线性的关联模式，加大了信息传递效应，体现了生成系统对初始条件的高度敏感性。其三，涌现性与超循环性。涌现指的是“整体大于部分之和”，涌现导致整体产生新质和新功能，从这个意义来说，涌现即是创新和生成。超循环是触发涌现现象不断产生的生成机制，正是这种周而复始、原始反终、不断复归的涌现或新生，使系统生成演化的全过程呈现出分叉与螺旋式上升的特征。因此，涌现性是超循环生成系统的特有现象，它由受限生成过程所触发，也是自发自组织的结果。通过各个子系统的竞争协同，整合为稳定的功能耦合的循环，并涌现出继续生长的复制单元，导致新层级的产生。从而，更高层次的生成过程将进一步强化系统的稳定性，并取代了基础性的生成过程。其四，可修复性与超稳定性。由于自复制、自组织生成的每一部分或单元都携带着系统的整体信息，因此，当系统物质结构遭到破坏甚至于毁灭时，只要信息尚存，每一部分或单元都有可能成为种子或生成元，凭借生成机制再次生长起来，重新修复系统。但是，系统可修复决不意味着系统可逆或可还原。修复实质上是一种再生，是信息对质料的重新选择和组织，修复的系统乃由信息附着新的物质载体而实现的。而生成系统的自稳定、自适应及超稳定性，是由以信息为主导的超循环式生长机制所决定的。[96]其五，同步“鲁棒性”与脆弱性。复杂网络的研究发现，由于无标度网络的非均匀性，使之具有了同步“鲁棒性”（即强壮性）与脆弱性，即当网络发生随机故障时（相当于随机移除小部分节点），网络的同步能力基本保持不变，而当受到针对性恶意攻击，即攻击针对大节点时，整个网络的连接便会发生剧烈变化，甚至瓦解，网络的同步能力会大大降低甚至丧失。而局域世界网络演化模型则进一步发现，该模型能改善无标度网络所固有的脆弱性。[103]

生成科学的方法论原则：

在整体论原则基础上，李曙华试图以“还元论”超越还原论，为生成科学的方法论开辟道路。还元论中“元”字是“始元”的引申义，“还元”意为从时间的最初出发，以生成元或信息源为系统生成之基础。那么，作为生成科学方法论的还元论，其原则之特性包含下述五个方面：其一，过程原则。还元论自始至终关注的是动态过程的研究，而非静态的、孤立的结构分析。因为，系统的生成演化永远是个动态的过程，无论是从生成元到系统部分的分化，还是新整体发育完成，都贯穿着时间的绵延性；在这个过程中，当涌现现象出现时，系统生成与生长形成螺旋式跃迁的运动趋势。因此，还元论关注的是，生成元的生成和生长、系统整体的生成和发育，以及新整体动态运行的规律。其二，时间原则。系统生成过程是时间轴上展开的，因此，还元论对生成系统的考察是以时间为线索的，其逻辑出发点是时间的最初而非空间的最小；进而，通过不同阶段模糊的切分，展示不同阶段的生成状态，如涌现、生长、发育、成熟、衰变等。其三，信息性原则。生成元或种子是融合信息、能量、质量的统一载体，携带或蕴藏着系统整体的生成信息，代表系统生长的初始模式或基本法则，它是生成整体的信息源。其中，信息是基本的，起主导作用的，也是相对稳定的，而质料则是被动的、暂存的、不断生灭的。还元论关键在于破译和掌握信息载体所携带的信息，而不是分析其物质成分与空间运动。基于生成系统对初始条件的高度敏感性，因此，对“一动之几”而非“一物之微”的觉察与把握显得至关重要。其四，整体原则。整体性始终贯穿着系统生成的始末。首先，作为生长起点的生成元或种子就是一个未分化或有待生长的整体，蕴涵着系统生长的全部信息与可能，具有不可简约的复杂性。其次，系统在生长、分化、成熟过程中，由于单元之间及层级之间具有功能耦合关系以及信息的非线性回环作用，导致系统整体的不可分割性。“还元论的目的是，寻找生成整体结构与功能的根源，探索主宰整体生长的普遍规律。”[96]其五，贯通原则。还元论要求对系统各个层级一体同观，探索贯穿所有层级以及层级间跃迁、转化或变换的共同规律。贯通原则强调的是整体方法与还元方法的有机结合，即“在整体观的观照下，把向下和向上的两条路径结合融贯起来，形成还原论和整体论有机结合的融贯论。”[8]（表2-3）

李曙华生成科学理论内涵　　表2-3

| 序号 | 生成系统的特征 | 方法论原则 |
| --- | --- | --- |
| 1 | 开放性与整体性 | 过程性原则 |
| 2 | 分形性与信息一致性 | 时间性原则 |
| 3 | 超循环性与涌现性 | 信息性原则 |
| 4 | 可修复性与超稳定性 | 整体性原则 |
| 5 | 同步“鲁棒性”与脆弱性 | 贯通性原则 |

综上所述，李曙华认为，“生成科学的发展需要新的规范或研究纲领，而新的规范与研究纲领亦有待生成科学的发展。”在这一发展过程中，“生成整体论的自然观与还元论的方法论，必然深刻影响科学认识论的变化。”

### 2.4.3 苗东升的系统生成论

苗东升系统生成论观点可以表述为这样一个命题：系统的整体和部分都是生成的，而非给定的。生成论描述的任务是回答以下问题：事物生成的起点何在，生成的过程、机制、规律如何。[104]苗东升认为，对于事物生成起点的描述，无非两大观点：一种是“有生于有”，或者说“有中生有”；而另一种观点是老子的命题“有生于无”，也可以借用生活用语“无中生有”来表述。[105]在苗东升看来，“有生于无”的涌现生成观更富有哲学思辨的意味，在科学上尚属猜想或假设的阶段，其科学依据不多，且缺乏可操作性；而“有生于有”的生成观则哲学思辨性不强，但有更多科学成果的支持，具备比较可靠的科学基础，因此，可操作性强，并能更好地解释组织涌现生成的具体条件。[106]事实上，复杂性科学所关心的涌现生成便是其中主要的一种，“有生于有”的生成观是对科学层面涌现生成理论的一般概括和抽象，具有一般科学方法论的意蕴。[99]

从唯物辩证法出发，苗东升认为现实世界的一切事物都不是给定的，而是生成的。对于任意系统而言，生成之前的“无”是一个无穷的过程，尚无法作实证把握；而生成之后的任何具体系统的存在，在时空上总是有限的，因此，生成过程之初都有一个具体而有限的起点，且必然是某种非零的存在，以此作为事物生成的实证描述。鉴于此，苗东升以中国“有无”哲学之辩为基础，受惠勒“It from bit”[107]命题之启发，提出了“有生于微”的观点。他通过在有和无之间植入一个新的存在状态“微”，让它成为互通有无的中介：无—微—有。那么，什么是“微”呢？苗东升认为，在哲学范畴上，“有”和“无”被看做两种相反的状态，而“‘微’作为事物或系统的一种存在状态，既非无，亦非有，而在有无之间。”“借用数学语言作隐喻，则有是1，无是0，微是无穷小ε。微是极其微小的量体现出不可忽视的质。”[106]微的存在价值或意义是代表某个未来系统的信息核，有了它，就有了生成该系统的内在根据。所以，“以微不足道的物质载荷、以微不足道的能量传送的关于未来系统的信息核，叫做微。”那么，系统生成过程中的部分与整体处于怎样的关系？第一，作为系统生成起点的微或生成元，既非部分，亦非整体，既蕴含部分，又蕴含整体，部分和整体都是系统以微作起点逐步生成的；第二，生成过程既分化出部分，也对部分进行整合，是分化与整合交互作用的过程；生成既是展开，又是收敛。

系统生成过程的描述。系统构成论的解析体系，是基于对自然科学特别是物理学方法的借鉴和改造基础上形成的。倘若在这种体系中予以引入信息论的描述方法，一定存在着一种结构性的困难，方法论层面的冲突，而非技术上的难度。而系统的生成论则不然，在接受有生于微观点的前提下，把微定义成系统的信息核，从而决定了不能再沿用传统自然科学构成论的解析思路和分析方法，而必须把信息作为系统生成论的核心概念进行阐释。于是，对于系统的生成、运行和演化规律的研究，就转化为对信息运作机制的考察，其中涉及信息的获取、表示、传送、加工、转录、存取、控制、创生、消除等不同的环节，同时，更要着重考察通信、信息识别、信息创生、信息处理和信息积累等重要的环节，而无需顾及物质、能量的运动、耗散、转化等问题。关于对系统生成过程的详细描述，可以从两个方面入手。首先，是对作为生成过程之起点微状态的刻画。当然，苗东升所倡导的生成思想是一个彻底的生成论，他承认，微作为系统生成过程的起点也是生成的。一个未来系统的信息核，在世界中孕育生成，这个过程属于新信息的创生。在这个阶段，世界的既有信息不断积聚、分化、重组、改变、转化、生灭，以某种不可预料的方式，在某个时空点上形成新系统的信息核，即作为新系统生成之起点微而存在。微的产生必然带有突发性、

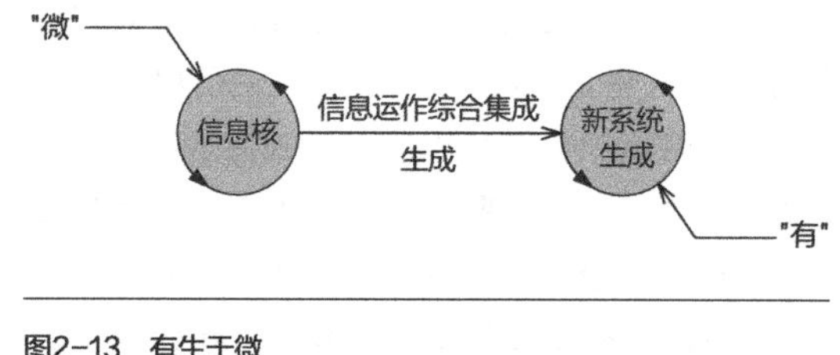


图2-13　有生于微

随机性和模糊性，因此，对其生成过程作实证描述难度极大。“可行的办法就是，凭借悟性的把握，具体问题具体分析，归纳经验材料，以假设形式或以定义形式给定微。”其次，描述系统生成的关键是，刻画从微到系统整体的演变发展过程。既然微是系统生成的信息核，系统生成必定是各种信息运作综合集成的过程（图2-13）。描述系统生成问题，就是描述这种信息运作。因此，刻画信息的选择、获取、表示、传送、加工、增值、创生、积累、转录、翻译等属于系统生成论体系的核心内容。[104]

## 2.4.4　刘劲杨的整体生成论

刘劲杨的整体生成论，实质上是一种研究生成性整体（generative whole）的方法论。其理论思想的基石，来源于柏格森的生命哲学、怀特海的过程哲学、莫兰关于整体的论述以及中国古代宇宙生成观；特别是物理学家玻姆关于“未分割的整体”及“隐缠序”的整体观，给予他很大的启发。刘劲杨认为，生命从诞生、成长、老去到死亡，组织从创生、发展到壮大，这些演化行为体现为另一种与构成性整体相异的整体性，称之为生成性整体。他借用金吾伦的一段论述，阐明了关于生成性整体的观点：“整体是动态的和有生命的，整体不是由部分组成的，整体就是整体。整体从生之时起就是整体，它不存在部分之和这样的概念关系。生与成联在一起，成长壮大，是任何机器系统所不具有的，按照生成整体论，部分只是整体的显现、表达与展示，部分作为整体的具体表达而存在，而不仅仅是整体的组成成分。整体通过连续不断地以部分的形式显现其自身。”[90]事实上，在刘劲杨看来，生成性整体不存在所谓的部分，倘若非要把过程的某一阶段视为整体的部分，那么，这种部分就是整体本身。

作为方法论的整体生成论，刘劲杨这样解释：“整体通常被视为某种区别于个体心灵之外的实在，如实体整体、关系整体及法则整体，这一传统定位有很大的局限。在新的方法论视野下，整体是一种方法，一种看待问题、解决问题的途径。整体论路径可区分为两种取向，一是构成整体论，它把对象视为构成性整体，目标是实现构成性超越；二是生成整体论，它把对象视为生成性整体，目标是实现生成性超越。”[108]以此视野来解决问题的整体论方法为生成整体论。这正是生成性整体与构成性整体的本质不同之处。

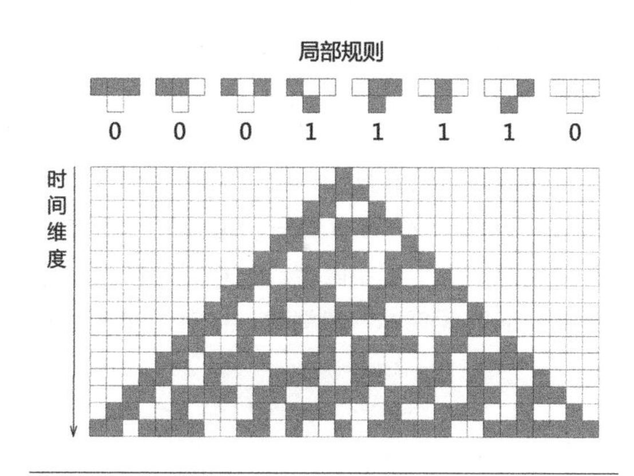


图2-14　一维元胞自动机的结构生成
（资料来源：Eric W. Weisstein）

生成性整体的基本特征，刘劲杨作了如下的概括：其一，不可分割性。生成性整体是一种处于演化中的生成，其演化过程是一个不可分割的整体，整体不能被分解为部分；而所谓的部分，只是整体在一定情形下的显现、表达与展示。其二，稳定的自组织机制。对于生成性整体来说，实体或关系意义上的结构是在不断演变中的，如元胞自动机从一个元胞生成诸多复杂的结构，但其机制意义上的结构，即内部演化规则与自组织机制却具有高度的稳定性（图2-14）。不同的自组织机制决定了不同的演化过程，演化机制是生成性整体在演化中保持自我同一性的内在根源。这种机制或规则一旦形成就具有自我组织性，甚至形成艾根所言的一旦建立，就永存下去的自我催化效应，不断推进着演化进程。其三，边界开放性。稳定的自组织机制是以边界开放为条件的，唯有开放的边界才能保持物质、能量与信息的持续供给，维持机制的运行。生命的产生与成长过程就是一个不断与外界交流的过程，开放边界是生命行为的基础。其四，时间性、过程性。任何生成性整体都处在演化中，其实体或关系随时间而变化，遵循时间性因果关联。其空间构形的变化是对时间演化的反映。生成性整体的实质是一个生成与演化的过程，整体在此的含义是一种过程的持存，它不具有任何存在论意义上的实体含义。在此意义上，实体与关系只是过程的显现。[108]上述对生成性整体特征的描述，与李曙华关于生成系统特征的刻画，基本上大同小异。

对生成性的超越。20世纪80年代以来，复杂性科学贯彻的是生成整体论的研究路径，即把对象视为生成性整体，其目标是对生成性的超越，探索生成性背后的内在生成机制。目前来看，有关生成机制研究的复杂性科学成果有：CAS理论、人工生命、人工智能、复杂网络等。这些成果表明了，更深层次的复杂性是生成性复杂性，即因演化而产生的复杂性，如蝴蝶效应、涌现、自组织临界等。于是，生成整体论成为超越生成性重要的方法论。关于如何看待生成整体论的问题，刘劲杨这样说过："面对一个整体，作为存在论的整体论需要追问：整体是什么（实体）？作为方法论的整体论则需回答：应以何种整体方式来理解并解决该问题？"基于这样的思路，那么，从存在论层面来描述的生成整体论，其特征表现为：基于过程的演化；时间性因果（目的因、动力因）；对象的可能性、潜在性、开放性；非平衡、涌现、有序与无序的中间带；跨层次原理。而从方法论层面来描述的生成整体论，其方法论原则是：基于演化规则与机制，拒斥部分与整体的分割；生成整体论（生成论）、CAS理论；过程思维、对策思维。总之，生成整体论以生成性为前提来理解和应对问题，其目标是去揭示对象演化过程的内在生成机制。

## 2.5 复杂性科学的生成理论

复杂性科学生成理论是研究复杂系统生成机制、发展和演化规律的生成科学，它涉及系统理论、自组织理论、非线性科学、复杂系统与复杂网络的研究。作为最大的一次科学革命，生成科学是代表生成整体论发展方向的一种新科学。在复杂系统生成机制研究中，迄今所涉及生成元的概念，都是以定义的形式给定的。在这方面，分形几何是最有代表性的，它从简单的原图和生成规则出发，经过反复迭代，可以生成复杂漂亮的分形图像，而原图和生成规则一起充当分形图像的生成元，即生成过程的起点；而在系统生成过程中，如何获取、分配、消化资源，如何适应环境，如何创造系统特有的信息结构等问题的处理，超循环论可以提供一些重要的启示；而CAS理论提出了"受限生成过程"的概念，把复杂适应系统描述为某种受限生成过程，试图提供研究涌现的一般框架，这对于建立系统生成的描述体系也很有启示。

### 2.5.1 分形理论

分形理论是以曼德布罗特（B. B. Mandelbrot）提出的分形几何学思想（1973）为基础的科学，其研究对象是广泛存在于自然界和人类社会中的具有自相似特征的不规则构型的复杂系统。分形理论通过洞察隐藏于混沌现象背后的精细结构，提出了相似性原理，从而为不同学科提供了一种从局部认知整体、从有限认识无限的新的方法论和定量描述的语言，为现代科学技术提供了新思想和新方法。曼德布罗特所谓的分形（1986），是指组成部分以某种方式与整体相似的形。换言之，分形是指一类无规则、混乱而复杂，但其局部与整体有相似性的体系，称这样的体系为自相似性体系。体系的形成过程具有随机性，体系的维数可以是整数或分数，当为分数时称为分维。[109]分形的概念最初是指几何形态或结构上的相似性，因此，曼德布罗特将具有这种分形特征的几何学研究称为分形几何学。随后，由于一批新的复杂性科学理论的诞生，如系统论、信息论、控制论、耗散结构理论和协同论等的相继出现，使得分形的概念和内涵得到进一步的充实与扩展。于是，所有涉及形态、结构、信息、功能和时间上的自相似性均称为分形，即所谓的广义分形。实际上，分形体系内任何一个相对独立的部分，在一定程度上都是整体的再现和缩影，构成分形整体的相对独立的部分称为生成元（分形元，图2–15）。分形研究领域大体分为两类：自然分形和社会分形。当对具有自相似的具体系统进行分形分析时，根据系统的具体特点，又可分为几何分形、功能分形、能量分形、信息分形和重演分形等不同类型。

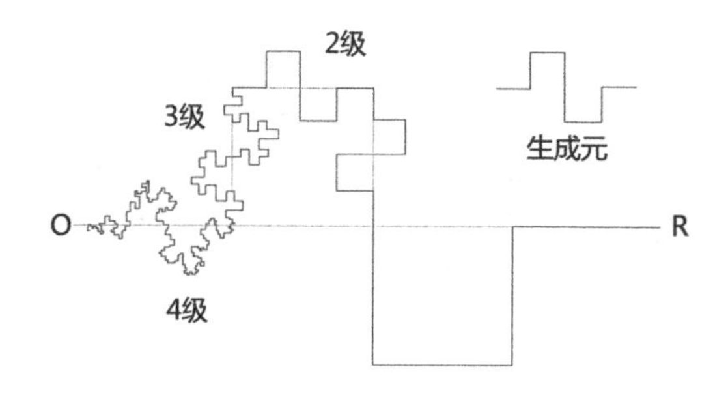


图2–15　分形模型
（资料来源：林鸿益等编著的《分形论——奇异性探索》）

图2–16　普兰班南神庙的形态分形
（资料来源：http://comp. quanjing. com）

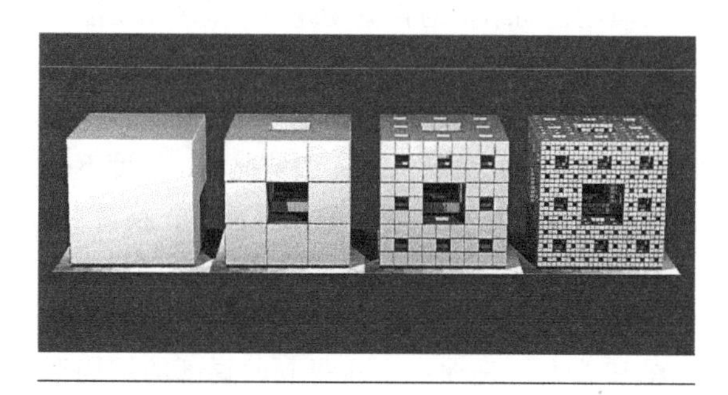

图2–17　几何分形
（资料来源：http://file. 108198.com）

自相似原理：自相似原理是分形理论的基本原理，表征分形在通常的几何变换情况下所具有的那种不变性。自相似性是指某种结构或过程在不同的空间尺度或时间尺度上所呈现的一种对称性，譬如，某系统局域的性质或结构与整体类似，或整体与整体之间、部分与部分之间的相似特征（图2–16）。一般情况下，自相似性有着较为复杂的表现形式，并非局域经简单地放大之后与整体完全重合。自相似原理认为，广义分形的生成元，既可以是几何实体（图2–17），也可以是描述信息传播或功能运行的数理模型；分形系统的相似性，既可以表现在形态、信息和功能等各方面，也可以只是其中的某一方面（图2–18）；整体与部分的相似度，既可以是完全相同，也可以是模糊概率上的相似。根据不同的自相似度，可以分为有规分形和无规分形两种类型。有规分形是指具有严格的自相似性通过迭代生成的无限精细的结构，可以

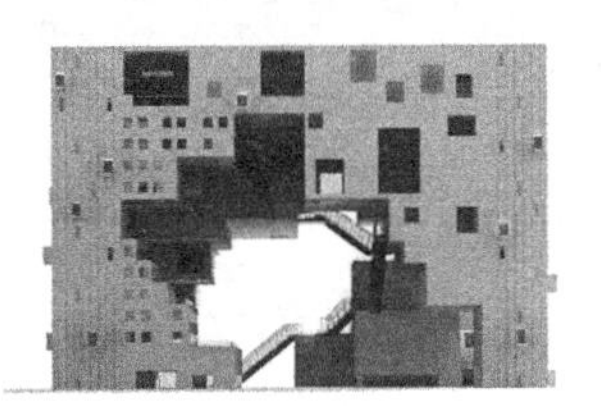

图2-18 台北表演艺术中心
（资料来源：NL建筑师事务所）

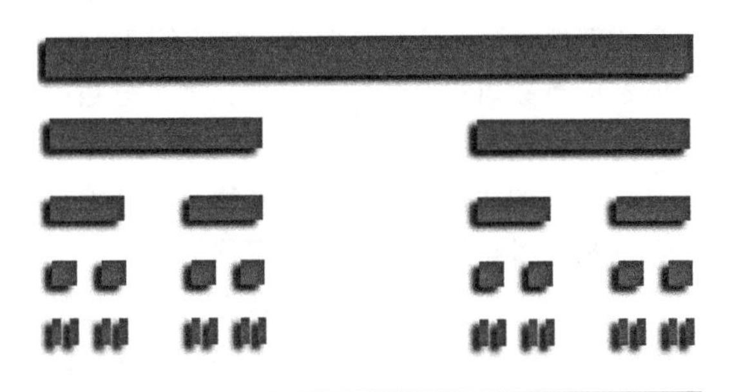

图2-19 康托集合
（资料来源：林鸿益等编著的《分形论——奇异性探索》中的图片改绘）

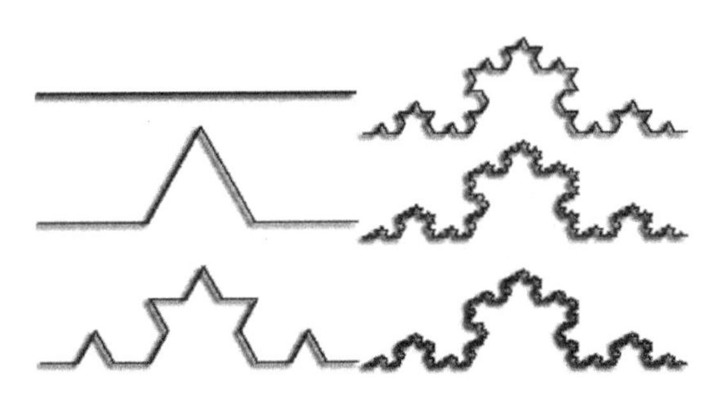

图2-20 科赫曲线
（资料来源：林鸿益等编著的《分形论——奇异性探索》中的图片改绘）

采用抽象的数学模型进行描述，比如Cantor集（图2-19）、Koch曲线（图2-20）等；而无规分形则仅仅是指统计学意义上的自相似性，比如绵延的海岸线、飘浮的云朵等。根据相似性原理，相似度在分形系统的构成层级上有所差异，系统构成的最低层级为生成元，最高层级为系统的整体。一般情况下，相邻层级的相似程度较高，层级跨度愈大相似程度愈低，当跨度超出某一范围时其相似度便不复存在。

为什么从微观到宏观运动存在着相似性呢？主要原因归结为宇宙存在的四种作用力的相似性。客观物质相互作用是通过交换相似粒子实现的。引力交换引力子，库伦力交换光子，强作用力交换介子，弱作用力交换波色子。由于力的相似性就形成物质处于稳态时结构上的相似性，而结构的相似性进一步呈现出功能的相似性。[109]

标度不变性原理：标度不变性和自相似性都是分形的重要特征。一般情况下，标度不变性是判定自相似性物体的基本前提，换言之，自相似性物体必然没有特征长度。所谓标度不变性，是指在分形上任选一个局部区域，不论将其放大还是缩小，所得到的局部的结构形态、性质功能、复杂程度，或不规则性等又会显示出原图的特性。标度不变性表征了事物的局部与整体虽然不同，但经过拉伸、压缩等操作后，不仅相似甚至可以重叠。因此，标度不变性又常常被称为伸缩对称性。通常情况下，对于实际的分形体来说，标度不变性只是在一定的范围内适用，人们常常把标度不变性适用的空间称为该分形体的无标度空间，即无标度区。对于无标度区以外，则这种自相似性便不复存在，因此，分形的概念也失去意义。[110]标度不变性原理表明了系统中的每一元素都反映或含有整个系统的性质和信息，从而可以通过认识部分来认识整体。

分维原理：分维，作为以定量方式刻画分形表征的基本参数，是分形理论的重要概念之一。分维，又称分形维或分数维，通常采用分数或带小数点的数表示，它表征了分形体的复杂程度；一般情况下，分形维数越大，分形体就越复杂，反之亦然。在欧氏几何空间的观念中，人们习惯将空间视为三维、平面视为二维、直线视为一维、点视为零维，而当爱因斯坦的相对论引入了时间维的概念时，便有了四维时空之说。通常情况下，对某一研究问题给予多方面和多角度的思考，便可建立多维度或高维度的空间和视角，但这种空间维度都属于整数维度。为了定量地描述客观事物的复杂程度，曼德布罗特引入了分维的概念（1919），将维数从整数扩展到分数，从而突破了传统观念上维数为整数的界限。曼德布罗特曾描述过一个线团的维数：以直径为 1mm 的线绕成直径 10cm 的线团，以10m尺度衡量，它仅相当于一个点（零维）；以10cm尺度衡量，是一个三维球（三维）；对于10mm的尺度，是一个线的集合（一维）；对于0.1mm的尺度来说，是线柱体（三维）；而对于0.01mm的尺度，线团则表示成有限个点状原子，而整体则变为零维。[111]那么，介于这些尺度之间的中间状态就可以表示为分数维。

## 2.5.2 超循环理论

曼弗里德·艾根（M. Einge）于20世纪70年代创建的超循环论是关于自然界的自组织理论，探讨生命起源的学说，认为生命信息的起源是一个采取超循环形式的分子自组织过程，超循环的自组织进化是形成遗传信息的重要机制。所谓循环就是指一种相互作用、彼此依赖的关系构成了一种双向联系、互为因果的封闭圈；因和果每一次的转换，就构成了一个循环，这个封闭圈在经历了长期的反馈放大之后，得以不断地加强和超越，就叫超循环。以回答“先有信息还是先有功能”的问题，来理解循环概念会显得容易些。艾根指出在生物信息起源上的“在先”是指因果关系而非时间顺序。那么，信息与功能的关系问题便转化为因果关系的问题。事实上，只有存在“信息”才会有由“信息”编码的高度有序的“功能”，而“信息”又是通过“功能”才获得意义，它们相互作用、相互依赖的关系，是一种双向的因果关系，表现为一种互为因果的封闭圈，这种封闭圈就是所谓的循环。[112]

艾根把生物化学中的各种循环现象分为三种不同层次。[113]第一，是反应循环，亦可称为催化剂循环。在反应过程中，催化剂 E 先与反应物 S 结合形成中间物 ES，然后转化为 EP，最后分离出产物 P，催化剂 E又回到了原初的状态，这样便构成了一个催化剂作用的循环过程，称为反应循环，如生物化学的酶（即催化剂）的循环就属于反应循环（图2-21）。第二，是催化循环。相比反应环要高一等级，

要求在反应过程中至少有一步是催化剂自我生成的反应，即为自催化。所谓自催化，是指在反应的过程中某一中间产物本身又作为催化剂加速或延缓反应物向最终产物的转化，如DNA的自我复制就是一种催化循环（图2-22）。第三，是超循环，即由循环构成的循环。那么，由反应循环耦合起来的催化循环便是超循环的一种。但艾根所谓的超循环却不同，它是指由催化循环在功能上耦合起来的循环。在超循环组织中，最重要的特点是每一个组元既能自复制，又能催化下一个组元的自复制（图2-23）。

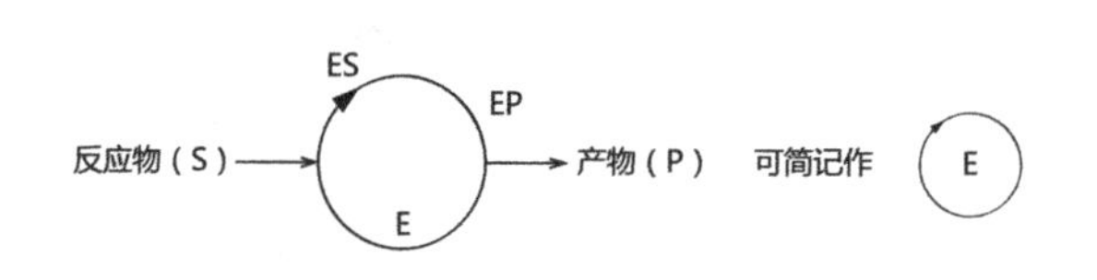

图2-21 反应循环
（资料来源：沈小峰等的《超循环论的哲学问题》）

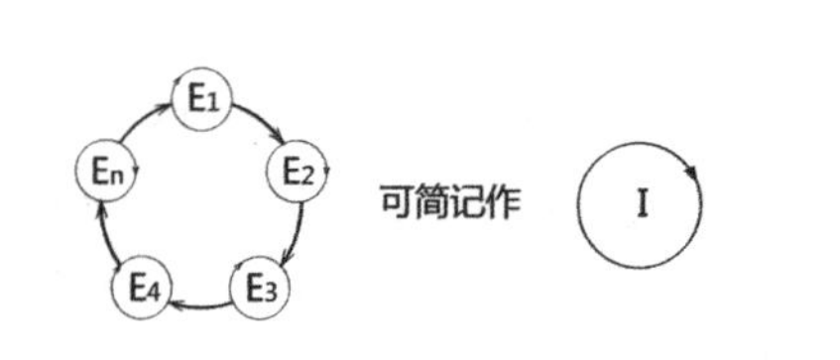

图2-22 催化循环
（资料来源：沈小峰等的《超循环论的哲学问题》）

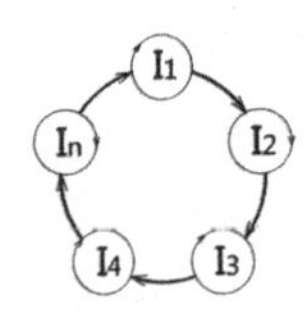


图2-23 超循环
（资料来源：沈小峰等的《超循环论的哲学问题》）

总之，超循环论认为，反应循环是一个催化剂自我再生的过程，经过一个循环又再生出来；催化循环是一个自我复制的过程，产物自身作为催化剂又指导反应物再生出产物；超循环不仅能自我再生、自我复制，同时，还能自我优化，逐步从低级、简单的方向向高级、复杂的方向进化。[114]

核心思想：

按照超循环理论的观点，系统内部的相互作用、因果转化是系统自组织得以发生和发展的内部原因。[114]艾根认为，在一定条件下，系统内只要发展起各组分之间的相互作用，无论这些作用最初是多么微弱，必然会出现催化耦合和互补指令，二者相互结合促成了协同、整合的超循环组织的形成。随着超循环组织的出现，分子自组织系统就有了新的性质，选择和进化的形式也随之发生改变，从而，便能够稳定地、协调地、自我优化地进化。因此，相互作用、因果转化的超循环是系统自组织的内在机制，而自组织系统内的相互作用又是一种竞争和协同共存的相互作用。

超循环理论不仅研究了自组织系统发展的动因、条件和形式，而且更关注自组织系统发展途径的探索。尽管，大分子的自组织一定起始于随机事件，并且，在随机运动中所形成的自组织向生命系统发展也存在着现实的可能性，但是，整个过程却是不可避免地带有一定的必然性。因为，无论是物质的自组织的起源，即从低一层次的循环向高一层次的循环的跃迁，还是物质系统的自组织的发展，即高级循环组织复杂性的增长，都是偶然性和必然性共同作用的过程。在超循环组织的进化中，伴随着大量的随机事件，存在各种各样的自复制误差和突变，超循环组织正是利用某种有利的误差和突变，扩大循环组织并增加信息容量，向更高的复杂性进化。在此，偶然性成为必然性的一种表现形式，并为必然性开辟着前行的道路。那么，如何才能判别哪些误差和突变是有利的信息呢？艾根提出了“选择价值”的概念，即认为在进化过程中产生的信息是否有价值应通过自然选择来评价。艾根在分子水平上研究了生命的基本特征——代谢、复制和突变，并将“选择”概念引入动力学，建立了选择的动力学方程式。$x=(A_iQ_i-D_i)X_i+\sum_{k\neq i}\varphi_{ik}X_k-\varphi_{ok}X_i$，式中具有决定意义的参数$A_i$和$Q_i$分别表示在模板的控制下物质$i$的生成率和分解率，$Q_i$是度量了模板作用的品质即反映其正确复制$i$的能力。选择价值$W_i$可以表示为如下的组合：$W_i=A_iQ_i-D_i$。[114]

## 2.5.3 CAS理论

复杂适应系统（Complex Adaptive Systems，简称CAS，1995）理论，是约翰·H·霍兰（J. H. Holland）为代表的美国圣菲研究所（SFI）的科学家提出来的，它是描述某种受限生成过程的理论，试图为揭示涌现形象提供一般性的研究框架。所谓复杂适应系统，是指在发展和演化过程中，系统中的成员即具有适应性的主体（Adaptive Agent），简称为主体，在某种持续不断的交互作用的过程中，不断地“学习”或“积累经验”，并且根据学到的经验改变自身的结构和行为方式，从而导致内外部环境相互协调、相互适应、相互作用的复杂动态系统（图2-24）。而适应性指的是主体能够与环境以及其他主体进行交互作用。霍兰认为，“由适应性产生的复杂性极大地阻碍了我们解决当今世界存在的一些重大问题。”[115]因此，他对复杂性的研究，重点是放在适应性与复杂性的关系上。CAS理论最突出的特点是，把系统的成员看做是具有自身目的与主动性的、积极的主体，认为正是这种主动性以

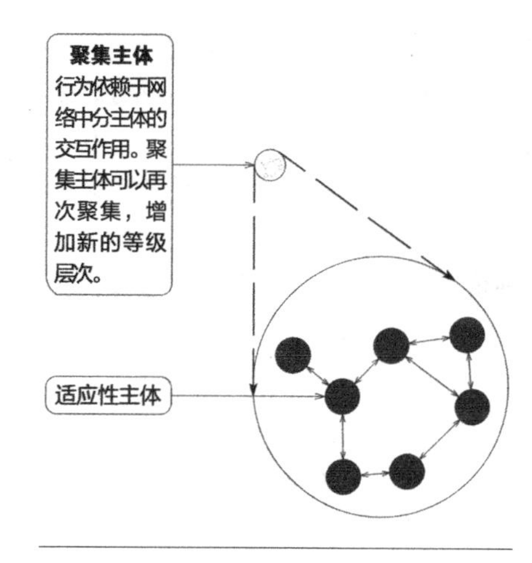


图2-24 复杂适应系统
（资料来源：霍兰的《隐秩序》）

及它与环境的反复的、相互的作用，才是系统发展和进化的基本动因。宏观变化和个体分化都可以从个体的适应行为规律中找到根源，因此，CAS理论的基本思想："适应造就复杂性"。

复杂适应系统生成演化的规律。

CAS理论对于建立系统生成论描述体系很有启示，其关于"多来自少"或"复杂来自简单"的假设，属于有生于有。正如苗东升所主张的："生成论描述也要还原。但构成论的还原是把整体还原为部分，把系统还原到要素，生成论则把生成过程还原到生成元，在生成论描述中涌现论处于主导地位。"霍兰认为，复杂适应系统具有四个特性（聚集、非线性、流、多样性）、三个机制（标识、内部模型、积木）。同时，他在CAS理论中，以回声模型模拟解释自然选择造就复杂性的过程。CAS理论，作为研究复杂系统的一种新方法，是人们认识复杂系统演化规律的一个质的飞跃，具体表现在以下几个方面。

其一，适应性造就复杂性

CAS理论认为，复杂性的根源之一来源于主体的适应性，是主体的内部结构和行为方式与外部环境相协调，系统内部自组织和环境共同作用的结果。适应性主体不同于早期的系统科学用的部分、元素、子系统等概念，部分或元素完全是被动的，其存在是为了实现系统所交给的某一项任务或功能，没有自身的目标或取向，即使与环境有所交流，也只能按照某种固定方式作出固定的反应，不能在与环境交互中成长或进化。主体则随着时间而不断进化，特点是：一能学习，二会成长，这就使得CAS理论与以往的系统观有了根本性差别。[116]显然，CAS理论把系统的要素视为具有自身目的性且能调控自己行为的活的主体，主体的这些特性和行为就是适应性的重要表现。事实上，沃尔德罗普（M. Waldrop）认为，复杂诞生于秩序和混沌的边缘，而系统就是通过对环境的适应使之到达了这个边缘。

其二，主体和环境的互动机制

主体的活性主要表现在，在与环境的互动中，主体总是遵循着一种内部机制，即刺激—反应的模型，以此评估和预知未来，力图实现自己预期的目标。这个模型触发主体不断从环境中接受刺激，并根据自身的经验适时作出反应，同时，通过所接收的反馈信息不断地修正自己的反应规则。因此，有了内部模型，适应性主体能将外界环境的变化转化成内部结构的变化。与传统意义上固定、僵化的机制不同，CAS的内部模型是"活"的、具有生长和发展前途的机制。如果从复杂适应系统的角度来看生物进化，内部模型有着十分重要的意义。霍兰认为"进化当然远远不止是随机变化和自然选择。进化同时也是实现和自组。"[98]也就是说，进化是变异、自然选择以及生物自组和共同演化的结果。在CAS理论中，变异即变化了的内部模型，是通过自然的选择作用形成的适应性性状。从而，CAS理论的内部模型把我们带入了解进化和生成过程的新天地。

其三，关于涌现性

涌现通常用以指称微—宏观效应现象："因局部组分之间的交互而产生系统全局行为"。[117]涌现的判据之一就是：整体大于部分之和。大于的内容表现为更复杂的结构、新功能、新层次以及整体新质。涌现过程的模糊性、不确定性，以及因此所带来的整体的新奇性和出人意料的效果。当系统处于混沌的边缘时，适应性主体之间的差异不断扩大而产生相互干扰，必然导致涌现性的出现，但哪个主体在交互作用中最终占优势，是不确定的。复杂适应系统中最活跃的地方是混沌边缘，它是有序和无序之间的一种相变过程，具有有界不稳定性。有界不稳定性意味着宏观上必然产生复杂系统，但具体怎样产生是不确定的。涌现进化是一种自组织，没有外在的推动力。霍兰认为“产生较大多样性的第一步是突变，它造成了条件交配所需要的环境。随后，交换和重组将会发挥更大的作用，从而充分利用突变积累而逐渐增加的、可能的组合范围”。[115]也就是说生物之间的变异并不完全是偶然的，而是有目的“隐约地”朝着有利的方向演进，达到一定程度以后，就开始涌现出了更复杂的结构。当然，进化并不一定造就复杂，但会看到不断精巧化、复杂化和功能强化的总趋势。通过自然选择的作用，涌现出新质的物种将会在自然竞争中优于旧的物种，更能适应环境，这样就实现了生物由低级向高级的进化。

其四，积木概念的引入

积木就相当于整体的组分，或是有效的规则，也可以简化为控制一定性状的基因组合。它们绝不是任意确定的，而是经过选择和检验过的能够再使用的元素，通过它构筑和完成大量各种不同的组合。CAS的演化本质就在于发现新的积木，进行新的组合，从而涌现出许多前所未有的优良性状。事实上，复杂性的涌现现象往往不在于块的多少和大小，而在于原有构筑块的重新组合，即相互关系的生成。使用积木生成内部模型，触发了涌现现象的发生。在这个过程中，经历了尝试、选择、适应到突变不同的阶段，实现了从混沌到有序的过渡，造就了系统的复杂性，复杂性则必然生成多样性和丰富性。基于此，如何创造性地发现积木块是推进事件发展的起点。在CAS理论中，积木有不同的层次。上一层的积木通过特殊的组合，派生出下一层的积木。对于更高层次的作用者来说，每一个层次的作用者都起着建筑砖块的作用；事实上，积木的概念更生动地说明了，为什么主体能在进化过程中主动地选择组合基因，从而涌现出许多前所未有的优良性状的原因。[118]

其五，从个体的演化到系统的演化——ECHO模型

受限生成过程（Constrained Generating Procedure，简称CGP），反映在一定环境约束条件下，主体发展和进化的一般规律。霍兰以棋类游戏、数字系统、神经系统等来自不同领域的复杂系统为例，归纳了CGP的若干普遍性质和规律。运筹学在一定约束条件下寻找最优解，只是一种静态条件下的算法，CGP展示的是一幅活生生的、变化中的、充满新奇和意外的进化过程。这正是系统观从研究固定的、死的元素走向研究活生生的、成长中的主体的契机。基于个体演化过程，加上“资源”（resource）和“位置”（site）的概念，霍兰把个体演化和整个系统演化联系起来，形成了 ECHO 模型（可以译为“回声”模型）。这种宏观和微观统一的、有机的、内在的结合，是CAS理论引人入胜的又一个特点。[116]

## 2.6 小结

追溯现代生成思想的形成和发展的轨迹，不难看出，哲学的世界观和方法论总是随着自然科学的发展而发展的。物理学是一切科学的基础，而哲学却是人类思考的基石。正如爱因斯坦所说：“哲学是其他一切学科的母亲，她生育并抚养了其他学科。”20世纪以来，随着相对论、量子力学和复杂性科学的兴起和发展，现代生成思想初显端倪。并且，随着自然科学的发展而演进，逐步形成了与构成论相对的生成整体观。而新兴的生成整体观从

思维上反哺于科学的发展，它不仅构成了新学科发展的哲学基础，同时也使得生成哲学自身得到了源头活水。因此，考察现代生成思想形成和发展的轨迹，在不同面向和不同维度相辅相成的作用中，呈现一幅螺旋式跃迁的发展图景。

从哲学层面上，纵观怀特海、玻姆、德勒兹、金吾伦的生成思想，首先，带来的是世界观的变革，即形成了不同于传统经典简单思维的生成性思维，如有偿性作用观、适应性系统观、生灭性过程观、自组织演化观、全域性信息观、差异性整合观、共生性生态观等，关于这些生成观的具体内涵，本书将在第3章结合城市风貌系统进行全面的诠释。其次，关于生成过程的描述，以上学者都作了不同的假设，他们共同主张生成是一个创造和涌现的过程，整体先于部分，部分是分化的结果。其三，关于如何生成的探讨，玻姆认为生成元、生成子的整合形成新事物，其遵循着由一般到个别、由普遍到特殊、由全域到定域的原则；而金吾伦则主张，生成可以是从“无中生有”的、从潜有—缘有—实有的过程，潜在性就是“有”与“无”的整合，生子即潜有，是生成的基因。其四，关于生成方法的讨论，玻姆认为遵循自相似性原理，德勒兹主张“自下而上”的设计思想。从科学层面上，则主张“有生于有”的“非零”起点的受限生成过程，因此，诸多学者注重探索生成的实证起点，如霍兰的适应性主体、李曙华的生成元、苗东升的生成“微”，其共同的特点是，它们都采用定义的描述方法，三者的内涵都涉及信息的概念，因此，科学意义上的生成过程，可具体地刻画为：包含信息和规则的生成元，通过信息选择、组织，不断进行质料更新，发育出部分，并且逐步完成整体。在生成的方法上，认为通过运用受限生成机制可以实现生成的目的，而相关的分形理论、超循环理论和CAS理论等复杂性科学理论，可以作为实际操作的理论工具进行借鉴（表2-4）。

生成论的思想内涵　　表2-4

| 序号 | 要点 | 内涵 |
|---|---|---|
| 1 | 生成思维 | 有偿性作用观、适应性系统观、生灭性过程观、自组织演化观、全域性信息观、差异性整合观、共生性生态观 |
| 2 | 生成过程 | 科学意义上的生成过程，可具体地刻画为：包含信息和规则的生成元，通过信息选择、组织，不断进行质料更新，发育出部分，并且逐步完成整体 |
| 3 | 生成方法 | 在生成的方法上，认为通过运用受限生成机制可以实现生成的目的，而相关的分形理论、超循环理论和CAS理论等复杂性科学理论，可以作为实际操作的理论工具进行借鉴 |

通过本章对现代生成思想多面向的追溯和解读，企图全面诠释生成观的内涵，为建构城市风貌复杂适应系统的生成论提供哲学思维层面的指导，同时，通过科学理论层面的分析，为城市风貌复杂适应系统的生成指明一条具体的、可行的路径。基于此，下一章将借助复杂性科学和城市风貌的基础理论，为城市风貌生成论搭建一个解析框架，进而，通过二者的有机融合，提出城市风貌系统的生成理论。

# 3

# 城市风貌系统的生成原理

“正如一座城市从不同的方面去看，便显现出完全不同的样子，好像因观点的不同而成了许多城市。”[119]同样，城市风貌也具有它的多面性。城市风貌作为城市物质空间、生活状态以及文化符号的表现样态和事态，是城市物质、社会、文化系统等相互融合形成的一种整体精神面貌（图3-1）。它既有物质属性、又有文化属性，同时还有社会属性，是以生命有机系统统筹物质空间系统的复杂巨系统，并与外部环境无时无刻不在进行着物质、能量交换和信息交流。因此，它具有耗散性、动态性、自选择性、自组织性、非线性、非平衡性等复杂性特征。这些特征的表现似乎蕴藏着一种自选择、自组织的生成逻辑，倘若采用生成性思维来考察城市风貌的复杂现象，应能更好地揭示城市风貌系统孕育和生长的过程以及特色的生成机制。

那么，基于这样的假设，本章将通过整合现有的复杂性科学理论和城市风貌相关的传统理论，构建城市风貌生成论的理论框架，解析城市风貌系统的生成原理，需要回答的主要问题是：如何搭建城市风貌生成论的解析框架？城市风貌系统生成的起点何在？生成的过程、机制、规律如何？

图3-1　物质空间与生活状态
（资料来源：Thoth，Dutch Urban Planning）

# 3.1 城市风貌系统生成论解析框架

城市风貌生成论的构建，实际上是以生成性思维逻辑对城市风貌系统加以考察的过程，它既是对生成整体论的演绎，也是对城市风貌系统复杂特征的归纳和总结，最终揭示城市风貌系统的生成和演化规律。因此，作为一般生成论基础理论的复杂性科学与城市风貌传统理论共同构成了城市风貌生成论的基础理论体系。在基础理论体系中，复杂性科学是解析城市风貌系统生成规律的重要理论工具，它从思维范式和方法论上实现了对经典科学的超越，引导世界观从构成观向生成观转化。

## 3.1.1 复杂性科学理论的整合效应

复杂性科学主流研究可划分为三个阶段，分别以埃德加·莫兰学说、普利高津的布鲁塞尔学派的理论、圣塔菲研究所建立的CAS理论为代表。复杂性科学的主要理论包括早期的一般系统论、控制论、人工智能，以及后期的耗散结构理论、协同学、超循环理论、突变论、混沌理论、分形理论和元胞自动机理论等。黄欣荣认为复杂性科学的主要研究对象是复杂系统，本质上是对系统研究的一种延续和深化。因此，其理论的直接来源是系统科学的老学科，如一般系统论、控制论和信息论等，以及各种探索复杂系统生成、演化行为的新理论，如耗散结构论、CAS理论等。在《复杂性科学的方法论研究》中，他提出了复杂性科学的理论构成，认为现代系统科学是复杂性科学第一个来源，非线性科学是第二个来源，而第三个来源则是人工生命的研究（图3-2）。

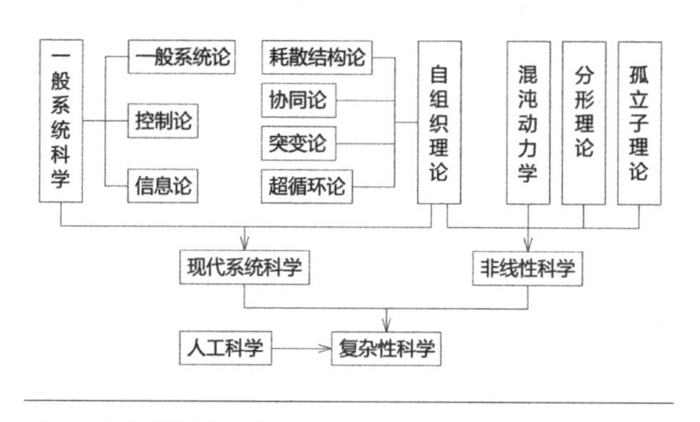


图3-2 复杂性科学的理论构成
（资料来源：黄欣荣的《复杂性科学的方法论研究》）

现代系统科学是由一般系统论、信息论、控制论构成的，用以描述系统的结构、功能和演化特征；而非线性科学则是由自组织理论、分形理论、混沌理论等构成的；其中，自组织理论包含有耗散结构理论、协同论、突变论和超循环论，主要用以描述自组织系统的复杂现象，揭示自组织的结合方式、动力机制、演化途径等规律，[8]特别是超循环论，更关注于系统在生成过程中，如何获取、分配、消化资源，如何适应环境，如何创造特有的信息结构等重要环节。而分形理论则通过建立“原图”和“生成规则”等概念，详细解析了复杂系统的生成起点和生成过程；另外，CAS理论通过引入“适应性主体”的概念，生动刻画了复杂适应系统自下而上的生成机制。

针对上述复杂性科学理论的主要构成，国内外诸多学者或学派都试图以一种融会贯通的思路，从不同的角度对诸多复杂性理论进行有机整合，使之发挥解析复杂系统生成、演化特性的整体效应。譬如，1982年，钱学森在《论系统工程》中提出的系统学中，将运筹学、控制论、一般系统论、理论生物学、耗散结构理论、协同学理论、超循环理论等都纳入系统科学基础理论的范畴；[120]2001年，吴彤在自己创建的自组织方法论中，认为自组织理论是研究自组织现象、规律的学说的一种理论集合群，它包括耗散结构理论、协同学理论、突变论、超循环理论，以及分形理论和混沌理论等；[121]而成立于1984年的美国圣塔菲研究所（SFI），则将上述的复杂性理论统称为复杂性科学。

李曙华则独辟蹊径，试图立足于生成论的自然观，从整体上理解和把握从系统论到混沌学乃至于复杂网络理论这一复杂性科学的理论群，并通过梳理各个理论核心思想上的逻辑关联，将其作为方法论的工具纳入到生成论的科学体系中。[122]

### 3.1.2 城市风貌传统理论的生成观

城市风貌研究领域的传统理论主要涉及城市空间组构与结构理论、城市意象与场所理论、建成环境意义的理论以及建筑模式语言理论等，其部分代表性理论隐含着城市风貌系统的生成性思维。

#### 1. 城市空间组构与结构理论

城市空间组构与结构理论主要以英国比尔·希利尔（Bill Hillier）的空间组构理论和美国尼科斯·A·萨林加罗斯（N. A. Salingaros）的城市结构原理为代表。

在《空间是机器——建筑组构理论》（1996）中，希利尔提出了建成环境的空间组构决定论的观点，认为形式与功能仍旧相互影响着，空间是形式与功能相互作用的介质，换言之，建成环境与社会之间相互作用是通过空间组构而达成的。所谓的空间组构，是指每个空间都以特定的方式与其他空间联系起来。这种联系方式是由发生在日常生活中的偶遇、聚集、回避、互动、居住、教导、用餐、协商等行为决定的，这些行为不仅是发生在空间中的活动，同时自身构成了空间模式。[123]为了满足各种各样的需要，人们总是不断地组织空间的联系方式；归根结底，城市社会对城市功能、经济和文化活动的需求，触发了城市空间组构的行为，在这个过程中，不仅形成了建成环境，也满足了各种活动的需求。因此，空间组构嫁接了形式与功能的关系、建成环境与社会的关系。组构理论的核心观点如下：首先，建成环境并非是静态的背景，而是与人们日常生活互动的生成物，既不断地自我演化，也在传承历史；其次，建成环境对人的影响不是直接的，也不是一一对应的，而是借助了空间的组织与构成的随机过程，间接地发生作用，符合统计规律；其三，建成环境对应于集体人群或社会，因为建成环境本质上是社会性的客体，它是人类社会传递社会文化的载体，既是物质，又是信息。在这个范式中，空间组构行为是关键，它联系着物质环境的演变与抽象的社会经济发展历程。[124]

如何更确切地描绘和解读城市形式和结构形成的规律，几乎是城市规划理论研究恒久的任务之一。尼科斯·A·萨林加罗斯的城市结构原理就是以自然科学、社会科学、复杂性科学为视角，通过科学的分析和直觉式的体验，所创立的一个关于城市形式如何生成以及城市结构演化趋势的理论。认为城市结构演化趋势是形成城市网络，而“城市网络是一种复杂的空间组织结构，主要存在于建筑物之间的空间之中。”[125]其通过“节点”（场所）与“模块”（节点组）的物理连接（道路）而生成。城市网络结构呈现三种突出的特征：节点构成性、关联性和层次性。首先，城市网络的形成就是节点之间的连接，节点是网络的主要构成，其表现为居住地、工作地、公园、商场、饭店、教堂等；其次，关联性是指节点之间的相互联系，只有两两互补而非相似的节点才能关联起来，从而形成真正的活动场所；其三，层次性是指城市网络的自我组织结构，表现为从尺度最小的路径向较大及更大尺度的道路逐级扩展，呈现有序的层级关系。在网络结构中，活动场所的关联性越强，层次越分明有序，城市网络的连通性就越强，城市也就越有活力。同时，萨林加罗斯强调了城市网络作为复杂系统的不可分解性，认为“连贯的系统不会完全被分解到单个要素。”[126]

正是这种以流体相互作用形成的连贯性，使城市整合形成一个高度运转整体。基于此，萨林加罗斯提出了特定的连贯性原则，以此指导城市设计和城市风貌的塑造，从而实现城市系统局部的相互作用以及整体性功能的充分发挥（表3-1）。[125]

城市几何连贯性规则　　表3-1

| 规则 | 内容 |
| --- | --- |
| 耦合连接（couplings） | 相同尺度的节点通过耦合相连，构成一个模块。模块内不存在没有关联的节点 |
| 多样特征（diversity） | 相似的节点不会产生耦合连接，而节点之间的多样性可促进耦合相连的形成 |
| 界面分明（boundaries） | 模块间的界面将在不同模块之间建立关联性 |
| 大致趋势（tendency） | 在有活力的复杂系统内部，小尺度到大尺度模块之间的相互作用应保证由强到弱的秩序，否则将产生病态的系统 |
| 组织有序（organization） | 在复杂系统内部，应优先建立小尺度模块，在此基础上再建立较大尺度模块 |
| 层次分明（hierarchy） | 系统内小尺度模块数量和大尺度模块数量应按照降幂次序排列，形成系统的层级 |
| 相互独立（interdependence） | 节点和不同尺度模块之间需要相互依存，这体现在大尺度层级需要有小尺度层级作支撑，否则高层级将无法建立 |
| 分解过程（decomposition） | 具有连贯性的系统不可被完全分解为部分要素。应在复杂系统内部建立多元化分解 |

资料来源：对萨林加罗斯观点的概括整理。

2. 城市意象与场所理论

城市意象与场所理论的代表性论著包括凯文·林奇（Kevin Lynch）的《城市意象》（1960）和诺伯·舒兹（Norberg Schulz）的《场所精神：迈向建筑现象学》。

凯文·林奇的《城市意象》是一部关于城市面貌及其重要性和可变性的论著。在林奇看来，由于环境对观察者的影响，使观察者产生了对环境的直接或间接的认知经验，从而形成了头脑中的主观环境，即城市意象。研究表明，意象本身是一种有目的性的简化，通过对现状环境要素的选取、删减、排除或附加，有意图地重新排列，甚至是不合逻辑的剪辑，融会贯通地创造出各个要素之间的关联性，从而，组织形成头脑中的复合体。其实，意象是观察者与所处环境双向作用的结果，正是因为观察者的年龄、性别、文化程度、职业、性情或熟悉城市的程度上的差异，导致所形成的个体城市意象也大相径庭。因此，需要创造一个公众共同认同的城市意象，即基于一个共同的物质实体对象、一个共同的文化背景以及一个具备基本生理特征的主体三者共同作用并达成一致的结果（图3-3）。在城市意象研究过程中，凯文·林奇为了更专注于城市实体环境的考察，刻意剔除了社会意识、风土人情、历史变迁、城市功能以及地理名称等影响因素，并通过对美国波士顿、泽西城和洛杉矶三个城市的实证研究，提出了城市意象的五个元素：道路、边界、区域、节点和标志物。[127]

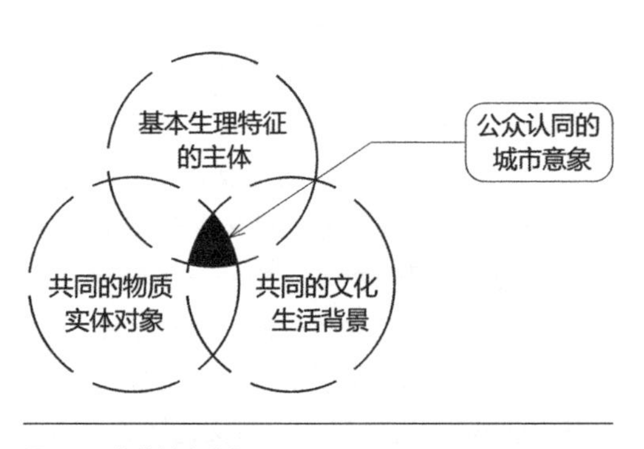


图3-3　集体城市意象

诺伯·舒兹的《场所精神：迈向建筑现象学》则专注于空间中的物质所带来的“场所精神”，主张建筑只能从当地特定的环境中“生长”出来，强调建成环境的文脉与渊源。于是，其作了如下的说明："当人类将世界具体化为建筑物或物时便产生定居。而具体化艺术创作的功能，与科学的抽象化正好相反。"[128]所谓艺术的具体化，实际上是一种具体物品或事件生成的过程，指的是由创造思考转为创造物品或创造行为的一个实践，诺伯·舒兹把这个过程描述为"存在空间—建筑空间—场所"，其中，"场所"就是人活动的处所，包含了空间、界面和活动；这样的环境形式与结构，对应着人的在世模式，产生定向与认同，便生成了场所精神。因此，场所是人存在于世的立足点，它以具体的建筑形式和结构丰富了人的生活和经历，以更为明确的方式和更为积极的意义将人类和世界联系在一起。而场所意义的生成方法可具体拆分为以下两个步骤：首先，采用具体而非抽象的概念来描述环境现象，即通过其明示或隐含的具体环境结构形式和意义，将环境与人们的日常生活经历紧密地联系在一起；其次，在特定的地点、人群、事物和历史所生成的环境中，考察人们与环境之间的相互联系，利用环境经历和体验揭示城市环境结构和具体形式的意义和价值。而考察内容涉及以下四个方面：①建成环境的基本质量和属性；②环境的经历和意义；③建成环境的社会文化尺度；④场所、建筑同人及活动的关系。

3. 建成环境意义理论

美国建筑理论家阿摩斯·拉普卜特（Amos Rapoport）一直致力于对建成环境的意义、环境与文化、行为关系的探索。

在《宅形与文化》（1969）中，他将"宅形"描述为与居住生活形态相对应的住宅空间形态，包括布局、朝向、场景、技术、装饰和象征等方面的内容。拉普卜特认为，宅形的形成不能被简单地归结为物质影响力的结果，也非单一要素所能决定的，它是一系列"社会文化因素"作用的产物。[129]马克斯·索尔将"社会文化因素"归纳为一种"生存模式"，它囊括了文化、精神、物质和社会等各方面的内容，在拉普卜特看来，这些条件是"宅形"形成的"首要因素"；而气候状况、建造方式、建筑材料和技术手段等对形式的产生也起着一定的修正作用，属"次要因素"。因此，宅形是某种特定"生存模式"在物质上的体现，并借此获得象征意义。这个意义是使用者的意义而非建筑师或评论家的意义，是公众的意义而非个体的意义，是日常环境的意义而非历史上或现代的著名建筑的意义。[130]拉普卜特关于建成环境的文化主导观，在《城市形式的人文方面》（1977）中得到了进一步强化，认为城市形态环境的本质在于空间的组织方式，而不是表层的形状、材料等物质方面，而文化、心理、礼仪、宗教信仰和生活方式在其中扮演了重要角色。[41]

拉普卜特的《文化特性与建筑设计》（2003）探讨的是如何借助文化机制来促成这种人与环境的互动。首先，从文化人类学的角度来理解环境，并提出概念化环境的四种最佳方式，即：①一种对空间、时间、意义及沟通的组织；②一种场景构成；③一种文化景观；④由固定、半固定和非固定元素构成。上述四项不仅互补，而且是一个结合紧密的整体。第一项中最基本、最抽象的表述就是通过各种层面上的文化景观具体表现出来的。文化景观由场景组成，活动系统即发生在场景构成之内；文化景观包括场景及其提示在内的各类元素以及活动系统，都是由固定和半固定元素构成，而这两种元素又由非固定元素（主要是人）所创造和拥有。[131]从环境的生成过程来看，呈现从建筑—空间—场景—提示等不同层级的跃迁，其相互关系是：场景（含规则）是经由提示来传达的，而提示则是由场景的物质要素（建筑等）及其布置方式（空间组织）构成的。提供清晰可辨的提示，需要考虑感知规律和信息的冗余度才能得到理解。从文化范畴看，若提示与文化图式不合，那么意义就无法得到传达。

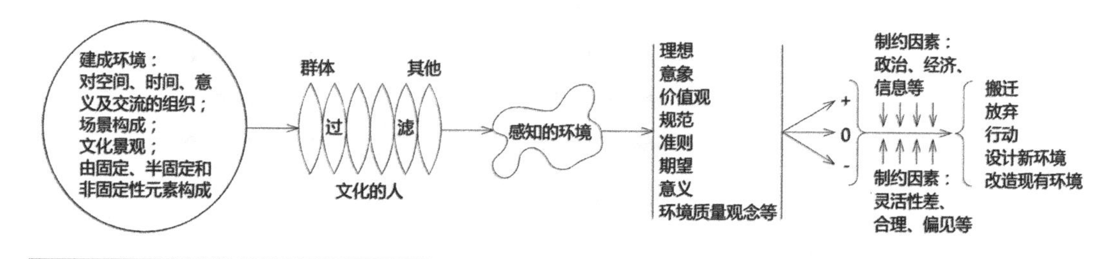


图3-4 评价流程示意
（资料来源：拉普卜特的《文化特性与建筑设计》）

其次，他认为环境的变异性是由活动造成的，并将活动分解为：活动本身、活动的实现、活动的系统、活动的意义。意义是一切活动最潜在的因素，是一项最重要的功能，并影响着环境的形式。[131]人之所以成为人，通常就由拥有文化来定义，不同的文化细节造成了不同人群的差异。

其三，他将建成环境概念化为文化景观，认为文化景观不是经过通常所谓的设计得到的，它是在漫长的岁月里，祖祖辈辈间无数个别决策的产物。文化景观显示出一种偏爱，这种偏爱是群体所共有的，具有集团效应，它以共同的理想与意象等为基础，并通过图式表达出来。偏爱又指明了选择的方向，至于选择的依据则是价值观、理想和意象等，即欲求（图3-4）。

最后，指出环境质量所包含的不同层面：自然、社会、感知、文化、相关意义等，认为城市目标在于创造一个“更美好”的环境，而更美好指的是什么？相对谁而言？依据什么标准？这些问题使环境质量与“文化”联系起来。

拉普卜特认为，文化是一个民族的生活方式，包括他们的理想、规范、规则与日常行为等，一种时代传承的、由符号传递的图式体系，用来教育后代或同化移民，一种改造生态和利用资源的方式。文化在环境中的作用是：制定各种规则来指导行事方式，产生意义，定义并区分各个群体。

4. 建筑模式语言理论

克里斯托弗·亚历山大（Christopher Alexander）建筑模式语言的理论思想形成于20世纪60～70年代，正值一般系统论、控制论和信息论等系统理论的发展时期，因此，他的城市设计理论难免受到系统理论中有机思想的影响，并带有生成思维的端倪。亚历山大认为，任何东西都是有生命的：建筑物、动物、植物、城市、街道、荒野还有我们自己，建筑和城市的产生就像所有生命过程一样，其规则来自自身，而不是其他别的东西。

亚历山大对于模式语言理论的建构，是从考察原始自然文化入手的，认为这种文化经过逐步、有机的发展，无意识地产生出与其环境完全协调的形式。“其原因在于自然过程有一个自我调节、自我组织的结构，因此，它始终如一地创造出完整适合的形式，甚至面临变化也是如此。”[132]随后，他采用复杂数学方式诠释了这种无意识形式的生成过程。依据这样的思维，城市设计中的问题将以一种普通百姓所共知的模式语言进行描述，这些模式语言类似于描述结构关系和场所形态的某种规则或概念，即生成要素，然后，通过不断自由组合，形成一种与生活和文脉相呼应的适宜的空间形态。亚历山大秉承这样的研究思路，先后出版了关于模式语言理论的三部曲：《俄勒冈实验》（1975）、《模式语言》（1977）、《建筑的永恒之道》（1979）。这三部曲以一系列新的观点来分析建筑和城镇，建立了关于

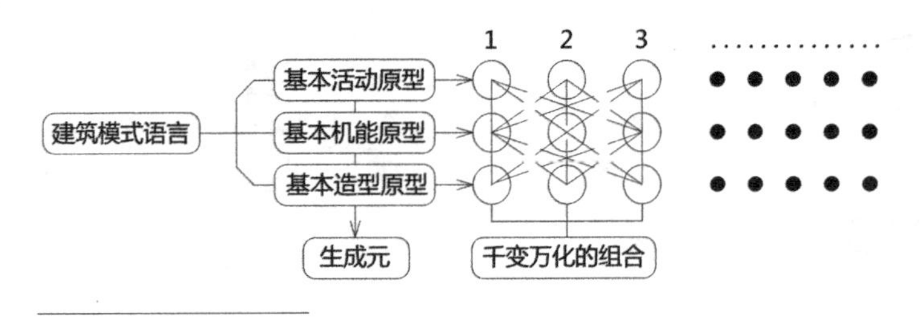


图3-5　模式语言组合生成

规划和建筑的模式语言理论体系。

模式语言是亚历山大建筑与城市设计理论最为核心的思想。所谓的模式语言，就是用语言来描述与活动一致的场所形态。这些语言是从大量的建筑和规划实践中精心提炼出来的、切实可行的经验。“253个模式汇总作为一个整体，作为一种语言来掌握，你就能创造出无穷无尽的千变万化的组合。”[133]“模式语汇提供了建筑基本的活动原型、机能原型和造型原型”[134]，以原型作为生成元生成空间（图3-5），“在这一过程中，每一个别的建造活动就是空间得以分化的一个过程。她并非是一个有预成了的部分相结合而产生一个整体的相加的过程，而是一个逐渐展开的过程，它就像胎儿的发育，整体先于部分，并实际通过分化孕育了各部分。”[135]这是一种生成思维，从一系列单独的模式出发，整个富有自然特色的建筑物会在你的思想中形成，以同样的方法，成群的人通过遵循共同的语言，就能够在大地上形成适合生活和文脉的一种空间模式。

亚历山大的模式语言及其城市设计方法，带有一定的自组织机制的意味，认为城市是自下而上的自我生长机制的产物，倡导一种以使用者而非规划者为主导的建设模式。在他看来，规划者所能做的就是为使用者制定原则和提供备选的模式。于是，基于对自然生长的、富有活力的城镇的考察，归纳总结了涉及城镇、邻里、住宅、花园和房间等 253 条模式语言，其内容涵盖村镇、建筑、构造等诸多方面。[133]每条模式由三个明确定义的部分组成：问题所处的环境状态、在复杂环境中反复出现的客观需要、用物质实体的几何关系解答。每种模式都给出相应的文字性描述，作为使用说明。在“俄勒冈试验”的具体应用当中，亚历山大贯彻了有机进化、循序更新的主导思想，确立了六条实践原则：有机秩序、参与、分片式发展、模式、诊断和协调（表3-2）。[136]

实践原则　　表3-2

| 原则 | 内容 |
| --- | --- |
| 有机秩序的原则 | 由局部行为逐渐形成整体的过程指导规划与建设 |
| 参与的原则 | 环境的使用者协助完成环境的任何过程 |
| 分片式的原则 | 小规模的发展步伐，每个项目都只适应建筑物功能和场地改变和变化 |
| 模式的原则 | 所有的设计和营造都在大众认同的模式语言的规划原则指导下进行 |
| 诊断的原则 | 从生命的最初阶段开始，机体不断地检视自身的内部状态，辨别机体中临界变量是否超出允许的范围。事实上，亦可称其为反馈机制 |
| 协调的原则 | 调节使用者提出的个体项目投资计划，确保整体组织秩序逐步呈现 |

资料来源：克里斯托弗·亚历山大（Christopher Alexander）

总之，亚历山大所提出的模式语言和其相应制度，就是想在现实的条件下，创造一套新的“一致的文化背景”和“解决问题的传统方法”，以在一定的整体控制下，模拟传统的建设过程。这一过程是完全动态的，且与历史上的“无形的规划”做法相一致，要求在模式语言的基础上，通过民众参与和专家的阶段性指导，在较短时间内模拟自我生长城市在漫长历史中完成的动态过程。因此，亚历山大对于人与环境关系的探讨、城市活力的追求、城市空间生成性的思考都值得借鉴。

### 3.1.3 城市风貌生成论的解析框架

基于一般生成论的研究基础，结合城市风貌系统的复杂性特征，本书秉承一般生成论的研究视角和研究思路，以复杂性科学为理论工具，建立研究城市风貌复杂现象和系统演化规律的方法论基础，并逐步建构一个异于机械论、构成论思维的城市风貌生成论的理论框架。

在李曙华构建的生成论的系统科学体系中，是以非线性科学作为整个体系的核心理论，同时，选择超循环理论作为非线性科学的基础，因为超循环理论是揭示有机物和无机物生成现象的最基本规律的理论，它是触发系统科学从贝塔朗菲的有机整体论走向生成整体论的关键性学说；而分形、混沌、复杂网络理论则是作为非线性科学的基本构成，它们在时空维度上对复杂系统生成规律的数学模型和动力学机制进行解析。[122]

生成论坚持的基本信念是，任何系统都不是既存的，更不是某个外在力量给定的，而是有起源的，是从无到有地生成的（金吾伦，2000；李曙华，2004；苗东升，2007；刘劲杨，2009[108]）。生命系统的诞生、成长、老去直至死亡，系统组织简历了从创生、发展到壮大的整个过程，这些演化行为体现为另一种整体性，可称为生成性整体。生成论认为，系统生成过程可以刻画为两个部分。其一，对作为生成过程的起点的刻画。金吾伦把它描述为“生子”[9]、李曙华把它命名为“生成元”、[102]苗东升则把它刻画为“微”。[104]为了实现彻底的生成论，应承认系统生成过程起点是从无到有的突变。其二，对生成起点到系统整体的演变发展过程的描绘。作为系统生成过程的起点，无论是“生子”“微”，还是“生成元”都是指系统生成的“信息核”，那么，对系统从生成到演化的过程的描述，实际上就可转换为对信息运作综合集成过程的刻画。

就城市风貌复杂系统而言，其生成起点（即生成元）可以描绘为一种城市集体的愿景和目标，一种共同向往的生活方式，一种类似“想法”或“概念”的“文化图式”，即符号式的信息；而城市风貌复杂系统的生成过程则呈现为不可逆的自组织的过程，表现为从系统创生—系统组织—系统生长不同阶段的持续、动态的推进，可以概括为“显现”和“演化”两个不同层级的跃迁（图3-6）。结合城市风貌复杂系统的特征，分别运用复杂性科学的自组织理论、系统理论及非线性科学来解析城市风貌系统的创生、组织、生长三个不同阶段的生成轨迹；同时，运用城市空间组构与结构理论、城市意象与场所理论、建成环境意义理论以及建筑模式语言理论，来解析城市风貌内涵与现象，从而揭示城市风貌系统的生成和演化规律（图3-7）。

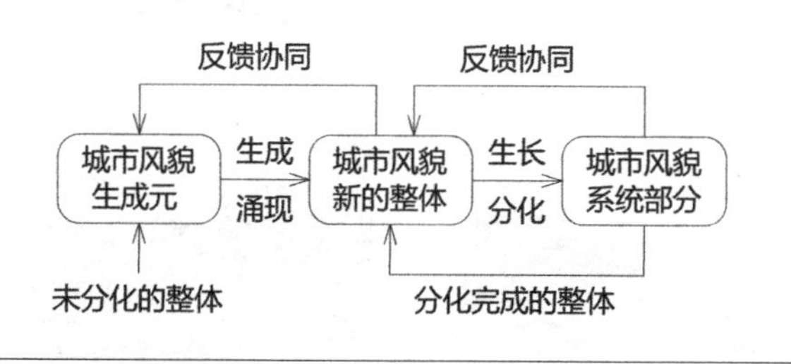


图3-6 城市风貌生成过程

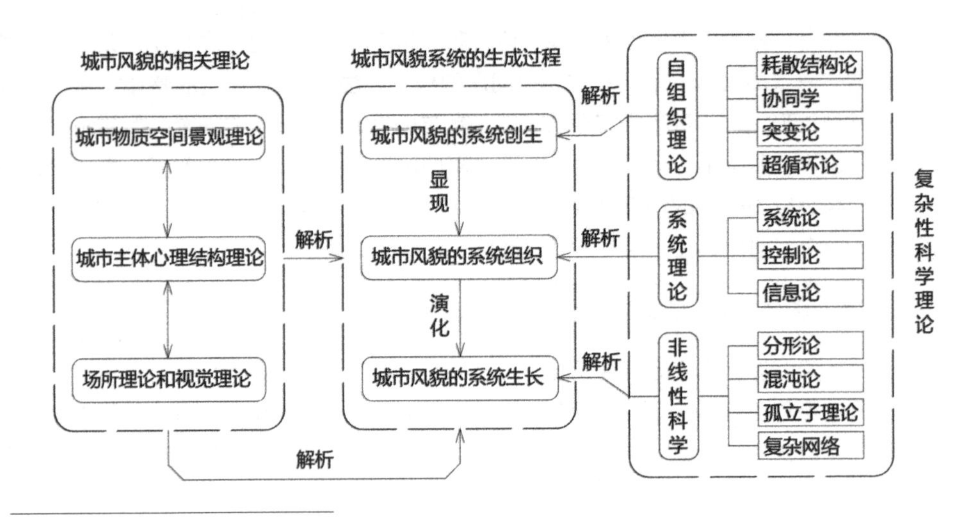


图3-7　城市风貌系统生成论的解析框架

## 3.2 城市风貌系统生成观

显然，城市风貌系统生成观相较于传统构成观而言，是一种思维范式的转换，它是以生命隐喻取代机器隐喻的方式，引导人们重新理解城市风貌系统的形成和演化。而“城市的发展，从其胚胎时期的社会核心到它成熟期的复杂形式，以及衰老期的分崩离析”（图3-8），[137]其整个过程就是对生成论最好的诠释。

那么，这种思维转换的思考起点在哪儿呢？毋庸置疑，城市风貌系统生成观是基于构成观的缺陷而提出的，它是对后者的批判、修正和补充。两种思维最根本的区别在于出发点和前提的不同，因此，导致研究对象、研究方法以及运用理论上的差异：首先，城市风貌系统构成观主张系统整体是由部分或元素构成的，部分或元素是系统整体存在的前提；

图3-8　城市发展历程

而生成观则主张系统是生成的，强调先有整体，然后才有部分，没有整体就没有部分。[138] 其次，城市风貌系统构成观关注的是系统要素和系统空间结构，而生成观则更关注时间的延续性与系统的动态性。其三，城市风貌系统构成观的研究方法是将系统整体还原到部分或要素，而生成观则把系统生成过程还原到最初的起点——生成元。其四，还原论在城市风貌系统构成观描述中处于主导地位，而在生成观的描述中，还原论处于次要地位，涌现论则处于主导地位（表3-3）。[104]

城市风貌构成论与生成论的比较　　表3-3

| 序号 | 理论 | 出发点 | 研究对象 | 研究方法 | 理论工具 |
| --- | --- | --- | --- | --- | --- |
| 1 | 构成论 | 部分先于整体 | 系统要素与空间结构 | 把整体还原为部分 | 还原论 |
| 2 | 生成论 | 整体先于部分 | 时间延续性和动态性 | 过程还原到生成元 | 涌现论 |

基于此，为了能够实现思维转向，城市风貌系统生成论的思考起点应建立在二者对比分析的基础之上。下面，就城市风貌构成观与生成观进行列表比对（表3-4），以更好地诠释生成观的内涵。

城市风貌构成观与生成观的比较　　表3-4

| 序号 | 城市风貌构成观 | 城市风貌生成观 |
| --- | --- | --- |
| 1 | 实体性系统观 | 适应性系统观 |
| 2 | 永恒性结构观 | 生灭性过程观 |
| 3 | 他组织组合观 | 自组织演化观 |
| 4 | 加和性整体观 | 涌现性整体观 |
| 5 | 客观性实体观 | 全域性信息观 |
| 6 | 同质性类别观 | 差异性整合观 |
| 7 | 中心性生态观 | 共生性生态观 |

### 3.2.1 适应性系统观

适应性系统观是城市风貌系统生成论的核心观点，因为“适应性”是生成思维有别于构成思维最重要的观点之一。对于构成思维而言，城市风貌系统是一个实体性系统，系统的基本构成单元是要素、元素等实体，系统结构是指系统内部各组成要素之间相互联系、相互作用的方式或组织秩序；而生成论则认为城市风貌系统是一个适应性复杂系统，它诞生于“生成元”——城市集体愿景与构想，一种意念式的信息，城市集体通过信息判断，进行素材与质料的选择，素材缘结不同主体的意愿，并生成了不同层级的人化组分，即“适应性主体”。这些“适应性主体”与环境以及其他主体进行反复的交互作用，在适应过程中，自下而上地触发城市风貌系统整体的生成和演化。

适应性系统观强调的是“适应性”和“适应性主体”等核心概念，认为适应性主体

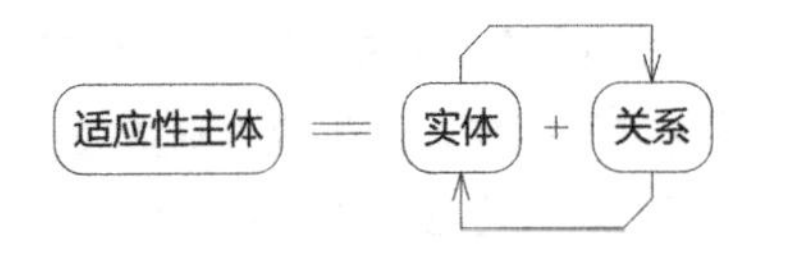


图3-9 适应性主体

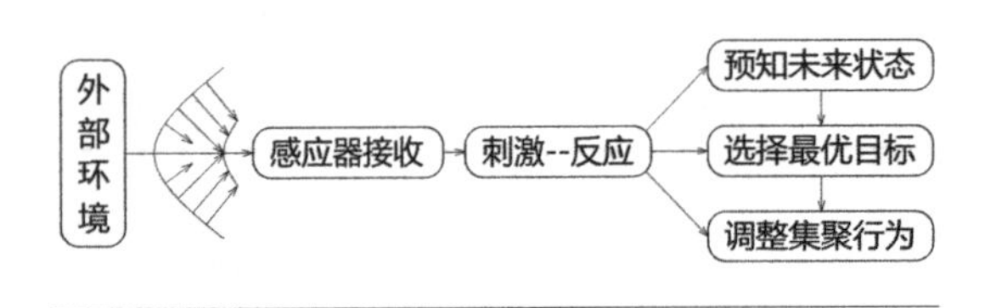


图3-10 适应性主体的内部模型

是“关系实体”(图3-9),其哲学意义就是把实体与关系统一起来,一旦离开了相互作用,现实的主体就不复存在。这种适应性主体区别于构成观中被动的、局部的实体概念,是一种活的、主动性的主体,正是它的主动性和适应性,造就了城市风貌系统的复杂性,并构成了系统整体发展和演化的基本“动力因”和“目的因”。

A. Ilachinski博士在描述适应性状态时,指出了适应性主体的五个基本特征:第一,适应性主体是一个实体,这一实体能够感知环境并能采取行动,同时它可以试图达到动力学环境中复杂的目标。第二,它通过传感器能够感知环境,并且对环境的刺激作出反应。第三,它具有内部信息处理和作出决定的能力。第四,它依靠内部模型可以预知未来的状态和可能性,并可以经常改变系统的聚集行为。第五,主体的目标有四种不同的形式:期望局部的状态;期望最终的目标;选择最优化的目标;受到有限控制的内在需求或动机(图3-10)。[139]

城市本质上是最复杂、最宏大的人工与自然的复合物,是一种复杂的自适应系统(CAS)。而作为人类与众多其他有机系统共生的复杂自适应系统,它必然具有复杂自适应系统的一般特征。[16]那么,作为城市子系统的城市风貌系统,其涵盖了城市物质信息、人文意蕴和生活内涵等复杂内容,[13]同样具有了复杂自适应系统的特征。首先,作为城市风貌系统的适应性主体,能够通过使用、观赏、体验城市环境,获取经验性和规律性的信息,并加以处理,作为制定城市风貌特色规划以及风貌保护和管理等公共政策的参照;其次,规划主体的集体决策往往是随着外部环境的变化,对城市风貌系统自身的发展目标进行不断的调整;其三,城市风貌系统与城市及外部的社会及自然环境共同生长和演化;其四,城市风貌系统作为城市复杂系统的一种组织,其生存之道在于寻求特色的区辨路径,在城市环境中获取最佳的“生态位”,并最大程度地发挥风貌的功能。

### 3.2.2 生灭性过程观

“世界不是既成事物的集合体,而是过程的集合体。”[140]生灭性过程观是城市风貌系统生成论的核心观点,它是有别于构成观最重要的思想之一。传统的构成论主张,系统具有永恒、稳定的结构,系统演化只是不变要素的结合和分离,其基本构成要素如原子是既存的、永恒的,系统发展壮大是基本构成要素重新结合的结果,系统衰败是构成要素的分离所导致。而生灭性过程观则认为,世界是诞生、生长、完成、湮灭的过程,变化是产生和消灭,或者转化。这种生灭性的观点,对于系统的微观组分来说表现得更为明显,伴随着系统整体的成长和部分的分化,组分却不断地经历着新旧更替的过程,譬如,人体内每时每刻都有许多细胞繁殖、新生、衰老和死亡,通过不断地完成着的新陈代谢的过程,以维持机体的生长、发育、生殖以及损伤之后的修补。

而对于每一座城镇来说,也是在持续变化中,它们都有其生命的历史,其整体形态总在不断地变化着,其中始终贯穿着建筑功能的改变、建筑单体的更替。“它们的发展历程,与其所处区域的文化历史一起,都已被深深地镌刻在其外貌及其建成区的肌理上。一个时

图3-11 维尔纽斯的城市肌理

代在城镇的土地利用、街道、地块和建筑的格局上刻下自己的烙印，接下来的时代就会将其取而代之。城镇的建成区，其功能组织以及城镇景观，就成为了城镇发展历程的累积性记录。”（图3-11）[141]

由于城市风貌涵盖了城市物质信息、人文意蕴和生活内涵等复杂的内容，因此，可以说，城市风貌系统是由物质空间样态、日常生活事态以及文化符号（功能、含义或象征）等三个子系统相互作用而生成的。于是，生灭性过程观可以在城市风貌的各个子系统相互作用和演化中得到充分的体现。

关于物质空间样态系统，实质上是城市空间模式在形体物理特征和面貌上的总体表现，其涉及地平面、建筑形态、建筑与土地使用三个要素的形态复合，在城市物质环境和人文历史环境的演变历程中，组成要素的特征正是形态建设初期和适应期内历史文化发展背景的反映。在生灭的过程中，三种物质要素表现出各异的稳定周期。首先，由于平面单元特别是街道平面的布局，为建筑类型和土地利用模式提供了形态框架和形态结构，因此，它是三个城市形态要素中最为稳定的一个；其次，相较于街道平面来说，建筑类型在遭受火灾和战争等人为灾害破坏时更易于改变，而且，也会因为产权或功能的更替而得到调整；其三，由于新功能的出现、时尚风格的变换和户主任期的相对短暂，使得土地和建筑利用模式经常发生变化，因此，土地和建筑利用模式则是最为善变的要素。

关于日常生活，阿格妮丝·赫勒（A. Heller）将日常生活分为两大部分，一部分是随着历史的沉浮而不断生灭的可变部分，它往往是指当下的生活方式，呈现为一种可观察的活动，即日常生活的具体内容；另一部分是基本的、不变的部分，这是人类存在不可或缺的基础，往往表现为人们共同遵守的规则和规范，赫勒称其为“人类条件”。赫勒认为“人类条件是一常数，并且在心灵中不断生成”，而“与结构的改变相比，日常生活内容的变化是颇为频繁的。”[142]

另外，城市风貌中的文化符号，包含着深层次的历史、地域文化、社会、象征、价值观、心理与思维等涵义，它是城市生长过程状态的记录与表达，描述了城市的结构、功能与意义在时间、空间层面的样态。因此，它总是随着城市生长和总体风貌的演进而发生变化。

### 3.2.3 自组织演化观

自组织演化观认为，城市风貌系统是涌现生成的复杂系统，其中有大量的适应性主体通过竞争与协同的组织机制结合在一起，形成非线性的相互作用，其演化特征呈现自组织的状态。

通常情况下，系统的组织演化无非有两种形式，即他组织和自组织，城市风貌系统构成观强调的是他组织的风貌要素组合关系。所谓他组织，是指系统不能自行地进行组织、

图3-12 大雁飞行——自组织

创生和演化，而是被动地依赖外部动力的推动和组织，通过外界特定指令的引导和干预，使之从无序走向有序。而特定的外部引导与干预，一般是指对系统加以设计、组织和控制的一种外在行为。而自组织系统则恰恰相反，它能自行组织、自行创生和自行演化，自主地从无序走向有序，并获得有序的结构，其组织动力一般来自系统内部、来自生成主体之间的相互作用（图3–12）。

自组织与他组织最重要的区分点在于，自组织系统中个体行为是自主的，而他组织系统中要素是被动的，受制于系统外部力量的设计、组织和控制。如果不将人的要素从城市系统中剥离出来，而是纳入其中，成为城市系统的适应性主体，那么，“从这个意义上讲，所有的城市都是自组织的。”[143]因此，从城市主客体统一的视角出发，“城市不仅是一个自组织系统”，[144]而且是凸现于局部行为的自组织结构的深刻范例。[145]

那么，城市风貌系统与人之间到底是什么样的一种关系呢？从传统简单范式追求事物纯粹客观性的角度来看，城市风貌系统是独立于人之外的客体，而人只是城市风貌塑造和研究的主体，人的干预行为主导着城市风貌系统的变化。人们总希望按照自己的意愿塑造城市风貌的物质空间样态，组织城市日常生活、活动和事件，控制城市物质、能量、信息等流体的运行，为确保城市风貌特色维育及未来良性发展做好规划。但是，从复杂思维范式的角度出发，强调的是主客体统一原则，认为绝对的客观性是不存在的，在认识事物的过程中，如何看决定了事物如何地呈现，正如海森伯所言：“我们观察到的东西不是自然界本身，而是由我们提问方法所暴露的自然界。”因此，主客体是不可截然分离的。

事实上，从系统科学的角度来看，城市风貌系统是物质空间样态、日常生活事态以及文化符号等的复杂综合，人和社会是作为城市风貌系统的子系统而存在的，并成为了城市风貌系统最为重要的适应性主体。这些适应性主体，在各种有目的活动的驱动下，与物质环境和文化环境相互作用，推动城市风貌系统的演化，使之可以自发地适应发展或改变其内部结构，以更好地应对或处理它们的环境。与此同时，城市风貌系统又能通过反馈作用或者增加新的限制条件，来影响组分之间的相互作用关系的进一步发展，促使各种主体在完成自己的目的性、能动性行为之外，通过学习，积累经验，不断调节和改变自身内部的适应性结构。

因此，自组织演化观认为，城市风貌系统的生成和演化，不是通过自上而下地预定目标，而是由于组分之间相互作用而产生的自下而上的集体效应所造成的不可避免的客观结果。[99]基于此，可以说城市风貌系统的演化具有内在的机制，即自组织演化的规律，那么，认识和了解城市风貌系统演化的发生机制，是进行科学规划和维护的重要起点。

### 3.2.4 涌现性整体观

霍兰认为，涌现现象往往出现在系统生成过程之中。事实上，涌现本身就是一个受限生成的过程。涌现等同于系统科学意义上的质变，同时，它又可理解为非还原性或非加和性，这种属性往往表现为：整体大于部分之和，“系统科学把这种整体才具有，孤立部分及其总和不具有的特性，称为整体涌现性。”[146]因此，城市风貌系统生成论的涌现性整体

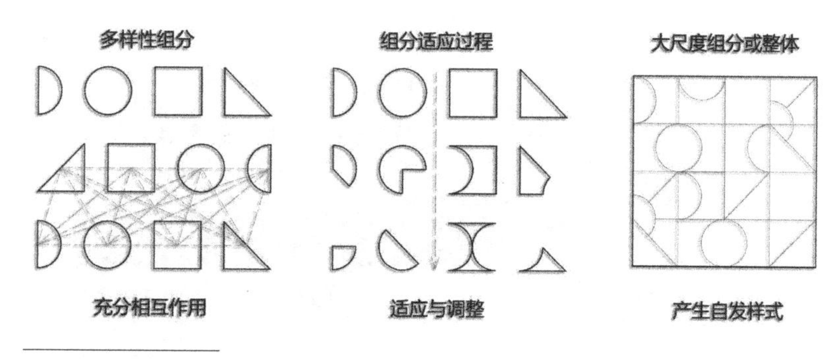


图3-13 整体涌现过程

观区别于构成论中的加和性整体观。

整体的涌现性是系统组分之间、系统与环境之间的相互作用而引起的。组分是按照系统结构方式相互作用、相互补充、相互制约而激发出来的，是复杂系统自组织的结果（图3-13）。“概言之，来自系统的组分、结构和环境三方面，构材效应、规模效应、结构效应、环境效应四者共同造就系统的整体涌现性。”[147]它带来的不是物质能量的增减，而是信息的创生与消除。信息可创生和可消失的不守恒性，才是涌现最后的根源和机制之所在。整体涌现性是通过对部分的组织整合而产生的信息增殖、信息创生，或者说是通过对多样性、差异性的整合而产生的结构特性、组织特性。结构或组织的生灭转换虽然不可能使物质和能量有所增减，却能够改变物质能量的存在形态，从而改变事物的复杂性。这正是整体涌现性的本质所在（图3-14）。[148]因此，涌现的结果总是产生新质的信息，改变事物的信息结构，增加世界的信息量。

应当看到，系统在整体上涌现出新性质是需要付出代价的。部分在独立状态下所呈现的功能和特性，在整合的过程中将受到抑制，其目的是要服从一种新兴的主导功能和特性，所以它需要一种组织力量进行控制，有控制必然有消耗。这恰恰是有偿性作用律的充分体现。

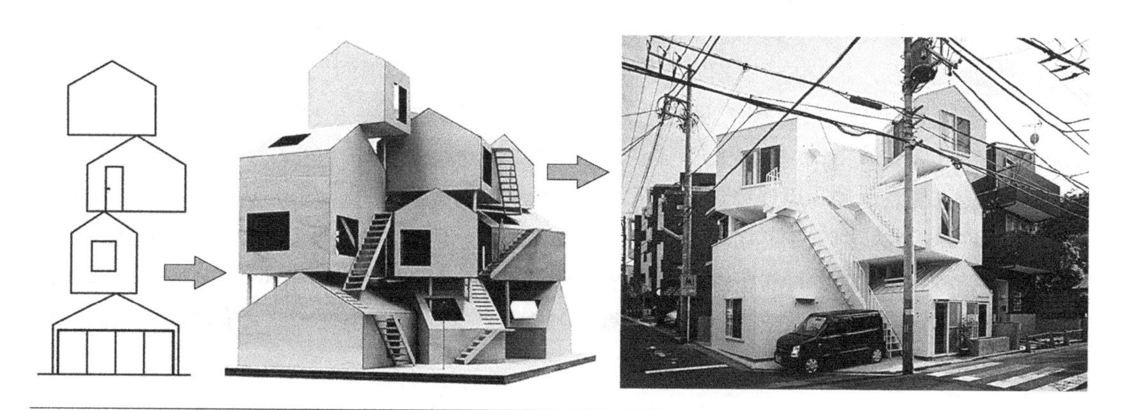

图3-14 东京公寓的整体涌现
（资料来源：藤本壮介的《建築が生まれるとき》，中文译名：《建筑诞生之时》）

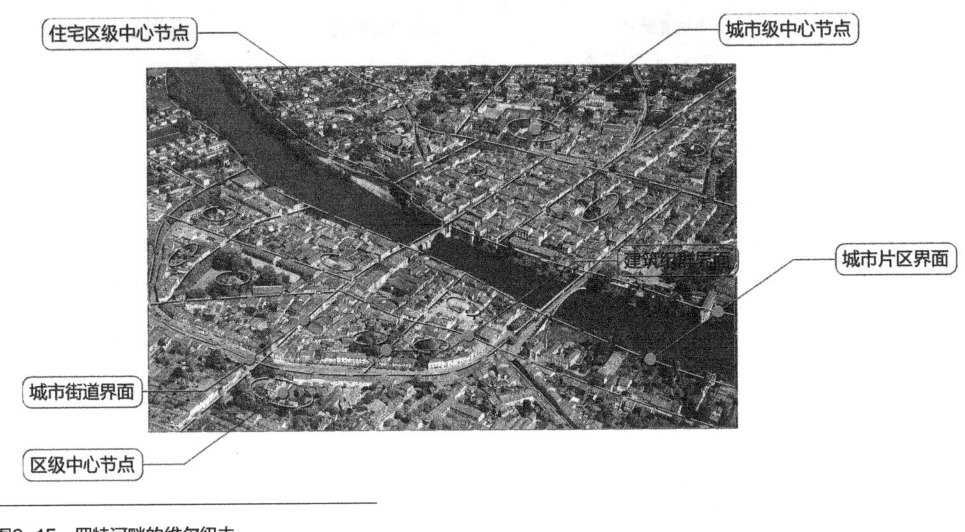


图3-15　罗特河畔的维尔纽夫
（资料来源：斯皮罗·科斯托夫的《城市形成》）

城市风貌作为复杂适应系统，它是城市各个要素整合后的样貌和状态的整体效果，也是整体涌现的总体特征。在系统整体生成和涌现的过程中，构材效应、规模效应、结构效应和环境效应的综合起着决定性的作用。

首先，从感知的角度出发，城市风貌系统的构材主要是由城市风貌信息的不同传播媒介组成的，其包含建筑实体、空间形式、活动模式和文化符号等不同的内容，这些传播媒介有着各自不同的组分，组分的基质、材料和特性是整体涌现性产生的实在性基础，并在一定程度上规定或制约着特色涌现的生成路径，从而形成了城市风貌系统的构材效应。

其次，规模效应表现在，城市规模是城市风貌整体涌现性产生的量化门槛，其规模大小差异、门槛高低不同导致涌现层次也不同。如不同的城市规模将导致不同城市风貌节点等级的涌现：镇级中心节点、区级中心节点、城市级中心节点等；不同数量建筑群的整合，涌现不同等级和形式的空间界面：组群界面、街道界面、片区界面、城市边界界面，天际轮廓线等（图3-15）。

其三，在一定的情况下，城市风貌系统组分之间相互作用、相互激发、相互制约和相互补充的方式不同，将产生不同特色的整体涌现性，这种作用被称为结构效应。从城市空间形式来看，其组织方式不同，生成的城市风貌的节点亦不同，如以平面拼接方式形成的广场式城市中心，以及以空间叠加方式形成的城市综合体。

其四，城市风貌系统的整体涌现性与外部环境有关。在与外部环境相互作用的过程中，系统获取和利用环境资源，适应环境约束的结构和属性，开拓生存空间，形成边界，提高抗干扰能力，并建立与环境进行物质、能量、信息交换的渠道和方式。这样运作的结果，将导致系统特有的整体涌现性的形成，因为环境的资源、约束和压力都是城市风貌系统整体涌现性的重要来源，因此，城市风貌系统的整体涌现性总是带有环境效应的深刻烙印。

### 3.2.5　全域性信息观

万物来源于信息，生成于信息，并以信息的形式存在着。全域性信息观认为，城市风貌作为复杂适应系统生成于信息，其产生、运行和演化的整个过程都贯穿着信息运作的规律。城市风貌系统生成论的全域性信息观超越了构成论的客观性实体观，它有效地将城市风貌系统的物质要素与非物质要素统一划归为信息的载体，从而在信息层面上将二者有机地融为一体。

全域性信息观主要来源于物理学家惠勒的思想。惠勒曾提出“It from bit”的命题，其意为“万有源自于比特”，而bit在申农信息论中是作为二进制数字信息量的度量单位，因此，人们习惯以bit表示信息，惠勒也不例外。于是，上述的命题便与惠勒的另一命题“Everything is information”[149]形成了呼应，二者共同阐明了万物既生成于信息又成为了信息，世界生成过程实际上是信息指导下物质的生成与转化。[150]基于此，苗东升的系统生成论主张“有生于微”，并把“微”定义为系统的信息核。同时，他认为必须把信息作为生成论的核心概念，从信息运作入手，着眼于描述系统的生成、运行、演化，着重考察的是通信、识别、信息创生、信息处理和信息积累等问题。[104]

关于涌现现象和过程，从波尔兹曼、维纳、西蒙到普利高津、哈肯和苗东升都认为一定与信息有关，因为从现实世界的三大要素物质、能量和信息来看，涌现不可能使物质和能量有所增减，“只有信息是不守恒的，可以共享，可以增值。”“世界是由简单到复杂不断演化的，复杂性的增加并不意味着物质、能量的增减，而是组织复杂性的变化，归根到底是信息的变化和增减。”[151]既然，涌现现象来源于物质成分的组织而非物质本身，那么，把信息定义为组织程度的度量则更为深刻，正如维纳所言：“如同‘熵’是组织解体的量度，消息集合所具有的信息则是该集合的组织性的量度。”[152]综上，全域性信息观是生成论的核心思想。

鉴于上述观点，城市风貌系统既可视为城市的信息系统，同时，又可视为城市信息传播的重要媒介。实际上，城市风貌系统的生成、运行和演化的过程，可以描述为：信息通过对质料的选择和整合，生成一种物质空间模式，借此组织日常生活、群体活动和城市事件，并通过信息反馈进行循环式的修正和整合。城市风貌系统正是通过生活模式和空间模式的相互作用，生成或涌现城市风貌信息的增殖，以展示城市社会经济、文化习俗、价值观等非物质形态，讲述城市的故事，体现城市的品格。从这个角度来看，衡量城市风貌研究价值的关键，不仅仅在于塑造城市形象的新、旧、美、丑，更重要的在于掌握城市风貌信息的运行规律，如信息是如何产生的、传播什么样的信息、如何传播以及如何把握信息量的冗余度等。

城市风貌所传播的信息内容主要包括三个方面：传播生活方式的信息、传播审美方式的信息、传播社会文化特征的信息。首先，生活方式的信息传播，依赖于适应性主体——人及其活动，同时，它也受限于城市的空间模式，城市风貌物质系统所提供的空间形式是生成人们居住、工作、娱乐等社会行为方式的物质基础，它在提供各种固有的活动空间的同时，也在一定程度上限定了人们以何种方式去开展这些活动。其次，城市风貌所要传播的审美信息，在于使城市成为体验诗意人生的摇篮与激发人们创造思维的源泉。通过特定环境、自然与历史文脉的体验与分析，透过平凡的表现，通过城市空间的利用，进行人的活动安排，开拓城市风貌潜在的艺术。[153]其三，社会文化信息是指人类社会在生产和交往活动中所交流或交换的、反映各种社会活动、文化活动和文化现象的信息。它包括一切由人创造的具有广义社会价值的文化形态和观念形态，其传播方式主要是依赖于日常生活、群体活动和城市事件中的人际交往。城市风貌信息的传播途径是：建筑样貌及组合方式、空间形态及结构形式，日常生活及组织方式、具体事件及运作方式以及文化形态及符

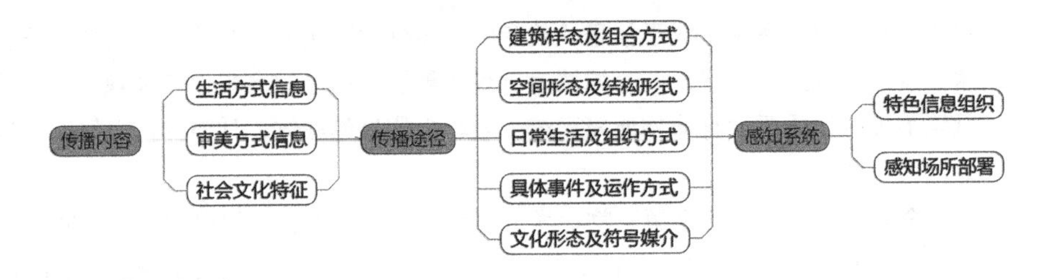


图3-16　城市风貌信息传播

号媒介等。这些途径经过有机的组织与整合，共同生成城市风貌的感知系统，即符合受众心理特征的、承载着明确信息的城市环境和易于感知的场所氛围（图3-16）。

## 3.2.6　差异性整合观

差异性整合观认为，城市风貌作为复杂适应系统，是异质组分整合形成的连续变体。城市风貌系统的城市空间模式、主体生活方式以及社会文化模式之间的异质相关性所导致的相互作用，形成了深层的组织结构，其系统生成图式具有开放性、动态性、多维关联性和整生性[154]的特征。与构成论同质性类别观相较，这些特征恰恰诠释了生命系统活力来源于异质组分的整合，而同质类别化只能带来机器系统的机械与僵化。

差异性整合观主要来源于德勒兹哲学的生成论思想，同时，也融入金吾伦的整合生成思维。德勒兹生成论的核心思想就是差异与生成，其思想渊源可以追溯到尼采的永恒回归理论。在尼采看来，往昔无限，逝去的时间无穷无尽，于是，生成不可能有一个起点，也不可能是已经形成的事物，生成存在于回归之时，也就是此刻，此刻的大门同时联结过去与未来，并与之共存，形成一种时间与其各维度的综合，构成永恒回归的共时共存，“但永恒回归绝不是一种同一的思想，而是综合的思想，是强调绝对差异的思想。”[155]基于此，德勒兹认为，差异性元素的存在是导致动态生成的核心内容，差异的消除导致静止，差异的存在引起运动，运动的关键在于差异是否在场。[94]而金吾伦的整合生成观认为，有了基本物质和基本相互作用，才有万物，才能捕捉，才能观察，才能测量。这说明，从潜在（有无统一态）到现实（经验现象）有一个相当复杂的生成演变过程。这种生成过程的一个重要特点是整合生成（图3-17）。例如，一个粒子的生成，不是从原先就已存在的潜在状态中游离出来，而是整合了有无统一体网络内的全部信息所得到的结果。它不像从西瓜中剥离出一颗西瓜籽来，倒是像从西瓜籽内发出一个嫩芽来。所以，生成不是一种机械的割裂，而是一种整合成。

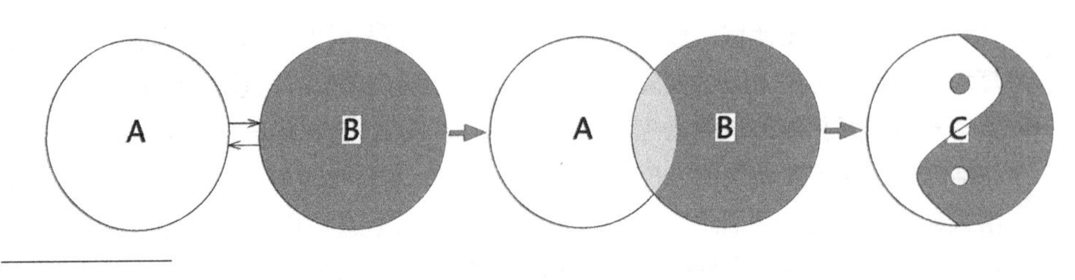


图3-17　整合生成

整合生成观强调，事物的变化是用“产生”“消亡”或“转化”来阐明的。[9]事实上，差异性整合观，从差异思想产生的根源看，凝结了自然生态系统中自组织运行的基本规律，因此，其深刻的思想内涵对理解城市风貌系统的系统生成、自组织、演化等现象富有启发的意义。

城市风貌系统的异质性，首先，体现在系统组分的类别上，尽管城市风貌涵盖了城市物质信息、人文意蕴和生活内涵等复杂的内容，但是从感知的角度出发，均可笼统地归类为城市风貌信息，所不同的是，系统组分的特征包含着显性和隐性的差异。城市风貌系统显性组分，是以“貌”的综合形式展现城市总体环境硬件特征和日常生活状态；而城市风貌系统隐性组分，则以“风”的形式概括了城市社会人文取向的软件系统，即社会习俗、风土人情、戏曲、传说等文化方面的表现。[19]二者之间的相互作用通过适应性主体——信息处理器的介入发生了关联，隐性组分以规则、规范、制度、标准等价值判断的形式实现对显性组分的选择、制约和控制，而显性组分则以样貌、符号、形态、状态等载体的形式实现对隐性组分的表达与诠释。并且，通过审美主体对城市意义整体感受与体验的信息反馈，促进各自的自我循环、更新和演进。二者相辅相成、有机结合，形成特有的文化内涵和精神取向的城市风貌。其次，城市风貌系统的异质性，表现在异质组分通过相互作用形成各自相异的组织结构。这种作用发生在双重维度上，即共时维度和历时维度。共时维度是以主体日常生活为线索，将同时性组分、子系统进行非线性的整合，形成整体共时结构体系；而历时维度则以一定的城市风貌形态结构为基础，各组分、子系统、系统在各自相应的生灭周期内完成循环式演化的过程，形成整体历史结构体系。

因此，从共时维度来看，城市风貌系统结构至少包括三个层次，即城市客体的景观物质要素的宏观结构层次、城市主体的心理结构层次及被特指场所的视觉结构层次。[13]从历时维度来看，在城市风貌系统的发展变化中，城市风貌形态的结构体系可划分为持久性与暂时性层级。通过对城市风貌系统异质组分和整合结构的研究，可以提出基于物质空间模式（样态）与主体日常生活方式（状态）城市风貌系统的整生图式。

### 3.2.7 共生性生态观

共生性生态观认为，城市风貌是一个时空交错、各层级相互关联、开放的复杂系统，呈现多维交织的共生状态，其涉及历史与未来的共生、经济与文化的共生、部分与整体的共生、内部与外部的共生、理性与感性的共生、宗教与科学的共生、人与技术的共生、人与自然的共生[156]，这种共生状态导致城市风貌系统呈现整体复杂性和多样性的生态（图3-18），而非构成论所认为的呈中心性结构的生态状态。

共生性生态观来源于德勒兹生成论的“块茎”说，同时，受到黑川纪章的“共生”思想和生态城市设计思想的启发，是二者整合的结果。“块茎”概念是德勒兹和加塔利在《千高原》中提出的，用以描绘一种四处伸展的无等级制的关系模型。[157]事实上，“块茎”乃是一种植物，但它不像树苗一样在土壤里生根发芽，相反，它没有基础，不固定在某一特定的地点。块茎在地表上蔓延，扎下临时的而非永久的根，并借此生成新的块茎，然后继续蔓延。[158]他们这样写道：“块茎作为一种地下茎干，与木本根和胚根是完全不同的。”[159]德勒兹借“块茎”来隐喻一种无中心的、多元并置的网络结构，它与“树状”和“根状”的中心化、标准化、普遍化、本质化、等级化的结构有着本质的区别（图3-19）。“树状”结构用以比喻线性的、循序渐进的、有序的系统，它假定一种隐藏的或潜在的统一性，尽

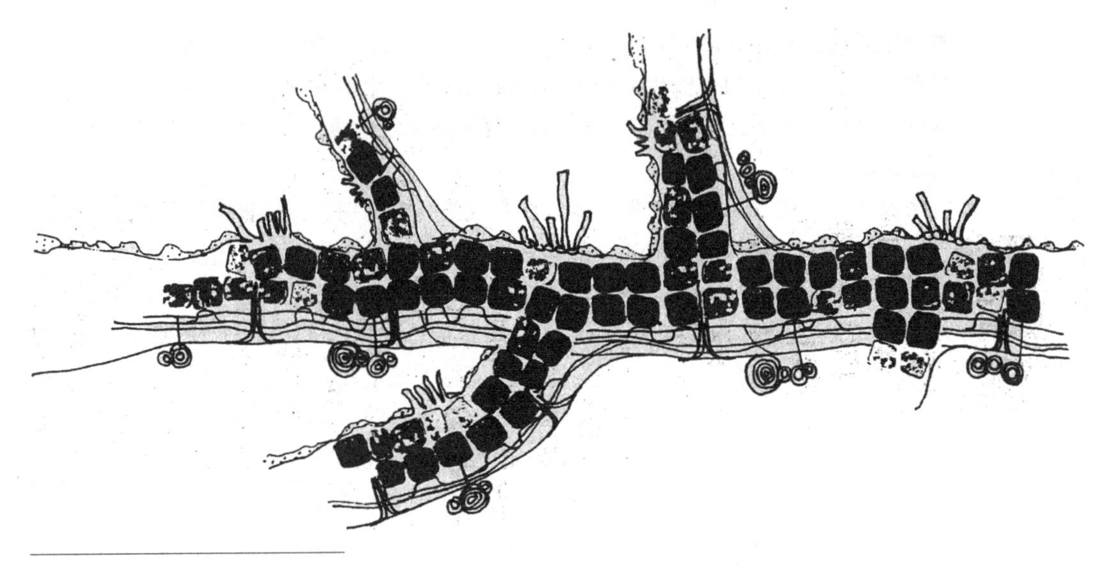

图3-18　异质共生
（资料来源：黑川纪章的《共生思想》）

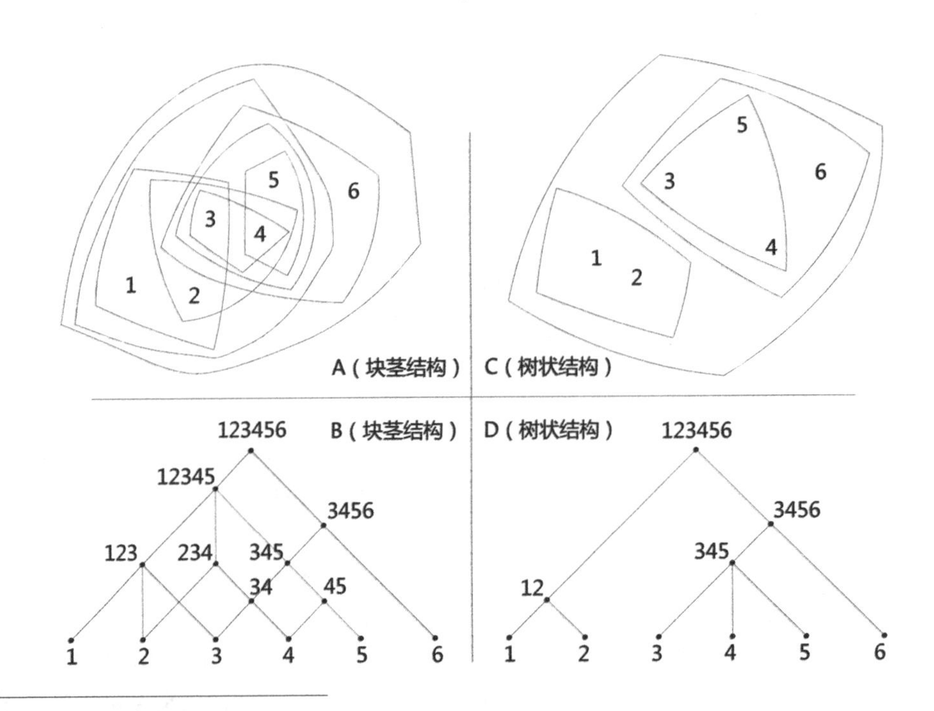


图3-19　块茎结构与树状结构
（资料来源：克·亚历山大的《城市并非树形》）

管在表面上看起来是无中心的、非统一的；然而，“块茎”结构既是地下的，同时又是一个完全显露于地表的多元网络，由根茎和枝条所构成，它没有中轴，没有统一的源点，没有固定的生长取向，而只有一个多产的、无序的、多样化的生长系。[158]

事实上，黑川纪章思想也深受德勒兹生成论的影响，他认为，“块茎”结构是许多异质体相互缠绕、呈交织状态的系统，这些异质体既没有秩序也没有中心，同时一直处在动态的变化之中。于是，以印度教唯意识论哲学为基石，结合德勒兹的“块茎”理论，黑川纪章提出了涵盖社会与生活的各个领域的共生思想，并将城市、建筑与生命原理联系起来。“共生思想就其实质而言，就是纳入历时性和共时性的动态的多元论。”[160]

由于多样化的组分、功能和结构，因此，城市风貌是一个综合、复杂的大系统，是一个庞杂的矛盾体，是各种不同功能、活动、环境相互作用、共同表现的整合体。显然，城市风貌系统具有共生的形态，各部分相互依赖、协调共存。在集聚和相互作用的过程中，空间的、社会的、经济的、文化的组分不断地生成和演化，各种矛盾也在冲突、对抗中生成，在适应、调整与融合中消解，通过自选择、自组织、自演化的过程走向复杂多样的共生状态。

在黑川纪章看来，21世纪的城市将是功能相互组合的共生，多种用途和功能复合的城市在未来将越来越重要。同时认为，“城市将从放射性城市走向环形城市”，即所谓网络结构。[161]城市风貌系统这种共生的状态，在城市的居住区、商业区、绿地和工作场所等各类功能区相互补充和融合、趋于立体化和综合化的过程中，也逐步从树形结构向块茎或是网状结构转换。在这种网状结构中，局部与全局、社会与个人、整体与部分都具有同等价值，并不存在主从等级关系，部分的独立形成了整体。城市风貌系统向网状结构演化，导致部分与部分之间呈现无中心的、多元并置的关系。于是，城市功能组团如同生命细胞，通过裂变和繁殖进行生长，以叠合和拼接的方式进行排列；城市单元社区，由公共服务中心内置向沿四周环绕外置的成长方式转化，这样既方便于居民生活的服务，又有利于促成社区与社区之间服务系统的连续性和整体性。当社区人口增加之时，外侧更易于调配适当的服务设施，添加服务循环系统，从而达到单元自我循环的平衡。

基于此，共生性生态观将有助于把握城市风貌系统的成长路径、组分与整体的关系、结构形态演化趋势，便于城市空间的积聚和成长，便于吸纳异质要素和异质文化，融入自身，强化城市的活力。

## 3.3 城市风貌系统生成原理

关于系统生成论的研究者在科学层面上考察了系统生成的起点和过程，主张“有生于有”的系统生成观，认为涌现生成首先要有种子即起点的存在。这个起点，金吾伦称之为生子，李曙华称之为生成元，而苗东升则称之为微子。城市风貌是一个具体实在的复杂系统，而任何具体系统的生成都有一个有限的起点，倘若要考察城市风貌系统的生成原理，就必须先找到这个生成的起点，随后展开过程的追踪，进而考察生成的逻辑。

下面，首先借鉴国内外系统生成论的研究成果，创立城市风貌系统生成论的基本概念。同时，运用城市风貌系统生成观重新审视城市风貌的系统组分、功能、结构及其运行环境，以此揭示城市风貌复杂适应系统的空间样态和生活事态特征及其系统演化的规律。最后，通过描述城市风貌系统的生成起点、生成过程、生成逻辑以及生成模型，提出城市风貌系统的生成原理（图3-20）。

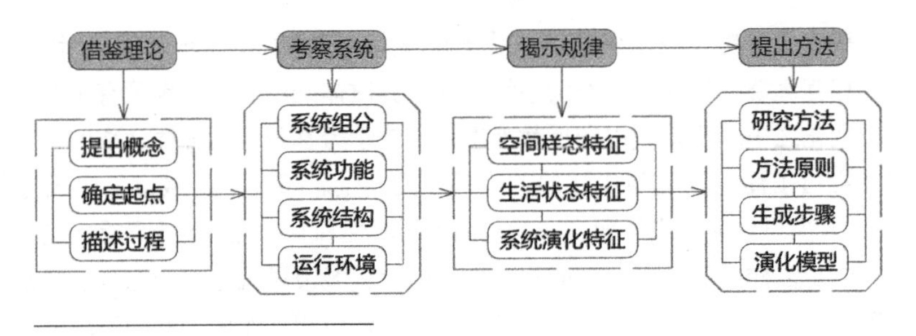


图3-20 城市风貌生成论的逻辑框架

### 3.3.1 相关概念

鉴于上述风貌系统生成观的视角，为了更好地描述城市风貌系统的生成现象、生成过程、生成状态，揭示城市风貌系统生成、生长和演化的规律，本书在第2章现代生成思想多向度溯析的基础上，提出了关于城市风貌系统生成论的相关概念：风貌意、自主体、潜有、缘结、实有等，并对其内涵进行详细解读，以便确立概念之间的逻辑关联和阐述城市风貌系统的生成原理。

1. 风貌意

所谓“风貌意”，是指城市风貌的总体构想和立意。它是集体认同的城市风貌特色意向和愿景，是一种类似于理念、灵感和念头的信息流，是理性分析和感性顿悟的融合，它构成了城市风貌系统生成的目的因。

而“意”的形成，是“意旨”“意趣”和“意境”三个构思层级跃迁后的叠合和整生。其中，“意旨”是指优化城市物质环境的愿望和目的，即从城市风貌实存条件出发，针对现实问题的一种理性化的愿景；“意趣”是指企图营造生活气氛和生活情趣的构想，通过城市物质环境和日常生活的相互作用，创造一种理性和感性交融的活力感受；而“意境”则是借助于隐喻、象征的手段，培育独特的城市风貌格调和城市品格，通过审美主体的直接体验，激发其内心的自豪感和归属感（图3-21）。基于此，城市风貌的立意可以描述为，

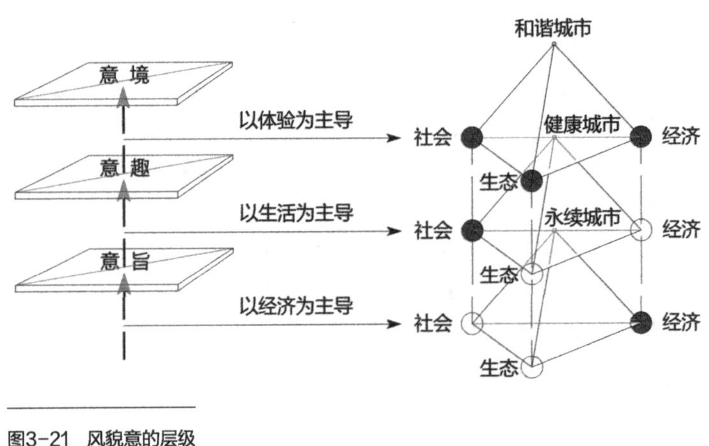


图3-21 风貌意的层级

根据城市规划的意图，结合潜在的条件，进行城市风貌总体构想，在确立“意旨”“意趣”和“意境”三个不同构思层级的过程中，通过使用主体、审美主体、管制主体不断地反馈，以及设计主体、开发主体反复地调整、修正和深化，最终实现对城市风貌格调、城市特色和城市品格的培育。

良好的风貌意，应该具有可行、精炼、高远的立意，其不仅富含中国文化的哲理思维，而且能体现地域性生活方式的活力状态，同时又具有独具特色的城市个性。和其他文化艺术一样，城市风貌的活力和感染力来源于本身的个性，而个性的塑造，恰恰在于立意的新颖、鲜明、深刻与否，以及“象”与“意”契合的程度。

“既然是意，不论言内的还是言外的，都属于信息而非物质。”[162]那么，从信息的角度来看，“风貌意”是一个“未分化”的整体，它负载着城市风貌生成的所有信息，是历史、现实和未来的和谐统一，是科学、人文、艺术和自然的有机融合。它如同一颗种子，一旦条件具备就会生根发芽。因此，“风貌意”就是城市风貌系统的生成元，它“采用定义的方式予以给定”，[104]其内涵包括五个基本要点：首先，“风貌意”是信息整体，尚属质料化之前的潜在因素，是城市风貌生成的“动力因”和“目的因”；其次，“风貌意”是“自主体”灵感与理性的撞击而产生的信息流，它本身也是生成的；其三，“风貌意”是信息的总体整合，是整体而非部分，城市风貌各种样态和事态是由“风貌意”分化而成；其四，“风貌意”的生成规则是相对稳定的属性，而城市空间和物质实体则是处于不断生长变化的不稳定要素；其五，决定城市风貌系统生长的是“风貌意”即信息，而非物质载体的原子质量。

### 2. 自主体

所谓的“自主体”，是城市风貌复杂系统中“适应性主体”的简称。其主要的特点是，主体自身具有目的性和主动性，并且，在与环境持续地交互作用的过程中，能够不断地通过学习和积累经验，改变自身的适应结构和行为方式，从而实现自身的目的，并促进城市风貌系统进化和适应能力的提升。

追溯历史渊源，“城市的产生和发展来自于人的需要、目的和效用性。它不是客观自生的，也不是理性赋予的，而是通过活动生成、赋予的。”[163]“城市本身就是一个巨大的系统，由无数个复杂或简单的子系统构成，时刻都处于动态的发展变化之中。作为一个小系统以及城市巨系统的一部分”，[12]城市风貌自然也是在人的活动这种本质存在方式中产生出来的。基于此，城市和城市风貌的形成，无疑是因人类适应自然环境的目的而生成的，并与人的活动相辅相成，整生为一个复杂适应性系统，人是该系统的适应性主体。

城市风貌系统中的“自主体”，既是城市日常生活状态的表现主体，同时，又是城市风貌物质环境样貌生成和演化的触发者和参与者。他们在城市社会中的地位、身份、角色是完全不同的，并且具有多元化的趋势。按照分饰的角色不同，可以将城市风貌系统中的“自主体”划分以下几种类型。其一，以规划师和建筑师为代表的规划及设计主体；其二，以开发商和实施者为代表的开发主体；其三，以大众市民和游客为代表的审美主体；其四，以城市政府为代表的管制主体。其中，城市政府一直是以城市的所有者、管理者、控制者的身份出现的，主导了城市风貌演化的动向和模式，是城市风貌特色的主要把控者；而开发商往往被看做是市场力量的代表，以追求最大利润为目的，其开发行为在客观上促成了城市发展，并由此产生了众多的城市问题和城市规划问题，它是触发城市风貌特色走向衰微的作用力；那么，介于以上两级作用力之中，起协调和平衡作用的规划师和建筑师是城市风貌特色塑造和维育的中坚力量，而大众市民与游客将成为城市风貌特色检验和评

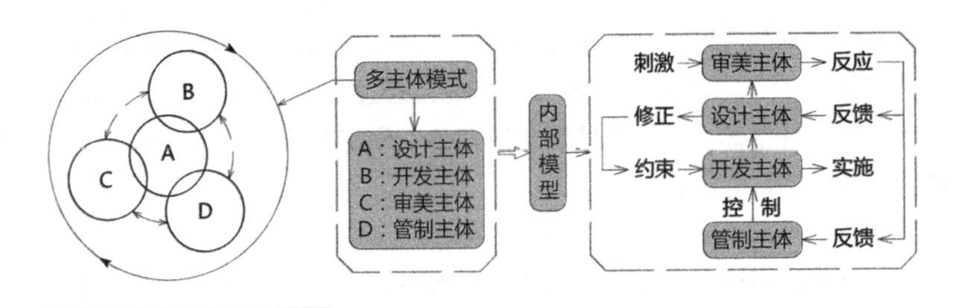


图3-22 适应性主体集聚效应

价的反馈机制。

上述不同类型的自主体因集聚而产生的交互作用，形成了城市风貌系统整体的内部模型，即一种由多主体模式构成的“刺激—反应”机制（图3-22）。在整体内部模型中，审美主体是接受风貌信息刺激的接收器，而设计主体和管制主体则是风貌信息反馈的处理器，它们将改良的风貌方案以信息形式传递给作为效应器的开发主体，有效地控制与改进其实施行为，力图使所呈现的风貌形贴近风貌意的意涵。

### 3. 潜有（质料、素材）

所谓的“潜有”，亦可称为质料或素材，是指生成现存城市风貌系统的前状态，即实有的前状态，或者是生成未来城市风貌系统可能的客观组分。尽管，从理论上说，由于潜有是实有的前形态，所以，城市风貌现存的实有状态必定是由潜有发展而来的。但是，潜有却未必都能发展成为实有，因为潜有与实有之间的相互转化并非是正相关的，而要受到诸多随机因素的影响，其中城市风貌系统的自主体的目的性就是一个重要的影响因素。所以，从潜有到实有的道路并非像构成主义的情况那样只有必然性，而还充满了偶然性。甚至潜有有时只是永远的潜有，“即使它永远存在，也不可能转化为现实的存在。”[164]

“潜有”作为一种客观存在，是实现城市风貌系统成长和演化不可缺少的要素，它“是‘无’和‘有’相统一的有”。[9]这里的“无”和“有”，是基于自主体未来的需要、欲望和目的而言的，“无”是指存在于客观要素内部的尚未被自主体发现的潜能，而“有”则是已被自主体发现的且有待于开发和利用的潜能。亚里士多德认为，“潜能”是“能力”与“可能”两种含义的综合。就客观要素而言，它具有多方面的属性，能满足自主体多方面的需要，此为“能力”；就自主体而言，它具有多方面的需要，客观要素的哪些属性能适应或满足自身未来的哪方面需要，此乃“可能”。一般情况下，客观要素属性可分为本质属性和非本质属性，自主体需要可分为基本需要与非基本需要。而客观要素的非本质属性与自主体未来的非基本需要很难形成现实的价值关系，由此决定的潜有变成实有的可能性也就极小。反之，客观要素的本质属性与主体未来的基本需要极易形成价值关系，由此决定的潜有变为实有的可能性极大。[165]因此，挖掘客观要素的本质属性，以满足自主体的基本需要，是触发潜有向实有转化的重要手段（图3-23）。

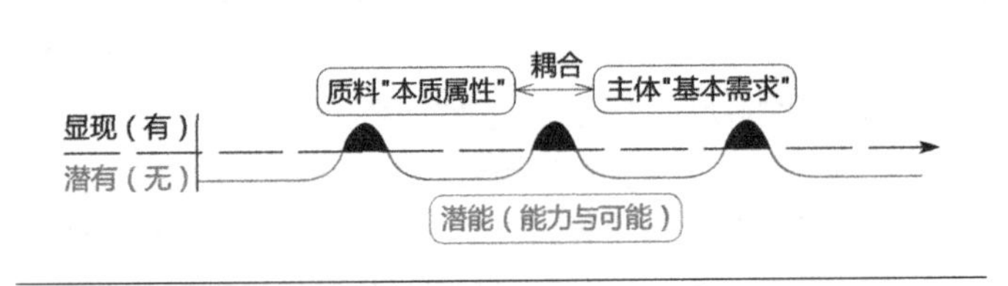


图3-23 潜有的转化

城市风貌系统的潜有一般包括三种存在形态，分别是历史形态、现在形态和未来形态，三者彼此联结、相互作用，共同构成了潜有的整体形式。[166]首先，潜有的历史形态表现为城市风貌的历史遗存。它包含结构性遗存和要素性遗存两种类型，其富含历史的信息和记忆，是人物、时间和故事在场所上的堆叠，具有不可复制的本质属性。其次，潜有的现在形态表现为城市风貌现存的空间格局和自然景观。它是城市形态与山、水、林等自然要素相互联系形成的综合体，它构成了未来城市发展的本底，也构成了未来城市特色空间格局的基本架构。其三，潜有的未来形态表现为新生活方式、新空间模式、新材料和新技术。它们构成了城市风貌系统演化的动力和导向。这三种形态从根本上是不可割裂的，也正是这种内在的整体作用，最终推动了城市风貌系统的生长和演化。

4. 缘结（协同整合机制）

所谓“缘结”，是指城市风貌系统与外部环境，以及系统整体与部分、子系统之间、组分之间相互作用的各种各样关系的协同整合，亦被称为协同整合机制。其中，“缘”字含义为“发生联系的机会”，它表明了关系建立过程不仅有必然性的存在，而且还含有随机性和偶然性的成分。

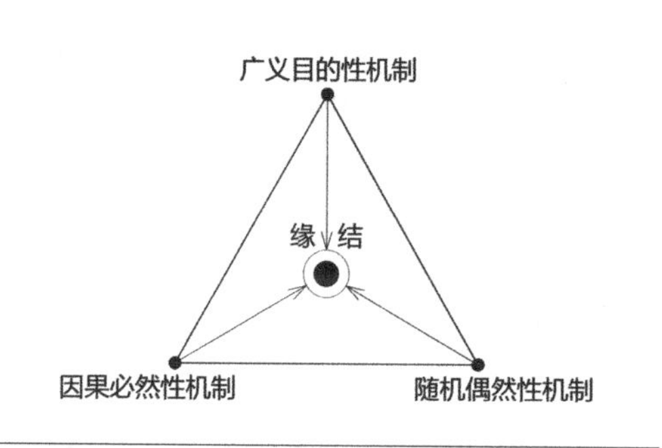


图3-24 缘结与三种动力机制的相互关系

金吾伦认为，“缘结”是内在系统中各组分间实现相互作用的无形体，这种特殊无形体既不能称量也无法用仪器测量和跟踪，因为它本身是捉摸不定的、抽象的，既非物质，也非能量，也不是信息。贝弗里奇（W. I. B. Beveridge）称其为模式，认为“它是一种既能传递信息，又能传递指令程序的模式。”[167]“缘结”往往表现为横向有一过程结构，纵向有一事件联锁，而实体不过是某种过程样态和某种事件样式的持续性以及某种关系的纽结。正如罗嘉昌所强调的：“任何事物都依赖于其他事物，都是在一定的条件、关系（缘结）中生成、突现的。”[168]而城市风貌系统缘结过程中的协同整合，来源于三种机制的作用：因果必然性机制、随机偶然性机制、广义目的性机制（图3-24）。其中，社会制度、文化制度、政治制度和经济制度代表着一种理性的力量，它属于因果必然性机制；自然力和市场竞争力是一种不可控的力量，属于随机偶然性机制；而个体、群体、社会的欲求是一种永久的驱动力，它属于广义目的性机制。显然，因果性、随机性、目的性在各自发挥着自己功能的同时，通过协作，组成系统运作与新事物生成的终极机理。[9]

“城镇既是人类文明的构造物，也是生活的固定布景，充满着世代相传的情感，是公共事件、私人事件以及新旧人为事实的剧场，社会与个人在城镇中相互作用。”[169]因此，城镇风貌系统的生成充斥着上述复杂关系的各种纠葛，它既不是简单地偶然发展而来，也不可以用一般性生成规则来概括，对于城市风貌系统中“缘结”的理解，困难就在于其含糊和微妙的特性。因此，应重视城市风貌中所存在的具体事实的研究，也就是关注一些个体的、特殊的、不规则的现象，即所谓的回到事实本身，正如柯林罗所言：“遵循事物的原有面目，去观察一个未能由傲慢的伪哲学家所重构的世界，而是如同大众对它所期望的那样，有用的、真实的、完全熟知的。”[170]

那么，从时空的角度出发，城市风貌的“缘结”就是反映上述三种机制在某一时空断面上的契合度。当过分注重时效、强调效率时，就会放大市场机制的作用，增强了随机偶然性，而以制度为代表的因果必然性机制必然受到抵制或突破，从而导致广义目的性机制发生分异，即个体、群体欲求得到实现，而社会总体诉求却因时空限制未能得到平衡；当制度过于严苛，个体或群体的欲求受到制约，从而丧失市场活力和驱动力时，广义目的性机制也将失效。三种机制的契合度，在横向空间维度上往往表现为三种不同结构是否协同，即城市物质空间结构能否满足自主体的视觉结构和心理结构的需求；而在纵向历时维度上，表现为城市一系列公共和私人事件中城市空间布景和各类活动的组织和部署是否吻合和协调。

5. 实有（组分、风貌形）

所谓的“实有”，是指城市风貌系统表现出来的各种类型的可感知、可观察、可经验的实体样态和现实事态，即风貌组分和风貌形。正如王夫之所言，“从其用而知其体之有”，[171]“实有者，天下之公有也，有目所共见，有耳所共闻也”。[172]因此，这种客观实在性是人所共同感知的，是大众的集体认同。

事实上，实有是由潜有发展而来，潜有构成了实有形成的起点和来源。那么，城市风貌系统的实有是如何从潜有中生成的呢？“所有生成的事物通过某种力量而从某种东西成为某种东西。”亚里士多德通过生物学观点阐述了潜能与现实的思想。而亚里士多德所谓的某种力量，在城市风貌系统中表现为质料或素材的潜能与“风貌意”的契合度，即自主体的价值取向、目的对质料或素材的欲求，表现为一种广义目的性机制。换言之，潜在价值向现实价值转化的内在契机是主体的需求状态。因此，“价值是用来表述永恒客体和现实事态关联性程度的概念”。[173]

城市风貌系统的实有，是城市自主体可感知的实体样态和现实事态，因此，它的表现形式往往要受城市物质空间结构和自主体心理结构的影响，正是二者的相互作用得以生成场所意象的视觉结构。这种视觉结构，在林奇的城市意象中表现为道路、边界、区域、节点和标志物五要素的综合。从主客体统一的角度出发，自主体对于城市风貌系统实有的感知一般包含两种形式：体验和观赏。体验是指进入其中，用身体去感受事件的过程，是一种共情后深入的体会和感悟，甚至带有情感的成分；而观赏则不同，只是用视觉去关注对象，它置身事外，是一种表面的观看，因而更关注物质空间的细节。那么，对于城市风貌实有的实体样态和现实事态来说，前者侧重于赏，而后者则侧重于体验。

城市风貌感知性的实体样态，通常表现为场所、标志物、景观界面、组群体貌、整体形态等多种形式。其中，场所首先是自主体体验生活的空间（图3–25），它包括广场、街道、社区、水域、山体等，内部承载着不同的活动类型；其次，场所也是观赏标志物、景观界面、组群体貌、整体形态的立足点。作为样态的表达，标志物重在其独立于背景的清晰、简洁的形象；带状界面在于连接环节的清晰程度和整体轮廓的连续性，以及界面的表情、肌理和色彩；组群体貌在于集聚度、和谐度及竖向上的错落关系；整体形态在于形态制高点的分布、城市边界的编织及与外部异质空间双向触摸等。城市风貌感知性的现实事态，通常表现为日常生活、群体活动及城市事件。

图3-25 场所与活动
（资料来源：CHIEN Chia-Ling《Franch Landscape Design》）

## 3.3.2 生成过程

“城市风貌是一个城市的形象，它反映出一个城市的特有景观和面貌、风采和神态，表现了城市的气质和性格，体现出市民的文明、礼貌的昂扬的进取精神，同时还显示出城市的经济实力、商业的繁荣、文化和科技事业的发达。”[174]因此，作为城市的子系统，城市风貌的生成过程是伴随城市的产生、发展而壮大的。

尽管，尼采认为，往昔无限，逝去的时间无穷无尽，于是，宇宙生成不可能有一个绝对的开端或起点，生成之物也无法最终定型。[175]但是，一个有限的系统一定有生成的起止点，并且整个过程在时间的维度上是连续的，即系统的此刻是过去的堆积，也是未来的起点。如果将系统生长过程中的每一次涌现（或质变）视为一个节点，进行阶段划分，那么，每一个阶段都会有一个相应的更新点，这些更新点又进一步促成新的生长。

### 1. 生成起点

“科学上，还原论以不变的最小物质实体为基础，而‘还元论’则从时间最初出发，以系统生成之生成元或信息源为基础。”[96]其中，“还元论”中的“元”字，在哲学上的意涵为“始源”，“还元”意味着回到生成的起点，那么，生成思维的特点是：以时间为线索，逻辑出发点是时间的最初，而非空间的最小。基于此，以“风貌意”作为城市风貌系统生成的逻辑起点，如同超循环理论中的自复制单元、分形论中的分形元，以及复杂网络中的结点或小世界网络一样，都可视为复杂系统的生成元。关键在于，“风貌意”作为城市风貌系统生长之最初单元，蕴涵着城市风貌系统整体生长的全部信息，在城市集体（多主体）作用下能自发地生长，由信息状态转化为物质状态。同时，在生长的过程中，通过信息反馈，不断地进行自我更新（图3-26）。

图3-26 风貌意的更新

无论是风貌意，还是城市风貌的自主体、组分、子系统和系统，它们都要经历不断演化、循环更新的过程，无非是循环周期长短差异而已，较为微观的组分周期相对较短，而较为宏观的风貌意和系统整体则周期相对较长。风貌意是基于城市规划目标基础上所确立的城市集体对城市特色、美观、和谐的追求，它难免受到自主体价值观以及城市所面临的当下问题或危机的影响和制约，因此，往往有阶段性和长效性的内涵之分，有基本目标与理想目标之分，正如“城市规划把‘永续发展’视为基本目标，以确保城市发展的生存底线”[176]一样，而风貌意则是将“和谐城市”的特色维育视为自身永久性的理想目标，试图把握一个合理、清晰的发展方向。

基于此，伴随着每一个城市规划周期的更替和规划目标的调整，以及城市风貌使用主体、审美主体、管理主体对于现实问题信息的适时反馈，在所追求的城市风貌理想宗旨不变的情况下，风貌意的阶段性意旨、意趣及其内涵就会随之发生循环更新，以及信息上的转化和更替，并作为下阶段城市风貌新系统生成和成长的生成元。

## 2. 节点涌现

涌现现象是城市风貌复杂系统的主要特征，是系统整体生成过程的重要节点。当我们试图对城市风貌系统生成过程进行刻画时，对于节点的描述自然是不可忽略的环节。

城市风貌系统整体涌现现象的出现，需要具备三个基本要素：其一，组分，即城市风貌物质空间组成基本单元或个体，以及空间活动的基本方式；其二，规则，即活动的限定机制，它包括选择原则、组合原则等，其中涉及自然、社会、经济、文化等各个方面的限制；其三，规则之间相互作用，即自然、社会、经济、文化等机制的协同与整合。基于上述受限作用，导致涌现后城市风貌系统呈现如下的特征：新功能的产生、新结构的生成、新层次的出现，从而从简单生成复杂。

“城市被认为是人的集合”，[177]因为是人的集聚导致建筑和环境要素的聚集，以至于促使城市的产生。城市从产生到发展壮大，从最初的聚落、集镇到城市，随着规模尺度的不断增大，在建筑集群组构的过程中，城市系统持续地涌现出街道、街区、城市中心等不同等级、不同功能的城市空间（图3-27），同时，城市结构也从单中心模式，向多中心模式，甚至网络化模式转化。而这些不同等级的城市空间，无论是结构还是功能上，都不等同于建筑单元和其他要素的简单相加，并且是建筑个体功能所不具备的，它是集聚效应涌现出来的城市系统的新质。

相应地，城市风貌系统中不同感知要素，如场所、标志物、带状界面、组群体貌、整体形态等，也是伴随着城市系统的不同等级涌现现象呈现而产生的。它们不仅是城市不同阶段的整体形态不同侧面的表达，同时，还构成了当下现实事态如日常生活、群体活动及城市事件的展示场景。

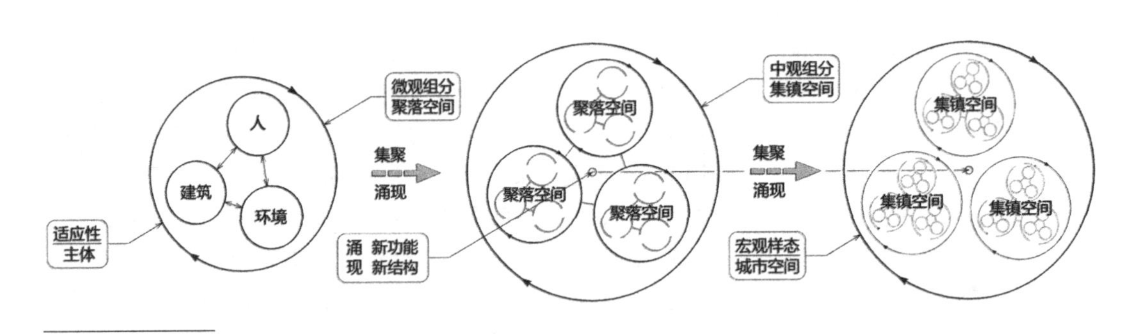


图3-27 集聚与涌现

### 3. 过程步骤

城市风貌系统的生成过程可以概括为四个步骤：风貌意创生、质料选择、组分集聚和风貌形显现（图3-28）。首先，风貌意的创生为质料的选择提供了信息、依据和方向；其次，选取的质料与使用主体需求（即使用功能）相结合，形成城市风貌的人化基本组分：建筑、空间与活动——即适应性主体；进而，人化基本组分在规则的限定下进行集聚，所形成的多主体的非线性作用促使主体个体作出适应和调整，涌现出更高层级的组分；最后，每一次的集聚涌现都伴随着不同层级风貌形的显现。上述生成过程周而复始、循环往复，触发城市风貌系统的生长与演化。

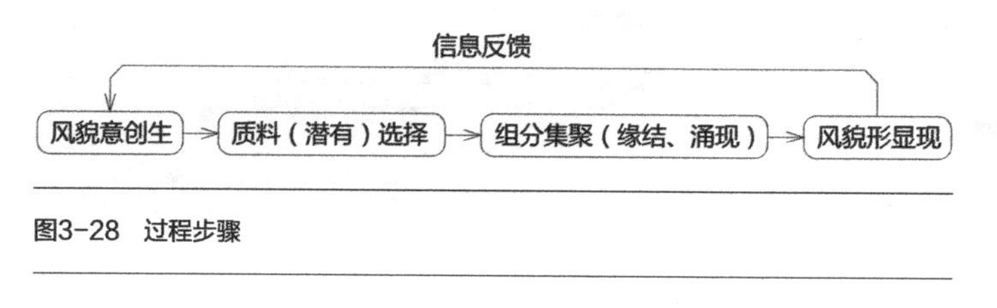


图3-28 过程步骤

1）风貌意的创生

这是生成过程的起点。风貌意的创生，来源于城市风貌自主体的集体智慧的结晶，也是城市风貌基因的传承和延续。它是由一个信息交流和处理的机制引发的，这个机制表现为由管制自主体组织、设计自主体进行方案构思、城市公众参与评价的组织程序。在这个过程中，城市风貌信息不断地积聚、分化、重组、改变、转化、生灭，并最终以某种不可预料的方式，在某个时空节点上凝结成城市风貌新系统的信息核，作为新系统生成过程的起点。并且，通过设计自主体的信息编码和处理，以言说、文字、图表的形式呈现，如中国古代都城多以诗词歌赋的形式，对城市风貌立意进行凝练的概括（表3-5）。尽管，组织程序是一个理性的决策机制，但是，风貌意的产生，仍然带有一些突发性、随机性和模糊性的成分，其根源是设计自主体个性色彩的差异化、公众代表抽样的随机性、创作灵感和感悟的非理性三者的共同作用。

中国古代山水城市风貌意的表述　　表3-5

| 城市名称 | 风貌意（文字表述） |
|---|---|
| 西安古都 | 洪河清渭天地浚，太白终南地轴横 |
| 北京古都 | 水绕郊畿襟带合，山环宫阙虎龙蹲 |
| 南京古都 | 据龙盘虎踞之雄，依负山带江之胜 |
| 乐山古城 | 重叠江山绕城郭，峨山沫水秀嘉州 |
| 阆中古城 | 三面江光抱城郭，四围山势锁烟霞 |
| 三台古城 | 山连越嶲蟠三蜀，水散巴渝下五溪 |
| 福州古城 | 一条碧水练铺地，万叠好山屏倚天 |
| 台州古城 | 四廓青山连市合，一江寒水抱斜城 |
| 赣州古城 | 章川贡川结襟带，梅岭桂玲来朝宗 |
| 苏州古城 | 万家前后皆临水，四槛高低尽见山 |
| 扬州古城 | 两堤花柳全依水，一路楼台直到山 |
| 丽江古城 | 家家门前流活水，雪山倒影映渠面 |
| 桂林古城 | 群峰倒影山浮水，无水无山不入神 |

资料来源：龙彬的《中国古代山水城市营建思想研究》。

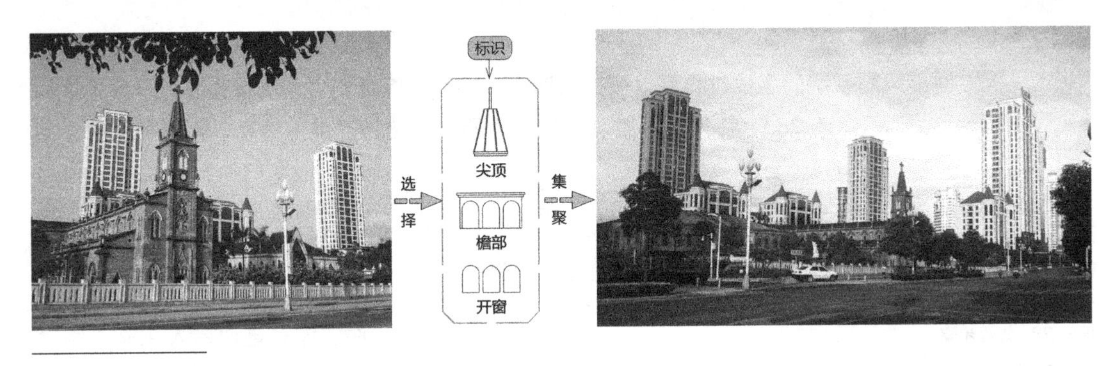


图3-29 标识与集聚

2）质料选择

生成过程的第一步，是对质料进行选择。选择之前的质料，其属性对于城市风貌多主体的基本需求来说尚处于一种潜存的状态，是一种可以被发现和被挖掘的潜能，而选择标准的建立来源于是否满足城市风貌多主体的基本需求。

风貌意是浓缩着的城市集体的欲求和愿景，蕴涵着城市风貌系统整体生长的全部信息，自然可以从中建立起城市风貌质料选择和识别的标识（图3–29）。标识的意义在于根据风貌意的目的建立一种选择标准，易于自主体在目标中筛选所需要的质料，以便使之生长、转化为新系统的组分。并且，通过自主体的自选择、自复制、自组织的机制，使特色鲜明、功能相似的组分突变体越生越多，它们逐渐聚集起来，使进化信息得以积累和强化，形成信息正反馈的放大作用。同时，标识主要的作用还在于信息的交流，在自主体刺激—反应基本模型的作用中，标识将在信息的传递中起着关键作用，使组分或个体的特色信息在环境中易于被搜索、感知、接收和过滤。

设置良好的、基于标识的相互作用，为筛选、特化和合作提供合理的基础。[115]从而，使选取的质料与使用功能得以有机融合，生成人化基本组分。

3）组分集聚

生成过程的第二步，是对人化基本组分进行组织，其途径就是集聚。

集聚的含义是在对组分进行分类的基础上，同质分置、异质耦合，通过自然力、资本力、政治力、文化力和技术力的协同整合，以物质、能量、信息等流体作用的形式，组分或个体缘结形成了较大“所谓的多主体的集聚集体”，[178]并涌现出复杂的大尺度行为。这种更高层次上系统宏观形态新类型的出现，使原有组分或个体非但没有消失，反而在新的、更适宜的生境中得到更大的发展。例如，城市自主体以个体为单元集聚生成了家庭，以家庭为单元集聚形成了邻里，以邻里为单元集聚形成了社区，以社区为单元集聚形成了街道单元，而城市分区又是由数个街道单元集聚缘结而生成；与上述不同层级的集聚相对应的居住空间层次，表现为从住宅—组团—小区—居住区的层层升级，而随着层次跃迁所产生的综合性公共服务活动，就是城市系统自下而上集聚涌现出来的整体功能新质，它提升了个体对外部环境的适应能力（图3–30）。

组分集聚的过程，涉及多种力的作用，其中自然力和市场竞争是一种不可控的力量，因此，集聚过程也同样充满了随机性和偶然性。

4）风貌形的显现

这是生成过程的结果。组分通过集聚，自下而上地涌现出城市系统的整体结构和功能

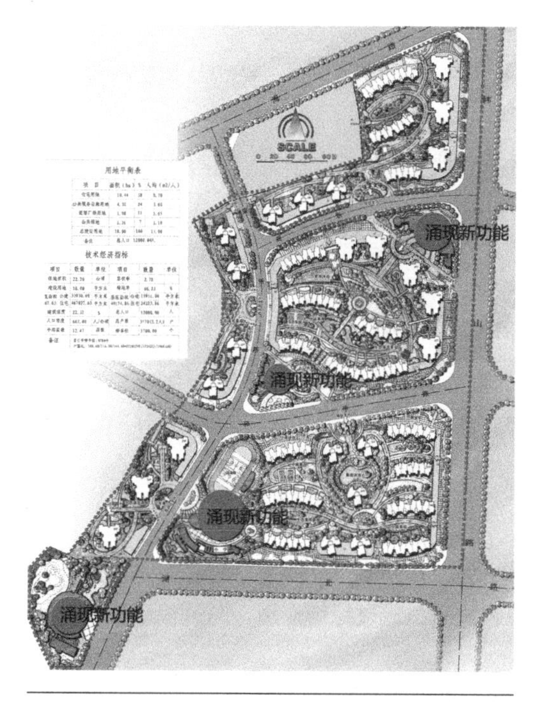


图3-30　集聚涌现

新质，表现出城市系统组织复杂程度的增加，即系统整体信息的增值，因为信息是组织程度的度量。风貌形就是基于城市系统组织结构复杂化过程中，城市风貌系统整体表现出来的可感知的城市实体样态和现实事态，它涵盖场所、标志物、带状界面、组群体貌、整体形态等静态形式（图3-31），以及日常生活、群体活动及城市事件等活态形式。并以此为信息源传播生活方式的信息、传播审美方式的信息、传播社会文化特征的信息。风貌形能否展示城市品质与个性，恰恰在于与风貌意的契合程度。因此，风貌形从潜有到实有的显现，构成了城市风貌自主体感知的起点，并且，通过集体感知的信息反馈，来评判城市风貌立意，进而进行循环式的修正和整合。

## 4. 生成模型

基于上述城市风貌系统生成过程的描述，可以看出生成过程具备以下几个特征：

（1）城市风貌系统生成过程含有四个步骤、三个阶段。

生成过程的四个步骤概括为：立意—取材—聚分—形现，即从风貌意的创生，经由质料选择、组分聚集之后的适应与协同，到最后风貌形的显现。而生成过程的三个阶段可以

图3-31　美国旧金山城市风貌的实体样态

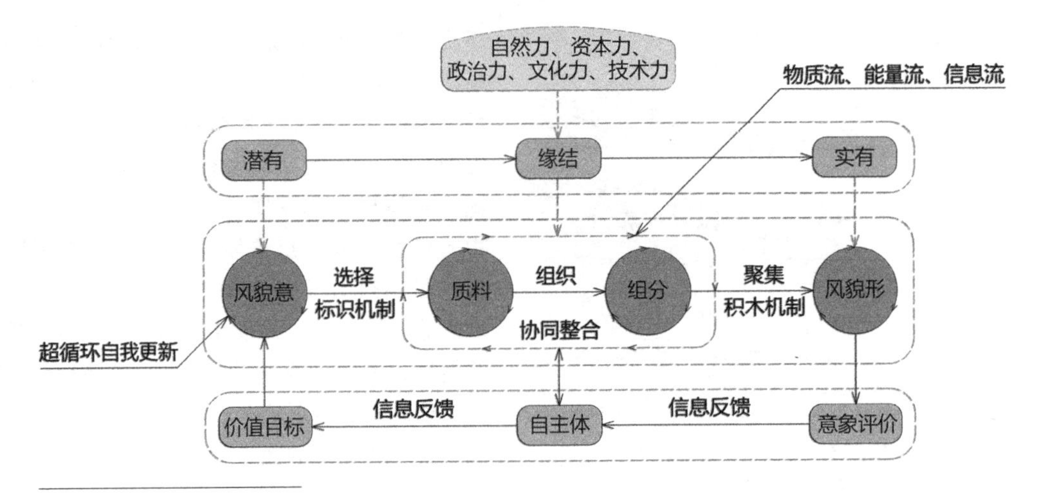


图3-32　城市风貌系统生成模型

归结为：潜有—缘结—实有，即从风貌意的潜有状态，通过缘结作用，向风貌形的实有状态转变。

（2）城市风貌系统的生成过程就是城市风貌信息媒介的转化过程。

风貌意，首先是一种以脑神经系统为载体的概念信息，其承载的信息内容为城市自主体集体对城市生活和城市样态“意旨”“意趣”和“意境”的追求；进而，经加工处理，这些脑内意识信息通过人工符号载体而外化，表现为语言、文字和图表等多种形式；随后，通过信息选择质料以及各种力场的作用，实现信息媒介从符号载体向物质载体转化，并生成承载城市风貌意的城市实体样态和现实事态。

（3）无论是城市风貌信息，还是信息媒介，都处于生灭循环的过程中。

生灭循环性是对城市风貌系统整体和部分动态更新规律的描述。其特征表现为，其一，建筑使用功能直接受大众需求的影响，因此，最敏感也最易于变动。在节奏快速的商业化时代，它常常为了迎合人们的消费欲望和对时尚的追求，适时进行功能更替。其次，城市风貌系统的微观组分要比宏观样态更新频率更为频繁，如建筑单体与城市结构和城市形态相较，稳定的周期明显较短。城市物质建成环境固然如此，何况城市生活、活动及其负载的风貌信息，更是日新月异。

（4）城市风貌系统生成过程的动力来源。

城市风貌系统生成之动力，来源于组分之间、子系统之间以及系统层级之间关系周而复始的变动。其动力链条可以表述为：信息反馈作用于目标→改变了风貌意→改变了选择规则→催生或吸收了新组分→触发组分更新（生灭）→新旧组分相互作用→催生了新子系统→触发子系统更新→新旧子系统相互作用→触发系统更新→自主体新一轮意象与评价（图3-32）。

（5）自主体是城市风貌系统内的有着自身目的性、能动性的各种作用的耦合器、关系的协调器、力场的转化器、信息的处理器，自主体正是城市风貌系统的自组织因素。

### 3.3.3　生成逻辑

由于城市风貌系统是一个受限生成的系统，因此，预示着其生成逻辑是双重的，且作用力是双向的。因为，就生成而言，它是由城市风貌微观组分相互作用自下而上逐步涌现

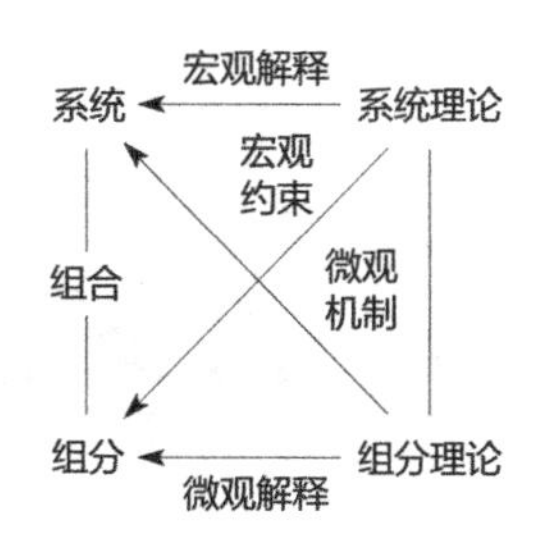


图3-33 两重性逻辑
（资料来源：欧阳莹的《复杂系统理论基础》）

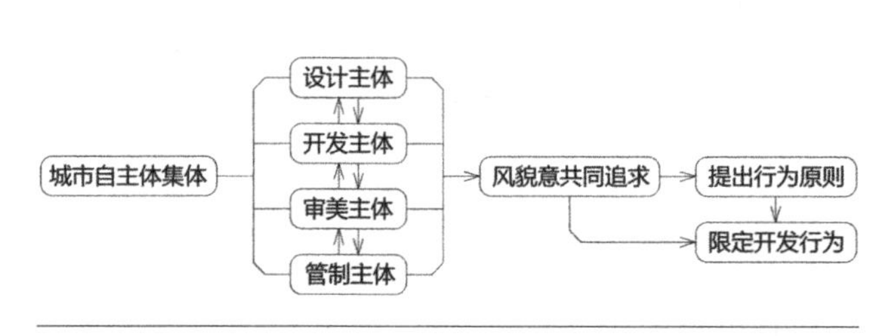


图3-34 宏观约束的建立

的过程；而所谓的受限，则是自上而下施予的一种约束与限制。

于是，双向作用凝聚成两股力量：一种是自下而上的推动力，即向上的因果关系；另一种是自上而下的控制力，即向下的因果关系。[179]那么，自下而上的推动力就是触发城市风貌系统生成的微观机制，而自上而下的控制力则是控制城市风貌系统生成的宏观约束，是两种力相互作用、相辅相成推动着城市风貌系统从风貌意的潜存向风貌形的显现转化。这种城市风貌系统生成的双向逻辑，在复杂性思维范式中被称为“两重性逻辑”（图3-33），即把自上而下的宏观约束和自下而上的微观机制有效地结合起来。

### 1. 宏观约束

宏观约束代表着城市风貌系统生成时一种内生的自制力，它来源于城市风貌组分集聚后的相互作用和自组织，表现为自上而下对个体或大众的专制。正所谓“当一个系统的紧密耦合的组分按某种模式组织起来时，任何自行其是者都会被其他组分制止，并强制其步调一致。”[179]上述宏观约束的自制力和专制的产生，主要来源于城市自主体对于城市风貌宏观态——风貌意的共同追求。自主体的集体价值认同和偏好构成了对个体欲求的约束，从另一层面来说，集体的城市风貌宏观意向为微观组分的协同整合指明了方向（图3-34）。

而对于城市风貌宏观态的把控，从某个层面来说是对城市公共资源和利益的声张，它不仅含有城市设计的成分，也牵涉到对社会的责任和义务，“一般来说，可以假定，随着空间尺度的不断增大，其责任也越来越大，同时设计的活动空间就变得越来越小：限制条件不断增加的法则。所以，随着面积的增大，创造性的份额就愈来愈小，而责任和义务却增加，设计的概念让位于规划的概念，自发的行为就让位于有计划的行为。”[180]

事实固然如此，但是对于城市风貌总体构想来说，其风貌意对“意旨”“意趣”和“意境”的追求，依然带有许多创作的成分。对于城市建筑形态与组合关系的宏观约束，其手段通常是：提出概念框架，进行总体风貌构想和立意。

概念的产生，不仅依赖于对城市历史文脉、城市现有样态和目标拟态的阅读、理解和把握，而且，更需要借助设计自主体个体的身体体验和灵感触发。确切地说，是以物象为触媒而激发的一种即兴灵感，独特的身体性的偏爱导致的内心触动与感悟，进而，涌现出一种理想的空间图景。这一过程可以用流程进行直观的描述：自然原型—信息流的刺激—身体反应—意识流—概念隐喻—身体体验—新空间图景—模型模拟—营建手段（图3-35）。[181]以具体体验和日常情形为最初线索，以个体直觉和灵感为触手，更易于把握城市的独特性。

图3-35 概念的产生

一个综合框架一旦被建立起来，微观机制便在这个大方向下进行。宏观约束和向下因果关系就此将集体价值观以制度媒介的方式，为系统内部个体或组分划清了行为的边界。在微观机制作用的过程中，宏观约束既出现在微观个体或组分行为之前，也出现在其行为之后，以实现相互的妥协和校正。

2. 微观机制

微观机制代表着城市风貌系统一种内生的自下而上的推动力，表现为向上作用的因果关系。微观机制和向上因果关系通过运用组分或个体的概念来解释城市风貌系统的宏观行为，即整体风貌形的涌现。那么，自下而上的推动力是如何产生的呢？这种动力通常分布在个体或组分的协调运动中，它们通过集聚，形成同质分置、异质耦合的非线性作用，同时，个体或组分始终处于不断的流变中，其相互关系也随之发生变化，因此，集聚和流变是系统自下而上推动力的来源。

自下而上的微观机制是如何实现城市风貌系统总成以及宏观与微观的融合的呢？霍兰以涌现概念来指称“微宏观效应”现象，认为“因局部组分之间的交互而产生系统全局行为”。[117]这个全局行为便是所谓的涌现，其主要的判据之一是“整体大于部分之和”，而增值内容表现为更复杂的结构、新功能、新层次以及整体新质。这个涌现过程往往带有模糊性和随机性，因此，整体效果也常常出人意料，正如藤本在空间建构中所描述的那种特殊感觉：“我认为这个组合体在整体上产生了无与伦比的复杂体验”。①基于此，宏观约束在此为微观行为划定了允许的边界，以确保可接受的城市风貌系统总成的涌现。

那么，到底采用什么手段可以促成城市风貌系统整体的涌现呢？霍兰将此手段称为“积木机制”。所谓的积木，相当于整体组分或是有效规则，亦可简化为控制一定性状的基因组合。它们绝不是任意确定的，而是经过选择和检验过的能够再使用的要素，通过它构筑和完成大量各种不同的组合。微观机制就在于发现新的积木，进行全新的组合，从而涌现出许多前所未有的优良性状。在这个过程中，经历了尝试、选择、适应到突变不同的阶段，实现了从混沌到有序的过渡。基于此，如何创造性地发现积木块是推进事件发展的起点。

因此，有效的城市风貌系统的微观机制就在于：发现有效积木，进行拼接、叠合和嵌套，触发城市风貌系统新质的涌现，并试图与内心风貌意理想图景的体验相吻合（图3-36）。

① 来源于ELcroquis151“西泽立卫对藤本壮介的访谈”中的内容，该文来自方振宁的博文http://blog. sina. com. cn/s/blog_470282950100ol1r. html.

图3-36 积木机制
（资料来源：藤本壮介的终极小木屋）

### 3.3.4 生成原理

城市风貌系统的生成原理表明：城市风貌系统的生成，是在一个风貌意即生成元的宏观约束和选择下，城市风貌系统的微观组分自下而上集聚、涌现的过程。这是一种由宏观约束和微观机制相互作用的生成方法，正是所谓的“条件促成法”。这些条件涉及自然、社会、政治、经济、文化、技术等多维因素。对于这些因素的深度考量，试图确保自主体个体和社会集体二者的实效性，并促成环境品质最优、建筑形式和生境最佳，以及异质系统各自的健康与完整。确切地说，城市风貌系统的生成是两股力量角逐的结果。一股力量来源于企图私有利益最大化的个体，称之为微观机制；而另一股力量则来源于企盼整体效益最佳的集体，称之为宏观约束。宏观约束由于欲以贯彻的是集体意志，所以受社会、文化和政治因素影响较深。两股力量交织于整个生成过程，表现出彼此强弱交替的状态；当宏观约束过于严苛之时，表现出来的城市风貌秩序井然却了无生机，而当微观机制独行其道之时，表现出来的城市风貌生机盎然却混乱无序。

宏观约束的过程是以信息交流的方式、以输入价值判断和制定选择规则为手段进行干预的过程。干预的目的是将风貌意的“潜存”状态导向风貌形的“显现”状态。因此，可以说，生成转换成了一种价值判断和选择机制的作用，这种价值判断和选择机制是文化基因赋予的。文化基因来源于集体对生活和生产经验的总结和传承，它根植于自主体的集体思维中，表现为信念、习惯、价值观等。当然，在相同的文化环境下，选择对于自主体个体来说还是有差异的，起决定作用的是个人偏好或者不同生态位的视角，因此，城市风貌形的多样性和个体性就源于此。但是，这种多样性和个体性似乎又统筹于某一地理文化的论域中，于是，由于文化基因的复制和延展，城市风貌特色才有了可能。

## 3.4 案例解析

基于上文对城市风貌系统生成原理的诠释，本节将以上海世博园为例，具体分析这一特色城市空间的风貌生成过程和步骤。上海世博园作为组织2010年上海世博会——城市事件的特色城市空间，其风貌系统的生成，是在“城市，让生活更美好（Better city，better life）”的风貌意的引领下，提供明确、清晰的宏观约束条件，各参展国及国际组织在其允许的框架下，选择或设计最具创意和特色的展馆，在指定的空间上集聚成形，自下而上涌现出独具特色的上海世博会的风貌形，最终，其12项纪录入选世界纪录协会的世界之最。

上海世博园的风貌自主体涉及：国际展览局①、中国国家政府和上海地方政府及由其组织成立的上海世博会组委会和执委会等管制主体；参与上海世博园规划方案竞赛的10家设计机构②和154个展馆的设计机构等设计主体；246个国家及国际组织等实施主体；由7308.44万游客构成的审美主体。他们分别形成了两股不同的力量：一股是自上而下的控制力、另一股是自下而上的推动力。这两股力量表现为由多主体模式促发的上海世博园风貌意的创生和宏观约束引导作用的产生，以及由自主体个体内部模型所导致的微观机制的运行，二者相互作用、相互适应涌现出上海世博园的风貌形。

### 3.4.1 风貌意的创新

上海市政府申办世博会的初衷是加大上海城市的开放度，提升城市的国际化形象，使城市发展吸引全世界更多的关注和支持的目光。基于这样的目的，上海世博会主题研究课题组在分析过往历届世博会主题的基础上独辟蹊径，确定以“城市”作为上海世博会的主题，并在全国范围内展开对主题口号的征集，以获得较高层次的世博园的风貌立意。通过在全国17个省市17所大专院校张贴出的467幅海报，共征集到全国25个省、市、自治区各行各业人士拟出的口号6141条。[182]从大量的主题口号中发现，人们越来越把提高人的生活质量放在城市发展的首位，对城市美好生活的向往，是城市多主体的共同追求。于是，课题组最终选定了“Better City，Better Life”——“城市，让生活更美好”的立意主题。

契合城市的发展目标：

上海世博园的风貌立意，试图通过申办世博会来加大城市的开放度，促进上海经济的进一步腾飞，这种以城市发展让生活更美好的主旨完全契合了上海城市的长远发展目标。因为，上海城市的活力来源于对外开放，城市国际化是其最终的夙愿。对于这样的城市特征、发展方向和发展规律的认知，来自于其历史进程经验的总结。自唐朝设市于黄浦江畔以来，上海历史上共经历了四次“对外开发”，它们构成了上海城市发展的四个重要节点。首次，是唐朝政府为了满足海上船只停泊和贸易的需要，而设立了“上海”港口，后因明朝政府全面禁海而闭关。第二次，是清朝康熙年间（1684年），清政府为重启海上贸易而设立了上海海关，而乾隆年间（1757年）因再次全面禁海，上海止步于发展。第三次，近代，第一次鸦片战争使上海再次对外开放，并使其跃迁成为远东的第一国际大都市，而1941～1990年的闭关自守使上海发展再次陷入困境。第四次，1990年后，上海利用浦东开发对外全面开放，从而爆发出惊人的活力和能量，展现出国际大都市的轮廓。无疑，上海城市生命力源于“对外开放”和“国际化”，城市的最终宿命是成为“国际大都市”。[183]

---

① 国际展览局（Bureau of International Exposition，简称：国展局，BIE）是负责世博会申办、协调等事务的国际公约性组织，其作用是规范在其职责范围内举办的展览会的频率和质量。

② 10家规划设计机构包括：同济大学国际联合体、中国城市规划设计研究院、东南大学、英国罗杰斯与ARUP公司、美国Perkins公司、香港泛亚易道公司、德国HPP公司、日本RIA公司、法国Architecture Studio公司、加拿大谭梁荣（BingThom）公司等。

追求和谐的立意内涵：

上海世博园风貌立意的主题——“城市，让生活更美好”（better city，better life），体现了全人类对于未来城市环境中美好生活的共同向往，更是所有上海市民统一的生活目标。人类对于更美好生活的追求贯穿于整个城市的发展史，城市无疑是人们追求更美好生活的重心福地，基于此，预计在2020年全球将有超过半数的人口居住在城市，世界真正成为了“城市的新纪元”。那么，将共同目标作为主题进行倡导，是引领社会走向和谐的前提。

“城市，让生活更美好”的核心思想是：城市是人类为了追求更美好生活而创造的，它是一个不断生长、演化和发展的有机系统，人是该系统最具活力和创造力的机体组织和细胞，人的生活状态与城市风貌与形态演化密切关联。同时，随着城市化进程的推进，城市与地球生物圈和资源之间的相互作用逐渐扩展并加深，人、城市和地球三者也日益融合成为一个不可分割的整体。只有全世界的“人”相互支撑，人与自然、人与社会、人与人之间和谐相处，世界才会更美好。而其中的纽带就是城市，因为城市不仅是“专门用来流传人类文明的成果”（刘易斯·芒福德，1961），同时，它是人类与自然相处的一种重要模式。因此，联合国人居组织的《伊斯坦布尔宣言（1996）》强调：“我们的城市必须成为人类能够过上有尊严的、健康、安全、幸福和充满希望的美满生活的地方。”于是，2010年上海世博会以“和谐城市”的理念来回应对“城市，让生活更美好”的诉求。“和谐”的理念不仅蕴藏于中国古老文化之中，而且也见诸西方先贤的理想，它推崇人际之和、天人之和、身心之和；“和谐城市”的内涵意味着多元文化的和谐共存、经济的和谐发展、科技时代的和谐生活、社区细胞的和谐运作，以及城市和乡村的和谐互动（图3-37）。[184]

图3-37　上海世博会标志

## 3.4.2　宏观约束引导

上海世博园的风貌意如同一个未分化的种子，它负载着世博园风貌系统生长的所有信息，从立意开始便成为不同自主体各种选择与决策行为的约束与引导信息的生成元，其生成元的作用集中体现在为上海世博园的基地选址决策、规划设计指导和建筑风格选择提供充分的依据。

选址引导：

根据上海世博园风貌意的要求，选址遵循的原则是：①园区应位于城市重点发展和改造地区，在空间上和开发时序上能与城市的发展规划协调一致，推动城市重点建设地区的发展，并使世博园设施得到有效的后续利用；②场地完整，用地规模能满足举办综合性世博会的需要，并具有良好的自然环境；③具有一定的人文特色和景观资源，以展示“城市，让生活更美好”的世博会主题；④有便捷的道路和交通条件，能满足世博会需要，有完善的市政基础设施；⑤选址所处位置能够方便地获取与世博会有关的各项城市公共服务设施的有力支撑，能充分利用城市原有设施。[183]

根据上述约束条件，上海世博园选址于上海黄浦江卢浦大桥与南浦大桥之间的滨水地带。黄浦江两岸滨水区是城市一条重要的景观轴线及生态走廊，易于创造宜人的亲水空间和公共活动场所，增添城市的活力与魅力，该场地具有塑造上海世博园风貌形的潜能。首先，场地周边的上海老城厢历史风貌区、外滩及陆家嘴金融贸易区勾画出了上海城市的发展轨迹，为世博园风貌增添了文化内涵；其次，它是上海市中心最主要的污染源（如浦东钢铁厂等），将污染工厂搬迁，可以改善市中心的环境条件、提高居民生活质量和城市整体形象；其三，场地位于城市中心的边缘地带，与市中心的交通联系便捷，能充分利用原有的市区宾馆、饭店和相关配套设施，为世博会举办提供诸多便利条件；其四，世博园展馆的建设，不仅提升了浦东西南部地区的城市功能，也为黄浦江两岸增添了富有活力和生机的滨江岸线景观。因此，选址引导，在战略层面上与上海城市发展目标相一致，同时，它紧扣世博园的风貌意主旨，让人们憧憬“城市，让生活更美好”。

设计引导：

根据上海世博园的风貌意涵，世博园管制主体从场地规划、用地组织、物质空间、景观风貌、生态环境、防灾设施、使用运营等方面，为规划设计提出了引导和控制原则：①整体原则：世博园规划应当视为上海城市总体规划和黄浦江两岸发展规划的有机组成部分，世博园的黄浦江两岸用地应组织成为一个有机的整体；②效率原则：规划设计应当为园区的使用和管理提供高效的物质环境；③人文原则：世博园的景观风貌既要体现时代精神，也要强调中国和上海的地域文化特色，特别要保护和善用园区内的工业建筑遗产；④生态原则：注重所在地区的滨水环境和气候条件，最大限度地强化生态效应，体现可持续发展的理念；⑤安全原则：针对有限时空内超常规模的人流集散要求，要制定完善和可靠的安全和防灾设施体系，确保突发和紧急情况下能够提供充足和有效的安全保障；⑥可行原则：无论是世博会期间的功能运作，还是世博会以后的持续利用，规划设计都应充分考虑经济和工程上的可行性。[183]

风格引导：

建筑的风格是上海世博园中最直观的形象，它是形成园区意象的主要来源，同时，每个单体建筑又是园区总体风貌的积木块，在集聚、拼接、适应过程中，涌现出总体空间样态。因此，为了实现预期的风貌意，上海世博园管制主体力图从约束单体建筑的建筑风格开始，以引导理想风貌形的涌现。

根据上海世博园的风貌意涵，要求建筑风格应该能体现时代性、原创性、生活性和可持续性，特别是标志性建筑，它的区位选择、形象塑造、科技含量、功能组织等方面应按引领或代表世界建筑发展水平的传世佳作的标准来设计，如同巴黎世博会的埃菲尔铁塔一样，最终，其建筑风格应能达到文化韵味、地域特色和现代功能的协调统一。因此，在建筑形式、形态上可以是一种不受限制的发挥，而具体建筑的景观风貌则需按如下原则把控：①浦东主题馆建筑造型应具有与其功能相符的鲜明个性，同时建议结合世博会主题采用生态节能技术；②中国馆应成为标志性建筑，同时结合世博会主题采用生态节能技术；③建筑风格应考虑形式、功能与展示主题的统一；④鼓励采用生态技术，达到绿色建筑的设计标准；⑤鼓励采用新材料、新技术。

### 3.4.3 微观机制作用

微观机制是指上海世博园风貌系统内生的一股自下而上的推力的作用，这股力量来源于企图充分彰显和展现自我的各个参展国和参展机构个体的欲求。他们在特定时空外部既定的条件下，充分发挥内在创造力和主观能动性，来回应世博园风貌意的诉求，以期达到自我目的的最大化。在这个过程中，他们通过集聚适应、自我突显等环节的交互作用，产生世博园风貌系统全局性行为，最终促成世博园整体风貌的涌现。

集聚适应：

上海世博会各个参展国和参展机构的展馆集聚于世博园，必须面临着如何应对规划条件、场地条件以及展馆之间相互约束的问题，因此，每个实施主体的集聚适应行为主要表现为进行规划条件的适应、场地适应和建筑之间的对话等。首先，对于规划条件的适应，主要表现为场馆规模与流量（总人流量7000万人次）分配的关系。相对而言，单个主题馆规模要比国家独立馆、联合馆、国际组织馆、企业馆等规模来得大；除了独立馆建筑面积不作硬性控制之外，其他类型的场馆建筑面积总量均有控制，如主题馆总建筑面积控制为115000m$^2$（含浦东B区、浦西D区、浦西E区的主题馆），国际组织馆总建筑面积为32000m$^2$，企业馆总建筑面积为140000m$^2$，城市最佳实践区总建筑面积为90000m$^2$，博物博览馆总建筑面积为5000m$^2$等。其次，场地适应表现为建筑退让道路边界以及建筑如何融入场地环境。建筑退让道路边界的大小取决于建筑与道路二者所承载的人流量或车流量，如浦东主题馆（45000m$^2$）所容纳的人流量较多，且周边道路承载的车流、人流量较大，因此，建筑后退北环路、园二路、园三路、南环路的距离均不小于20m，而中国馆（20000m$^2$）相对规模较小，建筑后退北环路、南环路、云台路和上南路道路规划红线的距离要求超过8m即可；建筑如何融入场地环境，主要依赖于与基地形状、竖向的配合，以及建筑风格与场地铺装纹样及格调的融合。其三，建筑之间的对话表现为：①建筑高度的协调。例如，各地块展馆建筑底层高度不应小于5m。②建筑界面的呼应。例如，在集中绿地或活动广场周边的展馆建筑界面贴线率不得低于70%、在集中绿地或活动广场周边的展馆建筑界面建议采用局部底层架空形式、底层架空适用于建筑转角或入口处。③建筑寓意和对话内容应围绕同一个议题：城市让生活更美好。

自我突显：

无论受外部的限制有多大，所有个体总是竭尽所能彰显自己，这就是微观机制动力的来源。那么，上海世博园各个参展国和参展机构个体自我突显的手段是，运用一些可读性的造型符号即国家、民族、组织机构的特色建筑语汇来传递自我设计主题，同时，以此对上海世博会的风貌意作出回应。

上海世博会各个展馆在共同的主题下，其设计团队发挥各自独特的想象力，运用熟悉的建筑语言，采用不同的物质载体和最先进的科技手段，传达着不同的意涵，从而创造出各具特色的建筑形态。在造型符号上，多取材于国家、民族的传统建筑要素、自然地理要素和历史文化要素等来诠释设计主题（图3-38），如巴基斯坦馆在外形上等比例复制了16世纪的拉合尔古堡，馆内却展现了充满活力和现代元素的巴基斯坦：电子书描绘了巴基斯坦的传统文化和城市发展，水幕电影展示了巴基斯坦的古老文明、宗教信仰和城市街景，以“基于城市多样化的和谐”的主题展现了巴基斯坦文化、传统、现代和历史等多方面的融合；而加拿大馆的平面形态呈“C”形，取英文“Canada”首个字母的字样，如同环抱的双臂迎接参观的游客，设计灵感来源于对本土地理和人文环境特征的提炼，加拿大多数城市因地理因素，多集中在东、西、南三侧国境线一带，随着城市化的进程形成了连续的半环状城市地带，因此，其“C”字形态隐喻了加拿大的地理环境特征，同时突出了包容、可持续、创造性宜居城市的主题；而波兰馆的外形酷似一张折叠的民间剪纸，表皮上布满镂空的花纹和图案，将传统的剪纸艺术巧妙地运用于建筑风格的表达上，着实吸引游人的眼球，其镂空的表皮无论是白天还是夜晚都能营造出独特的光效，它不仅充分展现了波兰民间传统文化，同时也展现了当代科学

图3-38 上海世博园展馆
（资料来源：郑时龄的《中国2010年上海世博会的规划与建筑》）

的建造技术，试图以其鲜明的文化特色，宣扬“波兰在微笑、人类创造城市”的主题（表3-6）。

上海世博园部分展馆的造型符号与设计主题　　表3-6

| 展馆 | 造型符号 | 设计主题 | 位置 | 建筑面积 |
|---|---|---|---|---|
| 巴基斯坦馆 | 拉合尔古堡 | 城市多样化的和谐 | A片区 | 2000m$^2$ |
| 尼泊尔馆 | 大型佛塔形式 | 寻找城市的灵魂，探索和思考 | A片区 | 3600m$^2$ |
| 印度馆 | 万象和谐 | 城市与和谐 | A片区 | 4000m$^2$ |
| 中国馆 | 中国红东方之冠 | 鼎盛中华、天下粮仓、富庶百姓 | A片区 | 15000m$^2$ |
| 阿联酋馆 | 天然沙丘 | 告诉世人能源利用的故事 | A片区 | 3452m$^2$ |
| 沙特馆 | 丝路宝船 | 多元合一 | A片区 | 6100m$^2$ |
| 以色列馆 | 海贝壳 | 创新让生活更美好 | A片区 | 1200m$^2$ |
| 日本馆 | 紫蚕岛 | 心之和、技之和 | A片区 | 6000m$^2$ |
| 韩国馆 | 韩文 | 魅力城市，多彩生活 | A片区 | 4320m$^2$ |
| 泰国馆 | 浓郁泰式风格 | 可持续的生活方式 | B 片区 | 3117m$^2$ |

续表

| 展馆 | 造型符号 | 设计主题 | 位置 | 建筑面积 |
| --- | --- | --- | --- | --- |
| 马来西亚馆 | 木舟式坡屋顶 | 和谐城市生活 | B片区 | 3000m$^2$ |
| 加拿大馆 | 枫叶印象 | 包容、可持续、创造性 | C片区 | 6000m$^2$ |
| 波兰馆 | 剪纸表皮 | 波兰在微笑、人类创造城市 | C片区 | 3000m$^2$ |
| 比利时馆 | 脑细胞（神经元） | 运动与互动 | C片区 | 5250m$^2$ |
| 俄罗斯馆 | 太阳花 | 新俄罗斯：城市与人 | C片区 | 6000m$^2$ |
| 巴西馆 | 鸟巢 | 动感都市，活力巴西 | C片区 | 2000m$^2$ |
| 英国馆 | 蒲公英 | 传承经典，铸就未来 | C片区 | 6000m$^2$ |
| 捷克馆 | 冰球布拉格地图 | 文明的果实 | C片区 | 2000m$^2$ |
| 芬兰馆 | 非对称状冰壶 | 优裕、才智与环境 | C片区 | 3000m$^2$ |
| 墨西哥馆 | 风筝森林 | 更好的生活 | C片区 | 4000m$^2$ |
| 罗马尼亚馆 | 青苹果 | 绿色城市 | C片区 | 2000m$^2$ |

### 3.4.4 风貌形的涌现

上海世博园风貌系统的生成，是一个在“城市，让生活更美好”的风貌意引领下，由管制主体分析出诸多的宏观约束和引导信息，各个参展国和参展机构个体等实施主体在上述给定条件下选择相应的题材，创造微观组分——展馆，进而自下而上集聚缘结，形成整体结构，最终导致整体风貌的涌现（图3–39）。因此，涌现过程就是集聚缘结、结构析出的过程。

缘结锚固：

上海世博园风貌系统的缘结过程，始终贯穿着因果必然性机制、随机偶然性机制、广义目的性机制的共同作用，这些作用通过一系列联锁事件，在过程中形成了空间结构。那么，因果必然性机制主要是指世博会规制带给上海世博园的影响与作用，就准入资格与规格定位而言，世博会制度设计涉及三个关键要素：一是由主权国家举办；二是由主权国家参展；三是从商品交易转变成为全方位的展示和交流。因此，世博会是世界最高级别的展览会，是各国展示本国社会、经济、文化和科技成就及发展前景的盛会，注重国家之间、各国人民之间的交流和合作，倡导将有助于人类发展的新概念、新观点、新技术奉献于世人面前，在本质上世博会抵制过度的商业化和纯粹产品展示。[183] 这样的定位无疑给定了

**图3–39　上海世博园风貌形**
（资料来源：作者根据上海同济城市规划设计研究院的资料整理改绘）

上海世博园的总体基调和基本框架，使后续一切推进行为都控制在这一基调和框架中。那么，随机偶然性机制则表现在上海世博园参展主权国家或机构的具体个体、数量、行为和目标上的不确定，这些要素将影响上海世博园风貌形的细节呈现；换言之，上海世博园风貌意的主旨将会得到哪些主权国家或机构的认同？会激起哪些个体参展的热情？与哪些个体欲求相契合？直接导致呈现不同的风貌样态。而广义目的性机制主要涉及国展局、上海市政府、参展国家等三个层级的风貌自主体之间多目标均衡过程的相互作用；根据世博会的主旨，国展局的职责目标在于规范世博会的频率和质量，使之维持高规格、高水平；上海市政府举办世博会的主要目的在于，全方位展示中国政治、经济、社会、文化和科技等方面的成就，提升中国和上海的国际形象，加大城市的开放度，促进上海经济的进一步腾飞；而参展国或机构的目的也在于展示自我、认识世界、彰显个性。那么，由于受到时间、空间、资金等多方面的限制，三者的目的总会在相互适应、相互磨合的过程中达到一种让步式的契合状态，其表现形式即为上海世博园风貌形的现实态。

结构分化：

经过上述集聚缘结的过程，各个展馆在上海世博会风貌意主旨的引领下，通过组织与适应的相互作用，其关系逐步分化成类，并分析出一种基本结构。该结构可以描述为“主题十字轴、场馆五簇群”和公共空间的“生态一系统”和“场景三态”。首先，主题十字轴是由横向的空间轴和纵向的时间轴而组成。在横向轴上从左到右分布着三个概念领域，分别为“城市人”“城市生命”和“城市星球”，三者层层递进、相互关联、相互作用，该轴线诠释的内涵是：人创造了城市，城市不断地演进并成长为一个有机的系统，人是该系统中最具活力和最富有创新能力的细胞，人便成为了城市人，人的生活状态影响着城市的形态，而随着城市化进程的加深，地球也将演化成为城市星球，于是，人、城市和地球三个有机系统也将日益融合成为一个不可分割的整体；在纵向的时间轴上，自下而上划分为三个不同的阶段，下部代表着城市过去走过的足迹，即“城市起源”，中心区域代表着城市的现在，即“城市发展”，而上部是展望城市的未来，即“城市梦想”；该轴线展示了世界城市从起源走向现代文明的历程，以及对未来城市美好生活的憧憬（图3-40）。其次，五

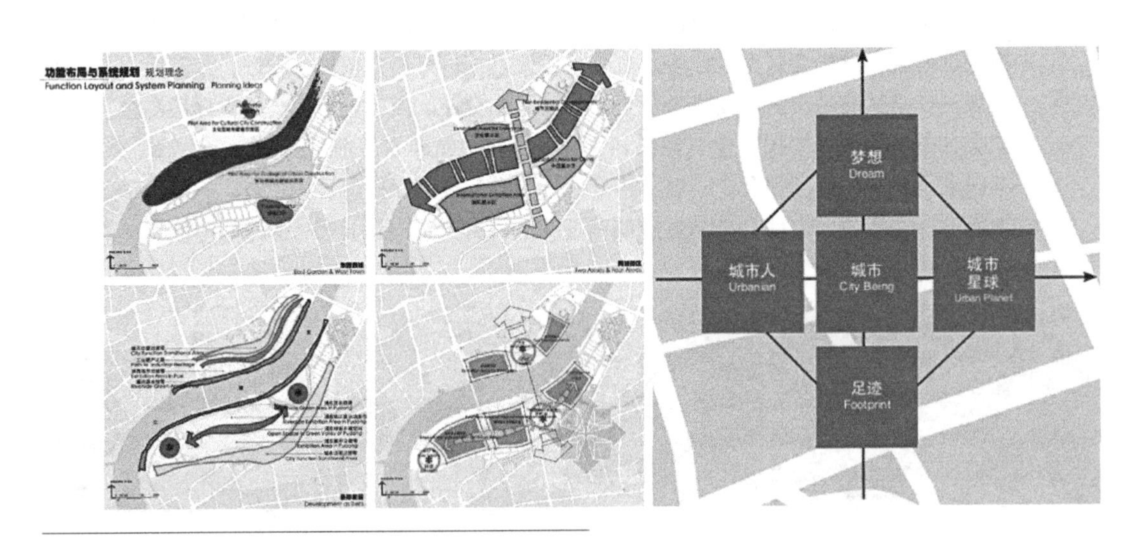


图3-40　上海世博园规划结构
（资料来源：作者根据上海同济城市规划设计研究院的资料整理改绘）

大场馆簇群分别为中国馆群、独立馆群、联合馆群、企业馆群、主题馆群，其对应的功能分区编号是：A、B、C、D、E。其三，上海世博园生态系统以“一环、两园、五带和多点”的空间框架构筑它的整体性。其中，“一环”即为“生态意识环”，是一条全景式生态环带，意在创造异质性的原生态环境，其囊括了多元化的生态要素，力图还原自然环境的初始状态；而“两园”包括“世博增绿园”和“生态教育园”，立体式的“世博增绿园”以生态文化和艺术为核心，展示人文生态环境，“生态教育园”融生态知识、相关技术成果展示和参与性活动于一体；“五带”中，“生态参与带”是一条体验生态演化过程的互动式步行道，而立体动态式的“波浪游步带”则结合水位高差变化上下起伏、随岸延展，创造物我相宜的意境。其四，场景构筑根据行为主体的不同分为三大类：动态、互动、静态。动态场景以人为主动体，环境为被动体，人的活动为场景构筑的中心内容；静态场景以环境为主动体，人为被动体，环境要素的展示为场景构筑的中心内容；互动态就是上述两种状态的融合（表3-7）。

上海世博园的特色样态与事态　　表3-7

| 项目 | 具体内容 |
| --- | --- |
| 用地规模 | 园区在市中心占地5.29km$^2$，史上世博会用地规模最大 |
| 参展单位规模 | 共有190个国家、56个国际组织参展 |
| 自建馆数量 | 大约有40个国家和国际组织报名建设，其数量为历届之最 |
| 参观人数 | 史上单日参观人数之最，10月16日当日进园人数高达103.28万人；参观总人数最多，截至10月31日人数高达7308.44万 |
| 志愿者人数 | 志愿者共79965名，其中国内其他省区市1266名，境外204名；分13批次向游客提供了129万班次、1000万h、约4.6亿人次的服务 |
| 屋面太阳能板规模 | 屋面太阳能板面积达30000m$^2$，是迄今世界最大单体面积太阳能屋面 |
| 生态绿墙规模 | 生态绿墙面积为5000m$^2$ |
| 保留历史建筑 | 约有20000m$^2$历史建筑得以保留，是保留园区内老建筑物最多的世博会园区；世博会博物馆与城市足迹馆都设在原江南造船厂的老建筑内 |
| 特色模式 | 首次同步推出网上世博会 |
| 投资总额 | 投资总额为286亿元 |

## 3.5 小结

综上，本章的成文构架是：建立解析框架—提出生成视角—阐明生成原理。其具体步骤是：首先，通过分析复杂性科学理论的整合效应和挖掘城市风貌传统理论的生成思想内涵，来建立城市风貌系统生成论的基础理论体系，提供理论的解析框架；其次，在生成论与构成论对比分析中，阐述了城市风貌系统生成观的具体观点和内涵，其涉及七个不同的视角：适应性系统观、生灭性过程观、自组织演化观、全域性信息观、差异性整合观、共生性生态观，用以考察城市风貌系统的现象和特性；最后，在生成观的观照下，以金吾伦生成哲学及李曙华、苗东升等生成思想作为哲学基础，借鉴德勒兹的生成理论，采用分形论、超循环论和CAS理论等科学理论工具，提出了城市风貌系统生成原理，其涉及相关概念、生成过程、生成逻辑以及生成原理等具体内容的描述。

为了阐明城市风貌系统生成原理，在接受现代生成思想和复杂性思想的基础上，创造性地提出了风貌意、自主体、潜有（质料、素材）、缘结（协同整合机制）、实有（组分、风貌形）等相关观念；并且，通过厘清概念之间的逻辑关联，不仅生动形象地刻画了城市风貌系统的生成过程和生成逻辑，同时，更为下一步进行的城市风貌系统生成特征的刻画提供一个描述框架。基于此，下一章将结合城市风貌基础理论，运用系统科学和城市风貌系统生成原理，对城市风貌系统生成特征进行全面的描述。

# 4

## 城市风貌系统的生成特征

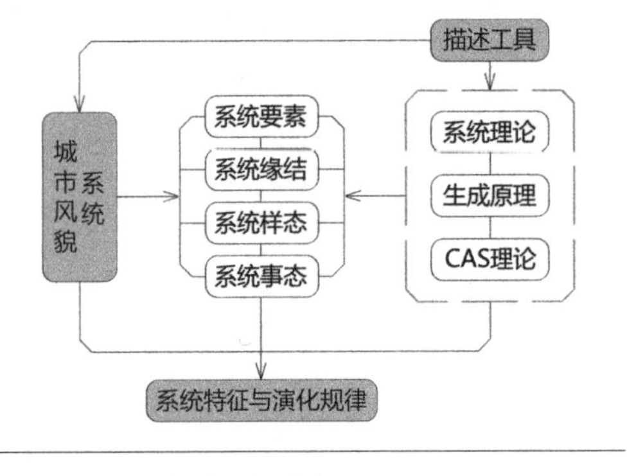


图4-1 城市风貌系统的解析框架

显然，对于城市风貌系统来说，首先，它是属于系统范畴的，所以具备一般系统的属性，如要素与关系、整体性、结构性、层次性等。其次，城市风貌系统是生成的。“生成”描述的是系统的由来，即城市风貌系统是如何产生的。其三，由于城市风貌系统包含有适应性主体，如自主体、人化组分等，所以它还是一个复杂适应性系统（CAS）。基于以上的认识，本章将以系统理论为基础，运用城市风貌系统生成原理和复杂适应性系统（CAS）理论，来刻画城市风貌系统的生成特征，试图回答：造成城市风貌系统复杂现象的主要原因？城市风貌系统复杂现象与生成机制之间的关联性？基于此，下文将从城市风貌系统要素、系统缘结、系统样态和事态三个方面展开对上述问题的论述（图4–1），并以福州及其他城市为例进行例证。

## 4.1 城市风貌系统要素

根据城市风貌系统的生成原理，城市风貌系统要素主要包含质料、组分和自主体三种类型，它们之间的关联性可以表述为：自主体依据风貌意的信息来选择质料，质料通过组织生成了组分，人化之后的组分便成为了适应性主体，并通过聚集和整体协调整合，触发风貌形从微观态向宏观态转化。其中，自主体参与上述整个过程，从风貌意的创生、质料选择、组分人化、组分集聚，以及到风貌形的显现，充当了各种作用的耦合器、关系的协调器、力场的转化器、信息的处理器，自主体正是城市风貌系统自生成、自组织最主要的因素（图4–2）。

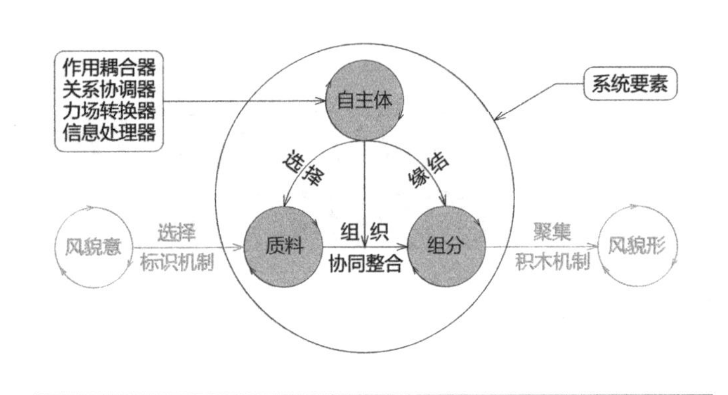


图4-2 城市风貌系统要素关系

### 4.1.1 风貌质料

城市风貌系统的质料主要涉及自然要素、人工要素和文化要素三种类型。自然要素和人工要素属于客观物质要素，而文化要素属于主观非物质要素，它承载着自主体集体内在的基本欲求，因此，它是评判和选择客观物质要素的价值尺度。

就客观物质要素而言，往往具有多种属性，能满足自主体多方面的需要，因此，它具备了诸多的潜能，有待于自主体的开发和利用。而当客观要素的本质属性与自主体集体未来的基本需要相吻合时，其内在的价值才能得到挖掘，本质属性才能充分显现。本质属性通常是某个或某类事物所特有的属性，是该事物之所以成为自己的最低限度，以及事物本身区别于他物的本质规定性。因此，如何挖掘诸多要素的本质属性，使之成为城市风貌系统的生成质料，是培育城市风貌特色的关键所在。

事实上，城市“作为孕育文化的场所，自然山川、历史古城、山庄遗迹、生态湿地构成了一个地区的‘历史底图’，每个城市都有一张这样的‘历史底图’，并在其基础上不断生长发展”，[185]这历史底图使每个城市具备了各自本土的地域特征，并共同构成了地方集体认同的富含有形经济价值和无形社会与文化价值的独特性、真实性、特殊性，是自主体集体基本需求在物质空间上的反映。在时空压缩的拼贴时代，任何人造物都能轻易地被复制与模仿，唯独历史遗存所沉积的历史岁月和自然景观所富含的本底特质以及地域文化所根植的活力要素能独善其身。

### 1. 自然要素

影响城市风貌系统生成的自然要素，主要涉及气候、地形、水文和植被等四个基本因子。这些因子相互作用、互为因果，地形、水文和植被等三个因子的比例和构成是小环境微气候差异的主要原因。于是，自然要素的整体决定着城市的选址，它们不仅构建了城市发展的本底，而且，形成了城市空间的基本架构。特别是城市自然要素的山水格局，几乎决定了城市景观整体脉络，因此，山水格局往往是城市风貌立意的基本来源，也是城市特色塑造不可复制的景观要素之一。例如，福州依据自然山水格局，将“三山两塔，三坊七巷，连江入城；七山两江，滨海新城，古今辉映”作为福州城市风貌立意的主题；所谓“七山”是指老城区内的屏山、乌山和于山以及新城区内的金牛山、金鸡山、高盖山和城门山，“两江”是指自西向东流向出海口的闽江和乌龙江（图4–3）。基于此，下文就自然要素对于城市和城市风貌系统的潜能和价值进行阐述。

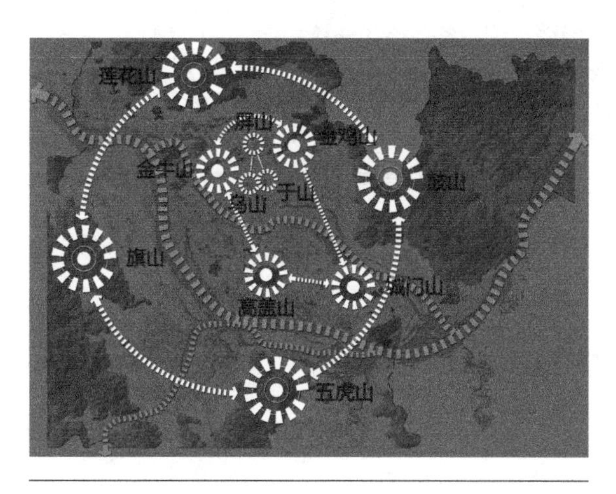


图4–3 福州市自然山水格局

1）对城镇选址的意义

就城镇选址而言，可以断定，“在史前人类聚居地形成的最初过程中，几乎无一例外地依循了自然生态规律和特定的自然环境条件。”[186]大量事实和研究考证，早期城市的形成与所在地理环境的自然要素有着唇齿相依的密切关联。世界最早的文明均发祥于河水流域的亚热带和温带河谷地区，这些聚居点之所以会出现在尼罗河、幼发拉底河、底格里斯河、印度河、恒河、黄河等流域，正是因为这些地区所具备的自然生态条件，正好契合了人类生存的基本需求。当然，城市兴起的地点各不相同，其所满足建城之初城市集体的基本需求也各不相同。例如，福州最早的古城——汉代冶城（图4–4），乃闽越国的都城，其政治和军事的意义远高于经济价值。据《史记·东越列传》记载：“汉五年，复立无诸为闽越王……都东冶。”东冶即闽越国都城冶城，乃闽越的政治、军事中心，当然那时还谈不上是经济中心。据《闽书》的《建安记》所描述，冶城位于福州古城山一带的海湾尽头，中轴线方向为南偏东10°，正对海湾出口。冶城北枕古城山，再往北则有莲花山等诸多大山为屏障，东西有山对峙，由近及远依次为秀山与猫头山，罗汉山与五凤山，金鸡山与文

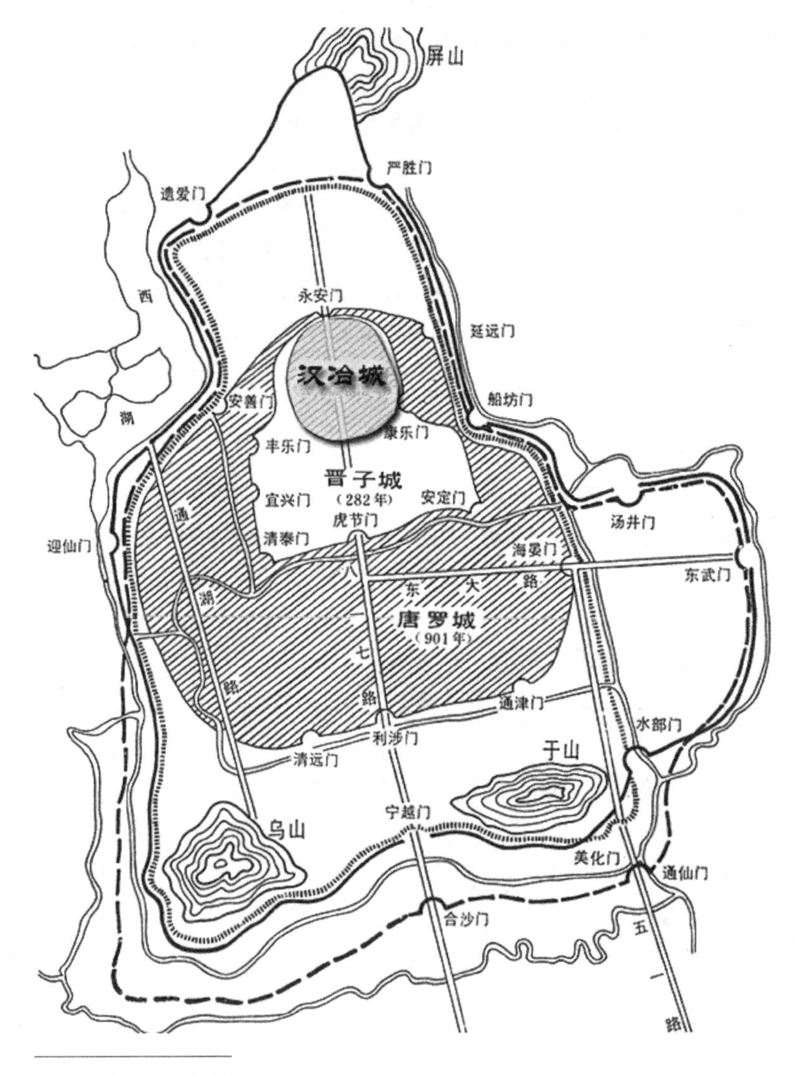


图4-4　福州汉冶城选址

林山。与此相较，冶山则孤悬海上，而“三山（屏山、乌山、于山）鼎峙”的局面，在汉代尚未形成，除冶山以北的屏山外，乌山、于山还是海中小岛。据记载，当时城内居民主要是王族、官吏与士兵，而老百姓则散居在城外的洲地（小岛）。因此，对于冶城的自主体而言，古城山一带比冶山更为隐蔽，其南面的海湾尽头是理想的避风防潮港湾，这样的地理要素正好契合了城市多主体军事防御的基本需求。[187]

2）对空间格局作用

城市空间景观基本格局的形成，往往是自然要素与城市自主体相互作用及相互适应的结果。作为城市发展本底的山水要素，首先，以滑坡、崩塌、火山、地裂、泥石流、冲沟、洪水等自然灾害的形式，为城市自主体划定了城市营建活动的边界，以引导边界以内相对安全的集聚行为；其次，以水污染、大气污染、环境质量下降的现象，警戒超负荷的人口集聚和建设行为，以确保山水等自然要素本质属性不遭受破坏。因此，在自然要素健康运行的状态下，城市所处的自然条件特色往往是城市空间特色和城市风貌特色的重要因素。于是，常有古诗词以山水格局来描绘城市特色，如福州古城的“一条碧水练铺地，万

图4-5　城市自然特色

叠好山屏倚天”，江苏南京城的“襟江抱湖，虎踞龙盘”，常熟古城的“七溪流水皆通海，十里青山半入城”，广西桂林的“千峰环野立，一水抱城流”，古代长安城的“胜水名山千载傍，匠师岂敌自然工”等（图4–5）。

3）对建筑形式的影响

自然要素中气候是相对不变的要素，它是由雨量、阳光、温度、湿度、风向等因素组成的。这些因素如空气一般弥漫在环境中，深刻地影响着自主体的日常生活方式和传统建筑的营建方式。为了适应不同地域不同的气候条件，城市不仅生成了“天人合一”的自主体适应机制，而且，还演化出了不同的传统建筑形式及组合方式，并形成了各自的空间特征。事实上，从某种角度来说，当建筑融入主体的意识之后，其适应机制便开始发挥作用，那么，人化之后的建筑就如同一个适应性主体一样，能自觉地适应气候条件的变化，在生长过程中，无论是内部空间还是外在形式总是不断地进行自我调整和改进。因此，特定的地域气候要素是该地域建筑形式生成的最主要的决定因素之一。比如，福州地处亚热带海洋性气候区，受夏季的炎热和多雨影响，福州传统民居往往采用合院式的组合方式。为了避雨和遮阳，常在合院四周设置檐廊与敞厅，这些空间因为有所遮蔽，往往在夏季能形成大面积的阴影，以至于在炎热夏季或下雨之时仍可提供充分的户外活动。这种介于室内和室外的灰空间，根据测绘数据显示，其面积权重高达50%以上（图4–6）。

## 2. 人工要素

影响城市风貌系统生成的人工要素，主要是指城市风貌历史遗存、风貌现存要素，以及未来作为城市风貌系统生长或更新的组分质材。其中，风貌历史遗存主要是指城市内的历史街区、历史性建筑和构筑物等；风貌现存要素主要包括城市形态、城市空间结构、城市街道和路径、特色功能区、城市节点空间、地标性建筑和建筑群等；而组分质材主要是指建筑要素和小品等。

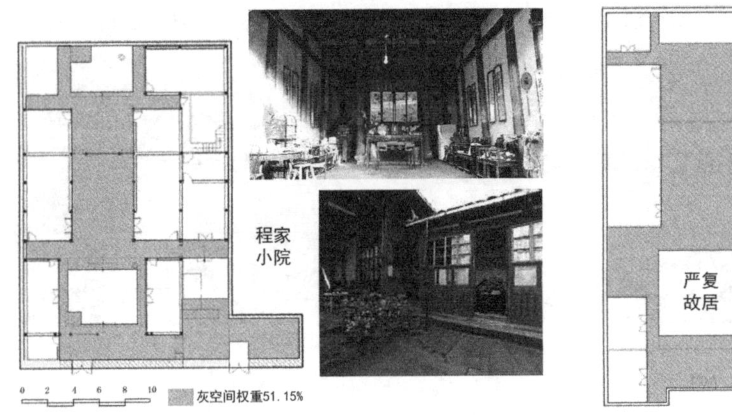


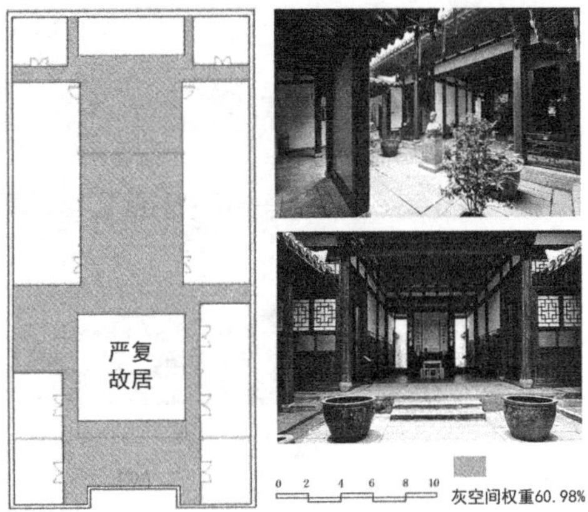


**图4-6 福州合院式传统民居**

1）历史风貌遗存

所谓历史风貌遗存，是指城市在形成和历史发展过程中长期积累而沉淀或延续下来的实物。它富含历史的信息和记忆，是人物、时间和故事在场所上的堆叠，具有不可复制的独特性，它满足了自主体自我认知和塑造归属感的心理需求。阿尔多·罗西（A. Rossi）在《城市建筑》中提出了"形式的自主性"，即城市的形式有着自身的生命，尽管形式并非完全适合人类生活，但它却在人类文化环境的更迭中顽固地、持续地维持着自身。[188]事实上，当城市形式形成之后，便成为了城市自主体群体的生存空间，城市形式和结构的演化与更新，将受到社会、经济、政治、文化、自然等诸多因素的影响，超越了自主体个体或部分群体的把控范围，甚至连自然寿命也超过自主体个体的生灭周期。根据这一认识来解析风貌历史遗存，可将其中恒久的、整体的、隐形的部分视为结构性遗存，而易变的、个体的、显现的部分视为要素性遗存。

（1）结构性遗存

一般而言，结构性遗存可以从老城区或历史街区的空间格局、肌理、特色空间等方面进行感知和体验。空间格局、肌理、特色空间共同维系着老城区或历史街区的整体风貌，决定着其节奏韵律和时代特色。实际上，老城区或"历史街区强调的不是个体建筑，地段内单体建筑并不个个都具有文物价值，但它们所构成的整体环境和秩序却反映了某一历史时期的风貌特色，因而使价值得到了升华。"[189]

空间格局：老城区或历史街区的空间格局通常表现为整体空间形状、格式和布局，具体而言，就是指老城区或历史街区的平面形状、方位轴线以及与之相关联的道路骨架、河网水系等，例如，福州把古城格局可概括为："三山鼎立、二塔对峙、一轴贯穿、闽江横陈、西湖独秀、河池纵横、榕荫覆盖。"[190]它集中体现了中国传统的建城理念和风水理论的核心思想。历史空间格局不仅反映了城市受地理环境制约的结果，同时，也反映出不同历史时期社会文化模式延续的状况，以及不同历史发展进程中城市不同主体对城市传统文化景观的认同或改进的程度。那么，作为福州历史街区的"三坊七巷"，就是从明清时期保存下来的实存的物质空间，它始建于唐天复元年（公元 901 年）之后，因"安史之乱"南迁避难的士大夫、文人阶层，先是沿着福州老城中轴线——南街的西面建起了七条排列工整的"巷"，随后，再向西隔一条南后街建起了三组"坊"，最后形成了以南后街为中轴的“非”字形鱼骨状街巷结构的街区。可见，“三坊七巷”的空间格局是由唐代“里坊制”沿袭而来的，并且完整地继承了宋代时期的“街巷制”，其特点是：取消了坊墙，使街坊完全面向街道，沿街设置商店，并沿着通向街道的巷道布置住宅，是一种低层高密度的布局形式（图4-7）。因此，传统街区的空间格局往往可以反映不同历史时期城市社会经济的发展状况和城市主体文化价值的取向。

街区肌理：“肌”，是物质的表皮；“理”，是物质表皮的纹理。[191]城市历史街区的肌理不仅是建筑与景观视觉的关键要素，也是街区组织形态的体现；它反映在细部视觉上，可以理解为是一种整体面貌和风格的展现，而如果反映在空间尺度上，则可以从建筑密度、高度及强度上来解读。那么，以此来考察福州的“三坊七巷”，其整体街巷肌理可以描述为“非”字形鱼骨状结构形态。坊巷内现存明清时期建筑达数百座，多为灰墙青瓦古朴大方的普通住宅，布局严谨，院落相连，中轴对称，以木结构承重，有精雕细刻的石木构件，宅院四周或左右围有土筑的马鞍形封火墙，有的墙峰饰以飞龙飞凤、花鸟鱼虫及人物风景，具有浓郁的福州地方特色；坊巷内住宅多为一层，平面布局大致分为大门、院落、庭园及其附属建筑三个部分；三坊七巷建筑院落多由曲折幽深的巷道分割或相通，巷道的高、宽比一般为2：1～5：1左右（图4-8）。历史街区肌理的形成，是某一历史时期城市主体为了满足居住与生活需求而进行适应和选择的结果，其本身可以体现城市历史时期的社会、经济、人文状况以及人们对城市空间的认同感，是特定历史时期内社会价值偏好

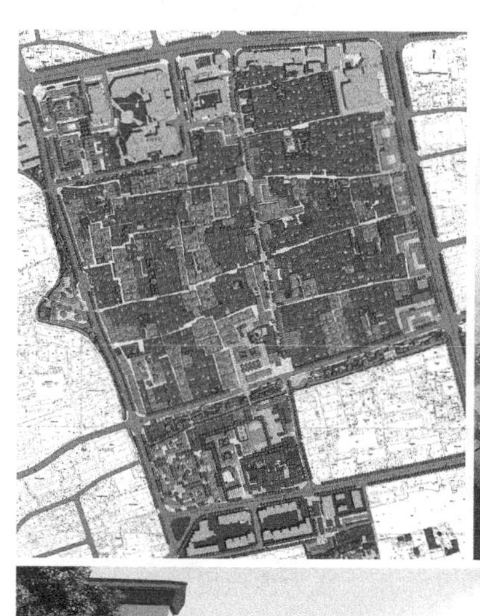

图4-7　福州三坊七巷
（资料来源：福州市规划设计研究院）

图4-8 三坊七巷空间肌理
（资料来源：Morrison的《港粤福厦》影集和福州市规划设计研究院）

在空间形态上的反映。经历岁月的洗礼，那些得以完整保留的历史街区，其最关键的因素是在空间肌理下依然鲜活地存留着人文情结，将时间固化为一种空间的印记。因此，对历史街区肌理的考察和维育，有助于更加透彻地理解和呈现城市的个性。

特色空间：是指历史街区的出入口、广场、塔院、平台等人流集散或休闲的交流空间。这些场所往往立以牌坊、植以古树，甚至铺砌传统纹样的铺地，有建筑“第五立面”之称，形成历史街区内标志性的特色空间。这些特色空间既是聚集地，又是观赏点，并且以点空间的形式与线性的街道空间整合在一起，给人以跌转起伏的空间节奏的体验。

（2）要素性遗存

要素性遗存主要指城市微观态的终端形式，即历史性建筑和构筑物（图4-9）。城市历史街区中不同类型的建筑和构筑物反映了不同历史时期的社会、政治、经济和文化的特殊要求，在时间上形成一个发展过程。它们作为城市和城市风貌构成的基础元素，具有可变化和可替代的属性，为不同的时代所塑造，在不断的历史演绎中将城市文脉的延续性展现出来。历史性建筑和构筑物一般不依附于历史街区而存在，它的历史价值不亚于甚至在某个层面上超过一般性的历史街区，因此，在建筑形态和风貌方面，它往往会形成一股“场”的力量，发挥一种风貌协同因子或吸引子的作用，控制着周边建筑形式与风格，以达到局部风貌的统一性和和谐性。历史性建筑和构筑物保护的要素，涉及功能、体量、形式、风格、材料、装饰等诸多方面，以及与所处地段周围环境的关系，包括与自然和人工环境的关系，同时，还要确立其所处地段上的历史地位和作用，成为该地段风貌演化的控制因素。

2）现存风貌要素

现存城市风貌要素主要包括城市形态、城市空间结构、城市街道和路径、特色功能区、城市节点空间、地标性建筑和建筑群等。这些要素不仅是城市发展本底的重要组成部分，同时，还形成了城市景观风貌的现实构架，未来的城市风貌系统的生长必须附着在这个框架上，在适应中才能逐步地更新和调整，在时间的进程中得以培育城市风貌的特色。

（1）城市形态

按其本质的内涵来看，城市形态可以定义为，“由结构、形状和相互关系所组成的一个空间系统。”[192]它是指在城市发展过程中，构成城市的各要素在空间上的分布特征，“城

图4-9　福州三坊七巷要素性遗存

市形态高度概括和表达了城市的物质形式及其人文内涵”。[193]因此，城市形态是城市风貌特色的综合体现。如果从时间维度看，城市形态是一个演变的过程，包含了深层的自然、经济、社会因素；而从空间维度看，是要素组成的结构，这些要素是有层次的，它们按照一定方式结合所呈现出的整体就是城市形态。决定城市形态的是所有要素的整体关系，而不是单个要素，不同要素、要素的不同组合关系构成了不同类型的城市形态，反映出不同的城市特色。[194]

根据康泽恩的研究，认为城市形态的成因与机制来源于三个基本要素的相互作用：其一，规划单元，它涉及街道系统布局、地块组合和建筑物平面组织；其二，建筑类型，包括三维建筑特点，即平面功能、立面效果、屋面形式和整体视觉效果；其三，土地使用，即用地的使用功能以及建筑功能。[193]为了说明城市形态的演变过程，康泽恩学派提出了规划单元（plan unit）、形态周期（morphological period）、形态区域（morphological regions）、形态框架（morphological frame）、地块循环（plot redevelopment cycles）和城市边缘带（fringe belts）等相关的概念。[195]认为“形态区域”是指一定区域具有统一形态特征并有别于周围区域，它是由“规划单元”“建筑类型”和“土地使用”三种形式综合体叠加而成的；那么，“规划单元”的意义就在于划定上述形态同构区域的边界，建构限定建筑组合形态的人工框架，显示出规划形式和肌理的相似性，即形成同质的“形态单位”；“形态周期”可以定义“形态区域”更新物质文化景观的时间跨度，它受“地块循环”周期的影响，即特定地块内建筑物和用地性质在某一历史阶段内的变化；而“城市边缘带”则是城市建成区在向外扩张时，由于一些功能寻求有机的边缘发展，从而在城镇边缘形成由混合用地构成的动态带形区域，它的形成与城市发展周期、土地价格变化和交通方式发展密相关。[196]

基于上述的研究，可以发现，城市形态产生和演化的规律是符合生成逻辑的，即城市形态是由微观机制和宏观约束的双向作用而生成的。如伦敦城市形态的演化（图4-10），首先由更新区域地块内建筑物或用地性质的变化而触发了“地块循环”，这便是促发城市形态生成和演化的微观机制，而“规划单元”所建构的“形态框架”，限制了“形态区域”内“建筑类型”、功能和组合形式，起到了宏观约束和引导的作用。归根结底，城市形态的生成与演化，其动力来源于主体需求的改变或主体的更替。例如，近代福州城市形态发生了巨变，其原因是，福州成为首批开埠城市之后，大批洋人择居福州仓山，泛船浦区域因洋人囤聚而成为城市的金融外事中心，福州城市形态逐步呈现中心城跨水（闽江）南移、城市区域飞地跳跃式扩展的趋势（图4-11）。

（2）空间结构

事实上，城市空间结构与城市形态之间是互相影响、互相依赖的关系：空间结构影响了空间形态，而空间形态又往往限定了空间结构。[197]因此，从某个层面来说，城市形态

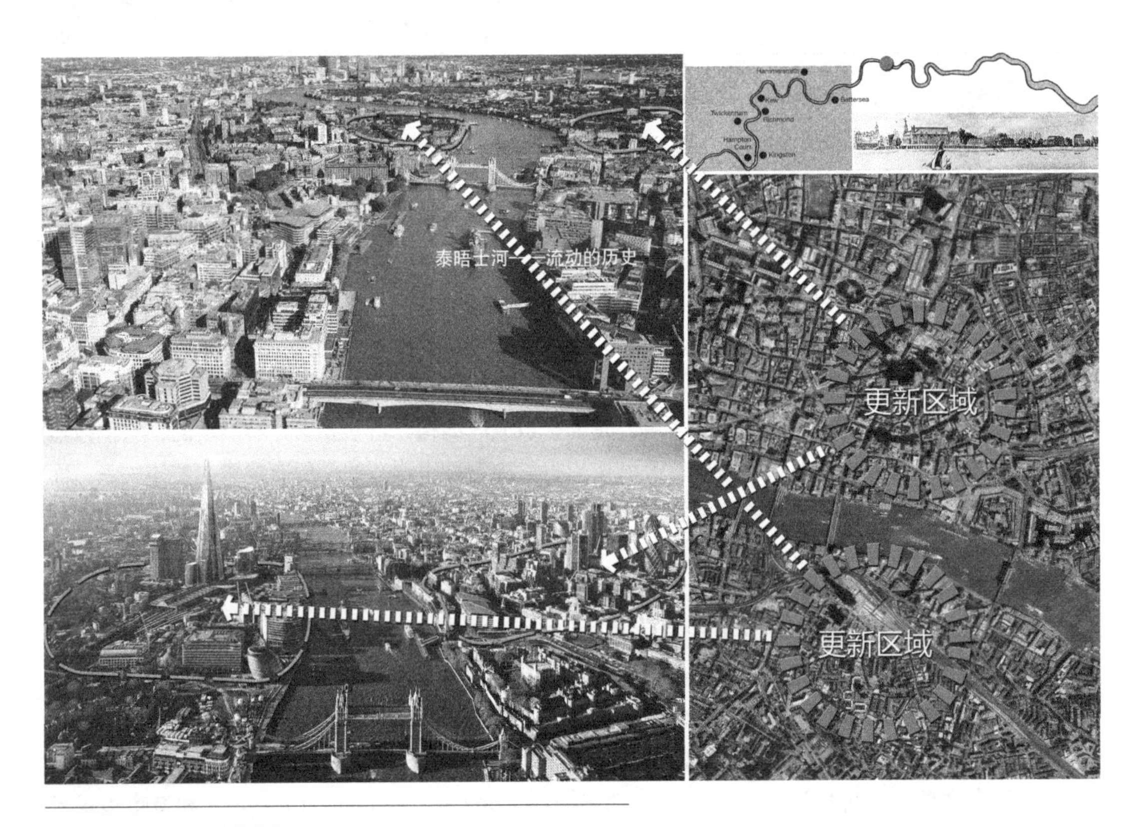


图4-10 伦敦城市形态的演化
（资料来源：作者根据Terry Farrell《伦敦城市构型形成与发展》图片改绘）

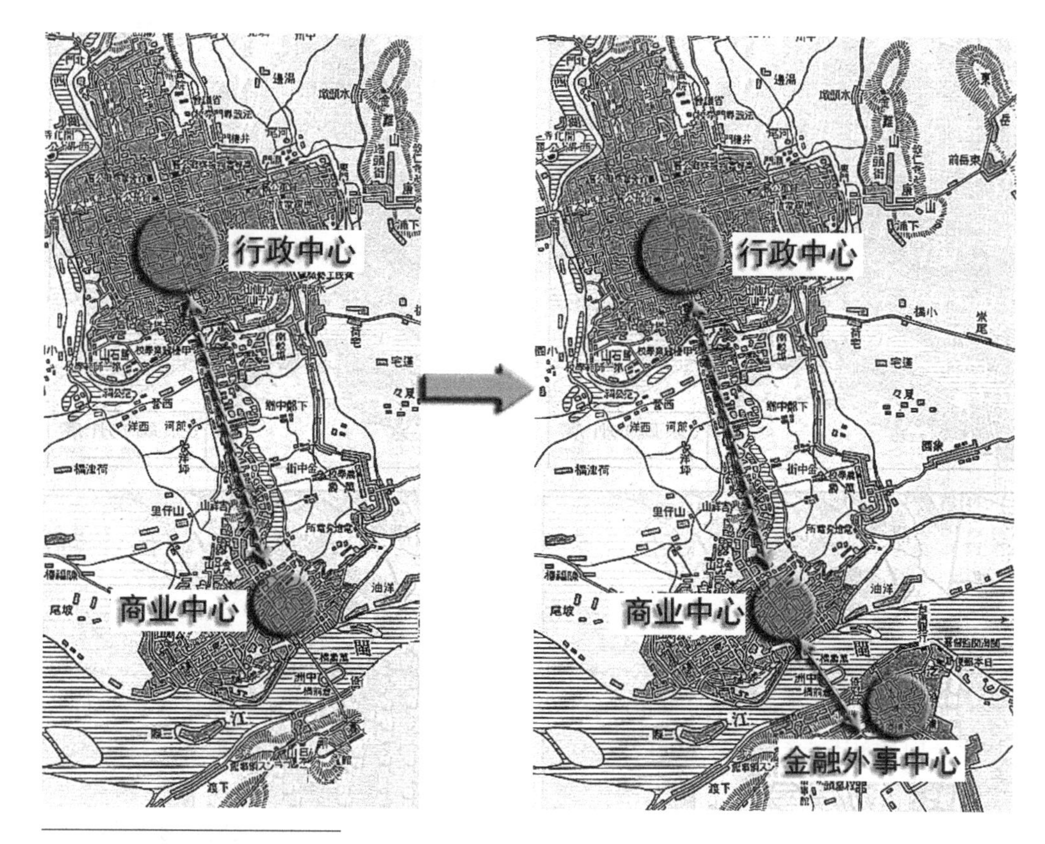


图4-11　近代福州城市扩展
（资料来源：作者根据日本地图改绘）

特色是城市空间结构的外在表现，它构成了城市风貌特色的重要因素。所谓的城市空间结构，是指城市各功能区的地理位置及其分布特征的组合关系，它是城市功能组织在空间地域上的投影。[198]换言之，城市空间结构就是城市地域内与各种功能活动相应的地域分异及功能区在空间上的组合，例如，福州城市空间结构可以概括为“一轴、两片、六组团”。其中，“一轴”是指由福州鼓台老城区向长乐滨海新区拓展的中轴线；“两片”包括中心城区（现鼓楼、台江、晋安、仓山、马尾五区）和长乐新城区（现长乐除松下周边区域的其他地区）；“六组团”包括闽侯组团、大学城组团、南屿—南通组团、青口汽车城组团、长安—琅岐组团、松下组团，各组团之间由河流、山体和绿带自然分隔（图4-12）。显然，城市空间结构与城市功能活动有着内在的、本质的关联性，而功能活动则是城市自主体需要和目的的直接反映。正如《马丘比丘宪章》所指出的：“城市的个性和特性取决于城市的体形结构和社会特征”。[199]因此，城市空间结构是城市特色的主要来源。

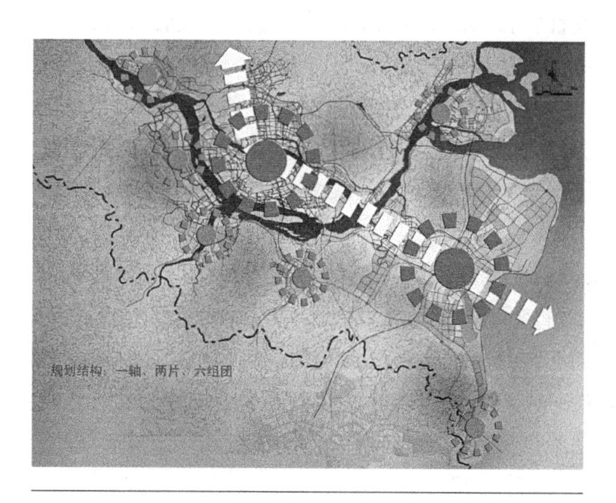


图4-12　福州城市空间结构
（资料来源：福州市规划设计研究院）

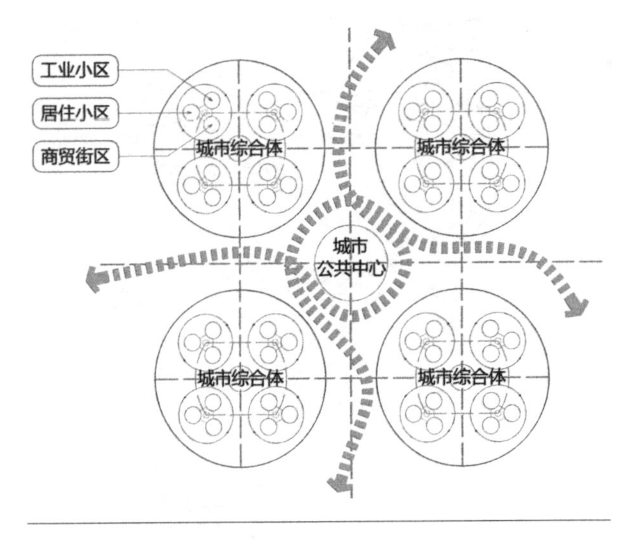


图4-13 城市功能复合化模式

难怪伊利尔·沙里宁会说："让我看看你的城市，我就能说出城市居民在文化上追求的是什么。"[200]

《雅典宪章》(1933)认为"居住、工作、游憩与交通四大活动是研究及分析现代城市设计时最基本的分类。"[201]根据城市活动功能的不同，城市功能区一般可分为工业区、住宅区、商贸区、行政区、文化区、旅游区和绿化区等，这些功能区相互联系、相互作用形成有机的城市整体。在城市空间结构的诸要素中，最为重要的是工业区、居住区和商业区三类功能区。通常情况下，生产功能是城市形成和发展的主要动力来源，因此，工业区是城市内部空间布局的主导因素；居住区是城市中最重要的功能区，它是城市居民生活、社交及文化活动的主要场所，它往往选择最优的城市区位和最有利的自然条件；而商业区则是城市各种经济活动特别是商品流通和金融流通的枢纽，它需要强大的"人气"支持，因此，它与居住区的关系更为密切。事实上，城市各个功能区并不能截然分开，它们是容纳城市自主体生产、生活等活动的整体空间；尽管，有些功能区如居住区与工业区相互之间会有干扰，但是，若采用适当的分类处理，在进行相对的功能分区的基础上，能够实现最大程度的兼容。事实证明，随着城市规模的增长，城市功能越来越趋于复合化，其表现为商住区、大型休闲购物广场、城市综合体等不同空间形式的生成，因为功能复合有利于集聚活动，激发城市活力(图4-13)。因此，链条式的活动组织、渗透式的功能融合，使城市空间的微观结构愈来愈精密。这样的趋势导致城市区级中心不断地涌现。

城市空间结构的生成和演化是城市内外部各种力量相互作用的物质空间反映，自然的、社会的、经济的、文化的因素共同参与了城市结构的建构和城市精神的塑造。自然与文化的整合规定了城市空间结构的基本属性。自然的约束是城市结构形成的前提，文化的内涵是城市结构形成的根本。城市空间结构的构成透过对其文化内涵的了解也能得到令人信服的诠释，因为，文化内涵的一些元素在城市空间结构中扮演着极为重要的角色。同样，自然作为一种外在的制约性力量也参与了城市结构的塑造。可以认为，生活的多样性、文化的多元性、自然的规定性共同孕育了复杂的城市空间结构。[202]

(3)特色功能区

功能区是指基于不同区域的自然条件、资源禀赋、经济社会发展现状以及发展潜力等，将特定区域确定为特定功能类型的一种空间单元。[203]而所谓的特色功能区，是指与周围环境在外貌特征或功能性质上不同的，并具有一定内部均质性的空间单元。这些特色功能区，不仅展示自身的特色，更重要的是体现了城市的性质和功能、个性和品质，并且承载着富有自主体个性特征的日常生活和集体活动。它是一个三维区域，既可入内体验生活氛围，又可从外部感知样貌特征，是组织城市意象的基本要素。

城市特色功能区可从景观、环境、经济、社会四个方面进行合理定位。在城市空间体系中，不同尺度的、不同类型的空间实体，只要是能够反映城市地域空间特色、产业结构特点、城市文化特质和社会发展目标的，并且呈现城市个性、展示城市自主体活动特征的区域，均可视为特色功能区，如滨水休闲区、传统风貌区、商贸展示区、高尚宜居区等。从活动功能类型来划分，主要涉及工业区、住宅区、商贸区、行政区、文化区、旅游区和绿化区等不同类别；从景观风貌样态上进行划分，可以分为传统风貌区、现代风貌区等。城市特色功能区既是展示特色景观风貌的区域，同时，又是容纳城市自主体日常生活和集体活动的城市空间，因此，它是特色城市风貌塑造的主要质料来源。

（4）节点空间

节点空间是指城市中依附于交通网络的，具有一定用地规模的，拥有连接、集聚、转换功能的和城市风貌景观特质的公共活动场所。它类似于凯文·林奇城市意象要素的节点，但更偏向于具有公共活动功能的空间。这些场所的特质是，城市自主体可以自由出入，容纳着日常生活的各种事态、集体活动和城市事件，因此，通常在城市风貌特征中占据着主导的地位。其主要表现的形式是：城市集散地、广场、公园或是区域的核心点等，它汇集了城市各种公共交通场站，如地铁出入口、快速公交站、的士停靠站等，并且与城市大型公建具有共生关系，如体育馆、展览馆、影剧院、会展中心以及城市综合体等。

（5）地标性建筑

地标性建筑是指城市中具有鲜明的可意象性、可识别性的建筑单体或建筑组群，往往以点状或点状集群形态存在于城市空间环境中，具有重要的视觉主导性，常常也是城市居民交往与汇聚的核心场所，有时城市地标性建筑也被称为城市节点。但是，它必须与城市公共交通相互关联，并且要有一定的外部公共空间，单纯的标志性建筑不能称之为节点空间。[204]作为地标性的参照物，其特质是：简洁有力的形象、突出的元素，具有方位感的区域性参照物，常被用作确定身份或城市空间结构的线索。同时，地标性建筑还是城市空间组织的重要节点，通过它可以创造通透的，并形成景观轴线上的对景，例如，央视大楼作为北京现代地标性建筑，在区域的城市设计中以它为节点塑造了三条视线通廊（图4–14）。

3）未来风貌素材

根据城市风貌系统生成原理，显然，风貌素材就是生成未来风貌新系统的微观组分——建筑类型及环境小品。对风貌素材的选择，其目的是用于城市风貌系统的更新与生长，试图从微观机制上加以引导，触发城市风貌特色的生成。而无论风貌系统更新还是生长，均与风貌微观组分——建筑与小品有关，因为，从过程原则来看，它们最易于改变，并形成自下而上更新和生长的动力。因此，风貌质材的选择主要涉及如何确定建筑的类型及环境小品的配置。

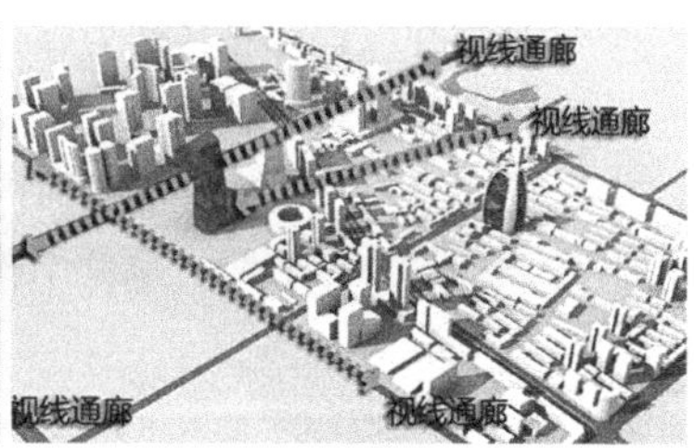


图4–14　北京现代地标性建筑

（1）建筑类型选择

为了确保城市风貌特色的生成，运用关联机制、溯源机制确定和选择建筑类型。首先，采用关联机制对建筑进行定位，即从建筑所处环境（如千米范围内）的整体角度出发，通过信息的采集与分析，明确其与周边建筑的主次关系，是统领还是服从；其次，使用溯源机制选择建筑的形式，即以时间为线索、以故事为脉络，采用扎根理论的方法①，寻找主导建筑形式的力场，作为协调风貌的协同因子；尊重最具有历史价值和事件价值的特色建筑，以其建筑语汇为依据，采用新技术和新手段进行演绎，并以多方案、多主体介入的方式进行筛选。事实上，建筑类型多种多样，从功能的角度划分，其包含居住建筑、公共建筑、工业建筑、交通建筑、园林建筑等；从风貌角度出发，又有传统、民族、现代建筑之分；同时，建筑的要素亦涉及诸多方面，如基本要素是建筑功能、建筑技术和建筑形象；另外，建筑形体、高度、体量、比例、材料、色彩、肌理等也都属于要素的范畴。为上述类型和要素设定合理的标识机制，实际上，从微观源头上就奠定了城市风貌特色生成的基础。

（2）环境小品确定

环境小品的意义在于创造信息的冗余度②，意欲强化建筑环境的氛围。环境小品属于实体性人工符号，承载着城市风貌重要的文化信息，是环境主题的点题之作，并且在尺度上亲近于城市自主体，是人与环境进行对话的中介。基于此，环境小品往往具有整体性、实用性、艺术性、趣味性等不同属性。于是，为了确保城市环境特色的生成，在环境小品的选择中，同样要遵循下述的方法论原则：整体原则、时间原则、信息原则、事件原则等。并且采用痕迹学的方法，是环境小品所表达的主题，将历史、时间和故事生动地刻画出来。环境小品类型也是多种多样，主要包括建筑小品、装饰小品、公用设施小品、游乐设施小品等。总之，环境小品作为城市环境独特的组成部分，与城市建筑、城市景观共同构筑着城市的形象。[205]

### 3. 文化要素

与上述两种要素不同的是，文化要素不是作为“物”而存在，它是一种观点、概念和构想，是人们对思索、信仰认知与从事的诸多事物（及其处理方法）的一种描述性称谓。[131]泰勒（Edward B. Tylor）在《原始文化》（1871）中所作的定义是：“文化是包括知识、信仰、艺术、道德、法律、风俗以及作为社会成员所掌握和接受的任何其他的才能和习惯的复合体。”[206]可以说，文化要素涵盖了人类所有的特征。下面，就文化定义、文化意义两方面入手，来厘清文化要素与城市风貌系统生成的关系。

1）文化定义

文化包含着三种要义。首先，文化可以描述为是一个民族的生活方式，它涵盖民族的理想、规范、规则与日常行为等；其二，文化可以释义为由符号传递的图式体系，这种传递往往以语言和榜样为媒介，以建成环境和场景的作用方式，通过儒化后代和涵化移民的方式来实现，世代沿袭；其三，文化亦可释义为一种改造生态和利用资源的方式，是人类通过开发多种生态系统而得以谋生的本质属性。总之，抽象的文化可以具体化为诸多社会表现：血缘地缘、家庭结构、社会角色、社交网络、社会地位、可识别性、组织形态等；

① 扎根理论研究法是由哥伦比亚大学的Anselm Strauss和Barney Glaser两位学者共同发展出来的一种研究方法。是运用系统化的程序，针对某一现象来发展并归纳式地引导出扎根理论的一种定性研究方法。

② 所谓冗余度，就是从安全角度考虑多余的一个量，通俗地讲就是数据的重复度。

笼统的文化亦可以分解为诸多特别的表现：世界观、价值观、意象、期望、图式、意义、规范、准则、规则、生活方式、行事方式等。

2）文化意义

文化意义也来自三个方面。首先，文化的目的是通过制定各种规则来指导行事方式，意在创造一种生活方式。它如同远景规划蓝图，又好比DNA等信息指令，在时间长轴上适时引导和限制个体的行为，使之按照限定的方式行事。其二，文化是一套赋予个体存在意义的系统架构。在这个系统的架构中，个体的行为会得到认同，从而产生价值感、自豪感和归属感。其三，文化是社会某一群体区别于其他群体的标识。就此而言，文化意在区分各个不同的群体，并使之清晰可辨。

3）文化与风貌

尽管，文化不是作为物的形式而存在，但是物的形式则来源于文化，同样，融合城市空间样态和生活事态的城市风貌，也是文化的产物。那么，文化作用于城市风貌系统生成的途径有三个方面。首先，文化促成风貌意的创生。文化本就是一种观点、概念和构想，时下文化所承载的价值取向往往主导着城市风貌的立意。其次，承载着文化的风貌意，又可传导出代表文化偏好的标识和规则等信息，影响着对上述自然要素和人工要素的选择。其三，在人化组分集聚、适应和整合的过程中，文化又以规范和准则的面孔影响着生活方式和行事方式，引导着组分集聚涌现的方向。

总而言之，文化持续不断地以世界观、价值观、意象、期望、图式、意义、规范、准则、规则、生活方式、行事方式等形式，缘结于起点和过程，干预着城市风貌系统的生成。

## 4.1.2 风貌组分

根据城市风貌系统的生成原理，依风貌意而选择的风貌质料，在自主体意识的参与下，产生了自主适应的行为，从而转化为人化组分。人化组分与风貌自主体共同构成了城市风貌复杂系统的适应性主体，它根据不同的标识，进行集聚，形成了高一级的组分，即“所谓的多主体的集聚集体”，并且涌现出复杂的大尺度行为和系统新结构，依此类推，便形成更大规模的集聚集体，“这个过程重复几次之后，就得到CAS非常典型的层次组织。”[115]于是，城市风貌系统组分，在经历了人化、适应、聚集、涌现的过程之后，便生成了风貌组分的微观、中观、宏观层次。

### 1. 微观层次

风貌组分的微观层次，主要是指不同类型和形式风格的建筑单体。单体建筑是相对于建筑群而说的，建筑群中每一个独立的建筑物均可称为单体建筑。因功能要求的不同，建筑单体通常分为住宅、公建、厂房以及园林式、交通式的构筑物等类型。

那么，建筑单体是如何生成的？以自主体的需求为起点，首先，确定建筑单体的功能，从而明确了建筑的类型；其次，根据建筑功能和类型、区位和环境，在分析与环境的关系的基础上，进行建筑要素的选择，即容量、高度、体量、比例、材料、色彩、肌理的确定；进而，以材料、部件、平面或楼层为积木，进行不断的拼接、叠合和嵌套，在反复的尝试中，通过构筑和完成大量各种不同的组合，触发建筑空间和结构理想图式的涌现，并最终生成建筑的实际形体样态（图4-15）。建筑形体样态是指包括建筑外部形体和建筑形式语言两种概念的形态，反映了建筑的环境、外形、体量、外部装饰和门、窗、墙、屋面等的组合方式，以及建筑语言符号的运用及其相互关系。

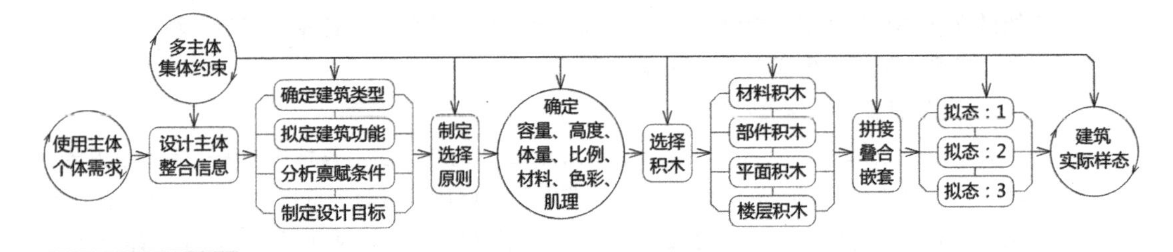


图4-15　建筑生成步骤

与此同时，建筑单体又是城市风貌系统的微观组分。那么，微观组分又是如何组织生成了系统的中观层次的呢？为了保证中观层次整体风貌的均质和协调，利用标识机制，将统一类型的组分进行集聚。张为平认为，“标识的功能是将自我与他人区分。”因此，集聚之后涌现出的建筑群落，不但具有空间上的连续性，同时“为了被识别，它必须特异，同时又具有某种特定的风格和形式；为了吸引眼球，它必须鲜明、清晰，甚至还需要一点点幽默。”[1]

事实上，集聚的过程也就是微观组分在简单规则的约束下自适应、自组织、自调整的过程，如居住组团、居住小区的空间组织，在日照间距、防火间距、交通要求等简单规则的限定下，各个住宅单体通过户型变化、面积增减、单元拼接等手段完成自适应过程，以便处理好住宅单体之间的空间关系，以获得均好的区位和环境，并实现整体最佳。同时，因为空间的集聚带来人口规模的激增，从而将涌现出更高层级新的服务功能。

## 2. 中观层次

风貌组分的中观层次，主要是指由微观层次——建筑单体聚集而生成的不同规模、不同功能、不同风貌特征的城市功能斑块，其规模层级表现为从群落—组团—小区—功能区的不断升级。

那么，中观组分的规模层级是如何生成的呢？从居住空间系统来看，首先，居住空间的产生，是因满足城市自主体生活居住活动的需要而促发的；其次，城市自主体亲疏远近的社会关系所对应的空间层次亦不同。城市自主体以家庭为单元集聚形成了邻里，以邻里为单元集聚形成了社区，以社区为单元集聚形成了街坊单元，而城市分区又是由数个街坊单元集聚缘结而生成；与之相对应的空间层次，表现为从数个住宅群落集聚生成了居住组团，数个居住组团集聚生成了居住小区，数个居住小区集聚生成了居住区，[207]同时，表现出了规模效应导致居住空间系统层级新质的涌现，即规模越大、层级越高所涌现的公共服务功能和设施等级越高、越完善，如医疗设施，通常情况下，组团级的设置门诊所，小区级的设置卫生院，居住区级的设置医院。另外，从城市风貌特色角度出发，居住空间系统不仅为社区日常生活和街道生活提供了活动场所，同时，还展现了住宅建筑群落和街道界面特色的景观样态。

从生产空间系统来看，显然，生产空间的产生是因满足城市生产活动的集聚而形成的。由于生产活动的特点，生产空间所占用用地规模相较于生活空间要大得多，但是，其空间层次却相对比较简单：工业组团—工业小区—工业园区。工业组团常由数个企业厂房集聚而形成；工业小区是由数个工业组团集聚形成，数个工业小区集聚形成了工业园区。事实上，工业生产用地内不单纯就是生产空间，往往还带有一定比例的职工宿舍用地；且随着其用地规模的增大，不同层级所涌现出来的配套设施更完整、规模更大。工业生产空间集聚的规则，除了满足防火、防灾及特殊技术等基本规则之外，重在把交通通畅作为组织空间的首要规则。由此生成的工业园区风貌特色，更多地依赖建筑单体样态变化和群落的组合关系，而整体的空间肌理与居住空间比较略显单调乏味（表4-1）。

中观层次组分的生成 表4-1

| 空间类型 | 主要积木 | 生成手段 | 涌现 | 风貌要素 |
|---|---|---|---|---|
| 居住空间系统 | 居住建筑单体 | 集聚适应 | 空间层级：群落—组团—小区—居住区 | 生活场所 |
| | | | 社会层级：家庭—邻里—社区—街道 | 群落样态 |
| | | | 设施层级：组团级—小区级—居住区级 | 街道界面 |
| 生产空间系统 | 生产建筑单体 | 集聚适应 | 空间层级：工业组团—工业小区—工业园区 | 单体样态 |
| | | | 设施层级：组团级—小区级—园区级 | 群体组合 |

3. 宏观层次

风貌组分的宏观层次，主要是指由微、中观层次的建筑单体和功能斑块共同集聚生成的城市片区。城市片区实际上相当于城市的子系统，其突出的特点是具有功能上的综合性，即“片区的‘多功能’是其最大的特征”。[208]城市片区常常包含着多种类型的异质性功能斑块：公建斑块、居住斑块、工业斑块、绿化斑块、混合斑块等，其中公建斑块又可分为行政斑块、金融斑块、商贸斑块、办公斑块、文教斑块、医疗斑块、体育斑块等；并且，通过异质功能斑块的相互作用，涌现出复合化的城市片区中心。而复合化的城市片区中心是风貌组分宏观层次区别于其他层次的最为鲜明的特征，它与城市中心一样，往往是摩天楼和城市各种流体集聚的场所，是资本与权力争夺的空间（表4-2）。在全球化和信息化的时代，“我们的经济、政治、社会与文化都日益深刻地受制于资本和市场的活动。”[209]而资本和市场始终不变的主旋律就是竞争，那么，商业化时代，作为私人物业产品的摩天楼——一个企业实力和身份的象征，对于它的高度和形象的塑造，必然成为资本与权力之争、企业之争的主要手段。于是，在相互较劲和攀比中，“它们已经基本上主宰了城市的视觉形象，并一跃成为城市公共领域的化身。”[210]

宏观组分生成与演化趋势 表4-2

| 宏观组分 | 积木多样化 | 功能复杂化 | 力场商业化 | 中心资本化 | 形象多元化 |
|---|---|---|---|---|---|
| 城市片区 | 微观组分、中观组分 | 公建斑块、居住斑块、工业斑块、绿化斑块、混合斑块 | 资本与市场制衡了城市经济、政治、社会与文化 | 城市片区中心成为资本与市场争夺场域 | 经济集团的摩天楼主宰了城市天际线 |

而复合化的城市片区中心，往往是现代城市多样性、复杂性的代表，它的复合性给予城市以活力。正如简·雅各布斯（J. Jacobs）认为的，“大城市是天然的多样化的发动机”“城市之所以能够生发多样性，是因为它们能够集中各种各样的经济资源。”并且，她把导致多样性的原因归结为四个条件：足够高的人流密度、两个以上的主要功能、街

道短且便捷、混合化的建筑群。[211]以上关于多样性条件的描述，正是城市片区中心特征的写照。

### 4.1.3 自主体

从城市资本来源角度，宁越敏认为，1990 年以来中国城市化主体分为：政府、企业、个人，他们联合推动了新城市化的进程。[212]从利益主体论的角度，张兵则认为推动城市发展的动力主体有三种类型：政府、城市经济组织、居民。[213]从城市空间结构变化动力机制角度出发，张庭伟认为存在着三股力量：政府力、市场力和社区力。[214]根据城市风貌系统生成原理，认为触发风貌系统生成的自主体包括：设计主体、开发主体、审美主体和管制主体。这些自主体与人化组分共同构成了风貌系统的适应性主体，他们相互适应和相互作用，形成了风貌系统生成和演化自下而上的动力，即由管制自主体监督和组织，设计自主体进行风貌意的构想和编制，城市公众参与评价和反馈，建设主体利用微观机制实施；随后，通过审美主体的观赏体验、管制主体的管理体验的信息反馈，以及设计主体、建设主体反复地调整、修正和深化，最终实现对城市风貌格调、城市特色和城市品格的培育（图4–16）。

1. 管制主体

以城市政府为代表的管制主体，一直是以城市的所有者、管理者、控制者的身份出现的，主导着城市风貌的演化动向和演化模式，是城市风貌特色的主要把控者，“在某种意义上，它代表着社会利益。”[215]其作用主要体现在：首先，是政策建议的主要来源、政策执行的主导机器，在城市风貌塑造层面上，具有审议城市风貌意和制定风貌保护法律法规等宏观约束的权限。其次，是城市规划实施和管理的重要主体，通过城市规划的审批，资源的合理配置，引导和协调有利于塑造城市特色的建设活动。

在信息化时代，为了应对“时空压缩”带来的全球化竞争，管制主体往往适应性地采用经营企业的手段来管理城市，其目的是遵循市场机制，希望通过付出种种努力提高城市竞争力，以吸引外来资金和投资，促进城市经济的增长。这种都市企业化的经营模式，对于城市风貌特色塑造和维育来说，就是一把双刃剑。其一，这种模式特别青睐于鲜明的城

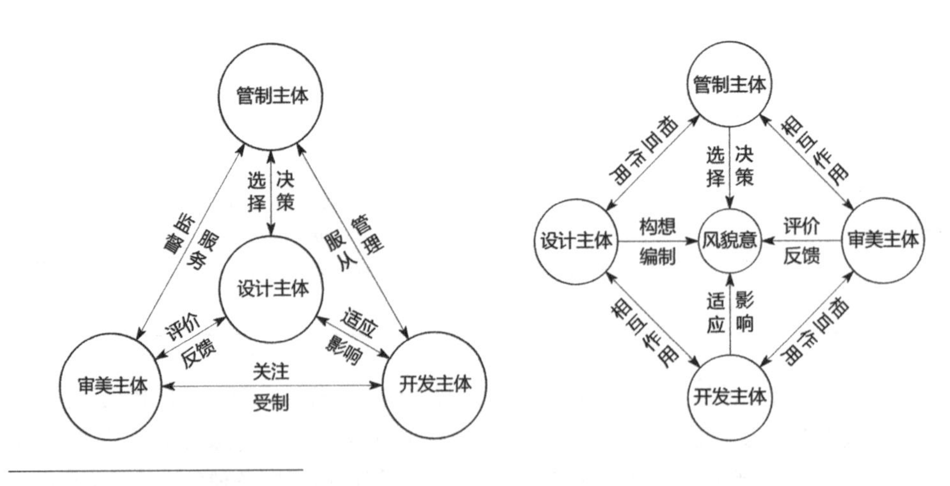


图4–16　城市风貌自主体的作用机制

市形象，“企业、政府、政治和知识分子领袖们，全都重视一种稳定的形象，认为这是他们权威和权力魅力的一部分”。[3]因此，“城市形象营造”与“城市推销”是近些年来城市规划与管理中非常热门的概念。[216]从这个角度来看，都市企业化的地方创制及资本的偏好，使城市特色的回归成为了可能。其二，企业化的经营模式，为了更好地吸引外部资金以获得优先发展的机会，城市政府往往更多地采用迎合资本和市场需求的姿态，使空间管制让位于妥协政策，从而，导致城市空间趋于同质化，整体风貌流于无序。因此，对于城市管制主体来说，如何把握长远与眼前、整体和个体的利益，是城市风貌特色能否重塑的关键。

### 2. 设计主体

设计主体是以城市规划师为代表的。作为城市规划师职业的存在，意味着需承担相应的社会分工，能满足社会对该职业的期许。那么，社会对规划职业的要求主要表现在以下两个方面：首先，认为具备城市规划专业知识和职业沟通技能是规划师的基本素质；其次，对理想主义的追求是规划师职业一个重要的特征。为此要求规划师必须向权力讲述真理、向公众宣传规划的权威性，关注弱势群体，维护城市的长远利益、整体利益和公共利益。事实上，这也是规划师职业道德的核心内容。然而，在现实工作中，对于设计主体来说，一个重大的难题在于：服务于不同利益主体的同时，如何坚守城市的整体和公共利益，以确保作为城市公共资源的城市风貌特色的显现？

在市场经济活动中，由于促使城市风貌生成的建设主体产生了分异现象，所以，城市规划师的服务对象也分化为政府和开发商，即管制主体和开发主体。于是，相应的城市规划师角色也表现为两种基本形式（表4–3）。其一，是服务于政府的城市规划师。其主要目标是，以维护社会公共利益和保护弱势群体为前提，从城市社会、经济、环境发展的全局出发，提出长远性和纲领性的城市风貌规划目标、风貌立意，为管制主体提供技术性的支持；同时，为确定的规划目标和风貌意拟定技术规范和规则，分解宏观约束的条款，以文字和图式信息的方式向大众传播，目的是控制有关有悖于城市风貌特色塑造的开发与更新行为。政府型城市规划师的适应性体现在，如何与政府官员、公众进行有效的沟通，如何使用专业知识提出高水平的风貌意，并说服管制主体。其二，是服务于开发商的城市规划师。其主要目标是，以市场需求为导向提供设计和咨询服务，在遵守法律法规和技术规范的前提下，为开发主体争取最大的利益。市场型城市规划师的适应性体现在，如何解读和遵守宏观约束的规则，并且如何合理地运用专业知识等手段，满足开发主体的利益最大化。

城市规划师角色的基本形式　　表4–3

| 角色基本形式 | 服务对象 | 主体目标 | 适应行为 |
|---|---|---|---|
| 政府型规划师 | 城市政府 | 维护公共利益 | 为规划目标和风貌意拟定技术规范和规则，分解宏观约束的条款，以实现有效控制 |
| 市场型规划师 | 开发商 | 伸张业主利益 | 在遵守法律法规和技术规范的前提下，为开发主体争取最大的利益，并实现有效开发 |

为了确保作为城市公共资源的城市风貌特色能够顺利地显现，对城市规划师职业操守的培养是关键。但是，单靠其自身的自律显然是不够的，规划师的职业主体性与职业道德

还需要职业组织的他律。虽然不同的规划师社会角色不同，但这并不妨碍规划师主体性的确立，这是因为个体规划师的行为结果将直接影响到整个职业群体的社会声誉。规划师要保持独立的人格，遵循相应的道德规范，这是由规划师职业主体性决定的。[217]

### 3. 开发主体

在市场经济活动中，城市建设投资主体的多元化，导致由过去单一的公有开发模式转变为国有、集体、外资、合资、联营、股份、个体等多经济实体共同参与的模式，其中开发商或房地产公司等经济实体成为城市建设中最活跃的主体，它构成了城市风貌整体性形成的一股强大的反作用力。基于此，我们不仅将开发商视为开发主体的代表，同时，更将它视为以追求最大利润为目的的市场力量的代表。尽管，其开发行为在客观上促成了城市的发展，但是，由于其具有强烈的主体意图，因此，在无限主张其个体利益的同时，必然由此也产生了诸多的城市问题和城市风貌问题。

开发主体的行为特点表现为以下几个方面：其一，开发商的开发行为是逐利的，其行为动机是为自身谋求利益；其二，其经济活动特点是符合资本运行的逻辑，即在给定的约束条件下争取自身利益的最大化，以最少的投入获取最高的产出；其二，开发行为往往是在比较成本收益之后再采取行动的，它是一种理性的行为。开发主体的行为特征决定了，既重视建成环境在生产和资本积累中的使用价值，也看重城市建设本身所形成的市场需要，开发商等利益集团则重视直接的建筑活动获得投资回报，他们通过控制资源获得利润。对于开发商或企业等实体而言，拥有更多、区位条件更优越、产业氛围更浓厚、基础设施更完善的土地，就意味着拥有一份财富。因此，他们更关心的是自己的投资效益和收益前景，而不会自觉地关心城市的整体效益和社会公众的利益，该类利益主体的利益取向在缺乏制约的情况下，势必不断扩张，侵蚀到其他主体的利益。[218]甚至，他们会通过考量自身利益是否受损，以决定是否对城市规划成果施加影响。

基于上述开发主体的适应性行为，为了能有效地保证城市风貌特色的培育和生长，应尽可能地将城市风貌规划目标、风貌立意，具体化为一种技术规范和法律条款，依托法律制度进行宏观约束。只要有良好的法律和制度的保证，开发主体追求个体利益最大化的自由行动也会无意识地、卓有成效地增进社会的公共利益。

### 4. 审美主体

审美主体包括以大众市民为代表的使用和体验主体，以及以游客为代表的游览和观赏主体。大众市民不仅以日常生活行为对城市环境和城市风貌作出回应，呈现城市风貌的现实生活事态，同时，还与游客等游览和观赏主体共同构成了城市风貌特色检验和评价的信息反馈机制。

事实上，大众市民也是城市利益主体的一个重要组成，他们的主体目的性千差万别，并且通过公众参与的途径以及信息反馈的方式，影响和制约着城市政府公共政策的制定与执行，以此伸张个体的利益诉求。同时，大众市民作为城市建设环境的消费者，对其自身利益的诉求就体现在对城市环境质量的关心上。在城市环境和城市风貌的生成过程中，大众市民会从切身利益出发，关注空间价格与空间利用、空间质量之间的关联性，以及城市开发与更新对自身居住和生活环境带来的影响，自发地进行环境质量监督，并提出严格的要求，强烈抵触损害其生活环境质量的行为，如是否有污染企业入侵城市、是否有扰民的设施功能更新、是否新建建筑破坏了原住房的日照、采光和通风的条件等。

因此，大众市民是保障城市环境和城市风貌等公众利益实现最可靠的监督者和最彻底的捍卫者。

但是，与城市政府和房地产企业相比，大众市民的审美取向并不稳定，且易于受外界的影响，个体对城市规划及城市空间生长的影响力也是有限的。因此，应当通过规划传播、城市事件、模拟时尚等方式加以引导，使之形成合力，通过公众参与的渠道，影响城市风貌特色的生成。事实上，“在当今的消费社会中，最易影响大众市民审美取向的莫过于时尚，对时尚的模拟追逐成为引领市民审美活动的主要动力。”[219]大众市民审美取向一旦形成，也将对后续的城市风貌特色的生长和维育产生一定的影响。

在市场化比较成熟的国家和历史阶段，大众市民对城市空间结构的作用会比较明显。反之，则由于大众市民在社会环境中的弱势地位而不可能对城市空间结构产生太大的影响。总之，不同资本抑或是利益主体，他们从决策到行动，追求利益、满足需要的过程，就是动力主体发挥其作用的过程。其利益的分化与冲突过程，同时也是各种动力主体之间互动的过程；而互动过程中所存在的规律性的模式，就是所谓发展的动力机制。[220]

基于此，上述四种自主体构成了塑造城市空间结构的基本力量，它们的共同作用决定了城市空间结构发展的最终走向。

## 4.2 城市风貌系统缘结

根据城市风貌系统生成原理，系统缘结是指城市风貌系统与外部环境，以及系统整体与部分、子系统之间、组分之间相互作用，通过自然力、资本力、政治力、文化力和技术力的协同整合，以物质、能量、信息等流体作用的形式（图4–17），同时，以难以预计的方式，在某个时空形成特定的结构、样态和事态。整个过程贯穿着必然性、偶然性和目的

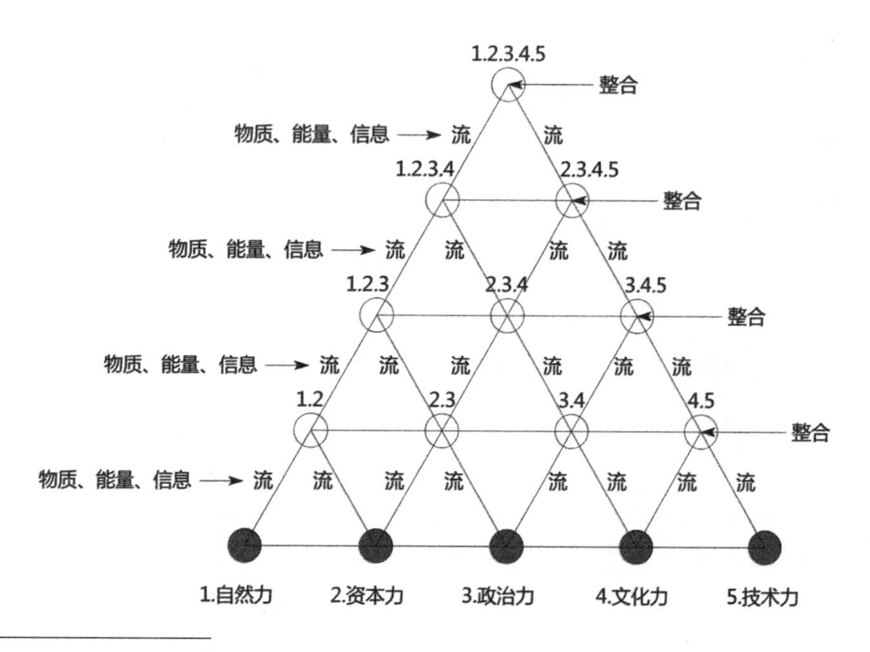


图4–17　城市风貌系统缘结过程

性的特征，表现为各种作用力从对抗到合作的转化、各种流体从无序到有序的组织。基于此，下文从力场、流体、结构三个方面来阐述城市风貌系统缘结的过程。

### 4.2.1 力场作用

刘易斯·芒福德（L. Mumford）认为“城市的主要功能是化力为形，化能量为文化，化死物为活生生的艺术形象，化事物繁衍为社会创新。”[137]因此，力场是生成城市风貌形最主要的因素之一。而城市所拥有的力场诸多，从城市风貌系统生成的角度出发，则主要涉及自然力、资本力、政治力、文化力和技术力等多种因素。其中，自然力是相对于人力而言的，它既是一种限制人类活动的力量，又是城市风貌特色的主要因素。而资本力、政治力、文化力和技术力均属于人力的范畴，其中资本力、政治力是两股对峙的力量，资本力是一种满足个体目的自下而上城市发展的推动力，政治力则是维护城市整体目标自上而下的控制力。对于上述两种作用力的关系而言，文化力是一种调和力，技术力是一种支持力（表4-4）。

触发城市风貌生成的力场构成　　表 4-4

| | |
|---|---|
| 自然力 | 一种限制人类活动的力量，又是城市风貌特色的主要因素 |
| 资本力 | 一种满足个体目的自下而上城市发展的推动力 |
| 政治力 | 一种维护城市整体目标自上而下的控制力 |
| 文化力 | 一种调和力 |
| 技术力 | 一种支持力 |

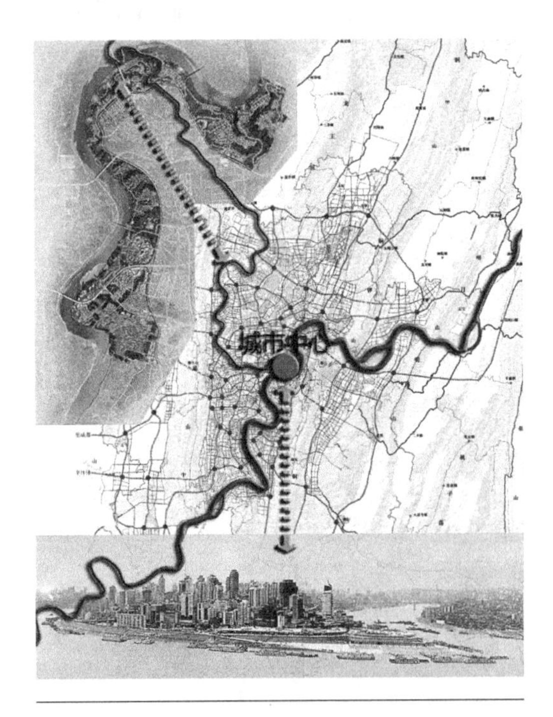


图 4-18　重庆城市之水

1. 自然力

在学术文献中，自然力是指自然因素的作用力，即自然界中客观存在的风力、水力、生物力，甚至还包括阳光、空气、水分、湿度、土壤、风等因素对城市环境和风貌客观而具体的作用和影响，其具有地域性、时间性、过程性、持久性、不可逆性的特征。尽管，城市风貌的地域性和多样性不能以环境决定论来解释，然而，自然力作为城市风貌塑造形式的重要因素，对满足人们归属感和自豪感需要的城市风貌形来说，仍然具有深远的影响。当技术水平低下、缺乏控制自然的有效途径时，人们往往只能顺应自然，在这种状况下，自然力的作用就更为明显。[129]

水力是自然力一个重要的组成，它代表着水流自然运行规律对城市风貌形成的作用和影响，正如长江和嘉陵江对重庆城市山水风貌形成的意义一样（图4-18）。水流自然运行规律主要表现在以下几个方面，其一，沿地形地貌的凹地和最低处集流和行水，并使之连接形成线状的河床；其二，随气候、季节和时间的变化，水位常常发生涨落变化；其三，水流的宽度、深度和曲度是长期水力作用的结果，与流量、流速及一定地域内的汇水面积有关。因此，倘若要保证水力的健康运行，应尊重其固有的脉络，划定需要保护的边界，这样不仅能够改善小气候，有利于防洪、排涝、抗旱，而且，能够为市民提供生态的游憩之地，构筑特色的城市风貌构架。追溯每个城市的发展变迁历程，可以发现，水力在整个城市发展进程中始终都保持着稳定、持续的影响态势。

气候作用是自然力的一个综合因素，其包括阳光、空气、水分、湿度、土壤、风力等要素对城市形态和布局的作用和影响。“气候越恶劣，宅形选择的自由度就越少。”[129]显然，气候的作用不仅影响建筑形式的生成，如建筑的朝向、结构、平面构成即材料的选择和确定，而且也限定了城市空间的组织方式，如对行列式、周边式、点群式、混合式和自由式的选择和确定，并由此导致适应气候的城市风貌特色的生成。

## 2. 资本力

迄今为止，资本力被视为人类社会最为强大的社会生产力，它可以有效地推动社会生产的发展。“全球化时期的生产方式，从根本上决定了资本和权力是城市空间产生和演化的主要动力，它们分别展现了不同的作用范围、形式及效果，资本主要作用于物质的社会经济空间的生产。”[209]正如亨利·列斐伏尔（H. Lefebvre）所认为的，资本已经转向了对建成环境的投资，即“由空间中事物的生产转向为空间本身的生产”。[221]城市空间不仅是资本进行商品生产的一种生产资料，同时也是最终的产品。在这个过程中，资本通过占有、生产和消费空间，最终达到增值的目的。因此，马克思主义认为，资本的天性是在不断的循环中追求利润。从这样的角度去看待城市急速扩张和城市化进程，就不仅仅只是一个单纯的自然或者技术过程，而是资本利用城市空间实现再生产的一个过程，其中贯穿着资本运作的逻辑，即实现资本的增值，并趋向利益的最大化。

资本力本就是一种满足个体目的自下而上城市发展的推动力，在市场经济条件下，资本力的逐利逻辑得以大行其道，这样必然带来空间生产的两种取向：其一，加快周转。通过规模化、标准化的设计与生产的方式以提高效率，加快生产、消费、增值、再生产的过程，尽可能缩短资本运行的周期。其直接的后果是：模式化、同质化的空间产品大批量地出现。[222]因为，在建设周期和审批时间相对刚性的前提下，只有通过压缩设计周期，才能缩短总体的时间，加速资金的周转。因此，借助发达的媒介技术，拼贴、复制和抄袭成熟的模式成为了设计师不得已且较为安全的一种选择。其二，趋向“猎奇”。即通过搜求新奇和异样的东西，创造奇观以标立稀有性和独特性，因为“独特性构成了垄断价格的基础”。[223]因此，“猎奇”是当今诸多地产项目竞争的主要手段，以示区别于其他地产项目的卖点，从而，物有所值般地提高楼盘的标价，实现利益最大化。

事实上，无论是加快周转，还是趋向“猎奇”，都是资本逐利的手段，是利益主体微观行为突破宏观约束的表现。因此，往往导致城市风貌整体性遭到蚕食，破坏城市文脉共生的基础，从而，使城市风貌流于无序，如因“猎奇”而导致上海城市风貌的局部现状（图4-19）。基于此，在市场经济体制下，在充分激励资本力的生产发展行为的同时，应建立起相应的约束机制，防止资本力私欲扩张的行为，并以法律手段杜绝资本力侵占劫掠的行为，确保作为公共产品的城市风貌特色得以持存。

图4-19 “猎奇”生成的上海城市风貌
（资料来源：www. nipic. com）

3. 政治力

全球化时期的生产方式，从根本上决定了权力是城市空间产生和演化的主要动力之一。现代权力呈现一种松散的、非中心的多级对抗网络（图4-20），正如米歇尔·福柯（M. Foucault）所认为的，“权力是各种力量关系的集合”。一般而言，权力有广义和狭义之分，福柯认为，把权力仅仅同法律、国家和国家机器相联系，会把权力问题贫困化，权力不仅有其政府形式，也有其“非政府形式”，亦即政府之外如亚政府、次政府、类政府、子政府和超政府的形式。[224]因此，广义上将权力分为社会权力和国家权力两大类，而狭义上的权力主要是指国家权力。基于此，为了更好地诠释城市风貌系统生成的力量，我们将维护城市公共利益的国家或地方权力称为政治力，这种力量主要作用于抽象的政治制度空间的生产，是一种维护城市整体目标和秩序的自上而下的组织性支配力。

为了维护政权存在的合理性，政治力主张个体自由必须以整体利益为基础，社会秩序和政治稳定比个体的权利和民主更为重要，而且，民主必须为维系整个社会秩序和改善经济福利服务。那么，政治力是如何实现维护城市的整体目标和秩序的呢？实质上，政治力的运行规律是，通过建立层级化的权力机构，赋予各个层级领导主体（领导者个人或领导团体）维护集体权益、支配公共价值资源份额的一种资格。在城市规划实践中，领导主体往往表现为城市政府及代其行使权力的城市规划行政主管部门的领导班子。从我国经济转型的过程来看，城市政府并没有完全退出市场的运作，行政力量仍然是配置资源、特别是公共性稀缺资源的重要方式。[225]然而，在改革开放走向深化的阶段，越来越多的资源来自于分散决策的市场，政府在资源分配中的作用迅速缩小，且每界领导班子都有任期内政绩压力和个体私利的企图。因

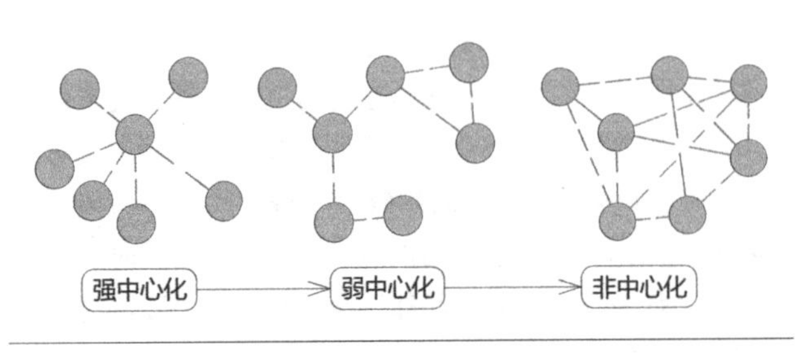


图4-20 权力结构演化趋势

此，政府越来越像一个企业家，而且必须是在一定期限内取得成绩的企业家。为了寻求城市经济发展，并且能够在城市竞争中胜出，城市政治力不得不与资本力为伍，依赖以开发商、房地产企业为代表的资本力的介入，形成城市发展的助推器。在这种状况下，资本力各方为了争取自己的利益，都可通过与政治力联姻的方式对城市管理部门施加影响，突破宏观约束，从而，使得城市规划不能够按照预定的方向发展。城市规划不再是维护公共利益的一方净土，甚至演化为政府彰显政绩、资本谋取私利的重要工具，这样的趋势与政府角色的转变不无关联。

为了使风貌特色、城市形象等公共资源能够得到充分的保护和培育，首先，在城市规划制度建设上注重修补管理中的漏洞，不仅要加强对法定图则编制和立法程序的法制化，而且，更要重视日常审批管理程序的法制化；其次，要深刻认识政治力异化的根源，通过弱化GDP作为衡量城市经济发展的标志，将保护和培育城市公共资源纳入政绩考核的组成，倡导节俭行事、“无为而治”的行政作风，从根本上为领导主体松绑。

#### 4. 文化力

爱德华·泰勒（Edward Teller）认为，就其广泛的民族学意义来说，文化是包括全部的知识、信仰、艺术、道德、法律、风俗以及作为社会成员所掌握和接受的任何其他才能和习惯的复合体。而作为城市文化，通俗地说，是指在城市生成和发展的过程中人们长期实践形成的经验积累、传统习惯和价值取向。这些因素侵染着城市自主体集体的整体意识，并以一种特定的思维模式和行为模式表现出来。那么，本书所谓的文化力，主要是指在特定价值观下的思维模式和行为模式对城市和城市风貌系统生成构成的作用和影响。

从城市发展的角度出发，利维（J. M. Levy）将代表着核心文化力的主流价值取向进行了总结，即追求城市发展的健康、公共安全、交通便利、公共设施完善、财政健康、经济持续增长、环境生态、社会公平等多维目标的和谐共存。[176]以此考察文化力对城市风貌系统生成的作用和影响，首先，表现在城市发展的价值观决定了城市风貌意的主旨。城市风貌意可以视为对城市人文环境和物质环境的“意旨”“意趣”和“意境”等多层次目标的追求。其中，“意旨”是指创造理想化城市物质环境的目标和愿景，它构成了追求“意趣”和“意境”的基础，而理想化的目标和愿景实质上就是对城市发展主流价值取向的具体诠释。其次，文化力的作用还表现在对城市风貌自主体的思维模式和行为模式的影响上。从实践的角度出发，文化就是人类应对自然环境获得的成功经验的积累，它导致某种可信赖的思维和行为习惯的产生，并转化为一种可靠的应对策略和模式。这种因长期经验积累而获得的成功的思维和行为模式，在城市日常生活中以事件的形式表现出来，形塑着城市空间和建筑的形态和特征。“任何城市和任何建筑，其特征是从经常不断出现在那儿的那些事件和事件模式获得的，事件模式同空间有着某种联系。”[135]其三，文化力的作用还表现在对城市政治力与资本力相互矛盾关系的调和上。从双方各自的企图来看，政治力趋于整体利益的最大化，而资本力趋于个体利益的最大化，双方矛盾的焦点集中在对城市公共性稀缺资源的调配上。而文化本身就是一种公共性稀缺资源，它具有社会性和地域性的特征。在城市空间生产中，若能充分挖掘文化资源，既能刺激市场需求和满足大众偏好，又能形塑城市环境和风貌的特色，使城市政治力和资本力各得其所（图4-21）。

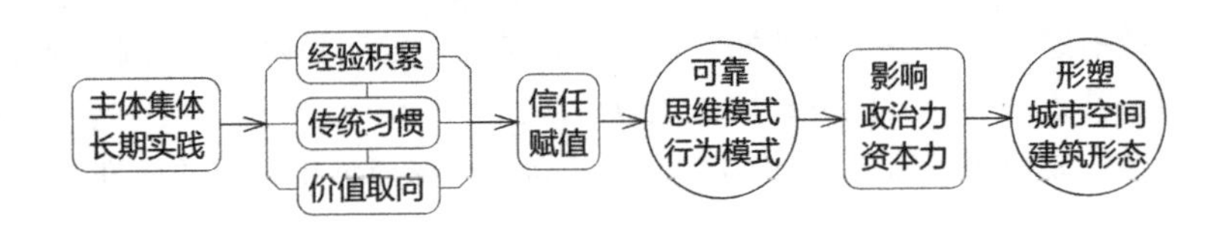


图4-21　文化力的作用

5. 技术力

技术力作为一种城市建设和更新的力量，对于城市风貌来说是一把双刃剑，兼具建设力和破坏力。正如《北京宪章》指出的，“技术的建设力和破坏力在同时增加。然而，我们还不能够对其能量和潜力驾轻就熟。技术改变了人类生活，改变了人与自然的关系，进而向固有的价值观念发起挑战。”[226]

19世纪建筑技术手段的变革（即钢筋混凝土技术的使用），导致了建筑历史上一场空前的革命，它孕育着20世纪现代建筑的诞生。这场运动不仅带给人们新材料、新结构和新设备，而且，造就了不同的建筑艺术表现形式，催生了诸多的建筑流派。那么，技术力的建设性作用主要表现为，“从一种建筑的技术保障手段转化为一种建筑的艺术表现手段，成为建筑师建筑创意的源泉和抒发情感的对象。”不仅如此，由于技术力的支持，“使得当今的许多建筑都将技术融入到每一个设计理念和人的审美需求的表现之中”，[227]为城市风貌意的表达和空间形态的塑造，也提供了更多的自由度和表现力。然而，信息化时代，由于“技术和生产方式的全球化，带来了人与传统地域空间的分离、地域文化的特色渐趋衰微；标准化的商品生产，致使建筑环境趋同、设计平庸、建筑文化的多样性遭到扼杀”。[228]

诚然，技术力对于城市风貌所带来的负面效应，是因资本力对其收编所造成的，其破坏力主要表现在以下几个方面。首先，技术力助长了同质空间的批量生产。资本的本性是利益最大化，其主要手段是加快资金的周转；于是，规模化、标准化的空间设计与生产方式成了资本力实现目的的最佳选择，而全球性技术正是促进这种标准化空间生产的重要保证。其次，技术是资本抹去城市历史和时间的助推器。技术的进步使大面积的改造和更新成了轻而易举的事，在快速的空间生产过程中，资本力只会关注物质要素的生产，往往忽略了隐含在物质载体背后的社会和文化要素的培育，而社会和文化要素恰恰是经历时光荏苒、岁月消磨存留下来的历史积淀。建筑师们希望“利用现代技术的便利，创造新的生活载体，有效利用资源，移风易俗，建立新的平衡。”[229]其结果反而导致“全球性的技术和地方文化价值的抗衡”，[230]技术的全球化加剧了城市特色的危机。其三，技术力是导致环境危机的推手。技术往往代表着人类战胜自然、征服自然的能力，在技术的支持下资本力常常突破了自然力的约束，加大资本运作的自由度，从而破坏了自然山水格局，造成潜在的环境隐患。

### 4.2.2 流体组织

根据城市风貌系统生成原理，城市流体主要包括活动流、物质流、能量流、信息流四种类型（图4-22）。流体的运行、分配和控制往往与城市功能区及建筑单体的功能和布局相呼应，而不同功能的城市斑块和建筑，其空间形式和样态风格各异，因此，从某个层面上来说，流体的组织和运行是催生城市风貌形的一股力量，“这些流的渠道是否通畅，周转迅速到什么程度，都直接影响系统的演化过程。”[231]

图4-22　城市流体的运行
（资料来源：http://image. baidu. com）

1．活动流

城市风貌系统的活动流主要是指城市中自主体日常活动的流向、分布和状态。从城市公共空间的活动特征出发，可以划分为三种类型：必要性活动、自发性活动和社会性活动，每一种活动类型对物质环境的要求都大不相同。[232]从城市设计的角度，《雅典宪章》将其分为居住、工作、游憩与交通四大活动；[201]同时，日常活动是一种人行、车行等不同出行方式的流动和集散，故亦可称为人流。

事实上，人车流的流向、分布和状态不仅影响了物质流、能量流、信息流的流向和分配，而且，决定了城市空间的形成及城市风貌形的呈现。为此，需要仔细思考什么因素导致人车流与城市土地利用、空间结构和密度之间产生了如此程度的一致，从而，“不可避免地得出了普遍的城市生成理论，即人车流决定城市空间的形成。”[123]

从活动流的活动特征来看，“城市中每个出行都有三个元素：起点、终点以及它们所经过的一系列空间。”（图4-23）[123]而起点、终点往往是活动流集聚的场所，表现为各种不同性质的功能区：居住区、生产区、办公区、商贸区、休闲区和综合区等，它们因满足居住、工作、游憩等活动需要而生成。一般情况下，城市活动流的流量分布是与城市人口集聚规模相对应的，而“城市的规模则决定城市的用地及布局的形态”，[176]因此，从确定空间形态的因素来看，活动流的流动在很大程度上支配着城市空间的布局，而从空间形态的效果来看，活动流的流动在很大程度上取决于城市空间的组织方式。由此可见，城市空间的布局

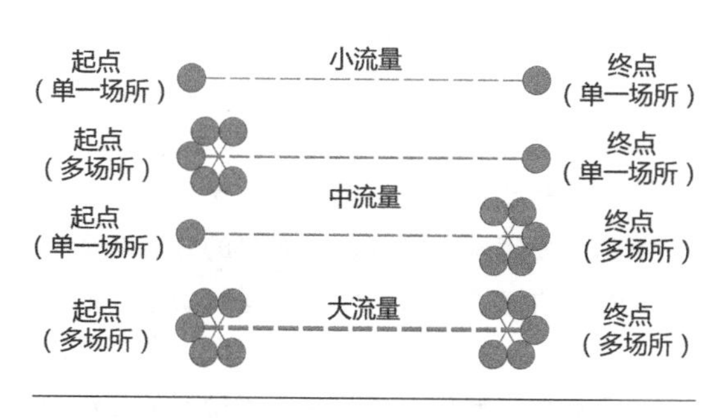


图4-23　活动流的特征

形态、组织方式与活动流的流动和分布相辅相成、互为因果。“由于这种关系是基本自然法则，影响着土地利用模式、建筑密度、市区的混合使用以及城市中部分与整体的关系，所以它已经成为塑造历史城市的一个强大力量。”[233]于是，根据所集聚活动流的流量大小，便可判定各个功能区的性质、规模、密度以及功能混合度。相对而言，综合性功能区是最具活力的城市节点，它是规模较大的不同类型活动流集聚的场所，以自发性活动和社会性活动为主导，易形成城市中心。在信息化的时代，“每一个中心都会出现密集的高层建筑群，形成了多个起伏的人造峰的空间形态”，[234]它是大众娱乐、资本商业主导的地标区域，主宰着城市的天际轮廓线。

而活动流的流经路径是联系各个功能区的线性空间，正如比尔·希利尔所认为的：“空间组构基本关联物是人的流动”，它们往往表现为不同层级的城市道路。根据城市规模的不同，城市道路系统往往呈现线状结构、树状结构或网络结构等不同的组织方式。同时，作为连接中心区的城市道路，不仅是活动流的集散通道，而且，由于它的交通特殊性，其沿线往往也成了高层建筑的集聚地。

2. 物质流

城市的物质流是指城市生活和生产领域所需要物资的运输、保管和配送，亦可简称为物流（图4–24）。依据流通经济学的观点，物流一般有广义与狭义之分，其中广义定义为，“物流是指社会经济中的物质实体的流动过程，是创造物质的空间效用（通过动态的运输实现）、时间效用（通过静态的储存实现）和形质效用（通过静态和动态相结合的加工、包装、装载和检验等活动实现）的经济活动。”而狭义的物流概念则限定在流通过程中，因此，狭义的物流是指“商品从供给者向需求者进行的物质实体流动，是创造商品的空间效用、时间效用和形质效用的经济活动。”[235]显然，城市物质流要实现三种效用的统一，必须依赖于流通空间的合理部署。

通常情况下，“流通空间是生产者和消费者出于流通活动的需要而产生的”。[236]而流通空间是由流通结点和流通网络两种空间类型共同组成的，其中，流通结点主要用于物资保管和配送的控制点，是整个城市物质流流通空间布局的重心，如果没有节点的控制，整个组织行为就失去空间依托，根本无法完成后续的组织活动，任何一种地理空间组织活动都是从建立控制点开始，各个控制点之间通过建立相互联系的网络系统，保证信息流、物流和能量流的畅通无阻。[237]一般情况下，城市物质流的流通结点总是表现为各种不同性质的功能区，如集聚生产资料的工业区，以及集中大量生活物质资料的商贸区和综合区等。而流通网络主要用于物资运输线性空间，以城市道路系统作为主要的构架，以满足物资快速、通畅的流转。

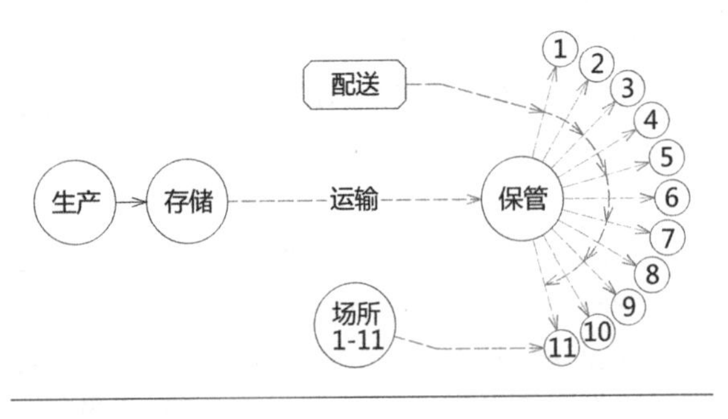


图4–24 物质流流程

无疑，城市物质流是在城市自主体需求驱动下而形成的，因此，无论其流向与流量均要与活动流相适应，活动流的流向、分布和状态构成了影响物质流流向和分配的主要因素。换言之，人口的分布和活动特征决定了城市物质流的运行状态。而反观城市物质流的作用，其不仅强化了活动流对生成城市空间和城市风貌形的控制力量，而且，加强了活动与城市空间的关联性，通过物质流作为纽带，使抽象的空间功能更加具体化和明晰化。

3. 能量流

在城市系统中，随着物质的流动必然会产生相应的能量流和信息流。能量流是指各种能量随物质流动的全过程沿着转换、利用和排放回收的路径流动的过程。换言之，各种能量沿着转换、利用和排放回收的路径形成能量流，例如电能、热能、机械能、废热等能量的流动。在城市系统中，能量流主要包括由化石燃料和可再生能源转换而来的电能和热能，能量的流动包括转移和转换两种形式。其中，转移是某种形态的能，从一地到另一地，从一物到另一物；而转换则是由一种形态变为另一种形态。其结果主要体现在两个方面，即能量使用过程中所起的作用以及能量流动的最终去向。[238]

城市能量流的流向通常有两条途径：其一，转移并促成城市空间和风貌形的生成；其二，转换并散失于城市环境中（图4-25）。城市自主体的每次新陈代谢作用，以及城市系统的运行、生长和更新都需要消耗能量，同时，城市如同有机体人一样，在运行过程中，也将废热和废物释放到城市环境之中。城市总是不断地从外界摄取所需的能量，并将产生的末端废弃物排泄到外界环境当中，从而使得自身的结构和功能得以维系和发展。通常情况下，能量流总是伴随着物质流而流动的，从宏观角度来看，由于物质流是因城市自主体需求的驱动而产生的，所以，能量流的形成也同样来源于城市自主体的某种需求，这种需求被称为能量流动势，即“能流势”。而在转换、利用、回收的流动过程中，由于转移和转换环节的不畅而受到阻碍，会产生各种各样的能量损耗，这种阻力被称为“能流阻”。[239]根据能量流动规律，能量流的速率正比于“能流势”而反比于“能流阻”，若要使能量流动保持较高的通畅性，那么，在“能流势”保持不变的情况下，则必须尽可能将“能流阻”降到最低。而合理地“按质用能”便是降低“能流阻”的有效手段，同时，通过能源的工业约束、需求约束、环节约束、变量非负约束（即各能源流量必须非负），求得最优的能流分布，以实现总成本最小、节能量最大或能量损耗最小等目标。

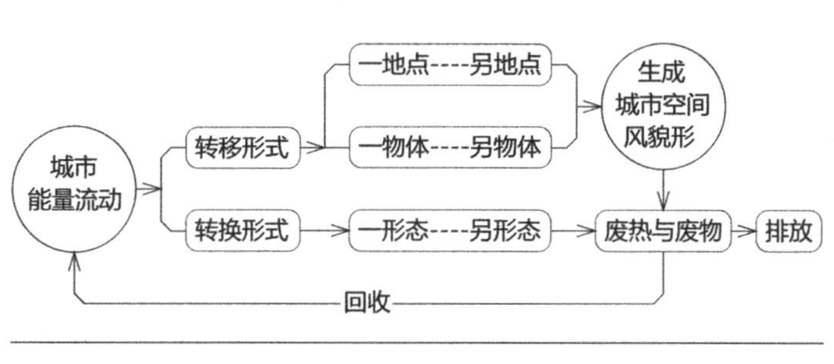


图4-25 能量流流程

4. 信息流

维纳认为，“信息这个名称的内容，就是我们对外界进行调节并使我们的调节为外界所了解时而与外界交换来的东西。”[240]而在申农看来，信息是减少不确定性，使系统的紊乱程度下降的量。在城市风貌形生成和变化的过程中，会持续不断地产生大量的信息，它们以各种各样的形式，在城市自主体与城市风貌系统各组分、各子系统及各环节之间进行传递和储存，并对活动流、物质流和能量流的流动起到重要的标示、导向、观测、警戒、调控的作用，从而使城市风貌的发展在可能的情况下逼近城市集体的设想。因此，城市风貌系统的信息流是指，对引发城市风貌系统生长与更新的活动流、物质流和能量流进行控制、操纵、调节和管理的过程中，所发生的信息的获取、传递、变换、处理和利用的流动过程。

在传播学的研究中，信息即是传播的内容，或者更准确地说是通过媒介传播给受众的内容。[241]那么，以城市风貌系统为媒介，其所要传播的内容包括以下三个层次。首先，传播城市功能信息。城市功能往往是建筑空间和城市空间各种用途的综合，在一定程度上决定着人们的生活方式，因此，从某个角度看，城市功能的表达就是一种生活方式的传播。从历史经验来看，一种成熟的空间模式，尽管最初是来源于与自主体需求的相互作用，而一旦形成，就会对人们的居住、工作、游憩和交通等行为方式和社会心理产生持久的约束和影响，久而久之，便生成某种与空间模式相适应的生活方式。其次，传播风貌形美信息。事实上，城市受众接受城市风貌所传播的审美信息的过程，也是审美标准建立的过程。设计主体通过城市风貌作为媒介向审美主体传播他们对城市生活和空间的审美方式，经过长期的耳闻目染、生活点滴的积累，使审美主体建立与生活环境相适应的审美标准，而这种来源于生活的美的感受才是生动而有活力的。因此，在形塑城市风貌形的过程中，既要考虑艺术的前瞻性，也要考虑大众的审美要求。人们对于城市风貌的审美进程，是美的信息的双向交换的过程，审美主体接受美的信息后，要经过加工、传送、调节、控制，产生美感，再输出反馈，影响城市风貌形的演化。其三，传播风貌意义信息。城市风貌形表达意义的动因源自城市自主体有特别喜爱别具意义的事物需求。城市风貌形除了通过象征和隐喻的方式来表达一种具体事物以外，更多的是表达一些理念上的意义。这些意义关注的重点在于，对城市历史文脉、地域特征和时代特色的表达（表4-5）。

城市风貌系统的信息媒介作用　　表4-5

| | |
|---|---|
| 传播城市功能信息 | 城市功能是建筑空间和城市空间各种用途的综合，一定程度上决定着人们的生活方式，城市功能的表达就是一种生活方式的传播。一种成熟的空间模式最初来源于自主体的需求，一旦形成便对人们的居住、工作、游憩和交通等行为方式和社会心理产生持久的约束和影响，久而久之便生成某种与空间模式相适应的生活方式 |
| 传播风貌形美信息 | 设计主体通过城市风貌作为媒介向审美主体传播他们对城市生活和空间的审美方式，使审美主体建立与生活环境相适应的审美标准，审美主体接受美的信息后，经过加工、传送、调节、控制，产生美感，再输出反馈，影响城市风貌形的演化 |
| 传播风貌意义信息 | 城市风貌形除了通过象征和隐喻的方式来表达一种具体事物以外，更多的是表达一些理念上的意义，以满足城市自主体集体偏好的需求。这些意义关注的重点在于，对城市历史文脉、地域特征和时代特色的表达 |

对于城市风貌形的传播内容的分析，无论是功能的表达、形美的表达还是意义的表达，都是作为城市风貌系统生成过程中设计主体可以主观把握的内容。在这个过程中，所传播的风貌形信息应符合信息原则的要求，即适应审美主体理解力的信息量控制、符合审美主体审美语言的风貌信息编码、满足多层级需要的信息优化组合、易于选择和判断的信息冗余度表达。基于此，从城市历史文脉、地域特征和时代特色角度来培育城市风貌特色，完全符合信息原则的要求。相反，城市社会生活中活动流、物质流和能量流所传播的内容，并非设计主体主观所能掌控的，而更多地依赖于城市管制主体的管理和约束，利用物质空间的限定来加以引导和把控。

### 4.2.3 缘结模式

城市风貌系统的生成和演化，是城市内、外部各种力量相互作用在物质空间样态和生活事态上的反映。拥有资源优势或突出影响力的力量，在相互作用的过程中，其合力将物化为城市空间的重组或扩展，以及城市活动特征的表现。这些合力往往表现为自然力、资本力、政治力、文化力和技术力等多种力量的协同整合。在城市发展过程中，没有任何一种单一的力量可以完全决定城市空间结构和城市风貌系统的生成；而在市场经济条件下，由于自主体的个体欲求得以充分彰显，从而加剧了力量角逐的复杂性和随机性；同时，在经济全球化背景下，更有国际资本冲破地方壁垒对城市各种力量施予影响，加剧了复杂的局面。那么，在诸多的生成力量中，在某一时期，总会有某种力量主导着最后的合力，促发城市空间结构的变化和城市风貌系统的生长。由于不同的主导力量所承载的必然性、偶然性或目的性各不相同，从而将导致生成不同的物化结果；于是，依据不同的主导力量，以及其所涉及因果必然性、随机偶然性、广义目的性三种机制的作用程度的差异，可以将缘结模式概括为四种类型：自然模式、计划模式、市场模式、文化模式。城市总是受到自然、社会、政治、经济等因素的影响和制约，那么，在不同的历史时期，不同的生产方式和生产力水平将决定着城市风貌不同的缘结模式，从而导致生成不同的物化形态。

1. 自然模式

以自然力为主导的城市风貌的生成模式。从城市发展历程来看，人类经历了从适应自然的聚居形态，到依赖于农业生产、以自然经济为主导的聚居城市形态，再到工业生产初期城市形态的变迁，乃至于商业资本主义大发展之后出现的综合性城市的空间形态等不同阶段。那么，在农业社会城市形成的初期，城市以农业经济为基础，自然力超越于人为的各种力量；在这个阶段，城市主体目的性比较分散、孱弱，缺乏权威和能力。当生产力和营建技术水平低下、缺乏控制自然的有效途径时，人们往往只能选择服从自然和顺应自然，在这种状况下，自然力的作用显得尤为突出。那么，在自然模式的主导下，反而被动地呈现出人地和谐的城市形态和城市风貌。

2. 计划模式

以政治力为主导的城市风貌的生成模式。随着人类生产力和技术水平的提高，人为的力量足以摆脱自然力的束缚，在这种状态下，城市风貌的生成取决于城市社会各种力量的角逐。那么，在计划经济体制下，影响城市生长的社会力量可以简化为政治力、技术力和文化力三组力量，而市场资本力则被排除在计划经济体制之外；尽管文化、技术、资金会起一定的限制与约束作用，但总体上还是服从于政府的规划决策，并为计划的实施施予全力的支持。显然，在这个时期，中国的大多数城市，都是实行政府决策、计划部署、筹措资金、社区执行一种自上而下逐级贯彻的体制。可见，上述的三组力量属于一种主导与从属的关系，也就是说，政治力有一种覆盖的功能，它不仅约束了市场活力，同时还主导取代了社区决策以及大众个体的意图。那么，在计划模式的主导下，城市风貌系统生长多了因果必然性，却少了随机偶然性和广义目的性，因此，所呈现的城市风貌呆板有余而活力不足。

3. 市场模式

以资本力为主导的城市风貌的生成模式。市场经济区别于计划经济的根本之处就在于，它不是以传统、习俗、习惯或行政命令来配置社会资源，而是以市场竞争为基础，以市场机制作为配置社会资源的手段，显然，资本是占有社会资源的最有利的要素。因此，在市场经济体制下，资本将是社会再生产的第一推动力和持续推动力，而政府却演化为经济运行的调节者，其作用只是宏观调控。更有甚者，在经济全球化进程中，城市陷入更广域的竞争，政府越来越像一个企业家，他们必须通过营销城市，来吸引更多外来的投资，城市经济的发展从根本上依赖资本力的推动。在这种状态下，资本力成为覆盖政治力、技术力和文化力的一种主导力量。那么，在市场模式的主导下，城市发展将陷入资本运行的逻辑之中，其强调的是速度、规模和数量，而忽视精度、品质和质量，城市风貌系统的生长多了随机偶然性和广义目的性，却少了因果必然性，于是，城市风貌呈现复杂、混沌的现实态，进而导致风貌特色的衰微。

4. 文化模式

以文化力为主导的城市风貌的生成模式。一个有效的培育城市风貌特色的生成模式是，充分挖掘地方文化的濡染力，使之渗透于政府、市场和社会三个不同的层面，并建构政府、市场和社区三足鼎立、相互制衡、相互依存的局面，而非仅仅政府和市场的二元对峙，从而能够合理把握城市生长的节奏，使之呈现健康和谐的状态。综观世界各地，无论是政治力还是资本力，在一定程度上都要受到社会大众和社区力量的制约。首先，执政党的政治合法性必须得到社会大众的认可；其次，政府代表的选举必须依赖社会大众的考核和社区力量的支持；其三，市场服务对象是社会大众，只有获得大众的认可，才能实现合理利润的回报。因而，无论是政府决策还是市场服务，都要在一定程度上反映社会大众的意愿。而社会大众内在的心理基本需求，只有通过研究地域文化才能进行深度解读。换言之，只有以文化为沟通媒介，才能使政府了解真实民意、市场，把握需求心理，从而促进三者关系的和谐。

## 4.3 城市风貌样态和事态

在城市意象研究中，林奇将城市风貌归结为道路、边界、区域、节点和标志物等客体化五要素的综合。而城市风貌生成原理则强调主客体的统一，即城市风貌的表现形式必然受城市物质空间结构和自主体心理结构的影响，正是二者的相互作用得以生成城市风貌系统的视觉结构。这种视觉结构将融入自主体的感知行为，即观赏和体验。其中，观赏着重于一种外部的观看，而体验则倾向于一种行为的参与。于是，城市风貌系统的实有或风貌形可以理解为，是物质空间模式与主体日常生活方式即系统样态和事态的综合。

### 4.3.1 系统样态

从城市意象感知角度出发，城市风貌系统的实体样态通常表现为场所、标志物、带状界面、组群体貌、整体形态等多种要素的综合。生成原理的全域性信息观认为，城市风貌实体样态的感知过程，实际上就是信息传播的过程。而上述五要素的组合共同构建了城市风貌信息的感知系统，其中场所既指代城市风貌重要的景观节点，同时，又指代接收风貌信息的观赏地点，以这些地点作为一种纽带，将符合受众心理特征的城市环境要素：标志物、景观界面、组群体貌、整体形态联结为一个整体的意象。

图4-26 福州生活场所

1. 场所

诺伯·舒兹（C. N. Schulz）认为，场所是由具有物质的本质、形态、质感及颜色的具体的物所组成的一个整体。[242]它不仅具有清晰的空间特性，而且，还包含着形式背后的具体生活内容。它总是与某些事件和人物相关联，不同的人或事件赋予场所不同的意义。例如，福州的元帅路与晋安河。元帅路邻近福州的“三坊七巷”，全长700m，宽约10m，沿街白墙青瓦，古式门窗，明清风格的亭子与走廊，呈现宁静古朴的空间特质；而作为街巷空间，对于市民来说，是邻里夏日午后闲聊的据点，邻近居民穿行的路径；对于游客来说，是感受福州街巷文化、体验市民生活的好去处。晋安河是福州最长的内河，河面宽窄不一，原为晋代严高筑“子城”之时，取土而挖成的一条“城壕”，现成为市民日常休闲和举办民俗活动的主要场所（图4-26）。因此，场所不仅是一种空间，它的存在在于人们赋予这一空间在社会生活中的意义，由此，它成为了人们生活的组成部分。[207]那么，作为生活的组成部分，它的意义在于不仅建构了社会大众的心理归属感，同时，在物质层面上也反映出使用主体自身的社会地位和价值取向。因此，场所是展现城市风貌特色的关键要素。

尽管如此，“场所并不能创造城市，而是城市决定场所。”[123]因为，场所是在城市和社会发展过程中逐步生成的，它往往具有一定的历史背景和时代印记，并且与城市传统、文化、民族等一系列主题有关，更与不同时期城市自主体的社会诉求密切相关。因此，我们应从横向空间维度和纵向时间维度将场所锚定在城市发展的框架中，避免执著于场所塑造和偏爱局部的自由度时，以牺牲城市风貌整体的可控性为代价。实践经验表明，场所不仅仅是城市的局部，而且是城市总体风貌这个大尺度中的一个个片段。

基于场所的多重属性，首先，它是自主体生活的城市环境，包括广场、街道、社区、水域、山体等空间类型，内部承载着不同的活动和故事；其次，它是感知城市风貌信息的场所，是观赏标志物、带状界面、组群体貌、整体形态的立足点。因此，要培育可感知的城市风貌，不仅要创造符合受众心理特征的、明确承载着信息的城市环境，而且要塑造利于人们感知的场所，二者共同构成“城市风貌感知系统”。[72]那么，作为感知立足点的场

图4-27 作为标志物的建筑
（资料来源：http://images. takungpao. com）

所包括广场、街道、水岸、公园、峰顶、瞭望塔（台）等具有开阔视野的空间。

## 2. 标志物

标志物是城市风貌系统中独立于城市环境背景的、具有清晰和简洁形象或鲜明形式特征的物品（图4–27）。凯文·林奇认为，“其关键的物质特性具有单一性，在某些方面具有唯一性，或是在整个环境中令人难忘。如果标志物有清晰的形式，要么与背景形成对比，要么占据突出的空间位置，它就会更容易被识别，被当做是重要事物。”[127]

对于审美主体而言，标志物不仅是市民认知地图重要的参照点，给人提供明确的方位感，而且常常代表着城市的形象和特色，甚至可以成为城市的名片，诸如处于城市风貌格局中的古塔、尖顶、山峦、地标性建筑或建筑群，处于城市天际线的制高点，在城市或区域远处的每一个角度均可看见。例如，福州古城地标性建筑物的景观构架可以描述为“屏山镇海、双塔对峙”，其中镇海楼、乌塔和白塔分别坐落于“三山鼎立”的屏山、乌山与于山的制高点或山坡地上，借助于地形优势，这些古城地标在其区域范围内都具有明确的方位指向性（图4–28）；而福州滨水新地标建筑包括福州升龙环球中心、海峡国际会展中心、海峡文化艺术中心，它们均分布在沿福州母亲河闽江流域两岸的重要地段，有良好的视线通廊，同时以高度（升龙环球中心高达300m）、体量、区位和形式强化个体的可识别性（图4–29）。另外，城市标志物还包括城市局部范围内的建筑小品、雕塑、符号、树木等物体，其相对于环境背景来说，有明显的外形和显著的空间位置，易于识别，这些特征对审美主体来说有更重要的意义。

## 3. 景观界面

城市景观界面，是风貌组分在集聚过程中，因边界限制或流体网络的作用，沿线形相互之间在景观和功能上形成了整体联结的形式，它是城市风貌形的重要组成部分。它不仅

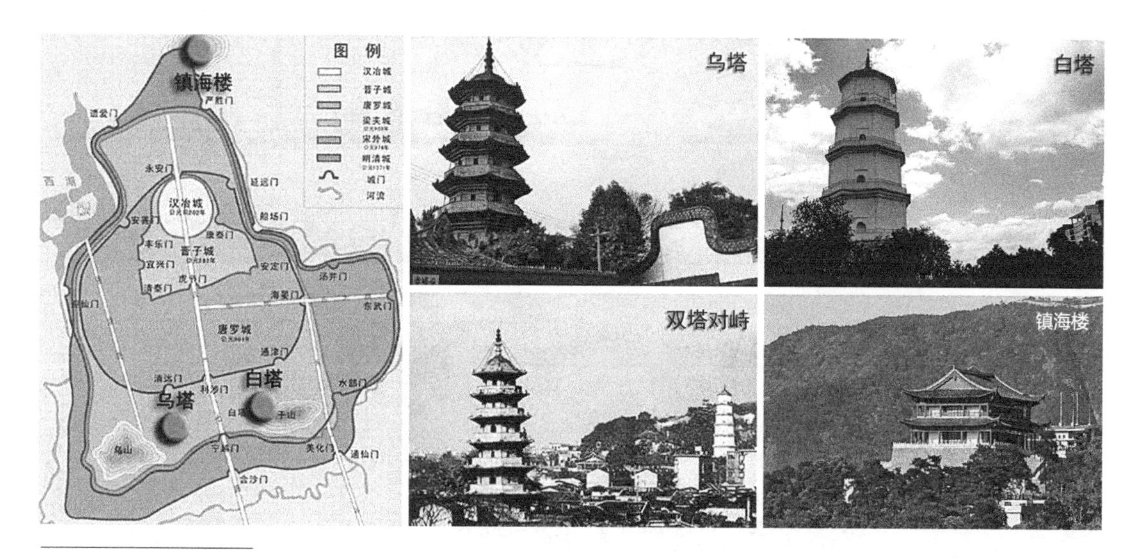


图4-28 福州古城标志物

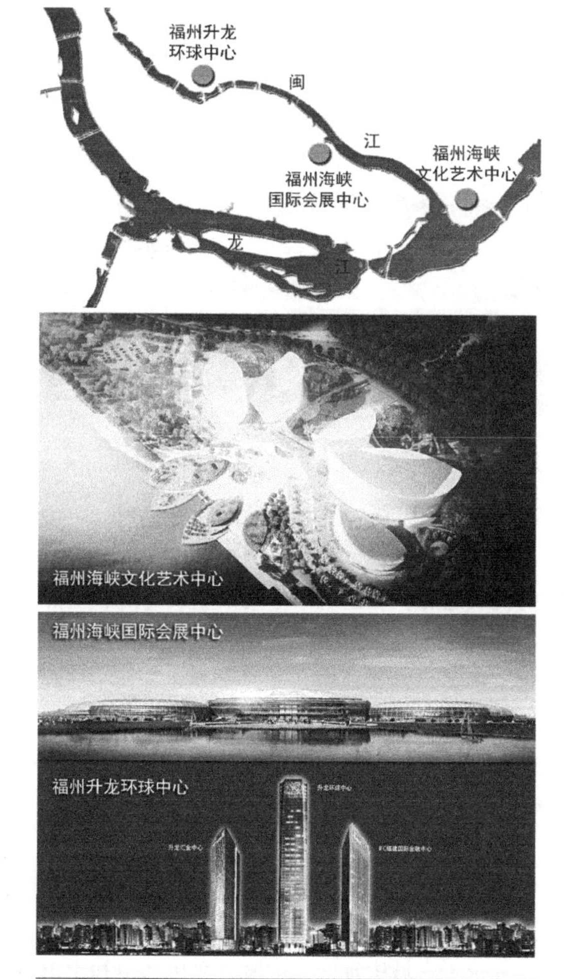


图4-29 福州新地标
（资料来源：作者根据福州市规划院图片整理改绘）

表现为维护城市、区域或功能区等有机组织的界面，同时也是流体网络通道的界面，如同人体肌肤，既有保护城市系统或功能区的作用，同时又承担着与外界进行物质、能量和信息交换的功能，因此，它的特点是具有整体性、活力性和动态性的。其中，整体性表现为连接环节的紧密度、外部轮廓的连续性、总体形式的统一性；活力性表现为界面的表情、肌理和色彩生动与否；而动态性则表现为各种流体运行的通畅程度。一般而言，城市景观界面由城市外部边界、异质系统边界、街道界面三个层次组成（图4-30）。

其一，城市外部边界。在信息化时代，城市的流通功能及环网密布的路网，决定了城市外围边界的开放度强于围合度。尽管凯文·林奇将边界描绘为线性要素，但从城市流体运行角度出发，应视为具有空间性的带状边界。并且，由于城市边界是由城乡异质区域相互作用而形成的，当城市功能往边界疏解时，在信息网络与城际交通的支持下，易于形成城郊共同体，从而有利于塑造特色的城市总体风貌。

其二，异质系统边界。异质系统是指由水系、绿化、建筑等不同质料组成的系统。水域系统和绿化系统的连续性和完整性，易于形成长距的边界，有利于勾画完整的天际轮廓线，并提供广阔的视域和长足的视距，以展示城市整体风貌。例如，福州闽江沿岸就是易于展示城市天际

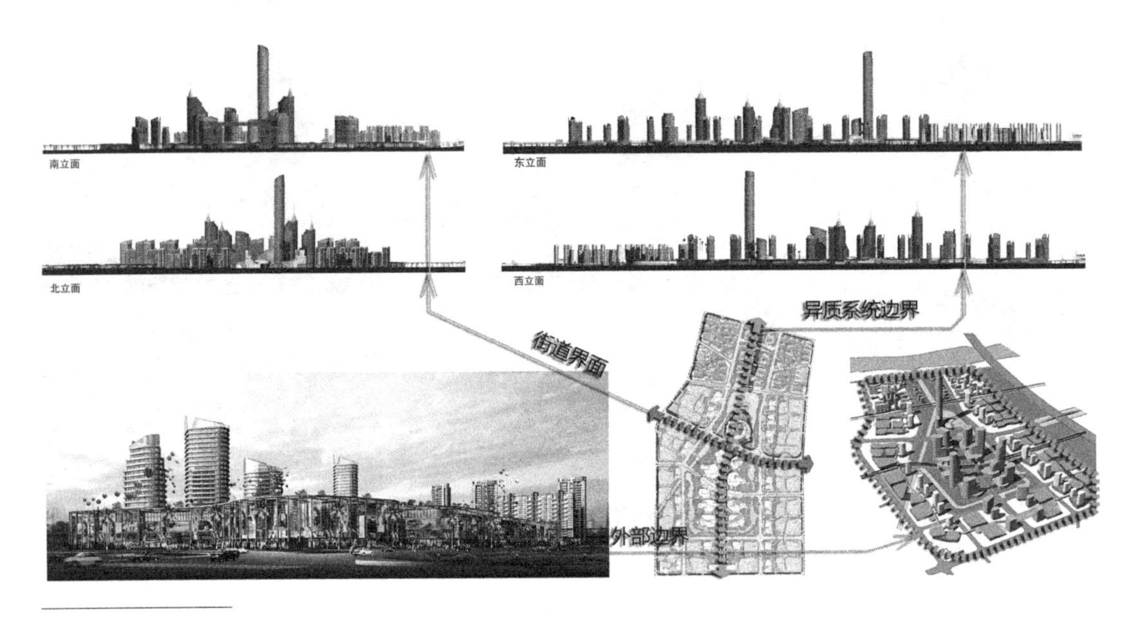


图4-30　景观界面层次

图4-31　福州滨江天际线

线的异质系统边界，水域和绿带提供了开阔的视线通廊，在建筑单体集聚生成群落、组群集聚生成边界的过程中，总体上的控制引导，要求不同层级组分去适应彼此之间的关系，从而强化了连续性和整体性（图4-31）。因此，它既是塑景地带，又是赏景之地。[243]例如，事实上，城市的天际轮廓线就是基于异质边界而生成的，在信息化和商业化时代，城市中心商务区往往是天际线的极点，并形成高度上的峰值，因为它是各种活动和其他流体最活跃的区域，"规划中对中心商务区的地理位置的决策往往意味着对城市空间形态制高点的决策。"[234]

其三，街道界面。街道既是主要的生活空间，又是流体流通的渠道。与上述观赏性的边界相比，它属于体验式的空间，因此，应加强立体全方位细部处理，塑造富有细节、情趣和氛围的生活场景。例如，福州的茶亭街，其位于古城中轴线的中段，北接乌山和于山历史文化风貌街区，南连上下杭历史文化风貌街区，是福州一条重要的传统商业街，在历史风貌要素的宏观约束引导下，其更新和适应的路径是：采用白墙青瓦坡屋顶、土形风火

**图4-32　福州茶亭街**
**（资料来源：福州市规划设计研究院）**

墙、古式门窗、木质栏杆等细部处理，塑造明清风格的街道界面，强化对城市历史的体验感（图4-32），以体现有机性、时间性。[244]街道界面包括沿街立面和铺地，连续而具有特色的界面是使街道成为最具可识别性和可意象性的城市风貌系统的要素之一。这种连续性和特色性体现在，街道宽度、高度、比例和尺度，两侧立面的风格、色彩、纹理和表皮材料，以及铺装的材质、色彩、纹样、肌理，乃至广告、店招的位置、样式等方面。

### 4．组群体貌

建筑组群是因建筑组分集聚而生成的，而集聚的目的是为了满足城市自主体日常生活、生产、消费等各种活动的需要。因此，建筑组群往往出现在居住区、工业区、商贸区、行政区、文教区等各种功能区内。城市总体风貌的生成，首先以不同功能区建筑组群的整体空间与景观结构为前提，因为建筑组群是城市空间生长的主要方式。在空间组织中，建筑群落的布局应秉承生成原理的贯通原则，即在宏观约束和中观分布的基础上，从重点景观区域和景观节点的布局入手，进行功能区总体空间形态与布局及其景观特征塑造的把控。一般而言，功能区的开放空间体系主要由公共绿地空间系统和道路空间系统组成，因此，景观体系主要包括建筑与建筑群体景观、绿地景观和道路景观。在总体景观结构的基础上，建筑群落的组织重在控制集聚度、创造和谐度以及处理竖向上的高低错落关系。

在景观塑造方面，特殊的或变化较大的建筑群落选择主要的景观位置，如功能区的出入口、群落中心、景观轴线或制高点处等，以形成功能区景观重点区和景观节点。根据各个建筑的不同功能进行组合并构筑不同形式、不同尺度、不同内容和意义的外部空间，以适应使用上、景观上和空间环境营造上的要求。功能区建筑组群布置的基本形式有街道型和街区型，其形成的空间有街道空间、广场空间和街区空间三种基本形式。一般而言，商业性空间不论是室内还是室外宜采用街道型的空间形式，多由中小型的商业建筑组合而成；娱乐性、服务性和管理型建筑宜以广场型的外部空间为主；而街区型空间多在一些大型的综合性功能区公共中心中采用（图4-33）。

图4-33 建筑组群体貌
（资料来源：福建省闽武建筑设计院）

### 5. 整体形态

形态是内在结构的外在表现，是内在结构与外在环境适应时的状态。[245]城市整体形态则是城市集聚、生长和演化过程中，形式、结构、功能在宏观物质层面上的综合反映，是一种可感知的宏观样态。它是一种复杂的经济、文化现象和社会过程，在特定的地理环境和一定的社会经济发展阶段，人类各种活动和流体作用的有形表现，人们通过各种方式去认识、感知而形成的城市整体意象。其具体形式表现为城市整体几何形状、城市高点分布、城市天际线，以及城市密度、混合度和流动性等。

（1）整体形状。主要指城市外部轮廓所呈现的图形，它是城市边界编织及与外部异质空间双向触摸的结果。在信息化时期，随着城市集聚人口规模的加大，受地形山水因素的影响，在城市流体引导下，城市形状趋于从单中心同心圆向多中心组团式转化，随之，城市局部紧凑度得到提升，而整体紧凑度呈下降的趋势。

（2）高点分布。城市高点分布是指城市摩天楼的集聚地，是城市建筑高度极值的集中区域，它往往占据着城市整体或局部天际线的统治地位，代表着城市空间生成的主导力量。商业化时期，城市高点分布总是由综合化商务功能促成的，其形式表现为城市CBD、城市综合体等，在资本力主导作用下，与地价、经济集聚效益、流体集聚度较高的城市或区域中心、公共交通枢纽相结合形成高层建筑的集聚地。

（3）天际线。城市的天际线就属于城市的顶界面范畴，是展示城市形象重要的景观要素之一，[246]它是城市的标志和象征（图4-34）。清晰的环境印象不仅可以成为一种普遍的

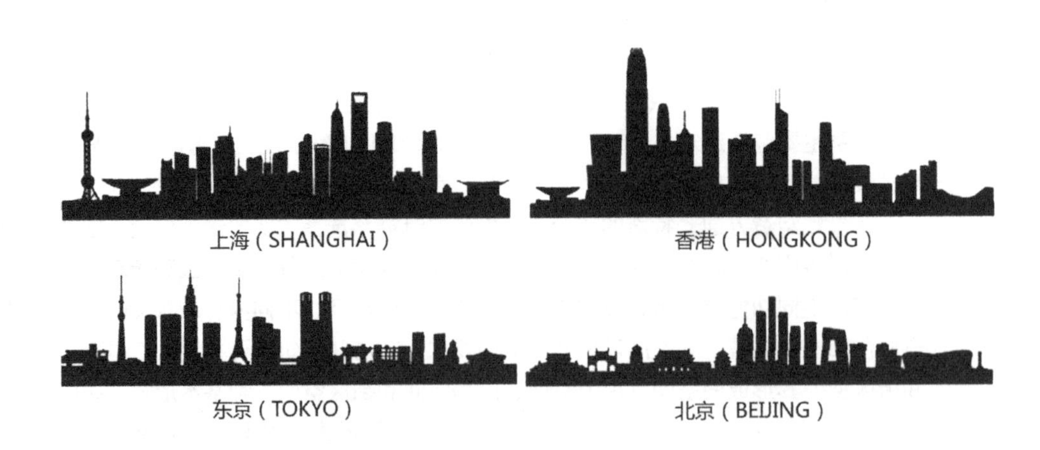


图4-34 天际线

参照系统，给人以安全感、归属感，而且也扩展了人类经验的潜在深度和强度。[127]因此，城市天际线正是建立城市可识别性的起点和最重要城市风貌的要素之一。通常而言，城市天际线的形成是通过城市空间生成之后逐步显现出来的，“个别的相加不等于整体，或者说整体总大于个别的相加”，天际线体现的正是城市自主体的个体活动、建筑组分集聚在宏观约束下涌现出来的城市总体形象和宏观艺术效果，它是一定时期内城市各种力量角逐之后，通过流体作用而显现出来的整体形态。它不仅依赖于自然山水的轮廓线，同时，又以高度密集的高、中、多层建筑群集中构筑了建筑轮廓线，两条轮廓线相互叠加形成的整体与天空的交界形态面。事实上，自然因素在城市中具有不容忽视的地位和作用，好的天际线更应该是尊重自然并与自然山水配合得当的天际线。

（4）城市密度。城市意味着密度，高密度水平一方面在资源利用方面有效，另一方面影响气候乃至生命质量。而过度集聚、过高密度往往造成外部空间、流动空间和自然资源的稀缺，同时，给人一种拥堵、制约、紧张、压抑的感觉，意味着一种不适居的状态。对密度的接受程度也反映了文化的差异性，如被誉为“拥挤文化”的代表亚洲的香港城市的高密度，对于欧洲城市来说仿佛成为生存的梦魇。[1]因此，城市密度直接反映了城市居民的生活样貌。关于城市密度的度量方法一般涉及六项指标：居住单元密度、建筑容积率、建筑覆盖率、开放空间率、平均建筑层数、建筑立面指标。[247]这六项指标主要用以衡量一定用地范围内的人口数量、建筑容量，以及建筑与外部空间的用地比例，客观且综合地反映了一个地区或某一用地上的开发强度、紧凑度、建筑高度，以及不同围合度带来的地面空间的压力。城市密度的不同演化出两种不同的城市风貌形：以建筑实体为导向的城市风貌样态、以城市空间和肌理为导向的城市风貌样态（图4–35）。

（5）功能混合度。功能多样化源自人类自身需求的复杂性与矛盾性，聚居空间作为生存活动的物质载体，体现着人类最朴素的混合发展观。功能多元、空间复合、社群交叉，显现“自下而上”的混质活力。[248]如果没有功能上的巧妙混合，不可能创造出行最短距离的城市，集聚效应得不到充分的体现，城市活力就会受到削弱。信息化城市是以拥有小区域范围内人员交流和信息交换为基础的城市形式，这种城市形式通常以居住、工作、供应和休闲设施相互平衡的共存模式取代工业化时期因功能分区所造成的空间隔离。混合度的核

图4–35　不同类型城市风貌样态

心问题在于把握不同功能设施的颗粒度（规模）和广度（服务半径）。功能颗粒单元太粗会造成空间过于单调而缺乏活力，而功能颗粒单元过小则会造成相互干扰而带来的混乱。毫无疑问，混合度是塑造城市活力的关键，而城市空间内流体的流动性则是城市活力的实质。

（6）流动性。城市流动性是在强调道路系统流通基本属性的基础上，揭示了城市物质空间、社会整体的动态属性，以及推动城市空间和社会改变的力量。因此，城市流动性的快速与否决定着城市风貌的变迁速率。在城市内部的空间地域上，流动性主要受到两股力量的支配，其一是政府力，即改造和建设城市的意图和行动，它往往决定着城市组分的人为生灭周期；其二是资本力，即通过空间生产获取利润的欲望。换言之，全球化时代，政绩考核以及全球资本成为了决定城市发展的最基本因素，城市空间风貌格局在其综合作用下生成并逐步地显现出来。于是，在当代城市，城市风貌形的生成愈来愈依赖于以公共交通主导的开发模式（TOD模式），流动性的未来同时也取决于将众多交通系统和方式联成网络并以灵活、积极的方式作出交通响应的智能交通管理。以此为基础，在城市空间重组过程中，基于城市市民需求的演化是非常缺乏的，而是把外在的、外来的资本需求视为城市发展的内在需要，因此，在缺乏社会性保障和规约的开发性活动中，城市空间呈现出被外部力量以及为了外部目的而被瓜分的城市风貌景观，从而遮蔽了内生性的需求与格式，藏匿起其自身的本土性，城市风貌特色难以显现。

### 4.3.2 系统事态

城市风貌感知性的现实事态，通常表现为日常生活、群体活动及城市事件等不同类型活动的综合，它们是引导和整合各种流体运动的重要因素，从而导致城市风貌物质空间现实样态的生成。日常生活是以季节、时日的交错结合为基础，形成一种具有反复性和持久性的日常惯例，它如日月星辰、风雨潮汐，周而复始地展现着生活面貌；群体活动是由那些拥有共同价值观的个体共同参与的、具有很大自发性的制度外的一种行为，其目的是提升社会凝聚力、维护地缘关系和共同利益，只要存在单个个体无法实现的公共物品的供给的合作问题，就必然存在群体活动的现象。而城市事件往往是由政府主办的大型活动，是为了促进城市经济和社会的发展，它与群体活动共同以节日化、艺术化、瞬时化、戏剧化的形式对恒常的日常生活进行。以上三者在不同层面、不同规模上丰富了城市风貌的现实事态，并且从城市自主体情态的角度展现了不同城市的风貌特色。

#### 1. 日常生活

日常生活与城市自主体的生存息息相关，它是城市自主体无时无刻不以某种方式从事的活动，这些活动将人的基本需求与城市空间联系起来，呈现出一幅幅生动而富有活力的城市生活场景，从生活事态层面上展现了城市风貌的特色（图4–36）。

在亨利·列斐伏尔（H. Lefebvre）看来，日常生活“是生计、衣服、家具、家人、邻里和环境……如果你愿意可以称之为物质文化。”[249]这些琐碎、细微的日常生活过程具有一种“生动的态度”和“诗意的气氛”。[250]而阿格妮丝·赫勒（A. Heller）却将日常生活定义为，那些同时使社会再生产成为可能的“个体再生产要素的集合”。[251]她认为，如果没有个体的再生产，任何社会都无法存在。因此，日常生活是社会生成最为基础和深层次的策源地，日常生活活动一方面不断地再生产出个人自身，另一方面构成了社会再生产的基础，城市自主体也以此为基础，塑造着其直接环境。同时，日常生活与人的基本需求密切相关，城市自主体“那些以自身为目的并成为第一需要的活动和人际关系，将取代生产

图4-36 日常生活中的衣食住行
（资料来源：阿拉琳小maggie）

劳动和物质消费而成为日常生活的基本要素。”基于此，衣俊卿对日常生活作出了更为具体的界定：“日常生活是以个人的家庭、天然共同体等直接环境为基本寓所，旨在维持个体生存和再生产的日常消费活动、日常交往活动和日常观念活动的总称。”[252]这些活动具有重复性、规则性、符号化、经济化、情境化的特征。

古往今来、古今中外，日常生活始终是一个纷繁复杂的异质化领域，因为它根植于现存的环境，依附于不同的主体，从根源上已经潜存着差异性。尽管如此，在复杂的表象背后仍隐藏着支配这一领域的基本结构和一般图式，就其内容而言，最为重要的包括以下四个方面：其一，以重复性思维与重复性实践为主的自在的活动方式；其二，以传统、习惯、常识、经验等为基本要素的经验主义的活动图式；其三，以本能、血缘、天然情感为核心的自然主义的立根基础；其四，以家庭、道德、宗教为主要组织者和调节者的自发的调控系统。基于此，衣俊卿认为，整个日常生活的结构和图式本身具有抑制创造性思维和创造性实践的趋势，即一种抵制改变的惰性。[251]因此，迄今为止，日常生活始终是传统文化的寓所，同时，更是城市特色的居留地。

而当今现实的城市生活，日益受到资本力的侵蚀，城市日渐脱离传统日常生活的轨道，空间生产将城市解构为资本主义生产线上的组成部分，异化了城市空间和日常生活，从而从根本上消解了城市的特色。“城市生活的流动、混乱……旧的现代街道及其市民和交通、商业和住宅、贫穷和富裕，变化无常地混合在一起的图景，现在已被分别归类分割成一个个隔开的局部”。[253]面对现实，倘若要培育城市风貌的特色，城市规划与设计就要回归城市日常生活本身，就是要从城市环境与实际生活者的互动出发，以满足普通人的基本需要为基础，为日常活动和交往创造人化的日常空间，促进城市有机、持续地生长。城市首先是人化的城市，街道是人化的街道，广场是人化的广场，所有的城市建筑和空间都应该集工作、生活、生产、游玩、休憩于一体，而非现实中这种完全割裂的状态。日常生活应该回到原初的状态，各种生活行为相互交融、激发，并随机形成一些极具活力的生活场景、事件和活动，于是，街道、广场及其他的城市空间成为上演城市日常生活这一戏剧的最好舞台。而关于对日常生活世界的研究，需要动态的、差异性的、微观的策略性研究方法，因为，日常生活世界具体的方法具有不可通约性，从而确保对原初的差异性保持更高的敏感性。

## 2. 群体活动

群体活动和城市事件都属于非日常生活范畴的活动，它们是城市日常生活的补充，共同呈现城市风貌感知性的现实事态。衣俊卿认为，日常生活和非日常活动领域的整合，形成了人类社会活动的一个金字塔结构，其中，处于金字塔底部的最基础的层次是由衣食住行、饮食男女、婚丧嫁娶等日常消费活动、日常交往活动和日常观念活动构成的日常生活世界。它曾是人类社会的原生态，是非日常生活世界得以生成并赖以存在的基础。而处于金字塔中部的是非日常的社会活动领域，它包括群体活动和城市事件，其涉及社会化生产、经济、政治、技术操作、经营管理、各种公共事务等；另外，处于金字塔顶部的是科学、艺术和哲学等自觉的人类精神生产领域或人类知识领域（图4-37）。[252]

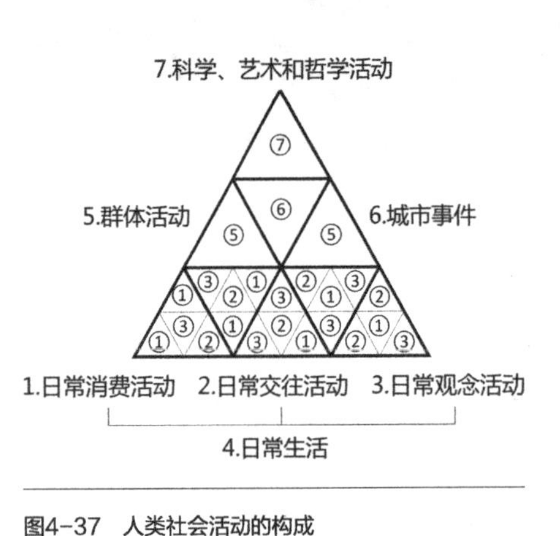


图4-37　人类社会活动的构成

然而，群体活动和城市事件二者相较，也存在着诸多的差异，主要表现为：首先，群体活动是一种制度外自发性的行为，而城市事件则具有强烈的组织性和目的性；其二，群体活动所参与的人数规模不定，也相对较小，甚至于三五亦能成群；其三，群体中的个体彼此之间有着亲密的种族或地缘关系。以上的差异性来源于群体差序格局的组合特征，即群的界限是模糊的、可伸缩的，在群体关系网络中表现为以“己”为中心，亲疏远近呈现差等次序，如投石于水中所形成的同心圆波纹，由内向外越推越远、越推越薄；这种自我主义的差序格局，公与私的界限也是模糊的，因此，个体在处理与他人的关系之时，只能克己而非克群，以维系整体的存在，否则，就会有守规则之人受到侵害。于是，群体共同克己的契约或规则得以生成，文化礼俗的功能便得以发挥。[254]这种自觉自律的克己，导致群体成为自发性活动的共同体。根据上述特征亦可推断，群体活动的主要目的是，提升社会凝聚力、维护地缘关系或族群的共同利益，如民俗活动和节庆活动都属于群体活动，它们起源于人类社会群体生活的需要，不仅丰富了人们的生活，还增强了民族凝聚力（图4-38）

库尔特·勒温（K. Lewin）采用格式塔心理学的观点，借用物理学中磁场概念来揭示群体行为与群体中的个体行为的动力源。勒温认为，个体行为的变化是某一时空内受内外两种因素即个体内在需要和环境外力交互作用的结果，并用函数公式$B=f(P \cdot E)$来表示，其中，$B$指代行为，$P$代表个人，而$E$用以表示环境；而群体活动的动向同样取决于内部力场和情境力场的相互作用，其中内部力场往往表现为微观层面群体各成员之间相互作用和影响，并触发生成多种类型的关系模式：同伴依慕、权威关系、利群行为、合作、竞争和共生等，通过这些模式使个体之间关系得以调和，并维系整体的存在，以满足个体对归属

图4-38　群体活动

感的需求；而情境力场是指宏观层面的环境要素，分为自然环境和社会环境。群体的所作所为，往往离不开这两种环境的影响和制约，其行为取向就在与自然环境和社会环境的冲突、对立中体现出来。当群体需求未能得到满足时，就会在群体内产生内部力场的张力，触发群体活动的产生。其中，情境环境起着导火线的作用，而内部力场的张力是最主要的决定因素。而群体需求往往是地域文化核心价值观的重要体现，因此，只有从地域角度、人地特殊关系角度出发，才能从根本上把握群体活动的动力源，引导群体的行为方向，从而，实现对城市风貌特色事态的展现。

### 3. 城市事件

城市事件是指在一定时期特定的城市空间内发生的对城市生活有影响的重要活动及重大活动，这些活动趋于明确的目的性，是城市自主体集体需求和追求的活态化表现，因此，它是城市风貌系统事态的重要组成（图4–39）。同时，它既是推动城市生长的外生性因素之一，又是在城市发展过程中沉淀下来的、城市独有的、体现城市风貌特色的非物质要素，这些要素往往表现为一种集体认同的体验和记忆，与城市空间载体相辅相成，融会生成富有个性和意义的场所。挖掘城市历史事件，采用象征性、隐喻性符号将空间故事化，能够激发城市自主体集体记忆，赋予空间时间性、个性和身体性；同时，通过组织新的城市事件，调动城市资源、集聚流体，可以激发城市风貌气场，带给城市自主体全方位、立体化的体验，从而形成集体认同的、深刻的感知和记忆。因此，城市事件既是城市风貌系统特色的生成机制，同时又是风貌系统事态重要的组成内容。

在叙事学研究中，事件与时间、空间或场所都属于叙事的基本构成要素之一。[255]叙事意为讲述故事，而作为叙事的主要要素之一，事件亦有利于城市风貌特色的塑造与传播。以“事件”为载体，区别于“活动”等其他类型的活态载体，它具备叙事结构，内涵逻辑关联，易于组织与调动，并趋于明确的目的性。事实上，城市事件的特性决定了它的功能和作用，概括地说，城市事件的特性关联时间、地点、人物、起因、经过、结果等诸多要素。通过对城市事件要素、形态、成因、效应等方面的解读，有利于更好地了解城市事件的运行规律和城市风貌特色的塑造。

根据认知心理学原理，激发人们意象和记忆的事件要素一般包含三种类型：人与物、时间与场合、活动内容和行为特征。根据注意和记忆原理，人们对城市环境的印象和记忆分为三个层次，表现为从事态、样态到整体意象的逐级递进。通常情况下，人们首先注意到的是发生了什么事情；随后，开始关注的是发生事情的场所以及环境的外观和细节；最后，将故事内容与环境特征进行综合，转化为脑海中的整体印象。而人的记忆又分为瞬时

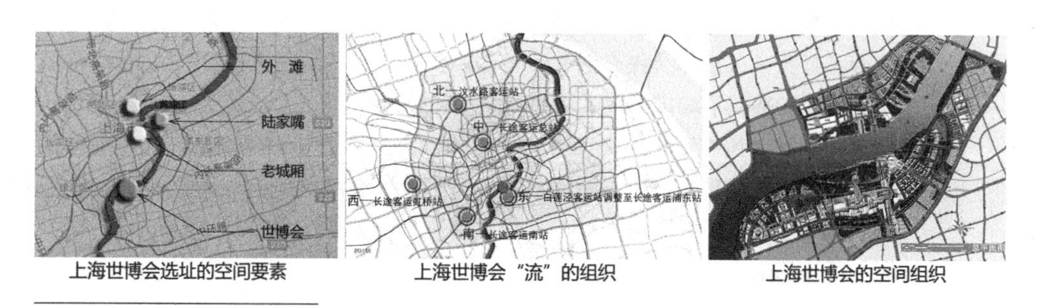


上海世博会选址的空间要素　　上海世博会“流”的组织　　上海世博会的空间组织

图4–39 上海世博会——城市事件

记忆和长久记忆，信息的视觉化、逻辑化有利于促进瞬时记忆，商业信息时代城市事件呈现艺术化、主题化的趋势；而信息的重复化、模式化则易于长久记忆，在日常生活中，民俗事件、节庆事件等总是以节日化的形式打破日常生活的节奏，给人带来瞬间的愉悦和情趣。综上，全球化、信息化时代，城市事件将是塑造场所、传播城市风貌的重要手段，它呈现主题化、节日化、艺术化与瞬时化的趋势和形态。

尽管城市事件多种多样，但是，最能促进城市风貌生成，并进行有效传播的，是那些由城市政府主办或政府授权主办的城市规划和建设事件。这些城市事件的成因，来源于城市政府作为城市经营者的角色定位，以及发展城市经济的目的性。城市政府为了吸引更多的外来资本与投资，必须付出种种努力，其中，“城市形象营造”与“城市推销”是最有效的手段之一。于是，各种各样的城市事件应运而生，成为城市营销的主要载体，这些事件表现为政治、经济、文化、体育等类型的大型活动，依靠一定的政府资源，制造广泛的影响力，有助于实现城市发展目标，突现城市风貌的特色。它们的特点是，具有组织性、目的性、宏观性和综合化。

城市事件的本质是激发并维系城市发生化学反应的触媒体，其积极效应体现在以下几个方面：首先，在短期内提升城市在全球或区域范围内的知名度和竞争力；其二，通过吸纳外来资本，推动和激发城市发展阶段的跨越；其三，引发城市面貌的改善、赋予城市特色具体的内涵，形塑城市意象；其四，改善城市基础设施的建设，促进城市功能的完善。同时，城市事件也会给城市带来负面影响：其一，事件推行的投入以及集聚各种流体的消耗，给城市经济带来沉重的负担；其二，短期内人流剧增，给城市交通、环境及服务带来巨大的压力；其三，事件之后场馆等各种设施等利用和维护，也面临着管理上的诸多问题。而事件展开过程中，其偶然性和随机性特征也会加大正反面效应的影响，基于此，应遵循城市风貌生成原理的事件原则，有效地利用事件机制，以引导和激发良性的效果产生。

## 4.4 小结

本章通过考察城市风貌系统的生成特征，试图解释：造成城市风貌系统复杂现象的主要原因、城市风貌系统复杂现象与生成机制之间的关联性。基于此，首先，以系统理论为基础，依据城市风貌系统生成原理，来建构城市风貌系统的解释框架，从系统要素、系统缘结以及系统样态和事态三个方面，来刻画城市风貌系统的组成内容，认为城市风貌系统具有一般性系统的属性：关联性、整体性、结构性、层次性等；其次，借助复杂适应性系统（CAS）理论，来描述城市风貌系统的生成特征：适应性、复杂性和多样性等，认为这些表征的根源在于，城市风貌系统中适应性主体（包括自主体和人化组分等）的集聚和适应行为所导致的以流体为媒介的非线性作用；最后，认为城市风貌系统主体性的存在与实现及其适应性造就了城市风貌系统的复杂性和多样性。

通过对城市风貌系统的全面考察，更为深入地了解城市风貌系统的生成特征。同时，也预见了城市风貌现实态的复杂现象背后所隐藏的潜在秩序，预示着城市风貌特色塑造的可能性。基于此，下一章将继续沿用生成原理和复杂适应性系统（CAS）理论，来探究城市风貌系统的生成和演化机制及其规律。

# 5

# 城市风貌系统的生成与演化机制

“城市无序的表象之下存在着复杂的社会和经济方面的有序。”[211]那么，就城市风貌系统而言，也并非是一个简单系统，而是一个复杂系统，其复杂性来源于系统中包含有适应性主体，如自主体、人化组分等，这些主体在相互作用和适应的过程中，构成了城市风貌系统自下而上生成的动力。确切地说，城市风貌还是一个复杂适应性系统。因此，运用复杂适应系统（CAS）理论和生成原理来解析城市风貌系统的生成机制，可以更好地揭示其生成和演化的规律。

城市风貌系统的生成是多个影响因子共同作用的结果，其中每个因子的作用各不相同。而关于生成机制的研究首要工作是确定主要的影响因子，其次是分析这些影响因子的作用，为揭示城市风貌系统的生成动力机制提供依据。显然，城市风貌作为复杂适应性系统，无论是微观态还是宏观态的演化，都源于城市风貌系统的内外因。那么，在微观方面的演化，表现为城市风貌系统的人化基本组分即建筑单体的更替或功能上的改进；在宏观方面的演化，表现为城市风貌系统整体分化、层次生成、新功能涌现、结构调整、复杂化和多样化风貌形的产生等。基于此，本章将从城市风貌系统的生成因子、生成机制、演化动因、演化机制等角度，揭示城市风貌系统生成与演化的规律，并借此提出城市风貌系统生成原理的原则和方法。

## 5.1 城市风貌系统生成因子

一个城市在其发展过程中逐渐形成的城市风貌系统往往受到众多复杂因素的影响，在其生成过程中，凡能起直接作用的因素，均可称作生成因子。城市发展是一个客观的、不以人的意志为转移的自然历史过程，在这个进程中城市始终受到人类活动的影响，人类与城市之间的关系既可以是正向的协同关系，抑或是反向的相互干扰的过程。城市风貌作为城市的子系统，其发展路径也遵循这一规律，为了更好地促进城市风貌系统有序地演化，必须处理好三个方面的协同关系：首先，应协调好城市风貌系统与城市自然和人文环境的关系，城市风貌系统的发展必须顺应自然、弘扬城市文化与传统。其次，应促进城市风貌系统的各个自主体和人化组分之间协同发展，根据聚集程度和规模的不同，城市风貌系统可分为微观、中观、宏观层次的聚集体，它们各自有自身的目的性，彼此之间存在着非线性的相互作用，只有进行多目标平衡，才能使城市风貌系统协同有序地发展。最后，多主体集体必须有意识地利用社会、文化、政治、经济等手段，引导城市风貌系统向有序目标发展，使之与城市其他系统如经济系统、社会系统协同发展，实现可持续的发展目标。那么，根据上述的分析，将影响城市风貌系统生成的直接因子概括为三种类型：基础性因子、个体驱动力和集体引导力。

### 5.1.1 基础性因子

基础性因子主要包括自然资源和人文资源两方面的内容，这些内容构成了城市风貌系统生成和演化的基本质料。自然资源和人文资源作为城市风貌系统重要的基础性因子，主要依据其能否满足城市风貌系统自主体的基本需求来评价其潜在的景观价值。从绝大多数自主体的基本需求来看，除了包括居住、工作、游憩与交通四大活动之外，还需建立安全感、归属感等方面的心理需求，这些需求反映在文化层面可以概括为人居文化、生产文化、休闲文化和宗教文化四种类型。因此，以文化的视角来筛选自然要素和人文要素，所得到的自然资源和人文资源往往成了上述文化的物质载体，它们既具有物质属性，又具有文化属性。那么，具有景观潜能的自然资源主要包括自然景观和生态敏感区，其中自然景观包含山川、农田、森林、果园、草原等自然要素，而生态敏感区包含滨水地带、特殊或稀有植物群落、动物栖息地、沼泽、湿地等自然要素；具有景观潜能的人文资源主要包括文化遗存和人文景观，其中文化遗存含有物质性要素：历史文物、历史建筑、人类文化遗址等和非物质性要素：宗教信仰、价值观念、传统习俗、名人轶事、语言文字、戏曲文艺、科学技术等，人文景观则包含城镇格局、功能分区、街巷空间、地标性建筑等内容（表5-1）。上述这些因子可以说是城市风貌系统组分的直接来源，更是城市风貌系统生成的基础条件，同时还构成城市风貌系统的约束框架。

城市风貌系统生成的基础性因子　　表5-1

| 基础性因子 | 分类 | 具体内容 |
|---|---|---|
| 自然资源 | 自然景观 | 山川、农田、森林、果园、草原等 |
| | 生态敏感区 | 滨水地带、特殊或稀有植物群落、动物栖息地、沼泽、湿地等 |
| 人文资源 | 文化遗存 | 物质性要素：历史文物、历史建筑、人类文化遗址等 |
| | | 非物质性要素：宗教信仰、价值观念、传统习俗、名人轶事、语言文字、戏曲文艺、科学技术等 |
| | 人文景观 | 城镇格局、功能分区、街巷空间、地标性建筑等 |

### 5.1.2 个体驱动力

城市风貌系统的生成和演化动力来源于集聚过程中自主体个体实现自我目的性的欲望和诉求，这是一种自下而上的驱动力。在城市化进程中，集聚是城市最重要的特征之一，经济规模效应致使相同功能用地有集聚的倾向，无论是商业、服务业还是工业都需要获得一定的规模，从而使城市呈现功能集中、人口集聚的趋势。而人类社会个体集聚在一起，其目的就是为了追求更美好的城市生活。那么，就城市风貌系统自主体而言，因个体目的性的差异，可将其驱动力分为市场力和社区力两种自下而上的推力。首先，在市场经济条件下，社会资源基本上是由私有企业或个人所控制，经济活动呈现私有化的趋势，因此，决定了市场力是以追求最高利润为宗旨。那么，作为市场力量的代表——开发商，尽管因追逐私利最大化而导致了众多的城市问题，但是，其开发行为在客观上还是促成了城市发展和城市风貌系统的生成。其次，社区力是指城市社区组织、非政府机构及全体市民在实现个体目标过程中，形成的一股驱动力。通过考察美国的社区规划，可以发现，普通市民的个体目标一般分为四个层级：其一是就业需求，其二是住房需求，其三是环境发展需求，其四是社会发展需求（表5-2）。上述四个层级的需求，通常情况下是逐级实现、逐层跃迁的，即当满足了就业和住房等基本需求之后，才能更多地关注环境和社会发展的需求。无疑，随着普通市民个体目标的逐级实现，必然推动着城市风貌系统的生成和演化。

美国的社区规划 表5-2

| 需求层级 | 社区规划 | 具体内容 |
| --- | --- | --- |
| 就业需求 | 经济规划 | 帮助社区确定适宜发展的社区企业；举办就业培训班；协助企业和社区建立关系、以提供就业机会；修整、建造商业网点以振兴社区经济等 |
| 住房需求 | 住房规划 | 包括调查居住现状，促进社区和政府以及开发商合作，建造经济型住宅 |
| 环境发展 | 环境规划 | 从保护自然环境，修整历史建筑，到增添绿地和游戏场 |
| 社会发展 | 社会规划 | 包括教学改革、学校设施建设、社会治安管理等 |

资料来源：作者根据张庭伟的《社会资本、社区规划及公众参与》进行归纳总结。

### 5.1.3 集体引导力

集体引导力代表着城市风貌系统生成过程中内生的一种自制力，它来源于城市风貌自主体和人化组分集聚后的相互作用、相互适应的自组织过程，表现为自上而下对个体或大众行为的控制和引导，以强调整体步调的一致性。在现实生活中，这种社会集体力量具体地表现为城市的政府力。因为，每一届城市政府都是经由城市集体选举而产生的，它必须伸张城市集体的共同利益和意愿，其核心职责是促进城市发展、提供就业机会、增加财政税收，以便于改善城市面貌，提高公共服务质量，赢得市民的支持。而关于城市面貌的改善问题，根据前文所析，城市“风貌意”是集体认同的城市风貌特色意向和愿景，它构成了城市风貌系统生成和演化的目的因，城市政府将根据“风貌意”的主旨，结合城市发展阶段，选用相应的城市发展战略，以发挥集体引导力的作用。那么，城市政府通常可选择城市发展战略分为三种：促进增长战略、管控发展战略、激进改良战略，在每种战略中，城市政府将与不同的利益集团结盟，并对城市风貌有着全然不同的影响（表5-3）。

城市发展战略、城市发展目标与风貌意 表5-3

| 发展战略 | 特征 | 结盟 | 风貌意层级 | 城市目标 |
| --- | --- | --- | --- | --- |
| 促进增长战略 | 以经济增长为主导，强调“量”的重要性 | 市场力 | 意旨 | 永续城市 |
| 管控发展战略 | 承认经济增长的必要性，同时强调“质”的重要性 | 市场力、社区力 | 意趣 | 健康城市 |
| 激进改良战略 | 改善城市面貌，提高公共服务质量，强调社会公平 | 社区力 | 意境 | 和谐城市 |

## 5.2 城市风貌系统生成机制

城市风貌作为复杂适应性系统，其生成或演化首先以微观层次上自主体个体和建筑单体的更新为起点；其次，通过“标识机制”“积木机制”和“适应机制”的共同作用，触发微观组分的集聚、作用、适应、调整和组织，涌现出城市风貌系统的中观、宏观层次的聚集体，以及城市风貌系统的新功能和新结构，最终导致复杂化和多样化城市风貌形的生成（图5-1）。换言之，城市风貌系统的组分在经历了人化、聚集、适应、涌现过程之后，形成了城市风貌系统的微观、中观、宏观三个不同的层次，其中，在推进城市风貌系统从低层次向高层次跃迁的过程中，标识机制、积木机制、适应机制起着重要的作用。

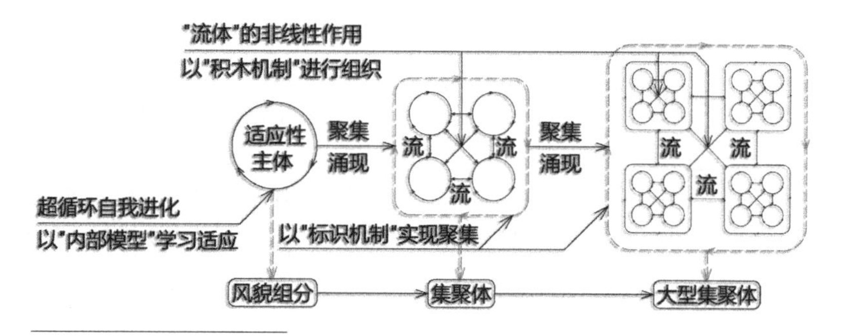


图5-1 城市风貌系统生成机制

## 5.2.1 标识机制

迈克尔·巴蒂在《城市与复合》中认为："人群绝对分区状态的出现反映了人们愿意与同类人一起居住的意向。"那么，人类是如何识别同类来达到聚居目的的呢？其关键是依赖于标识机制的作用。标识即为特征性符号，不同类型的人会呈现形态上和生理上的特点，以及语言习俗等历史文化因素组成的区域性特点，这些特点就是所谓的标识，它成为相互识别和认同的信息来源。同理，作为城市风貌系统人化基本组分的建筑单体，在形成聚集体的过程中，规划设计师通常是通过建立标识，进行特征识别、信息交流、相互对话、共同协作后集聚成群的，从而涌现出群落的边界、节点和群体样态。因此，在城市风貌系统生成过程中，标识机制是促成相同的用地功能、建筑风格和城市活动等聚集的重要机制。

那么，标识机制是如何起作用的？事实上，标识本身就是特征性符号，其功用就是，将自我的特征通过特定的形式和风格表达出来以示区别，它是一种富含象征意义的非言语表达方式（如图形或符号等），来源于特定人群的共同规定或者约定俗成。所以，对于标识的感知和识别，必须依赖于具有相同文化背景主体内在的认知图式，通过认知图式的作用，对标识所传递的信息进行译码、解码，并了解其中的内涵与关系，为进一步的筛选、特化和合作服务。通过这一过程，集聚体的组织结构得以突现，即便个别或部分发生改变也依然能维持整体结构的相对稳定。

鉴于上述的标识作用原理，以城市大众共同追求的"风貌意"作为设定标识的信息来源，有利于强化城市风貌自主体集体的文化认同感，增进彼此认知与理解，同时，有效地传递城市风貌宏观约束的意图，将约束条件化为限定城市风貌系统自主体和人化组分个体行为的活动边界，从而有利于促成理想的城市风貌形的生成。具体而言，根据城市风貌总体立意，可以从建筑的材料、色彩、风格、功能以及街区的功能、肌理、结构及其相应的活动特征等方面设定符合风貌意主旨的标识。

## 5.2.2 积木机制

积木机制是一种重要的组织机制，它是由作为组分的积木块加上简单规则的约束，通过局部的拼接、迭代、组合，自下而上地涌现出较高层级的集聚体，那么，这种集聚体依然可以视为把内部的具体内容和规律封装起来的"派生积木"，[146]继续参与到下一个层次的组织中，逐级跃迁，直到最后生成整体的形态。显然，城市从产生到发展壮大，也是经

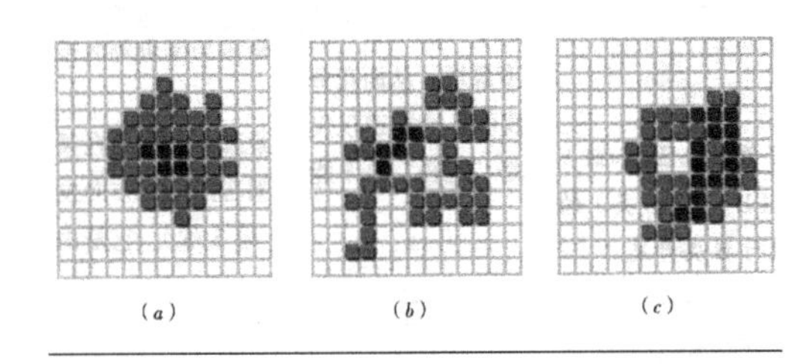


图5-2 类同心圆的三种形态
（资料来源：斯蒂芬·马歇尔的《城市·设计与演变》）

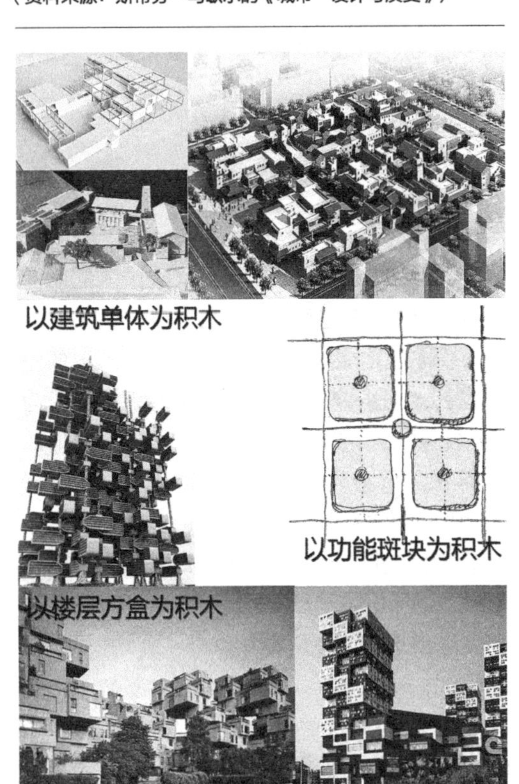


图5-3 积木类型

历着先局部后整体的过程，由局部行为导致整体样态的涌现，在这个自下而上空间组织的过程中，始终贯穿着积木机制的作用。

那么，考察传统城镇形成与发展的过程，其实并没有总体的联合行为或是预先的规划，其总体布局形式的形成全然是个体行为所致，是个体独立的建筑和选址行为带来的结果。这完全是局部的行为，因为，市民们并非了解自己土地范围以外都有什么及发生了什么，更不知道相对于城市总体用地布局自己位置的具体状况，只是在营建过程中，选择了建筑平面形状，并遵循了邻界性规则①，累积这样的个体营建行为，便涌现出紧凑的类同心圆式的城镇布局形态。英国的斯蒂芬·马歇尔在《城市·设计与演变》（2008）中，采用CA（细胞自动机）模拟由邻界性规则生成的模型，经过数次迭代之后，结果产生三种类型的类同心圆形态，如图5-2所示。反观当前城市规划布局手段，针对一个具体地块进行建筑平面布置时，依然是先确定不同类型的建筑选型（积木块），进而遵循日照通风规则、防火间距规则、交通组织规则、退让红线规则以及空间美学导则等，反复进行建筑群体空间组织的尝试，在比较中最终确定一个较为理想的群体形态。基于上述积木机制工作机理的分析，其关键在于如何发现新的积木块，如何创造新的组合规则，那么，只有把握了这两个步骤，才有可能涌现出前所未有的城市风貌的优良性状。

具体而言，从物质空间样态来看，城市风貌系统的积木包括不同类型和形式风格的建筑单体，不同规模、不同功能、不同风貌特征的城市功能斑块，以及城市片区即城市子系统（图5-3）；而相应的规则包括建筑技术规则、空间组织规则、建筑和风貌艺术规则；从城市事态来看，城市风貌系统的积木包括自主体个体、群体、集体，而相应的规则包括家庭、群体、集体组织规则及活动组织规则（表5-4）。

城市风貌形的积木组成 表5-4

| 风貌形 | 积木块 | 组织规则 |
|---|---|---|
| 空间样态 | 建筑单体、功能斑块、城市片区 | 建筑技术规则、空间组织规则、建筑和风貌艺术规则 |
| 活动事态 | 个体、群体、集体 | 家庭、群体和集体组织规则、活动组织规则 |

① 邻界性规则是指在进行建筑选址及平面布局时要求该建筑至少有一面与建成区相邻接。

## 5.2.3 适应机制

适应机制是指人类或其他的适应性主体所具备的学习、反思、修正自我的能力，以及根据自身积累的经验来预知或判断前景的一种行为模式。这种机制致使适应性主体有能力根据外部条件的变化适时调整自己以应对环境，并最终能更好地实现自我的目的，该机制复杂性科学称其为“内部模型”[①]。那么，正是微观主体的适应机制推动着城市风貌系统的演化和再次生成。

根据前文所析，城市风貌系统的自主体分为四种类型，其分别是规划及设计主体、开发主体、审美主体和管制主体。无论哪一种类型，其个体都属于城市社会的普通大众，都是城市空间的消费者和使用者。考察传统城镇中个体的营建行为，其选择和确定建筑平面布局和形态的过程实质上就是适应机制发挥作用的过程。为了能获得自身更满意的环境，如日照、通风、采光、防火、交通和景观等，个体总会根据外部环境条件，在建筑形态、布局、面积、户型等方面作出适当的调整。而考察现代的规划设计手段，在组织建筑群体空间时，也是将调整建筑单体的形态、布局、面积、户型等作为主要手段，来实现整体环境的最佳。因此，无论建筑植入使用者的思维还是设计者的思维，它都已转化成人化组分，其适应机制无处不在发挥作用。

而就城市风貌系统整体而言，自主体个体适应机制的共同作用，在总体层面上被统称为“内部机制”。在总体内部机制运行的过程中，以使用主体为代表的审美主体充当了探测器的角色，他们接收了环境和风貌的各种信息，并进行评价与反馈；而设计主体和管制主体犹如信息处理器，是选择和制定规则的主要操手，他们根据城市风貌发展中存在的问题，调整发展策略；而以开发商为代表的开发主体充当了效应器的角色，他们通过作出动作反应，以推动城市风貌系统的演化和重新生成（图5–4）。

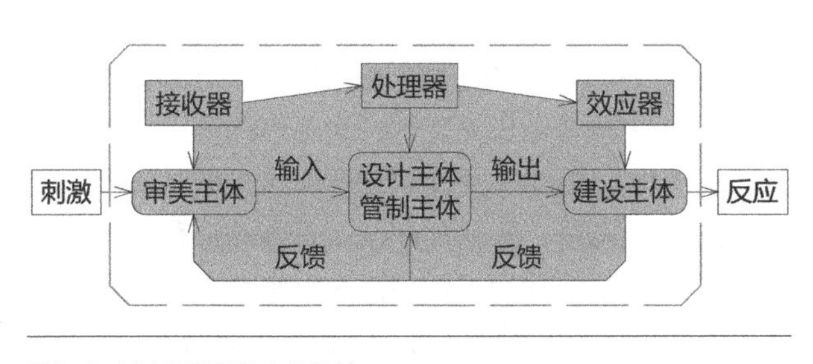


图5–4 城市风貌系统内部机制

## 5.2.4 案例分析

基于上述城市风貌系统生成机制的解析，本节将以福州仓山泛船浦“红鼎天下”地块更新为例，具体分析“标识机制”“积木机制”和“适应机制”在城市风貌系统中观和微观层面生成的作用。

项目概况：

“红鼎天下”属于仓山旧城改造中的住宅地产项目，其涉及自主体有：市政府、设计

① “内部模型”即“刺激—反应”行为模式。这个模式可以具体分解为以下三个步骤：其一，输入信息。通过探测器接收环境或其他个体的刺激。其二，模式挑选。其依据的规则是，基于什么样的刺激，作出什么样的反应。其三，输出反应。通过效应器作出个体的动作反应。“刺激—反应”行为模式能够带给主体“预知”和“学习”的能力，关键在于“模式挑选”这一环节的作用，这一环节的具体原理是：主体必须在它所收到的大量涌入的输入中挑选模式，然后，将这些模式转化成内部结构的变化。最终，结构的变化，即模型，必须是主体能够预知，即认识到当该模式再次遇到时，随之发生的后果将是什么。

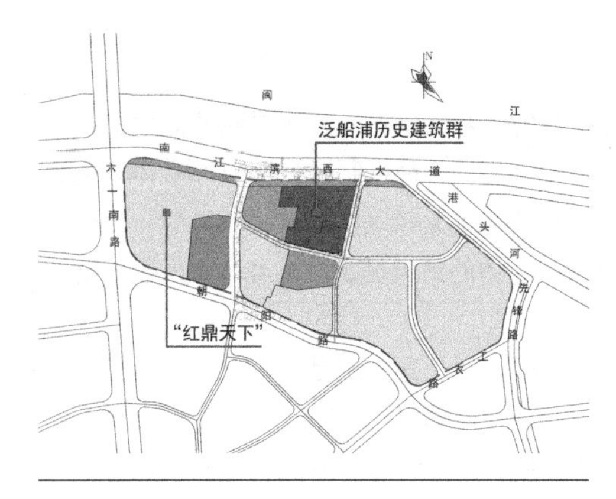


图5-5　项目区位

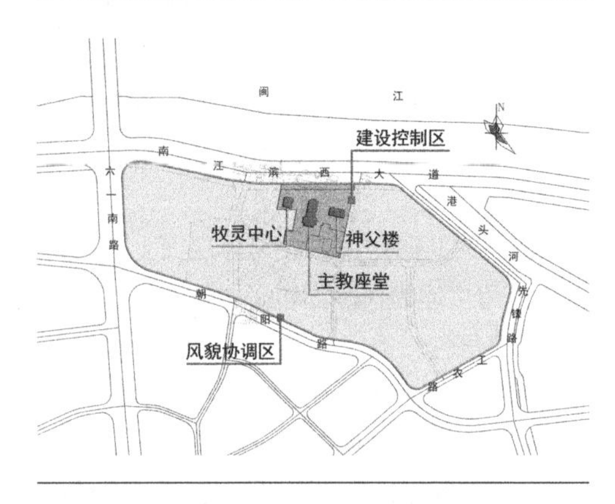


图5-6　泛船浦历史建筑群保护和控制区域

单位、房地产公司、原住户和新住户。该项目地处福州闽江南岸的仓山泛船浦地带的朝阳地块，其东邻泛船浦天主堂，西以六一南路为界，南接朝阳路，北靠南江滨西大道，占地56亩（3.74hm²），总建筑面积 111453m²（图5-5）。泛船浦天主堂始建于1868年，既是福建省文物保护单位，也是福州历史文化名城保护规划中重点保护的历史建筑群。鉴于该项目邻接泛船浦历史建筑保护区以及地处滨江沿岸，那么，在城市总体规划及城市文化名城保护规划的城市风貌立意中，如何协调历史建筑保护区和塑造滨江胜景将成为宏观约束的主要内容。

泛船浦历史建筑群由主教座堂、神父楼、牧灵中心三座主体建筑组成。它们均为砖混结构，主教座堂位于建筑群的中轴线上，属哥特式单塔楼；而神父楼和牧灵中心为双层建筑，分别坐落于主教座堂东西两侧。根据《福州历史文化名城保护规划（2012—2020年）》，泛船浦历史建筑群应以单体保护为主，注重神父楼和牧灵中心与主教座堂的呼应关系。由于其紧邻闽江南岸，故应确保该建筑群在江滨南路展示界面的完整性；同时，根据保护需要，建设控制地带范围划定为：北至南江滨西大道，南至新民街，西至天主堂西侧旧屋区，东至市水运公司东侧规划路，面积 2.08hm²，要求在此范围内的新建建筑高度不应超过泛船浦主教座堂主体部分的高度，以突出其在该地段天际轮廓线的主导地位。与此同时，为了确保片区风貌的完整性，风貌协调区划定为：北至南江滨西大道，南至朝阳路，东至葛蒲路，西至六一南路，面积 9.55hm²。其中，“红鼎天下”就位于风貌协调区内（图5-6）。

自主体目的性：

“红鼎天下”项目生成之初，所涉及自主体有：市政府、设计单位、房地产公司、原住户。那么，首先，对于 2008—2013 年期间任期内的福州市委来说，希望能够通过推出具有稀缺性的朝阳滨江地块，促进“红鼎天下”项目的落实，一方面，可以实现土地财政的高额增收（朝阳片西地块659万元/亩，东地块583万元/亩）①，另一方面，可以改善南江滨地带的城市面貌，建设绿色城市，提升福州城市环境的品质；其次，原住户大部分是朝阳临江街道的居民，是新中国成立后搬到岸上定居的水上船民，他们居住的空间是形成于1950年的棚户区，其主要的建筑类型是福州传统民居柴栏厝，因此，原住户亦有改善居住条件的诉求；其三，房地产公司为福建中庚实业集团，该公司秉承“构筑最适合人居生活”的

① 《关于研究南江滨地块拍卖工作专题会议纪要》——福州市仓山区人民政府专题会议纪要第54期，2009年7月21日。具体内容：2009年7月16日上午，区政府黄平区长主持召开了专题会议，研究南江滨地块拍卖工作，观井观海片、朝阳片出让时间2009年7~8月，采用分块出让形式，不同地块的出让价格：观井观海西地块731万元/亩，东地块793万元/亩；朝阳片西地块659万元/亩，东地块583万元/亩。

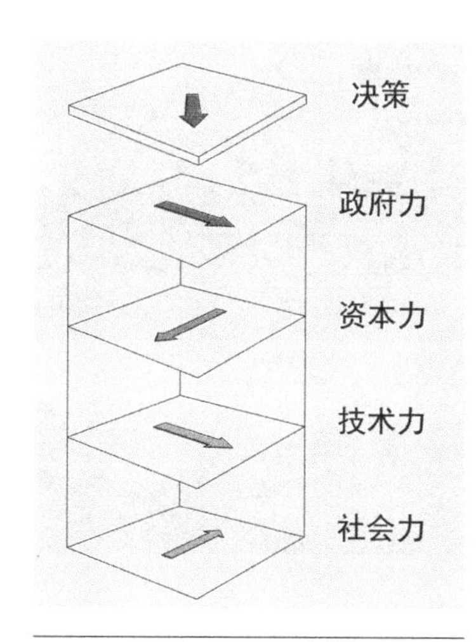


图5-7　合力模式
（资料来源：根据张庭伟的覆盖模型改绘）

核心理念，践行其高端的经营路线，以期获取更高的资本利润；其四，被邀标的福州华筑建筑设计事务所等8家设计单位①，构成了设计方案的竞标队伍，在竞争机制下，设计单位在符合基本设计规范要求的基础上，会竭尽全力地满足开发商利益最大化的需要。据此，四类自主体在市政府的引领下，以开发商为主导，各自诉求得到了整合和协同，形成一股合力（图5-7）；尽管，个别原住户不情愿搬离此地，但单薄的力量却无法撼动整体的合力。

标识的确立：

在《福州历史文化名城保护规划（2012—2020年）》中，城市风貌保护框架的主题确立为："八闽首邑、有福之州、坊里流韵、山水秀城、东南门户、开埠商都、闽台根源、南洋故里"，其中"东南门户、开埠商都"描绘的是包含苍霞、泛船浦、马尾等地在内的滨江流域两岸的历史景象，依此，如何维育历史建筑保护区的景观风貌和塑造滨江胜景，成为了主题立意的核心内容。那么，在主题立意的宏观约束下，地处泛船浦区域的"红鼎天下"项目，其首要工作就是：寻找特色标识，来促发新兴社区的形成和传统风貌的生成。因此，在项目策划和建筑设计中，首先，在项目定位上，注重品牌与文化特色的塑造，强化"稀有"和"精致"，以"大""贵""少"作为标识，如推出仅有200套的180～430m$^2$的户型，住宅单价平均2.8万元/m$^2$，采用福州首例华尔道夫级酒店皇族套房规格、亚洲仅3部的华尔道夫豪装高轿厢电梯、福州首例别墅级入户大门、福州首例全栋进口干挂石材、福州首例喜来登酒店"SGSS"服务联袂第一太平戴维斯直供服务等，于是，"红鼎天下"极致的空间规制，营造了专供闽江望族集聚的私人帝国。其次，受风貌保护的立意约束，建筑形式提取了泛船浦天主堂的建筑符号为标识，如拱窗、尖顶、欧式檐部和大窗等，作为控制城市风貌的吸引子，以引导城市风貌系统趋向于某种意向上的有序（图5-8）。

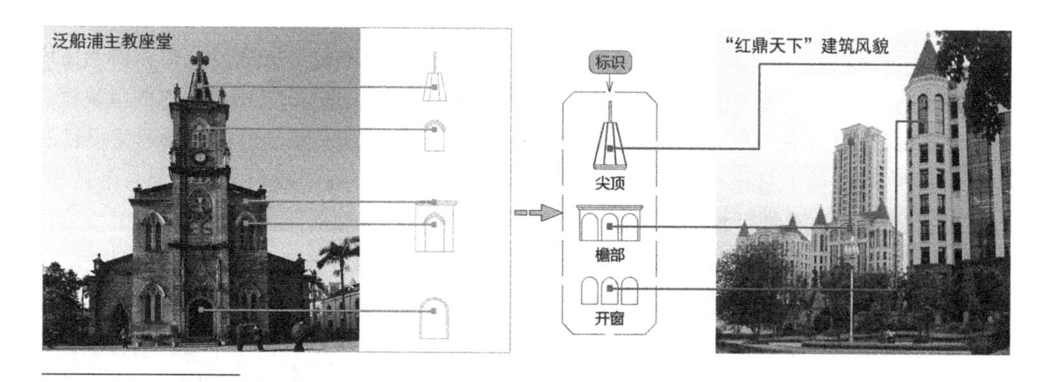


图5-8　建筑标识的提取

① 根据《红鼎天下方案设计及工程勘察招标公告》，共有八家设计单位接受了招标邀请：福州华筑建筑设计事务所、北京东方华太建筑设计工程有限责任公司、福建岩土工程勘察研究院；福州郭斯颜建筑设计事务所、福建工大建筑设计院、福建省地质工程研究院；福建博宇建筑设计有限公司、福州市建筑设计院。

“红鼎天下”风貌形

图5-9 “红鼎天下”风貌形

积木的选择：

“红鼎天下”积木选择的主导思想是，在遵从风貌立意宏观约束的基础上，最大化地服从开发商的意愿和欲求。首先，在单体构件积木的选择上，更多地以建筑风貌协调为主导，采用了以上所提到的欧式建筑构件，如拱窗、尖顶、欧式檐部和大窗等，作为组合的特色积木块，其组合规则遵从了欧式建筑的美学原则，塑造空灵、高耸、尖峭的总体风格特征；其次，在平面空间积木的选择上，兼顾风貌协调与品牌定位，除了以上提到含有200套户型的6栋住宅楼和1栋望江写字楼之外，还选取了喷泉、罗马柱、雕塑、尖塔、八角房等这些带有欧式建筑典型标志的环境积木，遵循花园式规则进行组合；其三，在功能积木的选择上，则遵照开发商对市场的判断，其积木主要包括住宅、商业和办公，其中，临江豪宅6栋、望江写字楼1栋，还有主要道路的沿街商店。上述积木块，从构件到单体平面，再到整体功能布局，遵循相关的组合规则，通过局部的拼接、迭代、组合，自下而上涌现出较高层级的集聚体，最后，生成“红鼎天下”的整体风貌（图5–9）。

适应的过程：

“红鼎天下”所涉及的自主体包括市政府、设计单位、房地产公司、新老住户，适应过程就是多主体个体目的相互整合和协同的过程。当然，代表着政治力的市政府和资本力的开发商，是两股强势力量，往往是决策当下事件的主导之力；而新老住户目的差异较大，且个体力量比较微弱，倘若有共同的意愿，要形成一股合力也需要一个过程，因此，其作用往往是滞后的，称之为反馈。而设计单位的协调作用也是有限的，开发商压缩了设计周期，迫使“公众参与”成为了虚设的环节。那么，作为强势力量的福州仓山区政府，为了能顺利地推进项目，对于可能形成阻力的老住户不是一味地采用强制和打压的手段，其适应策略是：与拆迁对象协商补偿和安置的问题，主动提供多种可选的方案，如住房安置或货币安置等。根据《福州仓山区朝阳片区改造拆迁安置实施细则》，“红鼎天下”项目安置地安排在茶会园（距拆迁地2km），安置住宅标准房型分别为：45、60、75、90、105、120m$^2$六种类型，超过105m$^2$可以分房型安置，不足45m$^2$进行货币补偿，实际增加建筑面积不足7m$^2$，可上调一种房型；货币补偿按地段分为两种，朝阳片西地块2000元/m$^2$，东地块1650元/m$^2$，此外，还有公建、工业、仓储类用房补偿问题，此不赘述。另外，作为强势力量的开发商，为了能够吸引意向上的新住户，根据房源环境品质的差异，将售价确定为：

少量18888元/m²（底层），大量28888～30000元/m²不等。

尽管，在城市风貌系统生成过程中，始终贯穿着“标识机制”“积木机制”和“适应机制”的作用，但是，以资本力为主导的城市风貌的生成模式，则更多地体现着，市场机制主导下资本对社会资源配置的作用，资本成为占有社会资源的最有利的要素。

## 5.3 城市风貌系统演化动因

无疑，城市风貌系统的发展和演化的基本动因来源于系统内外部两种因素的变化与作用。这些变化和作用主要表现在，系统内部自主体个体的更替和人化基本组分的更新，以及系统外部环境的变化。自主体的更替，带来的是个体价值观和需求的改变，随之导致人化基本组分的更新，新组分的出现打破了组分之间固有的关系，并生成内部力场的张力，引导城市流体在城市空间中重新分布；而外部环境的变化，是触发城市风貌适应性主体自我适应和调整的重要因素。因此，环境变化是城市风貌系统演化的外在促因，而内部力场的张力是最主要的决定因素（表5-5）。

城市风貌系统演化动因　　表5-5

| 动力因素 | | 影响因素 | 更新形式 |
|---|---|---|---|
| 内因 | 自主体更替 | 生命周期、职业生涯、行政任期 | 行政换届，代际更替 |
| | 组分更新 | 自然、社会、经济、文化、技术的变化，主体需求的改变 | 建筑功能改变、建筑单体更替、土地利用、街道、地块格局变迁 |
| 外因 | 环境变化 | 信息技术和交通技术的革命 | 全球化、信息化 |

### 5.3.1 自主体更替

城市风貌系统中的自主体不仅是城市风貌事态的表现主体，而且是城市风貌物质空间样貌生成和演化的触发者和参与者。因此，自主体的更替和进化，将从根本上推进城市风貌系统的演化。根据社会地位、身份和角色的不同，风貌自主体一般可划分为以下四种类型：设计主体、开发主体、审美主体、管制主体，其中，管制主体往往主导着城市风貌的演化动向和演化模式，是城市风貌特色的主要把控者。一般而言，自主体的更替主要受生命周期、职业生涯、行政任期等因素的影响，其中行政任期时间最为短暂，作用也最为直接，其主要是针对管制主体而言的。我国宪法规定，地方各级人民政府每届任期为五年，换届之后的领导班子便会带来新的城市发展理念，树立新的城市发展目标，因此，行政任期是促进城市风貌演化最主要的因素之一；而生命周期、职业生涯时间多为数十年，往往以代际的形式完成对每一种类型自主体的更替和进化。

简单地说，代际更替就是一代新人换旧人，并由此引发社会结构的变化。而不同历史时期的风貌自主体，因受社会物质生活条件的制约，其内在需求和观念呈现出极大的差异，因此，各个历史时期的城市精神和城市风貌特色也各不相同。伴随着人类社会从农业时代到工业时代，再到向信息时代的转化，其城市社会形态也由工业社会发展到了信息社会。以社会发展的不同阶段作为考察自主体历史发展和更替的参照系，那么，对应于农业社会、工业社会和信息社会，呈现出自主体对土地依赖、机器依赖、信息依赖等不同的需要，并由此生发不同的价值观念：人地共生、机器哲学、眼球经济。

事实上，“需要是指生命物体为了维持生存和发展，必须与外部世界进行物质、能量、信息交换而产生的一种摄取状态”，同时，“人的需要是主体发起对客体作用的起始动因”。[163]因此，城市风貌系统因自主体更替而引起的需求和目标的改变，必然形成新一轮推动城市风貌系统发展的动力。确切地说，自主体需求满足和目标实现的过程就是客体人化的过程，在这个人化过程中客体植入主体的思维，使之具有了活性和适应能力，如城市风貌的人化组分就是以具备塑造风貌特色潜能的质料为素材进行组织和构型的，在这个过程使用者的需求意识及设计者的应变意识始终贯穿其中，使城市风貌组分似乎成了具备适应能力的主体，以至于在集聚过程中有能力应对其他组分及环境对它的限制和影响。因此，从某种角度看，自主体需求的变化必然带来城市风貌组分的重新适应和改变；同时，自主体需求的变化也会建立起新的城市风貌发展的目标，那么，在新的目标引领下，城市风貌质料的选择、组分的适应便有了更为具体的方向，从而，促发城市风貌系统往理想的状态演化。

### 5.3.2 组分更新

组分更新既是城市风貌系统演化的动力，又是演化的起点。对于城市来说，城市风貌组分的更新始终贯穿着建筑功能的改变、建筑单体的更替，以及土地利用、街道、地块的格局改变，最终呈现整体风貌的变化。根据城市风貌生成原理，系统组分在经历了人化、适应、聚集、涌现的过程之后，形成了微观、中观、宏观三个不同的层次。其中，微观层次是指不同类型和形式风格的建筑单体；中观层次是由建筑单体聚集而生成的不同规模、不同功能、不同风貌特征的城市功能斑块，其规模层级表现为从群落—组团—小区—功能区的不断升级；宏观层次是由建筑单体和功能斑块共同集聚生成的城市片区，相当于城市的子系统。综上，从层级结构来看，城市风貌的微观组分是系统生成的源头和起点，因此，组分更新特指微观组分即建筑单体的更新，与其他层级相比较，它是城市风貌系统演化更为根本的动力。

从微观组分来看，因外部环境的变迁，人化的组分始终处于周而复始的循环更替中。而环境因素涉及自然、社会、经济、文化、技术等多种因子，基于上述因子的共同作用，导致建筑的物质寿命完结、使用功能退化、外部环境变迁等不同状况的产生，从而引发微观组分的更新。其中，建筑物质寿命的长短由材料和结构的特性决定，并且是自然力作用和技术力维护相互制衡的结果，但是，它并非是建筑更新的主导因素，在商业化时代，资本与市场才是主导城市一切变化的真正力量；建筑功能退化，是指建筑的使用功能和审美功能无法满足当下人和市场的需求，由于它直接受制于市场力或资本力的驱使，所以，它是建筑更新的重要因素；而环境的变迁往往是多种力量综合作用而造成的，包括自然力、资本力、政治力和技术力等，因此，它是建筑更新最主要的因素；而相对于其他作用力而言，只有文化力对于建筑传统形式的存续，是一种彻头彻尾的保守力量。

微观组分的更新，一方面，为城市风貌系统的生成注入新活力、新元素、新细胞，另一方面，它改变了组分之间固有的、稳定的关系，从而，在相互作用、相互适应、自组织的过程中形成一股新的张力，推动城市风貌系统的演化。例如，上海外滩经历了30多年的城市风貌变迁、新旧建筑更替之后，通过万国建筑的集聚，勾勒出新的、具有时代气息的城市形象（图5-10）。

图5-10 上海外滩建筑更替
（资料来源：《超有创意视频：上海30年的城市变迁》）

### 5.3.3 环境变化

全球化、信息化的时代，环境的变迁主要表现在，信息技术在全球范围内广泛地使用，不仅深刻地影响着城市经济结构与经济效益，而且，作为先进生产力的代表，对城市社会生产、日常生活的方方面面都造成了深刻的影响。

信息技术带来了运输和通信成本的降低，使空间阻碍逐渐消融，削弱了地域保护和垄断优势，全球性生产活动资本以低成本跨境流动的可能性加大。资本的趋利性和流动性，不仅让世界竞争陷入了更加广域化的角逐，而且，导致过剩的资本转向了对建成环境的投资，于是，空间不仅是资本进行商品生产的一种生产资料，同时也是最终的产品。于是，城市陷入了一个不断扩张和城市化的过程，在这个过程中资本力成为主导的力量，资本通过占有、生产和消费空间，最终达到增值的目的。另一方面，广域化竞争促使城市的管理体制也发生了深刻的变革，城市政府采用经营企业的模式来管理城市，遵循市场机制，以提高城市竞争力、吸引外来投资和促进经济增长为目的。于是，城市政治力着力于城市形象和特色的塑造，以吸引更多的投资资本，并不得不与资本力为伍，依赖资本力的介入，形成城市发展的助推器。

综上，全球化、信息化时代的环境变迁，主要是由信息技术的进步而引发的，它不仅加大了全球资本的流动性，更突显了资本力的主导作用，并且试图与政府力为伍，统领文化力和技术力，推动和加速城市化的进程。同时，环境的变迁触发了城市风貌适应性主体的自我调整，以此推动了城市风貌系统的演化。世界总在不断地变化，而周围的环境也在不断地改变，应接受改变，并引导其向有利于提高城市生活品质的方向转化。

## 5.4 城市风貌系统演化机制

依据城市风貌系统的生成原理以及城市风貌复杂适应性系统的特性，城市风貌系统的演化过程呈现两个比较明显的演化趋势：趋于复杂性、趋于多样性。

首先，在城市风貌系统中，风貌自主体和人化组分是风貌系统内所拥有的数量庞大的、具有非线性关系的能动主体。它们带有各自的目的性，总是选择最为适应环境、最有利于自身生存的行为方式，这就决定了个体存在的形式与状态的多种可能性。具体而言，既有有序的一面，又有无序的一面；既有稳定的一面，也有随机的一面；既能同化，亦能异化。同时，它们利用标识机制、积木机制和适应机制的作用，促使自身不断地适应、调整、演化、流变，并且通过自组织、竞争与合作、组合与迭代，涌现出更为复杂的集聚体。所有这一切都在同时进行中，无先后关系，无预定路径。因此，从某种层面上看，城市风貌系统主体性的存在与实现造就了复杂性。这是因为，无论无序性和随机性，还是错综性、层次颠倒和要素的激增，这些复杂的状态都源于复杂系统的主体性存在与实现。

其次，城市风貌系统演化所呈现的多样性，不仅表现在同一层次中个体类型的多种多样，还表现在层次之间的差别和多样化。整个宏观系统的演进，包括新层次的产生、分化和多样性的出现，以及新的、聚合而成的、更大的主体的出现等，都是在这个基础上逐步派生出来的。[256]

无疑，城市风貌系统演化的两种趋势，都来源自适应性主体适应的结果。而针对环境所作的应对性调整，使城市风貌系统趋于复杂性和多样性，而这种趋势并非无规律可循。那么，根据城市风貌系统的生成原理，在外部环境的物质、能量、信息等流体作用下，在自适应、自组织、自稳定的状态下，城市风貌系统因主体适应而内生的相互联系，决定着整体系统发展的必然趋向，它表现为广义目的机制、竞争协同机制、信息分形机制、受限涌现机制和超循环更新机制的共同作用（表5–6）。

城市风貌系统演化机制　　表5–6

| 演化机制 | 内涵 |
|---|---|
| 广义目的机制 | 是指城市风貌系统整体在生成和演化过程中，始终贯穿着内在的、多样化的目的因素，并导致系统内生自适应、自组织、自稳定的机制 |
| 竞争协同机制 | 是指城市风貌系统内部要素之间以及系统与环境之间，既存在整体同一性又存在个体差异性，整体同一性表现为协同因素，个体差异性表现出竞争因素，通过竞争和协同的相互对立、相互转化，推动系统的演化发展 |
| 信息分形机制 | 是指在城市风貌系统生成过程中，贯彻始终及一切层次的信息规律之一致性和时间绵延性，既决定了系统具有整体不可分性，亦决定了整体中部分的分形性：即部分携带整体信息，各部分与整体具有形态或信息上的自相似性 |
| 受限涌现机制 | 是指城市风貌系统通过组分、结构和环境等要素之间的非线性流体作用，在构材效应、规模效应、结构效应、环境效应等多种机制的限定下，在新的层次上出现了系统单个组成要素所不具备的性质，往往表现为“整体大于部分之和”，其中“大于部分”就是生成的新结构和新功能 |
| 超循环更新机制 | 是指城市风貌系统的自主体和人化的组分在自然力、资本力、政治力、文化力和技术力的作用下，通过生灭循环和更新运动，推动整体系统的生长和演化，并且，呈现自我复制、自我催化、不断地创生、不断地涌现生长新起点的不可逆的循环趋势 |

### 5.4.1 广义目的机制

广义目的机制，是指城市风貌系统整体在演化过程中，始终贯穿着内在的、多样化的目的因素，并导致系统内生自适应、自组织、自稳定的机制。这些目的来源于城市风貌系统适应性主体的个体自觉，并表现为理想状态和干预状态两个不同的层级及四种不同的基本目标形式：其一，期望个体或组分局部的理想状态；其二，期望集体认同的整体目标，即风貌意；其三，期望通过信息反馈优化总体目标；其四，期望有限控制内在需求。正是主体多样化的目的因素，使个体与个体之间、个体与环境之间反复作用与适应（图5–11），如同亚当·斯密（A. Smith）的“看不见的手”①，推动着城市风貌系统向前运转。

① “看不见的手”即在相互关系的作用中，由于个人行为的非故意性而导致一种社会秩序的善果出现。

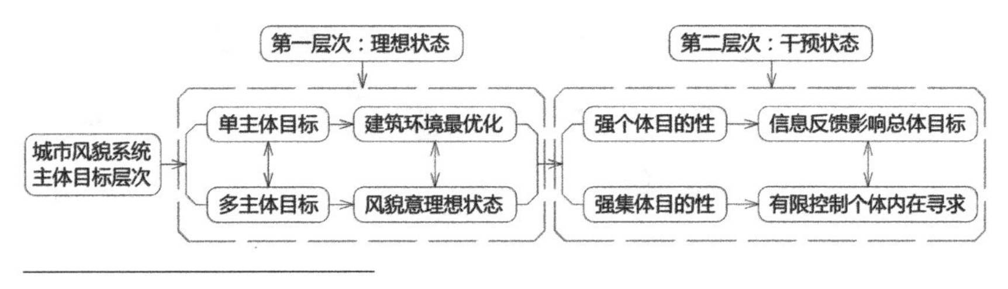


图5-11　城市风貌系统主体目标层次

在强个体目的性的状态下，人们总会最大可能地遵照自己意愿营建住所或城市空间，因所处局部环境的差异而形成了完全不同的适应结果，即产生了多元化的建筑类型或城市空间类型，这些不同类型的建筑或空间在相互作用中促成新的关系网，进而创造出各式各样新的生态位，催生了不同类型的城市组织。于是，在这种状态下，城市风貌形呈现纷繁复杂的局面。而在强集体目的性的状态下，城市风貌系统管制主体将通过标识机制的作用，提高风貌意识的信息冗余度，降低了个体处理信息的复杂性，引导出几种符合主体大众精神体验的主导的建筑风格类型，并使建筑和空间融为一个整体，力图培育城市风貌特色生长的土壤。

简·雅各布斯在《美国大城市的死与生》（1961）一书中指出“城市作为人类聚居的产物，有成千上万的人聚集在那里，而这些人的兴趣、能力、需求等又都千差万别，他们之间相互关联的同时又不断地相互适应，结果产生了错综复杂并且相互支持的城市功用，并形成富有活力的丰富多彩的城市空间。”[257]她认为这种复杂性表现为城市的多样性，并称“多样性是大城市的天性”。

## 5.4.2　竞争协同机制

竞争协同机制，是指城市风貌系统内部的组分或要素之间以及系统整体与环境之间，既存在着整体同一性又存在着个体差异性。整体同一性表现为协同状态，个体差异性表现出竞争状态，通过竞争和协同的相互对立、相互转化，推动城市风貌系统的演化发展。[258]

在一般系统论看来，“任何整体都是以它的要素之间的竞争为基础，而且以‘部分之间的斗争’为先决条件。”[259]“一切形态的发生都归之于冲突，归之于两个或更多个吸引子之间的斗争。”[260]系统中的个体为了保持自己的个体性，决定了它们之间必然处于相互竞争之中。根据前文所析，城市风貌系统中差异化的自主体个体和人化的组分，总是带着各自的目的性，力图获得最佳的生态位，实现个体效益的最大化，这个目的便构成了竞争的前提。例如，建筑单体在进行空间布局时，每个个体都希望选择最佳的区位、获得最好的环境、创造最美的形式，并在群体中突显自身，其结果是差异化、多样性、复杂性增强，城市整体风貌流于无序，呈现一种混沌的状态。

而协同则强调个体之间、组成部分之间、要素之间的协作。协同是不同对象之间的相互干预能力，这种能力表现为促使多方要素在整体运行过程中的相互合作的机制。在城市风貌与外部环境进行物质、能量、信息交流的过程中，催生出城市风貌进化的协调性动力因子，如“文化因子、自然肌理因子、经济因子、社会及公众风貌判读心理因子，这些是城市风貌进化过程中的慢变量。在慢变量中，哪些能够主宰城市风貌系统的演化方向，哪些具有支配其他变量并带领系统由无序走向有序的能力，那么它就是城市风貌形成与演化的序参量（图5-12）。”[261]而事实上，城市中每一幢新增建筑的布局，总是基于对建成环

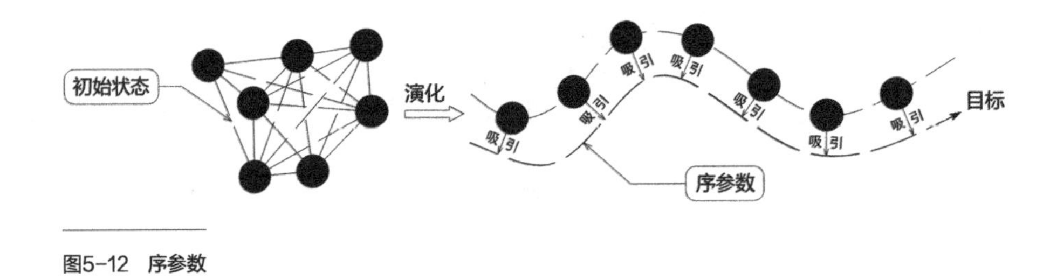


图5-12 序参数

境适应为前提的，它首先必须满足人流、物流、能量、信息等各种流体顺畅运行，进而要处理好与城市风貌其他元素之间的关系，在彼此相互刺激与关联反应中使自身融入固有的场域，并且以场域内那些最初保存下来的建筑形式为协调性动力因子，找出混沌状态中的高杠杆作用点，“可以干扰这些点以产生系统全局行为的重大持久变化”。[262] 从协同作用开始，建立一个有机的联动机制，以形成一定功能的自组织结构，呈现新的有序状态。[263]

### 5.4.3 信息分形机制

信息分形机制，是指在城市风貌系统演化过程中，“贯彻始终及一切层次的信息规律之一致性和时间绵延性，既决定了复杂系统具有整体不可分性，亦决定了整体中部分的分形性：即部分携带整体信息，各部分与整体具有形态或信息上的自相似性。”[96]

无疑，城市风貌系统无论是整体还是部分都是信息的载体。正如拉普卜特所言，如果把建筑环境设计者看做是信息的编码过程，使用者对其的理解与使用看成是译码过程，那么，建成环境就成为设计者（传播者）与使用者（受传者）之间进行交流的一种重要的媒介，拉普卜特并依此归纳出这个交流过程的七种要素：发送者；接收者；渠道；信息形式；文化代码；主题——发送者的社会情境，预期的接收者、场合、预期的意义；脉络或景象，是被交流的一部分，但部分地是外部的——任何一个给定情况下（图5-13）。[130]

那么，城市风貌系统所承载的是什么信息？那就是城市集体对城市环境的共同欲求——风貌意。事实上，城市风貌系统演化的过程，几乎相当于城市风貌信息媒介的转换过程。从风貌意创生开始，直到生成风貌形，看似是信息放大的过程，实际上，是信息载体由自主体的脑神经系统，到外化为语言、文字和图表等人工符号，再到建筑、城市组织和城市系统等物质性载体，从微观到宏观、从物质性弱到物质性强不断转换的过程，且信息始终与生成起点保持着一致性，这便说明了生成系统必然具有对初始条件的高度敏感性

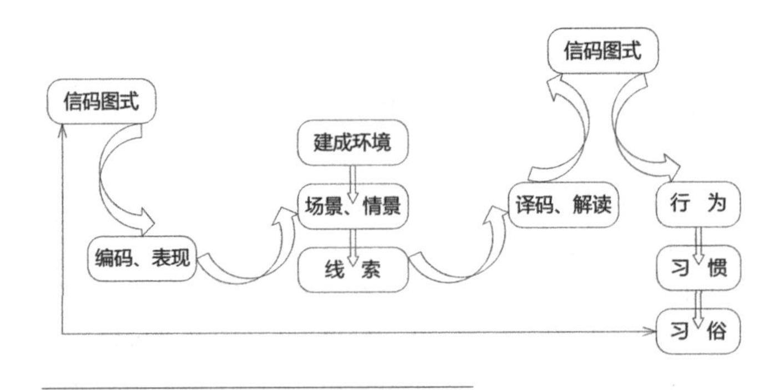


图5-13 环境信息编码和译码
（资料来源：拉普卜特的《建成环境的意义》）

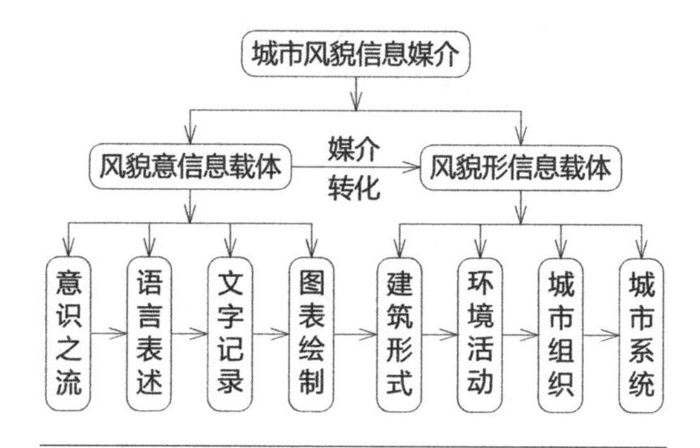


图5-14 城市风貌信息媒介

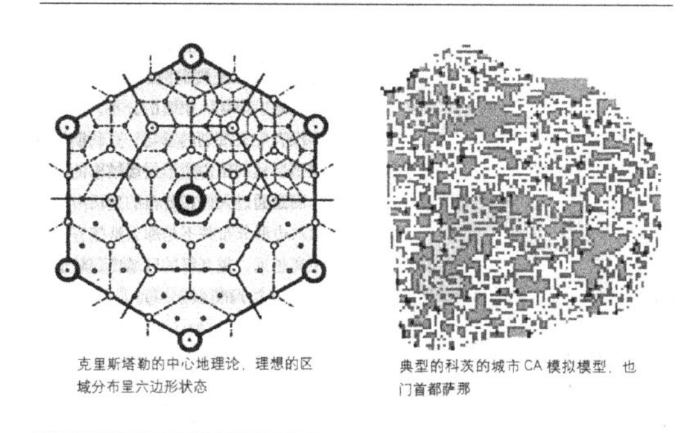


图5-15 城市空间的分形特征
（资料来源：斯蒂芬·马歇尔的《城市·设计与演变》）

（图5-14）。因此，城市风貌信息分形机制首先表现在，任何一个相对独立的组分，在一定程度上都是整体的再现和缩影。其次，自复制、自组织生成的每一部分也都携带着整体的信息。因此，一旦系统物质结构遭受破坏，只要信息尚存，每一部分皆有可能成为“种子”或“生成元”，凭借生成机制重新修复系统。

“从统计的角度而言，城市空间网络本身存在分形秩序，城市空间也是自身相似的。”[264]例如，克里斯塔勒向我们展示了在理想状态下，平原城镇会呈现六边形层级迭代结构的城市空间形态，以及保罗·科茨（Paul Coates）城市空间细胞自动机模拟的模型（图5-15）。那么，“就功能而言，从整个城市到各分区、各小区都具备工作、生活、休闲、交通这‘四大功能’；城市道路网的主干道、次干道、支路、园路也呈现自相似特征，虽然这种自相似并不严格规整，但在统计意义上城市是分形的。”[265]显然，理解了信息分形机制的原理，可以更好地把握建筑单体与周围环境的关系，例如，城市风貌环境视觉轮廓线的分维数①可以作为建筑设计的参照或指引，倘若能够将建筑形象植入背景之中，并寻找建筑与环境视觉轮廓线分维数内在的关联性，那么，建筑便会与环境产生共鸣，从而能够和谐共生。

## 5.4.4 受限涌现机制

受限涌现机制，是指城市风貌系统通过组分、结构和环境等要素之间的非线性作用，在构材效应、规模效应、结构效应、环境效应等多种机制的限定下，在新的层次上出现了系统单个组成要素所不具备的性质，往往表现为“整体大于部分之和”，其中“大于部分”就是生成的新结构和新功能。

在城市风貌系统整体涌现的受限生成过程中，多种机制的限定作用是通过自主体及人化组分的适应机能来实现的。它们各自根据不断变化的各种输入信息，通过适应和学习，输出正确的反馈信息，以达到组分之间相互交流和协同合作的目的。

“城市的生长和发展是涌现的，不同于传统的线性的规划策略。在哲学、系统理论、科学中，涌现就是相对简单的相互作用的多样性可以产生复杂的系统和模式。”[266]以流体作用触发城市涌现，从而，生成城市风貌系统的复杂整体。城市流体主要包括活动流、物质流、能量流、信息流四种类型。这些流体亦可具体化为地理要素和文化要素，其中地理要素包括自然生态、地形地貌、山水格局、地理气候、资源分布等，而文化要素包括宗教信仰、文化观念、社会制度、民间习俗、生活方式、科技水平、经济水平等，它们以流体的方式作用着，形成外部的规定性和限制性。流体的运行、分配和控制往往与建筑单体的

① 分维数是一个描述一个分形对空间填充程度的统计量。

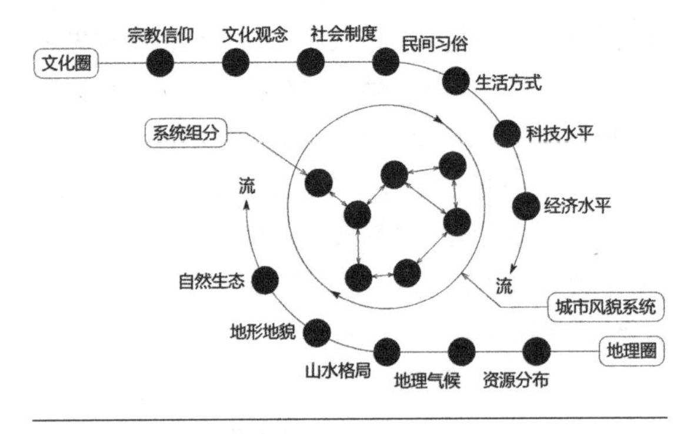


图5-16 城市风貌系统的受限涌现

功能和布局相呼应，而不同功能的建筑，其空间形式和样态风格各异，因此，从某个层面上来说，流体的组织和运行是催生城市风貌形成的一股力量（图5-16）。

"这些流的渠道是否通畅，周转迅速到什么程度，都直接影响系统的演化过程。"[146]从速度分布、节点处理和线路连接等几个方面来组织城市交通网络和基础设施，并结合城市不同功能、流线速度、循环流线的参数化定义的分析，形成了不同类型的流线模式。这些模式在一定程度上决定了城市中的边界、实体、中心以及周围的空间和社区的组织和分布，从而影响了城市风貌系统的整体涌现。

### 5.4.5 超循环更新机制

超循环更新机制，是指城市风貌系统的自主体和人化组分在自然力、资本力、政治力、文化力和技术力的作用下，通过生灭循环和更新运动，推动整体系统的演化，并且，呈现自我复制、自我催化、不断地创生、不断地涌现生长新起点的不可逆的循环趋势。

形象地描述，超循环并非是固定在同一个平面上可逆的机械循环，而是在不同层级间跃迁和交叉催化的循环。它是一种原始反终、不断复归涌现或新生的过程，在这个演化的过程中，呈现出分叉与螺旋式上升的性征，具有一种"一旦——永存"[113]的持续生长趋势。并且，发展到一定阶段，超循环生成的非线性联系便会无穷地嵌套起来，形成复杂网络。而更新，即为更迭成新。

事实上，城市更新是因城市街区、建筑的衰败而导致的，其根源是无法适应城市现实社会生活的需求，这种不适应性往往表现为物质寿命的完结、建筑功能的退化、外部环境的变迁等。在康泽恩的理论中，认为城市形态的更新涉及三个基本要素，即地平面、建筑形态、建筑与土地使用（图5-17），通过三个要素的"形态复合"，可以刻画出城市物质环境和人文历史的演变历程，因为，组成要素的特征正是形态建设初期和适应期内历史文化发展背景的反映。在基本要素中，平面单元为建筑类型和土地利用模式提供了形态框架和形态结构，而建筑物基地就是土地利用中被实体覆盖的部分。同时，平面单元也是三个城市形态要素中最为稳定的一个，它反映了城市建设中最主要的意图，特别是街道平面的规划；而建筑类型也能在一段较长的时间跨度内保持稳定，但是，相较于街道平面来说，建筑类型在遭受火灾和战争等人为灾害的破坏时更易于改变，而且，也会因为产权或功能的更替而得到调整；土地和建筑利用模式则是最为善变的要素，尤其是位于城市核心区及其周边的区域，由于新功能的出现、时尚风格的变换和户主任期的相对短暂，使得土地和建筑利用模式经常发生变化。总之，在城市形态发展变化的过程中，这三个要素所起的不同作用正好诠释了城市景观是如何形成历史分层的。平面单元决定了最主要层次的单元划分；而最小的景观单元或者称为形态顶端，通常是由建筑类型决定的；由于基本上顺应于城市平面格局的变化，土地和建筑利用在界定传统城镇地区不同等级区域的界线方面的作用却非常小。

显然，建筑的物质寿命长短是自然力作用和技术力维护相制衡的结果，但它难以构成

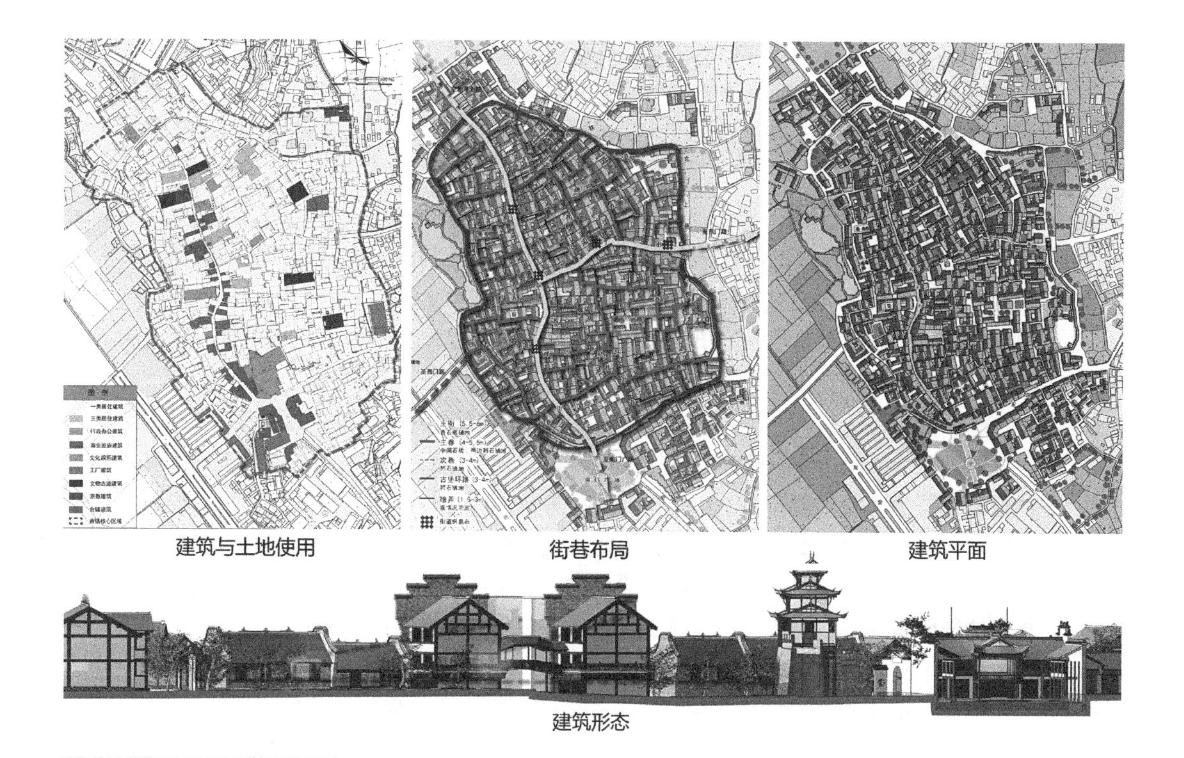


图5-17　城市形态基本要素
（资料来源：福建省住建厅村镇处）

城市更新的主要因素，因为，在商业化时代，资本与市场正在主导着城市的一切变化；建筑功能包括了各种使用要求和艺术审美方面的精神要求，恰恰是建筑功能对人和市场的需求最为敏感，因为它直接受制于市场力或资本力的驱使，所以，它是城市更新的重要因素；而环境的变迁往往是综合了多种力量的作用，其涉及自然力、资本力、政治力和技术力等，因此，它是城市更新最主要的因素。只有文化力对于更新来说是一种相对保守的力量，也是维护城市风貌完整性的根本力量。

以复杂网络为生境，自主体和人化组分的周而复始的循环更替，为城市网络空间注入新的元素，从而，从局部上改变了相互之间固有的关系，这些关系在协同整合中内生成一股动力，推动城市风貌系统持续向前发展。

### 5.4.6　案例分析

基于上述城市风貌系统演化机制的解析，本节将以福州近代城市风貌演化为例，具体分析广义目的机制、竞争协同机制、信息分形机制、受限涌现机制、超循环更新机制在城市风貌系统演化中的作用。

第一次鸦片战争失败之后，中英签署了《南京条约》，1843年（清道光二十三年）7月22日，福州正式成为全国首批开埠的“五口通商”口岸之一，殖民者成了福州政治、经济与文化的干预力量，洋人遂成为近代福州城市新的自主体，他们在竞争与对抗的过程中，逐步按照自己的意愿，主导着福州城市的发展与城市风貌的演变。到了19世纪下半叶，洋人居留地已在闽江南岸的仓山区域形成，城市建设活动空前繁荣；由此，福州城市空间已经跨越了闽江水域，飞地式地向南扩展，在短短的几十年内，福州城市地域呈现外延跳跃式的沿闽江两岸水平方向迅速扩张的趋势，总体上表现为用地松散、紧凑度低的状况；直到民国时期，福州城市扩张的速度才逐步趋于缓和，由外延扩展式转变为以内涵填充式的空间改造与更新模式。

城市风貌演化进程：

福州近代城市风貌的演化进程，总体上经历了从“被动植入”到“主动效仿”两个不同的阶段，在这一过程中，上述的演化机制推动着这两个阶段的转变，其中循环更新机制、广义目的机制和竞争协同机制在第一个阶段发挥着重要的作用，而信息分形机制、受限涌现机制在第二个阶段发挥着更重要的作用。

被动植入期：从福州开埠到19世纪末。福州开埠之后，殖民者以统治和教化为目的，通过强力政治手段，在福州建造了第一批西式的领事馆、教堂等，这些建筑呈星点状分布在城市不同的区域，如仓山、东街口、马尾等地。而福州建城历史悠久，具有稳固的封建经济基础和深厚的历史和传统文化，尽管，受到西洋文化的冲击，但短期内传统建筑形态还比较稳固，因此，直至19世纪80年代之前，其传统商业街道和群体建筑景观依然保持着福州传统风貌的特色。但在单体建筑风格上，呈现西风东渐的迹象，如有“外廊洋式”建筑和折中主义建筑的出现。“外廊洋式”亦被称为“殖民地式”，是英国殖民者将欧洲建筑传入印度、东南亚一带，为适应当地炎热气候而形成的，福州早期外国领事馆多属此类，如位于福州麦园路的美国领事馆、仓前山乐群路的英国领事馆、马尾马限山上的英国领事馆分馆，具有明显的殖民地式建筑的特征（图5-18）。此类建筑之所以能率先出现，首先，倚仗于殖民者强势的目的机制的作用，他们利用权力最大可能地遵照自己的意愿与需求，以自己最认可的经验去营建住所或城市空间，进行强制性的植入；其次，得益于在竞争协同机制作用下，体现出此类建筑适应气候和技术领先的比较优势。同期，折中主义在福州的出现，首先与西方时兴的折中流行风有关，其次与福州工匠抵制洋风建筑的繁琐且陌生的工艺有关，他们为了施工更有效率，在营建过程中掺和进了中式元素也就在所难免，从而在广义目的机制作用下，折中主义风格是使用方和施工方二者目的求得协同和平衡的结果。福州现存具有代表性的折中主义风格的建筑有：螺洲的陈氏五楼、万春巷的陈之麟故居、侯官村的崇园、积兴里的老住宅、中洲的基督教堂和原华南女子文理学院的主楼等（图5-19）。

主动效仿期：始于20世纪初。现实中，洋风建筑华丽与气派的外形、适应气候的功能以及新型材料与技术，逐步得到了部分大众的认可和接受，从而形成了一种新的样板和典例，基于信息分形机制的作用，实现了广泛的传播。此时，福州本土建筑改造或新建建筑

图5-18　近代驻榕领事馆

图5-19　福州折中主义风格建筑

开始主动吸纳洋风建筑的优势特征，从而促成了福州传统建筑形式的迅速蜕变和西化。首先，这种主动效仿率先出现在民族资本家企业建筑上，如闽江轮船公司办公楼，是福州近代西化建筑较为精美的一座。这些资本家的优势在于拥有足够资本，有能力采用更为昂贵的新技术、新材料，以及雇用职业建筑师，以最大可能性地满足自己的意愿。其次，这种主动效仿进一步在其他传统建筑类型上蔓延，如商铺、会馆、书院、住宅、祠堂和娱乐建筑等；这一时期，无论单体建筑还是一定区域城市面貌都附着上了西式建筑特征的信息，信息分形机制的作用在城市风貌上得到了充分体现。当然，由于受到地方材料、工匠水平、传统技艺、经济水平与社会文化等条件的限制，在受限的状态下，反而涌现出一种新型建筑特征，即中西合璧，其特点是：在受限涌现机制的作用下，涌现出中西混合拱券、清水砖叠涩线脚、漏窗组构立面、灵活运用山墙、西式立面与中式牌匾及楹联表意相结合、巴洛克壁柱和巴洛克细部等（图5-20）。

演化机制作用原理：

近代，当殖民者作为新的自主体在福州出现时，意味着他们取代福州城市固有管制主体，而带来了新的目的和企图，福州城市发展就开启了新一轮的循环更新过程，在这一过程中各个主体为了实现自身的目的，展开了竞争与角逐，最终一股主导的力量控制了整体局面，从而使竞争走向了协同；那么，此时，主导力量的目的性信息在城市系统不同层面上的传递显得顺利且通畅，于是，城市系统各个层级自然形成了主导目标信息分形的自相似性，从而城市风貌使转变变得水到渠成；尽管改变趋势已经形成，但是由于纯粹性的西风建筑对于福州地域文化来说毕竟是舶来品，因此，受基础条件和环境因素的限制，近代福州城市风貌的演化必然走向一条折中的路线，涌现出一种中西合璧的新型风貌形式，如旧照中所体现的近代福州闽江滨江景观和台江街道景观的特征（图5-21）。

图5-20　中西合璧形式特征

图5-21　近代福州城市风貌
（资料来源：杜德维收藏的福州近代老照片）

## 5.5　生成原理的原则与方法

“科学的世界图景之改变必然导致科学方法论的变革。”[96]面对不断生成的、日益复杂的城市风貌系统，传统构成论的分析方法显然无法提供充分的因果解释。而城市风貌系统生成原理的提出，从根本上说，关键目的在于找到新的更为科学的描述方法，来解释城市风貌的复杂现象，并探索造成复杂现象背后的系统生成的简单规律。

基于此，结合城市风貌系统生成与演化机制的研究，生成原理提出了城市风貌系统生成的方法论原则：整体原则、过程原则、时间原则、信息原则、事件原则、贯通原则；并且，在方法论原则的观照下，提出相对应的具体的研究方法：系统方法、动态方法、文脉方法、传播方法、节事方法、融贯方法（表5-7）。

基于生成原理的城市风貌特色研究方法　　表5-7

| 原则 | 方法 | 具体内涵 |
| --- | --- | --- |
| 整体原则 | 系统方法 | 以对一般性系统的基本认识为前提，应用系统科学、系统思维、系统理论、系统工程与系统分析等方法，以研究和处理城市风貌系统及其特色问题的一种科学方法 |
| 过程原则 | 动态方法 | 以周期性、循环性的视角看待城市风貌的演化过程，并通过循环往复的信息反馈，来修正城市风貌系统的初始态，才能引导和触发城市风貌特色的显现 |
| 时间原则 | 文脉方法 | 关注时间轴和空间域上各个元素之间、局部与整体之间的对话和内在关系，强调历史性和地方性 |
| 信息原则 | 传播方法 | 在城市风貌信息传播的背后隐含着时空环境、心理因素、文化背景和信息质量等隐性要素。在关注城市风貌物质性信息创造的同时，也要关注感知系统的布局；并且依据感知心理学规律，通过热点事件、敏感地带、签名效应、制造冲突、时尚引领等策略运用，加强了传播效应 |
| 事件原则 | 节事方法 | 以非日常性的手段，打破了城市规律性和平稳性的发展节律，在特定的时空中进行流体组织、力场制衡，以实质性的活动赋予城市物质空间特色的内涵，增强城市活力，触发场所意义的生成和城市风貌特色的显现 |
| 贯通原则 | 融贯方法 | 通过微观分析与宏观综合，将微观机制与宏观控制的作用相结合，形成一个综合性的过渡环节即中观分布，从而促成城市风貌往风貌意方向引导与生成 |

### 5.5.1 整体原则与系统方法

整体原则认为，城市风貌系统的生成是一个从整体到整体的过程，而不是从部分到整体的过程。首先，系统生成起点就是一个整体。作为城市风貌系统生成元的风貌意，实际上是一个未分化或有待生长的信息核，它蕴涵着城市风貌系统整体生长的全部信息，具有不可简约的复杂性，是一个整体而非系统的构成部分。风貌意的生长具有“一旦便永恒”的统计学上的必然性，即只要条件具备，一旦开始便能自发持续地生长，并且分化出部分，直至成长为复杂系统或复杂网络。其次，生成的风貌形也是一个整体。城市风貌是城市的总体样貌，它是“一个城市最有力、最精彩的高度概括”，[174]也是“城市内涵人化和物化的综合表现”。[267]其三，城市风貌系统的生成是一个连续的过程。这种长轴连续性表现为，城市风貌是过去、现在与未来的统一体，它既能告诉人们城市过去的历程，也孕育着城市未来的趋势，因此，生成就是整体整合的过程。综上，从整体视角入手，把握内外复杂关系，是整体原则的基本要求。

系统方法是基于城市风貌生成原理方法论整体原则的研究方法，它是以对一般性系统的基本认识为前提，应用系统科学、系统思维、系统理论、系统工程与系统分析等方法，以研究和处理城市风貌系统及其特色问题的一种科学方法。整体原则认为，从历时维度上看，城市风貌是过去、现在与未来的统一体；从共时维度上看，城市风貌是同时性组分、子系统进行非线性的整合，形成整体共时结构体系。因此，系统方法有助于把握城市风貌系统的结构性、层次性以及总体风貌形的特征，其通过运用宏观层面风貌意、风貌总体构架、城市山水格局的分析，以把握宏观、中观、微观层级之间的关系。

### 5.5.2 过程原则与动态方法

过程原则认为，城市风貌“是城市在其历史的发展过程中，由各种自然地理环境、社会与经济因素及居民的生活方式积淀而形成的城市既成环境的文化特征。”[65]它是历史累积的结果，是在时间流动中显现出来的叠合式样态落影。因此，城市风貌系统的生成演化永远是个过程。

从宏观样态来看，借助时间延展的跨度，可以觉察城市风貌的形成始终处于快慢不一的变化节奏中，追溯漫长的城市历史进程，亦可从历史街区、传统建筑、文物遗存中发现线索，觅得城市风貌发展变化的历史轨迹。从微观组分来看，因外部环境的变迁，人化的组分始终处于周而复始的循环更替中。这意味着，对于城市风貌系统来说，其生成的条件始终都处于变化之中，即便收集再多的资料和信息，也无法对其作长期准确的判断和预测。这一特性对于城市规划的启示在于，一个规划方案如果规划的地域过于广阔、时间跨度过大，那么它是不可能被完整实施的。因此，简而言之，不要期望城市风貌特色可以被精确地规划和设计出来，而只能通过一定的机制进行把控和时间的累积将其培育出来。

动态方法是基于城市风貌生成原理方法论过程原则的研究方法，它以周期性、循环性的视角看待城市风貌的演化过程，并通过循环往复的信息反馈，来修正城市风貌系统的初始状态，才能引导和触发城市风貌特色的显现。动态方法的关键就在于如何把握城市风貌系统激变的周期，由于风貌系统变化是由自然力、资本力、政治力、文化力和技术力等多种力量综合作用而造成的，而其中政治力的影响最大，也最为敏感，因此，更新周期以行政任期为依据，设定为5年，以此作为调整风貌意的节奏，来引导城市风貌特色的生成。

### 5.5.3 时间原则与文脉方法

时间原则认为，城市风貌生成性整体始终处于演化中，其实体或关系随时间绵延而变化，并且遵循着时间性因果关联，其空间构形的变化是对时间生长和演化的反映。事实上，城市风貌系统整体实质就是一个生成与演化的过程，整体在此的含义是一种过程的持存，而过程本身是有时间性的。时间犹如一条长轴，贯穿于城市发展的不同历史时期，并将各个时期累积的实体或关系整合为一个整体。因此，城市风貌形的显现是“以时率空”的结果。

“以时率空”的观点来源于宗白华先生的《中国诗画中所表现的空间意识》，意为“时间的节奏率领空间的方位以构成我们的宇宙”。[268]追溯历史可以发现，古人在构建其宇宙观时更偏重于对空间之运动形式（即时间）的思考，中国传统建筑空间形态与空间意境的形成，恰恰就在于对“以时率空”时空关系的运用。[269]基于此，在培育城市风貌特色的过程中，恰当地植入“时间性”，秉承“以时率空”的时空观，将对城市风貌意境的营造富有深刻的现实意义。

宗白华先生根据人与世界关系层次的不同将意境分为五类：“其一，为满足生理的物质需要，而有功利境界；其二，因人群共存互爱的关系，而有伦理境界；其三，因人群互制的关系，而有政治境界；其四，因穷研物理，追求智慧，而有学术境界；其五，因欲返璞归真，冥合天人，而有宗教境界。功利境界主于利，伦理境界主于爱，政治境界主于权，学术境界主于真，宗教境界主于神。但介乎后二者的中间，以宇宙人生的具体为对象，赏玩它的色相、秩序、节奏、和谐，借以窥见自我的最深心灵的反映；化实景而为虚景，创形象以为象征，使人类最高的心灵具体化、肉身化，这就是‘艺术意境’。”[268]那么，基于时间性所塑造的城市风貌特色之美当属艺术意境之美。

文脉方法是基于城市风貌生成原理方法论时间原则的研究方法，它关注的是时间轴和空间域上各个元素之间、局部与整体之间的对话和内在关系，强调历史性和地方性。历史性街区、街道、胡同、牌坊、宗教圣地等构成了完整表达建筑形式和城市意象的文脉元素，有意识地保留这些传统文脉，不仅展现了城市风貌的相容性和延续性，而且，使得城市更具地方风味。因此，以时间纵轴和空间横轴上元素关系的亲密度来限定新生组分的更新，易于呈现城市风貌整体上历时性和地方性的特色。

### 5.5.4 信息原则与传播方法

信息原则认为，城市风貌系统生成演化规律本质上是信息规律。“信息规定了选择和组织的基本法则和标准，根据这一法则，质料与能量不断被选择、组织、协调。”[270]从根本上说，生成规律就是信息的创生、保存、传送、翻译和转换。因此，信息原则强调，在培育城市风貌的过程中，应注重城市风貌信息载体的选择和信息传播规律的运用。

关于信息载体的选择，艾根研究表明，在进化过程中，必须具备三个条件才能充当信息载体，即代谢作用、自复制、阈值范围内的突变。对照上述条件，那么，城市风貌信息载体应具备三种必要的能力：与外界交换的能力、积存信息的能力、自我更新的能力。同时，根据选择价值和选择原理，艾根规定了进化的选择原则，简单地说，就是携带最大信息量的载体，具有最高选择价值。[113]而信息载体也具有层次性，其层次是按照它们具有的物质属性强弱多寡来划分的，强者携带弱者，多者携带少者。[162]由此可以判断，物质属性越强的载体所携带的信息量也就越大。因此，对于城市风貌来说，具有时间长度的历史街区、具有系统完整性的山水格局，以及集群效应的风貌地带所显现的风貌意的信息最为完整。

事实上，信息传播的有效性，依赖于对感知心理学规律的把握。“正由于我们注意到环境中的某些特点，感知才是可能的。”[271]根据有目的性与否，心理学把注意分为有意注意和无意注意。对于有意注意方面，在处理城市风貌信息时，可借鉴痕迹学的方法，突出建筑和街区生长的痕迹，以易于信息被捕捉；在无意注意方面，可以通过热点事件、敏感地带、签名效应、制造冲突、时尚引领等策略加以引导。

传播方法是基于城市风貌生成原理方法论信息原则的研究方法。通常情况下，传播的基本要素包括传播者、传播内容、传播媒介、受传者[272]等内容。传播方法就是将风貌设计主体视为传播者，城市风貌系统视为传播媒介，城市风貌特色信息视为传播内容，而审美主体则视为受传者。于是，在城市风貌信息传播的背后必然隐含着隐性要素：时空环境、心理因素、文化背景和信息质量等。信息原则强调，在培育城市风貌特色的过程中，应注重城市风貌信息载体的选择、信息质量的控制和信息传播规律的运用，以实现特色传播的有效性。同时，传播方法重在实现了主客体统一的原则，它不仅关注城市风貌物质性信息的创造，同时，还关注感知系统的布局，并且，依据感知心理学规律，通过热点事件、敏感地带、签名效应、制造冲突、时尚引领等策略运用，加强了传播效应。

### 5.5.5 事件原则与节事方法

事件原则认为，在信息化和商业化的时代，城市事件“以时率空”复杂的综合属性，决定它易于触发城市风貌系统生长和演化，同时，“每一个事件占据有限量的空——时”[273]，借助其内在时空性和故事性，是构成传播城市风貌信息的重要媒介。

城市事件是指，在一定的城市空间中发生的对城市生活有影响的重要活动及重大活动，它呈现出独特性、多样性、传承性、故事性的特征。城市事件主要包括以下几种类型：名人事件、历史事件、建设事件、文化事件、商业事件、战争事件、民俗事件、节庆事件等，每个城市城区甚至小镇都有属于自己的多样性城市事件。[274]怀特海认为，“作为每个事件本身而言，它仍是个体的、单独的，具有自己确定的地点与时间，绝不会在宇宙中重现。”[275]概述其基本特征，可以认为，其一，是城市生活中真实发生过的事情，具有原真性和不可复制性；其二，对城市空间的影响，更多地体现在中观、微观层面上；其三，带有一定的偶然性和随机性，“毁灭、交换、联合、共生、突变、倒退、前进、发展都可能是事件导致的后果。”[7]基于此，事件原则认为，应有效地利用事件机制，引导和激发良性的效果产生。

“事件就是联结知觉者的意识和外在自然的那个机体的生活”，[275]因此，城市事件的作用机制往往与知觉者的认知心理模式是不可分的。从记忆心理学角度出发，激发人们意象和记忆的事件要素一般包含三种类型：人与物、时间场合、活动行为。三种要素相互联结和相互作用，触发知觉者的内心感受，借以形成以时间为序列事件的四维记忆，创造物我相宜、情境融合的氛围。

节事方法是基于城市风貌生成原理方法论事件原则的研究方法。所谓节事是指那些受到公众关注和期待的、对城市发展有举足轻重影响的群体活动和城市事件，具体而言，节事包括文化、体育、商务、会展、博览、宗教或综合性的各类活动。[276]节事方法就是以非日常性的手段，打破了城市规律性和平稳性的发展节律，在特定的时空中进行流体组织、力场制衡，以实质性的活动赋予城市物质空间特色的内涵，增强城市活力，触发场所意义的生成和城市风貌特色的显现。节事方法将群体活动和城市事件视为引导城市风貌特色生成的机制，并从记忆心理学视角，分析和处理人与物、时间场合、活动行为等节事要素之间的联结和作用，触发知觉者立体化集体记忆和创造物我相宜、情境融合的内心感受和氛围。

### 5.5.6 贯通原则与融贯方法

贯通原则，在整体观的观照下，把自上而下和自下而上的两条路径结合起来，要求对所有层次的“一体同观”，它关心的不仅仅是单层次的规律，而是探索贯穿城市风貌系统所有层次以及层次间跃迁、转化或变换环节的共同规律。这个规律与城市风貌系统的大小尺度无关，与物质成分无关，而与信息增值、组织结构控制有关。那么，贯通原则就是将微观机制与宏观控制相结合起来，衍生出中间过渡环节，即中观分布。

中观分布是对城市风貌系统的宏观态进行具体的拟态演绎，从而分化出子系统、部分的模糊框架，并生成诸多模拟的生态位，为组分的标识机制提供多样化的选择。所谓的“中观分布”，就是宏观态框架下，对城市风貌系统组分生态位进行可调整式模拟分布。它忠实地承继和接收风貌意的信息，用框架图示、极值量化的控制方式，实现对城市风貌系统人化组分自主行为的约束。中观分布不仅仅在于传送约束信息，更重要的是它形成一个缓冲的地带，通过刺激—反馈—修正的作用机制，中观分布调整相应的控制边界，留出弹性空间，为城市风貌系统人化组分提供相对自由的行为空间。

贯通原则的目的是，在城市风貌系统生成过程中，根据层次间跃迁、转化或变换的涌现规律，通过设置一个协同机制，避免人化组分流于失控。于是，通过渐进式的引导，使组分自适应所造成的复杂性和多样性趋于统一化和整体化，从而城市风貌特色的重现便有了可能。

融贯方法是基于城市风貌生成原理方法论贯通原则的研究方法，就是通过微观分析与宏观综合，将微观机制与宏观控制的作用相结合，形成一个综合性的过渡环节即中观分布，从而促成城市风貌往风貌意方向引导与生成。融贯方法不仅要关注风貌意生成和微观主体自主行为，更要详细研究中观分布对城市风貌系统层次间跃迁、转化或变换的涌现规律的把握，使宏观态、中观态和微观态得到协同。

## 5.6 小结

本章通过考察城市风貌系统的生成因子、生成机制、演化动因、演化机制，试图揭示城市风貌系统生成与演化的规律，解释造成城市风貌系统复杂现象的主要原因，并借此提出城市风貌系统生成原理的原则和方法。

首先，本章应用城市风貌系统生成原理和复杂适应系统理论，以解析城市风貌系统的生成和演化的动因和机制。研究表明，城市风貌系统的生成来源于三个主导因子共同作用：基础性因子、个体驱动力和集体引导力，而贯穿整个生成过程的是三个微观机制的作用，即标识机制、积木机制和适应机制。同时，研究认为，城市风貌系统演化的动因则来源于系统内外两种因素的变化与作用，这些变化和作用主要表现在，系统内部自主体更替和人化组分的更新，以及外部环境的变化；而演化机制则包括广义目的机制、竞争协同机制、信息分形机制、受限涌现机制和超循环更新机制，它们的共同作用，触发城市风貌系统自下而上涌现出风貌形、新功能、新结构，从而导致城市风貌系统的演化过程呈现两个比较明显的趋势，即趋于复杂性的状态和趋于多样性的特征。进而，本章结合城市风貌系统生成原理、系统特征、生成与演化规律，提出了基于城市风貌系统生成原理的原则和方法：整体原则与系统方法、过程原则与动态方法、时间原则与文脉方法、信息原则与传播方法、事件原则与节事方法、贯通原则与融贯方法，借此以探索城市风貌系统的特色路径。

基于对城市风貌系统的考察，更为全面、深入地了解城市风貌系统的特征及其生成和演化的规律，揭示了城市风貌现实态复杂现象背后所隐藏的真正原因，并且，预见了城市风貌特色塑造的可能性。那么，下一章将继续沿用生成论的视角，以及生成原理的原则和方法，探索城市风貌特色的生成路径，为城市风貌特色塑造指明了方向。

# 6

# 城市风貌特色的生成路径

“城市是多种力量的集合，有排斥的，有容忍的，也有落寞的。城市是激烈较量的场所，力量在这里获得了它永恒的形式。”[277]那么，城市风貌就是这样一种可感知的形式，是城市中多种力量集合和较量的结果，它符合生成的逻辑，用生成原理来理解城市风貌的形成和变迁，以指导城市风貌特色的研究和规划，无疑是一种大胆的尝试。生成原理表明，城市风貌的整体并非是直接设计出来的，而是依赖于一步步的营建得以推进的，在这个过程中，个体营建是有目的的，而涌现的总体形态却是意想不到、不确定的，是非直接目的导致的。同时，随着个体行为的进一步推进，总体形态呈现持续演变的动态。而从系统的视角来看，城市风貌还是一个综合性整体，它包含了生态系统、社会系统和空间系统，既有生物体的特征，同时，又不乏机器一样的设计产物，因此，它不仅具有选择、决策、控制、适应的成分，同时又有规划、设计的成分。

显然，生成观念并非意味着不能尝试事先设想好的城市形态和风貌意，而是说如何利用生成机制来达到规划的意图。那么，关于城市风貌特色的生成路径，就是试图通过城市集体人为干预和控制的方式，介入到生成模型中，引导城市风貌特色的显现。这是一种自下而上的规划方法，任何符合自下而上的机制方法，都会伴随着一个控制—选择—通过的决策机制。而生成观念的决策并非是指把一切交给市场“自然选择”，而是随时可以采用“人工选择”来控制发展的方向。关键在于如何进行控制，选择什么样的导向以避免出现负面的宏观结果？

基于此，本章试图从建立城市风貌特色的生成路径出发，并且将它与构成路径作比较，提出城市风貌特色的生成原则和干预机制；随后，从特色生成环节、特色组织方式等两个方面入手，具体阐述城市风貌特色的生成和培育。

## 6.1 特色生成路径

城市风貌特色的生成路径，是探索一种自下而上的规划方法。它是基于城市风貌系统是生成而非构成的判断作为前提，在探索城市风貌系统的生成原理、生成模型、生成机制的基础上，试图通过城市集体人为干预的方式，介入到生成模型和生成机制中，通过选择、决策、控制、适应等手段，促发生态系统、社会系统和空间系统形成良好的关系模式，以引导城市风貌特色的显现。基于此，下文将从特色概念界定、特色生成原则、特色生成机制及特色显现方式四个方面来建构城市风貌色的生成路径。

### 6.1.1 特色概念界定

那么，从演变的视角出发，如何定义城市风貌特色将是重要的创新工作。生成原理表明，城市风貌的整体形态并非是由直接目的设计出来的，它是个体营建行为和部分逐步累积后的涌现，人们可以感知的形态只是片段式和阶段性的，在整个过程中，总体形态始终呈现持续演化的态势，因此，倘若从形式上定义城市风貌特色是不会有实际操作意义的。那么，当形式无法把握时，关系却显得相对易于掌控，因为关系相较于易变的形式而言表现得更加稳固，正如，人与人之间的关系包括亲属、朋友、同学、师生、战友、同事等一样，往往呈现一种相对稳定的状态，尽管他们个体之间的聚合形态总是多样或多变的。

基于此，特色可以理解为是一种良性关系或和谐关系的外在呈现。那么，所谓的城市风貌特色，就是指城市风貌系统中三大子系统（生态系统、社会系统和空间系统）、组分

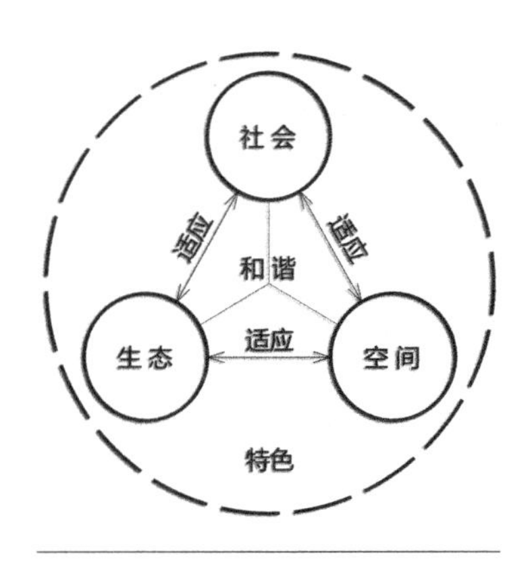


图6-1 城市风貌系统和谐状态

及适应性主体之间的和谐良性关系的形式表现。这种良性关系表现为生态系统健康运行、社会系统充满活力、空间系统使用舒适，自然、社会、空间在一定的时空条件下相互适应、相互协同，形成一种和谐的状态，为城市风貌自主体个体提供一个实现人生目标、获得存在意义的理想家园。这样的关系模式所对应的形式一定是多样的，且一定具有特色的（图6–1）。

### 6.1.2 特色生成原则

那么，如何才能把握这种良性的关系呢？其路径是双向的，即自上而下景观脉络的控制和自下而上个体活力的激发二者作用的结合。首先，生态系统的山水格局相较于社会系统和空间系统来说是一种稳定周期最长、演化频率最慢、确定性最高的特质性景观脉络，那么，以良好的风貌意为引领，以其健康运行为基础划定其活动区域作为约束社会活动、空间扩展的限定框架，实现脉络性的宏观控制，是自上而下建立良性关系的一条途径。例如，佛罗里达州希尔斯堡的区域规划就是从绘制绿色足迹开始的，而山东省威海市城市景观风貌规划则是基于生态安全格局为起点的一种规划控制手段（图6–2）。其次，从根本上来说，风貌意和景观脉络框架的确定，目的是避免过度放纵个体行为而侵害自然环境和公众利益而引起不良的宏观效果；但事实上，从总体上推动集体利益和愿望实现的，仍然依赖于个体利益的实现为先决，换言之，个体目的的实现是集体目标达成的动力；因此，自下而上的活力激发成为建立良性关系的另一条途径，即借助城市风貌系统的微观机制包括标识机制、积木机制及适应机制，充分发挥自主体个体自发的创新能力，激发个体的力量，使城市空间在个体创造中适用于社会活动、满足于个体的需求，从而质料的基本属性得到充分挖掘，特色得以呈现。

基于此，城市风貌特色的生成路径将以超越构成路径的全新视角，遵循上述两条路径建立特色的生成原则，以指导城市风貌特色的研究和规划。其中，多样性原则、脉络性原则用于指导自上而下的宏观约束，动力性原则、过程性原则和自主性原则用于激发自下而上的微观机制，而涌现性原则、适应性原则用以促成宏观与微观之间的互动与关联（表6–1）。

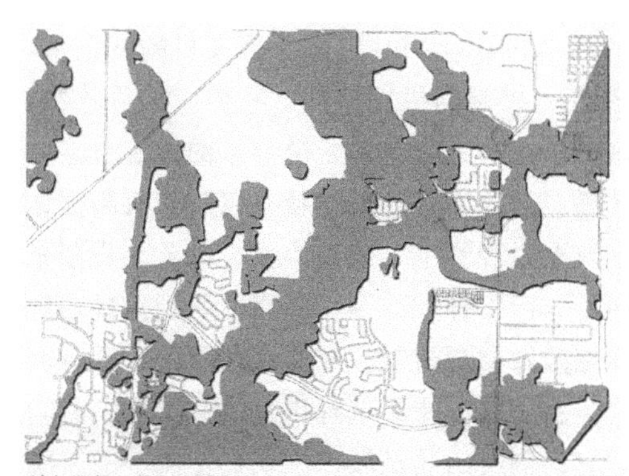

希尔斯堡，佛罗里达州：规划就是从绘制区域的绿色足迹开始的

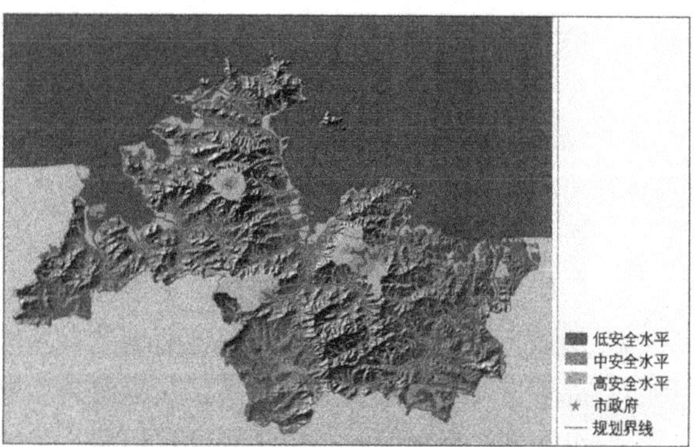


综合水安全格局与生态景观特色

图6–2 山水格局的景观脉络
（资料来源：（美）安德烈斯·杜安伊等的《精明增长指南》、俞孔坚等的《基于生态基础设施的城市风貌规划》）

城市风貌特色的生成原则与构成原则的比较　表6-1

| 生成原则（更新模式） | 构成原则（设计模式） |
|---|---|
| 涌现性原则：<br>个体有目的，总体形态意想不到、无目的 | 还原性原则：<br>总体形态是确定的，可以分解为部分 |
| 多样性原则：<br>形态有多种可能性，引导可接受的形态 | 单一性原则：<br>只有一种最终成熟的、最佳的目标形态 |
| 动力性原则：<br>维护自下而上的动力，支持自发的创新 | 约束性原则：<br>强调自上而下的控制，强化设计的作用 |
| 脉络性原则：<br>接受自上而下引导，重点把握景观脉络 | 覆盖性原则：<br>限制组分或部分的作用，实现全方位控制 |
| 过程性原则：<br>渐进式发展，组团式小规模的进化模式 | 构成性原则：<br>跨越式发展，成片区大规模的改造模式 |
| 自主性原则：<br>将决策权下放，真实表达公众主观意愿 | 集中性原则：<br>代表民众设计城市，而非让民众真正参与 |
| 适应性原则：<br>放缓节奏，精明式增长（注意细节，过渡） | 强制式原则：<br>快节奏、粗放式、增量式的发展 |

### 6.1.3　特色干预机制

前文研究表明，城市风貌系统的生成和演化总是趋于复杂化和多样化，这是多主体、多因素、多机制、多力场共同作用的结果。那么，在复杂和多样的表象中，依据生成原则，在城市风貌系统的生成模型中，结合生成过程中的"缘结"这个环节植入干预机制，以约束自主体个体的过度行为以及政府与资本之间的权钱同盟，并调动和组织城市流体，促进生态系统健康运行、社会系统充满活力、空间系统使用舒适以及三个系统的相互适应和相互和谐，以触发城市风貌子系统良性关系外在形式的显现。

那么，考察城市风貌系统的生成模型，从"风貌意"潜有状态向"风貌形"实有状态的转换，必然经由"缘结"三种机制的共同作用：因果必然性机制、随机偶然性机制、广义目的性机制。其中，社会制度、文化制度、政治制度和经济制度代表着一种理性的力量，它属于因果必然性机制；自然力和市场竞争力是一种不可控的力量，属于随机偶然性机制；而个体、群体、社会的欲求是一种永久的驱动力，它属于广义目的性机制。自主体集体的干预机制，目的是强化因果必然性，控制随机偶然性，平衡广义目的性，以协同生态系统、社会系统和空间系统，控制市场竞争力和个体私欲导致的侵害自然环境和公众利益的行为，避免引起不良的宏观效果。具体而言，其途径是以观念机制强化自主体文化意识与价值取向，以制度机制限定政府力和资本力的自由度，以节事机制来组织城市资金、信息等流体的流向和分布，同时，以多样性原则、脉络性原则指导宏观约束，以动力性原则、过程性原则和自主性原则激发微观机制，以涌现性原则、适应性原则促成宏观与微观的联系，从而使风貌意的信息采集、质料选择以及组分集聚在时间纵轴和空间横轴的亲密关联度中得到充分的适应，创造出满足城市大众真正需求的风貌形（图6-3）。

倘若，所形成的城市风貌形的微观态、中观态和宏观态都能真实反映自主体的内在需求，

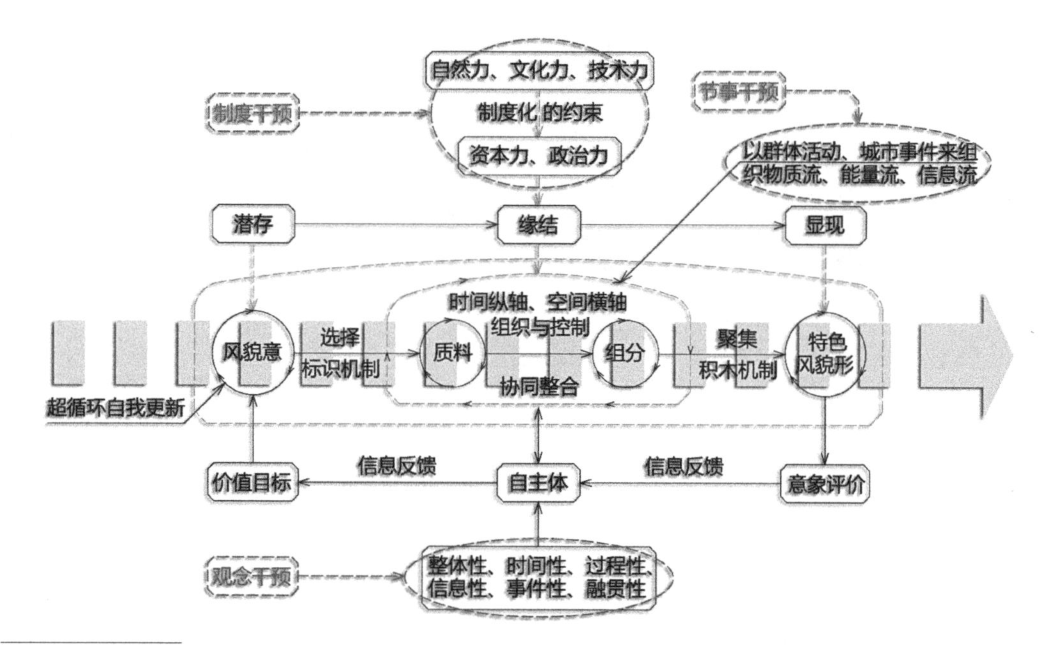


图6-3　特色显现路径

并与自然环境相适应，同时，与城市的规模、政治、经济、文化、历史等社会环境相协调，那么，城市文化基因和地域特征便能得到传承，城市风貌形整体特色亦能得到呈现。

### 6.1.4　特色显现方式

运用前文生成原理的原则与方法，探索生成路径的特色显现方式，该路径包含了两个主要的基本环节：其一，是特色生成环节；其二，是特色组织方式，前者描述了生成的具体步骤，而后者刻画的是特色的表现形式。

从生成原理的融贯原则出发，特色生成环节可以分解为三个步骤，即宏观约束、中观分布和微观机制。正如第3章城市风貌系统生成逻辑所描述的，宏观约束和微观机制是两股双向作用的生成力量，二者是矛盾的两级；为了实现相互之间有机地融合，有效地引导城市大众集体认同的特色风貌形的显现，运用生成原理的融贯方法，衍生一个过渡步骤即中观分布，利用调控机制在中观环节对生成过程施加诸多的干预，以引导理想的新质涌现。

就城市风貌特色的形式表现而言，从生成原理的信息原则出发，可归纳为三种组织方式，即特色样态信息的组织、特色事态信息的整合及特色感知系统的部署。其中，特色样态和特色事态是用以传播特定的富有地域特征的城市空间模式和生活模式的信息媒介，对于这些媒介的组织与整合，目的之一是满足大众生活和生产的基本需求，之二是吸引感知主体的注意；而感知主体视点、视距和视廊的部署，是以方便获取这些特色信息为目的。因此，三种组织方式是相辅相成的，具体内容将在下面两节进一步阐述（图6–4）。

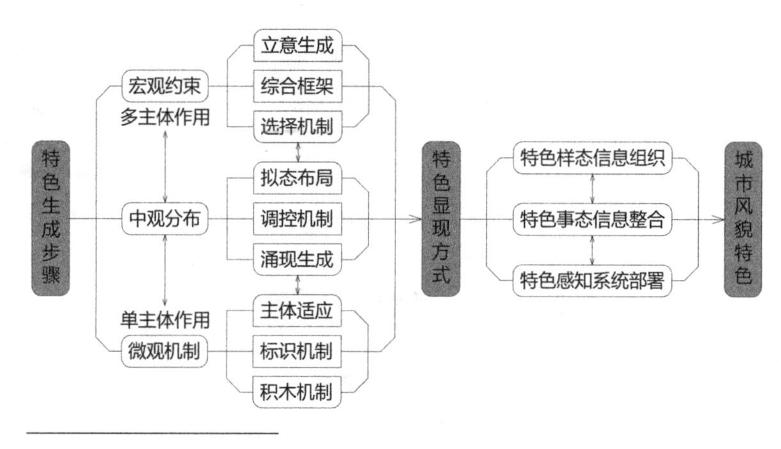


图6-4　城市风貌特色显现路径

## 6.2 特色生成环节

城市风貌特色的生成环节包含三个步骤：特色宏观约束、特色中观分布及特色微观机制。三个步骤的相互作用表现为控制、适应、反馈和调整，其中，特色宏观约束借助特色中观分布具体而微地演绎，逐步实现对特色微观机制的控制和约束，以此有效地引导自主体和组分集聚方式，限定其侵害集体利益的行为出现，并建立城市风貌特色的总体景观构架。而特色微观机制也力图通过对组分的组织和集聚作用，涌现特色中观样态，同时通过中观分布传递反馈的信息，以触发特色风貌意和综合框架的调整；同时，它们之间的作用始终处于不断循环往复的过程中，促使城市风貌特色表现形式适时地更新和演化。

### 6.2.1 宏观约束承继化

宏观约束承继化，希望在建立宏观引导机制时，将追求和谐的人地关系和社会关系作为核心价值取向加以继承和发扬（观念干预）。运用城市风貌生成原理的系统方法，城市风貌宏观约束主要从三个方面搭建总体的控制框架，即从风貌立意、空间构架、选择机制三方面入手把握城市风貌的整体性，以追求自然、社会和空间的良性关系。

关于风貌立意和空间构架的构想，综合运用了城市风貌生成原理的动态方法、文脉方法和信息方法。风貌立意是孕育和孵化城市风貌生成元的关键步骤，空间构架则是风貌意在空间结构上的展现，是一种确保生态系统健康运行的山水景观脉络。关于选择机制的设定，综合运用了信息方法和传播方法。选择机制的目的在于通过博弈或协商统一多主体的意志，根据信息的反馈和综合，对特色作出共同的判断，对风貌立意和综合框架作出理性的选择。

1. 风貌立意

城市风貌的立意在于追求：真、善、美的统一，[278] 以期实现人地关系和社会关系的和谐。城市风貌涵盖人文意蕴、生活内涵和物质信息三种要素，其中，人文意蕴和生活内涵构成了城市风貌“意”的主旨，而“象”则是对物质信息的总体概括，“象”是“意”的载体。

对“真”的追求，表现为“意”忠实于自然特征、地域文化和历史文脉的继承和传达；对“善”的追求，表现为“象”（即物质环境）对生活内涵的包容与承载；对“美”的追求，则是以一种符合认知主体审美规律的“象”之形态来诠释物象背后的“意涵”。因此，城市风貌的立意将取材于城市的环境、生活与文化等三方面的内容，涉及对自然山水特征的概括、传统文化特色的解读和城市演化态势的把控。城市“作为孕育文化的场所，自然山川、历史古城、山庄遗迹、生态湿地构成了一个地区的‘历史底图’，每个城市都有一张这样的‘历史底图’，并在其基础上不断生长发展”，[185]这“历史底图”使每个城市具备了各自本土的地域特征，并共同构成了地方的集体认同的富含有形经济价值和无形社会与文化价值的独特性、真实性和特殊性。

以观念干预的方法，对于和谐的人地关系和社会关系的价值观加以倡导，遵循生成原理的时间原则和过程原则，运用动态方法与文脉方法，通过堪地、读形、研态三个步骤，逐步实现对城市风貌意蕴的提炼与抽象

（1）勘地。试图把握自然山水的运行脉络，培育完整、健康、安全的生态系统，使之成为城市风貌特色生成的素材。尊重自然、顺应自然、依赖自然，与自然共融的“天人合一”的整体观与自然观，是民俗文化价值观的核心构成，是人类生存智慧的重要表现。为了更好地把握山水格局，可以采用描摹地形的方法，在过程中可以概括出山水城的形态关系，并通过文字的形式来提炼山水格局的意象，以此作为特色风貌立意的支点。例如，在《重庆秀山城市风貌特色研究》中，通过对秀山城市清水河、凤凰山的山水形态的描摹与提炼（图6–5），以搭建健康、安全的山水生态格局为前提，把握山、水、城的和谐关系，提出了秀山城市风貌总体立意：龙凤呈祥秀山水、众星拱月耀武陵。其中，“龙凤”意指清水河和凤凰山，“呈祥”寓意和谐的关系，“秀”山水意为突显山水景观格局的特色。

（2）读形。着眼于分析历史与现状城市空间形态的特征，以提炼固有城市空间结构和景观构架。城市空间形态是城市的形式、风格、布局的物态表现，是城市政治、历史、文化、社会、经济、地理综合作用的结果。[279]阶段性的政治、经济、文化水平，决定了阶段性的城市发展模式；不同的城市发展模式表现为不同的用地功能组织方式，从而呈现不同的城市空间形态。因此，读形重在考察城市历史发展进程，把握城市的空间肌理、道路结构、边缘地带、景观序列和体块衔接等各方面的特征。例如，库德斯针对德国于利希城市形态分析就涉及如下的内容：历史发展过程、空间肌理分析、道路结构分析、边缘空间分析、空间序列和体块衔接的评价（图6–6）。[180]

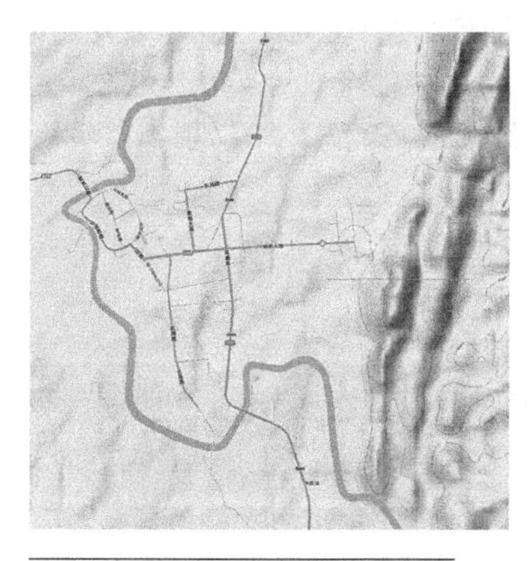

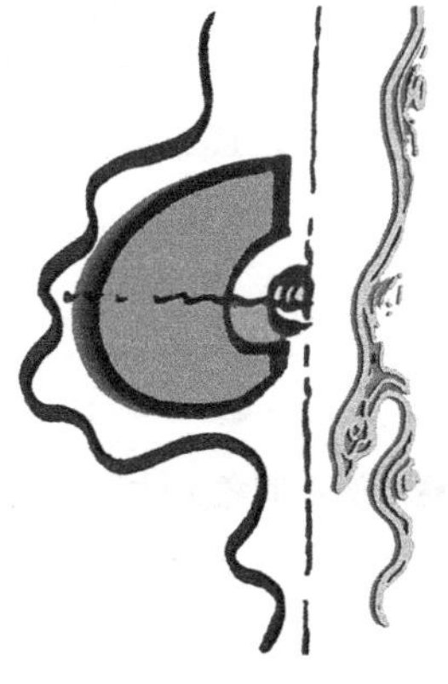

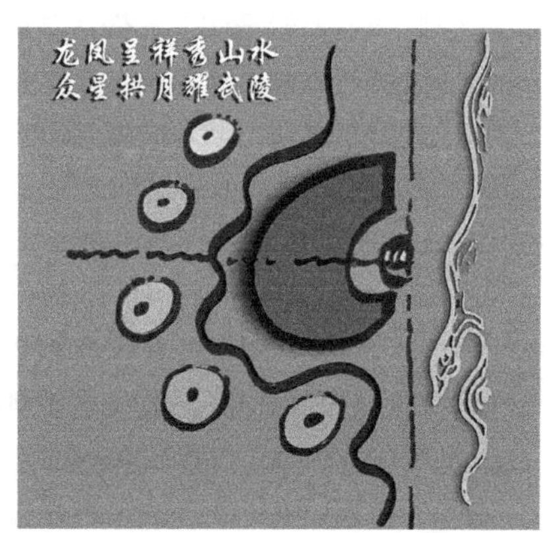


图6–5　秀山城市山水形态的描摹与提炼

图6-6　于利希城市形态分析
（资料来源：库德斯的《城市形态结构设计》）

（3）研态。通过分析过去，立足于当下，预测城市未来的发展态势，实现把握动态规律的企图。对于可能的发展方向，因势利导，力图往健康、合理、可持续的方向推动。在全球化、信息化的时代，“时空压缩”促使城市陷入更加广域化的竞争，在城市特色日益趋同化的过程中，合理地保有个性生存空间，使自然禀赋得以充分培育，才是城市发展的健康之道。为了避免城市因无序蔓延导致空间结构失衡和失控，结合城市形态演化的趋势，应采用结构先导、生态先导、地域先导的“紧凑城市”的发展模式，通过增加城市的密度、集聚度和效率来减少城市蔓延、城市能耗，从而实现可持续发展的理念。[280]

风貌意生成。基于上述分析，应在充分揣摩自然山水、历史文脉、民族文化、城市空间等特征的基础上，提出总体立意。规划立意所体现的城市风貌子系统和谐关系表现在：以可持续发展的自然生态景观框架为本底，综合山、水、林生态要素，将城市人文景观要素予以叠加，融入民族文化的价值观，形成维育生态和健康的、天人合一的、具有鲜明地域特色的城市风貌意向。

## 2. 空间构架

空间构架代表着城市风貌宏观态的“象”，它是风貌意的载体。城市风貌中的“意”与“象”的辩证关系，在王弼《周易略例：明象》中可以得到明辨：“夫象者，出意者也……象生于意，故可寻象以观意。”[281]立“意”以塑“象”，使塑“象”具备了明确目的与方向。

运用生成原理的动态方法与文脉方法，意在将和谐人地关系和社会关系的风貌意主旨思想贯彻于空间构架上，从而使观念干预能落实于物质空间层面上。而作为宏观约束的空间构架，着重点在于把握生态脆弱、景观敏感区域的控制，使之成为集体共享空间，造福与共享于社会整体。基于此，空间构架在搭建生态安全格局的基础上，应重点把握景观敏感区域、脉络、节点的建构，实现在宏观框架上的整体性的控制，其主要的步骤是：①建立生态安全系统，形成生态景观特色；②建立历史遗存系统，塑造历史文化景观特色；③建立公共游憩系统，凸显游憩景观特色；④建立视觉廊道系统，构建视觉景观特色。

（1）生态安全系统。构建城市防洪、排涝等各类管理系统，恢复山体、丘陵、湿地、池塘和河道的自然形态；充分发挥山、水、绿的核心优势，努力做到因地制宜、因势利导、显山露水、物我相谐。结合山水的分布特征，塑造独有的自然山水空间格局；以山脉为生态屏障，以江河为主要的生态廊道，向外延伸绿色支廊；同时，开辟水岸公园，恢复山体植被，架设栈道桥梁，建立以保护物种多样性和生物栖息地为目的的、山水相连的生态廊道体系，形成人与自然和谐共处的、富有生态景观特色的安全系统。

（2）历史遗存系统。依据古代典籍、历史图表、古迹遗存、民间传说等，恢复城市记忆，寻找历史文脉；依据城市历史风貌的描述，借助现有遗存遗址，保留历史街区、重建亲水码头、再造城门牌坊、恢复石桥古井、打造传统街巷，以一系列历史文脉的空间构成要素唤醒集体的记忆，重塑历史的归属感；同时，建立城市历史遗产廊道体系，以弘扬历史文化、地方文化、民族文化，来促进历史环境和历史遗产的活化，通过塑造历史文化景观来强化城市特色。

（3）公共游憩系统。通过新建或改良城市公共活动空间，建立连接滨海、山体和城区的游憩廊道，将处于城市或城郊的、游憩者可以入内的，具有休息、交往、锻炼、娱乐、购物、观光、旅游等游憩功能的开放空间、建筑物及设施，如大型城郊绿地、城市公园、道路及沿街绿地与环境设施、文娱体育设施、半公共游憩空间、城市步行空间、城市滨水游憩空间、文博教育空间、商业购物空间与商业设施、城市特色建筑和构筑物、旅游景区及设施等联结成一个整体，使市民和游客都能享受到便捷可达的游憩系统，凸显游憩景观的特色。

（4）视觉景观系统。结合城市特色建筑、构筑物等人文景观，以及山体、水体等自然景观，选择眺望点、视点以及布设景观视廊；并且，通过建筑高度的控制和新建建筑风格的选择，保护不同眺望点（固定点或移动）所能观赏到的景观视点的远景和全景风貌的统一性；同时，通过对城市天际线、重点视廊的把控，营造城市或片区和谐有序的视觉形象，构建一个符合生理和心理感受的山、水、城相互融合的视觉景观特色。

通过上述四个系统的梳理，城市总体空间构架将呈现网络状结构。该网络富含自然、经济、人文等各种信息，是实现人类社会、城市机体与自然生态系统三位一体可持续发展的优化体系。在这样的网络系统中，节点—廊道—斑块[282]是主要的构成要素。其中，不同功能、不同等级、不等规模的公共空间构成了廊道系统及功能斑块集结交织的节点，而承载信息流、交通流、生态流、文化流等传播、流动及活动的线性空间分化为不同功能类型的廊道，如交通廊道、生态廊道、文化廊道等，成为划分城市功能组团及功能斑块的网络状线性空间。具有一定规模和独立结构的功能区形成了相应类型的斑块，包括工业斑块、居住斑块、公建斑块、绿化斑块等（图6–7）。

### 3. 选择机制

城市风貌立意及空间构架的确立，涉及自然、社会、经济、文化、技术等多维因素的影响。对于这些因素的深度考量，目的是构建一个城市风貌的未来蓝图：和谐的人地关系和社会关系作用下所呈现的风貌形。而上述多维因素总是以信息的方式呈现，这些因素构成了未来目标的“潜在”条件，那么，以什么样的价值取向来进行多维信息的选择，也将预示着城市风貌未来不同的走向，换言之，什么样的选择机制将决定了未来呈现什么样的

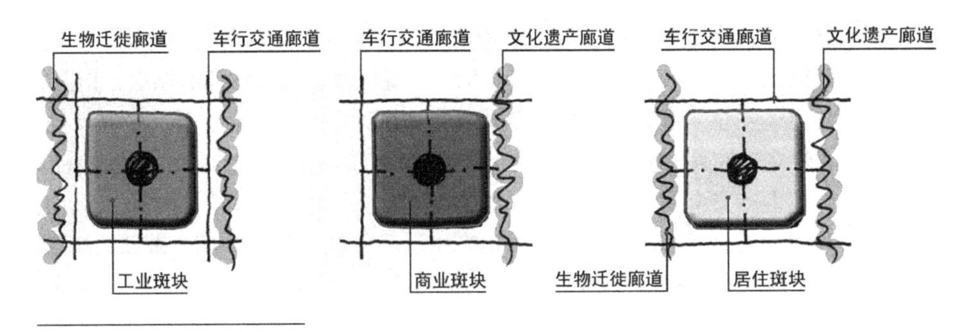


图6-7 廊道与斑块的集结示意图

城市风貌形，因此，上文所提到的在生成模型中介入制度干预，重在限定和建立一个合理的选择机制，即一种多主体协商与博弈的模式，其所涉及的内容包括：城市风貌自主体的角色配置、角色行为及其相互作用、特色开发模式的选择等。

（1）风貌自主体的角色配置。城市风貌立意及空间构架的确立，是一个多主体博弈的过程，其涉及审美主体、管制主体、设计主体及开发主体不同角色的介入。关于不同角色在规划过程中的配置，将是选择机制中的主体内容。里格尔（Rieger）在《规划的逻辑》一书中介绍了一种规划过程中的角色配备系统，[283]它对人们更好地理解规划、财政支持和规划实施在规划过程中所扮演的角色很有助益，并能防止这些设计师和规划师所涉及的角色被忽视。[180]那么，从城市风貌立意及空间构架选择机制中的角色配置来看，其涉及的多主体组合模式共有八类，以垂直阅读的矩阵来表达（表6-2）。其中，第一种情况指的是，单一类别的审美主体、管制主体、设计主体、开发主体的组合模式；第二种情况指的是，单一类别的审美主体、管制主体、设计主体与多种类别开发主体组成的联合体；第八种情况指的是，多种类别的审美主体、管制主体、设计主体、开发主体的组合模式。而城市化进程中的人口大迁移导致了多民族、多籍贯、多类别的大众群体的融合（P），管制主体也涉及多种层级类别的多个主管部门（P），设计主体则力求多种专业类别和多个设计单位（P）共同参与方案竞标；而开发主体则要求了解地域特征的有技术、有实力的单一类别开发商（S）进行开发。于是，要实现特色城市风貌立意及空间构架的生成，则最好采用第七种城市风貌自主体的角色配置模式，即通过多种类别的审美主体、管制主体、设计主体共同参与形成统一意志，确立城市风貌立意及空间构架，来制约单一类别开发主体的个体意图，引导富有特色的城市风貌愿景的显现。

城市风貌自主体的角色配置 表6-2

| 序号 | 自主体 | 多主体组合模式 | | | | | | | |
|---|---|---|---|---|---|---|---|---|---|
| | | 一 | 二 | 三 | 四 | 五 | 六 | 七 | 八 |
| 1 | 审美主体 | S | S | S | S | P | P | P | P |
| 2 | 管制主体 | S | S | S | P | S | P | P | P |
| 3 | 设计主体 | S | S | P | P | S | S | P | P |
| 4 | 开发主体 | S | P | P | P | S | S | S | P |

注：S=Singular，单一类别的角色；P=Plural，多种类别的角色。

（2）角色行为及其相互作用。事实上，特色宏观约束的确立，是一个风貌自主体角色行为相互作用的过程，甚至从某个角度来说，可以理解为一种社会辩论的形式或一个商议的过程。在角色分配中，审美主体从现实生活与环境体验入手，对现存的城市环境和风貌进行评价，并通过公众参与的方式，主张大众对风貌的改造意志和意愿，形成确立风貌立意及空间构架的基础；管制主体是城市风貌的管控者，它接受审美大众的信息反馈，评价设计主体的规划方案，形成公共意志决策，主导着城市风貌的演化动向和演化模式；设计主体是通过质料分析、风貌立意、空间构架确立及深化演绎，为其他主体提供可选的规划方案，帮助管制主体完成公共意志的决策，以约束未来开发主体的市场化行为；而开发主体市场化的经济活动，不仅主张了个体利益，而且促成了城市风貌宏观态的显现。在这个过程中，开发主体和审美主体对曾有风貌立意及空间构架都具有反作用，并会根据实施及大众的需要提出调整与修改的要求。最后，每座建筑物、每个阶段即成的城市结构和城市风貌都要随着时间而发生改变，进而以此种方式来适应变化了的条件和需求（表6–3）。

角色行为及其相互作用　　表6–3

| 参与者 | 阶段划分 | | | | | 角色行为 |
|---|---|---|---|---|---|---|
| | 质料分析 | 风貌立意 | 框架确立 | 深化演绎 | 选择确认 | |
| 审美主体 | | | | | | 讨论形成意志 |
| 管制主体 | | | | | | 形成意志决策 |
| 设计主体 | | | | | | 编制风貌规划 |
| 开发主体 | | | | | | 约束开发行为 |

（3）特色开发模式的选择。在不同的城市发展策略下，城市发展形态将呈现完全不同的特点，使城市风貌呈现出迥然不同的特色。根据城市自然、社会、经济、文化、技术等条件，在确立特色宏观约束的过程中，通过模拟不同角度的城市发展策略，如经济模式、社会模式、自然模式及综合模式，作为选择机制中备选的预景（表6–4）。其中，经济模式，是完全在市场发展导向下城市空间形态即城市风貌可能出现的一种预景；社会模式，是扎根于民族文化价值标准发展地域特色的一种城市风貌的预景；自然模式，是以自然安全格局为先导的一种城市风貌的预景；而综合模式，是从生态、社会、经济等方面作出综合的分析与评价后，模拟了一种城市风貌的预景。通过这一过程，将使决策者对未来的城市空间形态、城市风貌及其效益产生清晰的认识，从而作出更加科学、合理的决策。

不同发展策略下的城市风貌愿景　　表6–4

| 序号 | 发展策略 | 内涵 | 综合评价 | 建议 |
|---|---|---|---|---|
| 1 | 经济模式 | 完全在市场发展导向下，城市空间形态及风貌可能出现的一种预景 | 经济效益最好，社会效益和城市风貌较差 | 强化限制 |
| 2 | 社会模式 | 扎根于民族文化价值标准发展地域特色的一种城市风貌的预景 | 经济效益较差，社会效益和城市风貌较好 | 增加动力 |
| 3 | 自然模式 | 以自然安全格局为先导的一种城市风貌的预景 | 经济效益较差，社会效益和城市风貌较好 | 增加动力 |
| 4 | 综合模式 | 从生态、社会、经济等方面作出综合的分析与评价后，模拟了一种城市风貌的预景 | 经济效益、社会效益和城市风貌均好 | 推荐模式 |

### 6.2.2 中观分布鲜明化

特色中观分布是对城市风貌系统的风貌意和特色结构框架进行具体的拟态演绎，从而分化出子系统、部分的模糊框架，并生成诸多模拟的生态位，为组分的标识机制提供多样化的选择。中观分布鲜明化强调的是承载城市个性的特色功能斑块形象符号的鲜明化，同时，强调在调控机制的反复作用下，使系统、部分的模糊框架和生态位逐步趋于清晰化，从而引导功能和结构特色新质的涌现。那么，城市风貌特色的中观分布将分化为三个步骤：拟态布局、机制调控、新质涌现，这三个步骤互为前提和因果，形成循环往复相互作用的闭合环，推动城市风貌系统动态地演化。

1. 拟态布局

城市风貌的拟态布局，是特色中观分布的重要一环，它借鉴了景观生态学中描绘物质空间的相关概念，根据城市风貌宏观态的空间构架，将不连续的地理区域的特定景观类型，具体地演化为不同特质的斑块、廊道、界面等中观空间形态，忠实地承继和接收风貌意的信息，以制度干预的方式，采用框架图示、极值量化的控制方式，作为微观组分自主行为的约束，从而保证特色风貌敏感区的生成和涌现。那么，为了触发城市风貌特色的显现，城市风貌拟态布局着重从特色功能斑块和廊道体系的控制入手，为了能忠实地承继风貌意的信息，顺应城市空间特色构架，力图使功能斑块布局组团化和山水廊道体系网络化。

1）特色功能斑块

每个城市都是由各种不同意义的功能斑块所组成，其中包含承载城市性质的特色斑块和代表城市共性的普通斑块，中观分布着重于创造精细的限定条件促发特色斑块的生成，而普通斑块只作最基本的底线限定（如限定不允许出现的建筑风格等），以给予适应性主体更为自由的创新空间。由于自然环境、历史条件、社会群体、地域文化的差异性，往往导致某些功能区必然是特色的功能斑块，如历史性街区、民俗文化区、金融商贸区等，对于这些功能区的控制与引导，最易于培育城市风貌的特色。其手段是，根据其不同的定位、功能、区位和特色需要，着重从生态建设要求、文化景观保护、空间组织意向和建筑形式选择等四个方面拟定引导原则和量化指标，作为约束和控制各个斑块组分行为的依据。

（1）特色斑块的管控步骤：

①以空间构架为宏观约束，根据自然条件、区位特征、历史遗存、文化景观和功能类型的不同，划分景观特征区，以确定特色斑块和普通斑块；②以宏观尺度跨区域的生态廊道为基础，提出相应的特色斑块内生态建设管理和控制的要求；③针对特色斑块景观特征的要求，落实景观风貌控制的各项内容，提出相应的管理和控制导则。

（2）引导管控的具体内容：

生态建设要求：特色斑块内生态建设的主要任务是，利用地形条件，建设斑块内的防洪、排涝等系统，并能与水系或绿化等生态系统相结合，努力与城市空间构架生态廊道系统相联系，做到因地制宜、因势利导，综合利用、赏用相宜，构建一个健康、安全的生态格局。特色斑块生态格局指数包括两个部分，即生态单元特征数据和生态异质性指标。生态单元特征数据是指用于描述生态簇块面积、周长、簇块数量和簇块密度等特征的指标；生态异质性指标包括相似度、破碎度、连续度和有型度等四类，应用这些指标可以定量地描述不同特色斑块的生态格局，可以对不同特色斑块的生态簇块进行比较，研究其结构、功能和过程的异同，从而可以因势利导（表6–5）。

**特色斑块生态格局指标引导** 表6-5

| 类别 | 指标 | 具体内容 | 适用对象 | |
|---|---|---|---|---|
| 生态单元特征数据 | 簇块面积 | 整体和单一类型簇块的最大、最小面积，簇块平均面积（颗粒度），簇块面积方差（均匀度） | 小 | 历史性街区、金融商贸区、城市门户区、高新工业区 |
| | | | 大 | 民俗文化区、绿化休闲区、特色居住区、体博会展区 |
| | 簇块周长 | 整体的总周长、每一类型簇块的总周长 | 短 | 民俗文化区、绿化休闲区、特色居住区、体博会展区 |
| | | | 长 | 历史性街区、金融商贸区、城市门户区、高新工业区 |
| | 簇块数量 | 簇块总量、每一类型簇块的数量 | 少 | 历史性街区、金融商贸区、城市门户区、高新工业区 |
| | | | 多 | 民俗文化区、绿化休闲区、特色居住区、体博会展区 |
| | 簇块密度 | 整体密度=簇块总数/总面积；类型密度=类型簇块数/类型总面积 | 大 | 民俗文化区、绿化休闲区、特色居住区、体博会展区 |
| | | | 小 | 历史性街区、金融商贸区、城市门户区、高新工业区 |
| 生态异质性指标 | 多样度 | 类型数量/总面积（度量单位面积生态要素类型的含量） | 低 | 历史性街区、金融商贸区、城市门户区、高新工业区 |
| | | | 高 | 民俗文化区、绿化休闲区、特色居住区、体博会展区 |
| | 破碎度 | 单位周长的簇块数（簇块总数/总周长）；边界密度（簇块总周长/簇块总面积） | 高 | 历史性街区、金融商贸区、城市门户区、高新工业区 |
| | | | 低 | 民俗文化区、绿化休闲区、特色居住区、体博会展区 |
| | 接驳度 | 接驳点数量/总面积（度量与区域生态廊道程度及流体的扩散能力） | 高 | 民俗文化区、绿化休闲区、特色居住区、体博会展区 |
| | | | 低 | 历史性街区、金融商贸区、城市门户区、高新工业区 |
| | 有型度 | 形状指数=簇块周长/等面积的圆周长（描绘簇块形态的非规整性和变化特征） | 低 | 历史性街区、金融商贸区、城市门户区、高新工业区 |
| | | | 高 | 民俗文化区、绿化休闲区、特色居住区、体博会展区 |

文化景观保护：特色斑块内文化景观保护的主要任务是，利用历史街区、历史建筑群、文物保护单位或历史建筑、构筑物以及环境要素，挖掘其背后的文化意涵，以及物质景观生成与地域文化及民俗活动的关联性，以此建设特色斑块内遗产廊道，来促进历史环境和文化景观的活化，塑造功能斑块的特色。那么，文化景观保护主要从保护原则、保护策略及活化方法三个方面加以引导（表6–6）。

**文化景观保护引导** 表6-6

| 类别 | 引导内容 | 具体解析 |
|---|---|---|
| 保护原则 | 保护与发展协同 | 对待特色功能斑块内的文化景观，以保护历史遗存作为维育特色的起点，在此基础上，通过功能活化推动发展，以文化为线索，将保护与发展的矛盾关系转化为同一问题的两个方面，从而使功能斑块沿循着既定的文化脉络，不断适变更新、持续演进 |
| | 文化与景观统一 | 文化持续不断地以世界观、价值观、意象、期望、图式、意义、规范、准则、规则、生活方式、行事方式等形式，缘结于起点和过程，干预着城市景观的生成，因此，景观是文化的物质载体，而文化是景观生成的作用机制，二者相辅相成 |
| | 原真与活用兼顾 | 无论是原真性原则还是活用原则，其意义都是针对人的不同需要而确立，原真性强调的是不改变文物原状，重在关注文物的历史价值、艺术价值或科学价值；而活用原则则强调文化遗存的实用价值，反而更有效地保存了生活方式的原真性。因此，对于文化景观而言，具有原真与活用兼顾的必要性 |

续表

| 类别 | 引导内容 | 具体解析 |
| --- | --- | --- |
| 保护策略 | 宅形文化模式 | 以宅形文化为线索，根据传统生活观念和活动内容，将特色斑块内其所对应的传统民居、礼仪性建筑与空间进行保护、整治或恢复，并将自然环境、传统街巷、活动场所、宗祠民居等融入文化遗存廊道 |
|  | 生产文化模式 | 以生产文化为线索，根据生产活动的流程，对特色斑块内其所对应的生产建筑与空间进行保护、整治或恢复，并将生产性地段、场所、地标等融入文化遗存廊道 |
|  | 民俗文化模式 | 以民俗文化为线索，根据传统风俗习惯和群体活动内容，将特色斑块内其所对应的民俗活动街巷、场所、空间、建筑与地标等进行保护、整治或恢复，并将其融入文化遗存廊道 |
|  | 宗教文化模式 | 以宗教信仰文化为线索，根据宗教活动仪式的程序，对特色斑块内活动环节所对应的宗教性街区、宗教文化场所、宗教建筑、地标等进行保护、整治或恢复，并将其融入文化遗存廊道 |
| 活化方法 | 物质形态活化 | 地方性公共记忆并非听任心理过程的自由想象，而是需要铭记于文化地景中物质形态视觉信息的刺激才能得以唤醒。物质形态活化旨在保护现存文化景观物质形态的基础上，提供可供感知历史信息的物质性内容，这些历史信息包括文化景观生成和演化的历史脉络、人物事件等 |
|  | 地方功能活化 | 地方功能活化包括地方功能回溯与地方功能重置两个方面。地方功能回溯旨在帮助人们重新唤回对地方场所的历史记忆；而地方功能重置的目的是，依靠植入新的功能，使其纳入到新的生活秩序中，进而在生活实践中实现地方文化特色的培育 |
|  | 历史意义活化 | 历史意义活化旨在强调，借助具象的物质形态及空间场所，提供可以真实感知和触摸的、具有强烈代入感的体验方式，如群体活动或仪式展示，再现地方场所的意义 |

空间组织意向：特色斑块的空间组织，旨在空间构架的宏观约束下，在生态廊道和遗产廊道的限定下，倡导一种自下而上建筑或空间单元的集聚方式，如拼接、迭代和组合，经过反复尝试、适应和调整，最终涌现整体或群体的特色结构、形态和风貌形。那么，空间组织方式主要从组分属性、集聚方式及组合规则三个方面加以引导（表6–7）。

空间组织方式引导　　表6–7

| 类别 | 引导内容 | 具体解析 |
| --- | --- | --- |
| 组分属性 | 功能复合化原则 | 特色斑块组分功能主要涉及居住生产、商业金融、行政办公、交通运输、体育会展、休闲娱乐等诸多类型，它们都是自主体生活和生产活动的组成部分，功能复合化原则是以自主体日常活动为逻辑线来整合功能的关系，易于激发活力，符合自主体行为需求 |
|  | 层级分维化原则 | 每一种类型的组分均可分为微观、中观和宏观三个不同层级，其中微观组分集聚涌现中观组分，中观组分集聚涌现宏观组分 |
|  | 结构分形化原则 | 不同功能类型的组分，以不同比例和空间拓扑关系进行集聚，涌现出整体的结构新质 |
| 集聚方式 | 拼接 | 拼接是一种简单组织方法，它遵循邻接规则快速有效地增大组合单元的实体规模和尺寸 |
|  | 迭代 | 迭代是易于形成空间层次性的一种组织方法，它将稳定的单元及单元之间稳定的组合关系封装起来，作为下一层级组合的单元，重复着稳定的组织规则 |
|  | 嵌套 | 嵌套可理解为镶嵌、套用，易于形成同心结构空间层次的一种组织方法，内外形成包裹的关系 |
| 基本规则 | 日照规则 | 适用于含有住宅、宿舍、幼托、医院、疗养院等建筑类型功能斑块的组织规则 |
|  | 防灾规则 | 适用于所有建筑类型和功能斑块的最为底线的组织规则 |
|  | 交通规则 | 不同类型功能斑块所承载的活动各不相同，其交通组织规则也有所差异，旨在确保各种流体的分配和输送的流量与流速 |

建筑形式选择：特色斑块建筑形式的选择，旨在为特色功能寻找一种合适的表达形式，它是设计观适应自然条件、区位特征、历史遗存、文化景观、功能类型和组织方式等不同影响要素的综合结果。那么，建筑形式选择将从解析设计观基本观念与秩序准则、空间组织、外观形式、外观效果、工艺技术、材料选择等方面的逻辑关系来加以引导（表6–8）。

建筑形式选择引导　　表6–8

<table>
<tr><th>类别</th><th>选项</th><th>引导</th></tr>
<tr><td>基本观念</td><td>简单的/复杂的，最小的/最大的，纯粹主义的/表现主义的，朴素的/装饰的</td><td rowspan="7">左侧罗列的选项几乎都是对立的设计观，当然，在对立的限域内还有很多折中的观点。设计观代表着设计活动的伦理和艺术信念，它限定了设计方法的选择和方案的搜寻空间，因此，它直接导致设计结果、形式和适应性生成。建筑形式引导，重在设计观的确立，设计活动的逻辑线索是：基本观念—秩序准则—空间组织—外观形式—外观效果—工艺技术—材料选择，上述链条是一种自上而下限制的关系</td></tr>
<tr><td>秩序准则</td><td>几何的/有机的，正规的/非正规的</td></tr>
<tr><td>空间组织</td><td>盒状的/构成主义的，封闭的/开放的，分成等级的/添加的</td></tr>
<tr><td>外观形式</td><td>立方体的/雕刻的，工程的/自然的，简单的/复杂的，从属性的/居支配地位的</td></tr>
<tr><td>外观效果</td><td>静止的/活跃的，古典的/新颖的，传统的/现代的，历史的/未来的，类型学的演绎/新类型</td></tr>
<tr><td>工艺技术</td><td>适用技术/新技术，传统的/创新的，无风险的/试验性的或有风险的，低技术/高技术</td></tr>
<tr><td>材料选择</td><td>重的/轻质的，永久性的/临时性的，整体的/拼接的，较少材料/许多材料，昂贵的/便宜的</td></tr>
</table>

2）生态廊道体系

根据城市风貌系统的生成原理，信息化时代城市结构网络化是满足社会发展需要的趋势，因此，构建山水交接网络状的廊道体系，自然是对宏观约束中风貌意的具体演绎，其目的是恢复城市自然景观格局以强化城市风貌特色，同时使生物栖息地由片段化转变为系统化，最终实现生态多样化。

生态廊道的构成：廊道的构成是指生态廊道的各组成要素及其配置。廊道的功能的发挥与其构成要素有着重要关系。构成可以分为物种、生境两个层次。生态廊道不仅应该由乡土物种组成，而且通常应该具有层次丰富的群落结构。除此之外，廊道边界范围内应该包括尽可能多的环境梯度类型，并与其相邻的生物栖息地相连。

生态廊道的类型：生态廊道具有保护生物多样性、生物迁移通道、过滤污染物、防止水土流失、防风固沙、调控洪水、隔离（如控制城市扩张的绿带）等多种功能。建立生态廊道是解决当前人类剧烈活动造成的景观破碎化以及随之而来的众多环境问题的重要措施。按照生态廊道的主要结构与功能，可将其分为线状生态廊道、带状生态廊道和河流廊道三种类型。线状生态廊道：是指全部由边缘占优势的狭长条带。带状生态廊道：是指有较丰富内部的较宽条带。河流廊道：是指河流两侧与环境基质相区别的带状植被，又称滨水植被带或缓冲带。河流廊道作为一类重要的生态廊道，具有保护水资源和环境完整性的主体功能，还有为河流生物提供食物、降低河面温度等附属功能。

生态廊道的布设：结合城市自然山水空间构架和城市空间布局，生成了联系内外城、分隔星状组团的生态廊道的总体结构。在合理构成框架的基础上，展开了生态廊道的总体布局，形成完整的生态廊道系统。该系统由三级廊道组成，分别为一级、二级、三级。依据相关研究成果（表6–9），结合城市的用地条件，确定不同级别生态廊道的合理宽度。

生物保护廊道适宜宽度　表6-9

| 宽度值（m） | 功能及特点 |
| --- | --- |
| 3～12 | 廊道宽度与草本植物和鸟类的物种多样性之间相关性接近于零；基本满足保护无脊椎动物种群的功能 |
| 13～30 | 对于草本植物和鸟类而言．12m是区别线状和带状廊道的标准。12m以上的廊道中，草本植物多样性平均为狭窄地带的2倍以上；12～30m能够包含草本植物和鸟类多数的边缘种，但多样性较低；满足鸟类迁移；保护无脊椎动物种群；保护鱼类、小型哺乳动物 |
| 30～60 | 含有较多草本植物和鸟类边缘种，但多样性仍然很低；基本满足动植物迁移和传播以及生物多样性保护的功能；保护鱼类、小型哺乳、爬行和两栖类动物；30m以上的湿地同样可以满足野生动物对生境的需求；截获从周围土地流向河流的50%以上沉积物；控制氮、磷和养分的流失；为鱼类提供有机碎屑，为鱼类繁殖创造多样化的生境 |
| 60/80～100 | 对于草本植物和鸟类来说，具有较大的多样性和内部种；满足动植物迁移和传播以及生物多样性保护的功能；满足鸟类及小型生物迁移和生物保护功能的道路缓冲带宽度；许多乔木种群存活的最小廊道宽度 |
| 100～200 | 保护鸟类，保护生物多样性比较合适的宽度 |
| ≥600～1200 | 能创造自然的、物种丰富的景观结构；含有较多植物及鸟类内部种；通常森林边缘效应有200～600m宽，森林鸟类被捕食的边缘效应大约范围为600m，窄于1200m的廊道不会有真正的内部生境；满足中等及大型哺乳动物迁移的宽度从数百米至数十公里不等 |

资料来源：朱强等的《景观规划中的生态廊道宽度》。

水域河流廊道（一级生态廊道）：城市水域的功用除生态意义之外，还需具备通畅的集水和泄洪能力。根据规划要求，城市主要河道泄洪断面应满足50年一遇以上的防洪标准；其次，河岸植被带宽度应满足生物栖息多样化的需求。兼顾以上两点的要求，对照表6-9中生态廊道的功能与特点，以确定水域廊道的具体宽度。

带状生态廊道（二级生态廊道）：城市带状生态廊道是指分割城市片区或功能组团的绿道，其功能融合了生物迁徙通道或歇息绿带、人行步行空间或休闲地带、自行车骑行道或文化遗产保护带。

线状生态廊道（三级生态廊道）：线状生态廊道是结合城市主要道路进行布设的，以道路绿化的形式出现，主要满足人们外出步行交通的需要。

上述三级生态廊道间需加强纵横向的联系，并注重衔接部位的放大处理，特别于山水交汇的区域都是需要重点建设的生态板块，可开辟为大型郊野公园。通过生态廊道布设，强化山水的联系，使之成为完整的生态系统网络。

### 2．调控机制

特色中观分布对于微观组分自主行为而言，其基本职能是引导、控制、反馈和协调（表6-10）。拟态布局提供了一个控制和引导的方向，而调控机制是实现特色中观分布基本职能的重要手段，它包括拟态布局对微观组分的引导机制、微观组分自主行为对拟态布局的反馈机制两个方面。其中，引导机制通过法规手段、行政手段和经济手段，制定城市结构、空间形态、开发模式的控制策略，来实现对微观组分行为的引导；而反馈机制则通过公众参与、弹性机制、兼容机制等手段，在总体规划、详细规划、城市设计不同设计阶段和空间尺度对城市风貌的把控过程中，真实地融入开发主体的经济诉求、审美主体的使用要求，并从客观现实的限制条件和现实问题出发，形成对拟态布局调整的建议。

特色中观分布的基本职能　表6-10

| 序号 | 基本职能 | 内涵 | 手段与途径 |
| --- | --- | --- | --- |
| 1 | 引导职能 | 通过规划立法、政策制定、政府投资等方式，形成针对开发主体和组分行为的初始限制条件，并作为决策依据，使之与风貌立意的意图和原则相一致 | 法规手段、行政手段、经济手段 |
| 2 | 控制职能 | 通过定性、定量与定位的方式提出控制要求，对土地使用中妨碍和破坏城市风貌等整体利益和长远利益的行为进行约束 | 城市结构控制、空间形态控制、开发模式控制 |
| 3 | 反馈职能 | 通过实施过程中的信息反馈，真实反映开发主体的经济诉求、审美主体的使用要求，以及现实环境的客观限制条件 | 总体规划、详细规划、城市设计 |
| 4 | 协调职能 | 通过信息反馈、作用力的协同，平衡开发活动中经济、社会和环境三者的效益，兼顾政府、开发商和公众三方利益，引导城市可持续发展 | 公众参与、弹性机制、兼容机制 |

调控机制：包括引导机制和反馈机制两个部分。其中，引导机制反映了特色中观分布的引导和控制职能。引导职能是指通过规划立法、政策制定、政府投资等方式，形成针对开发主体和组分行为的初始限制条件，并作为决策依据，使之与风貌立意的意图和原则相一致。控制职能则通过定性、定量与定位的方式提出控制要求，对土地使用中妨碍和破坏城市风貌等整体利益和长远利益的行为进行约束。反馈机制反映了特色中观分布的反馈和协调职能，即通过实施过程中的信息反馈，真实地反映开发主体的经济诉求、审美主体的使用要求，以及现实环境的客观限制条件。通过信息反馈、作用力的协同，平衡开发活动中经济、社会和环境三者的效益，兼顾政府、开发商和公众三方利益，引导城市可持续发展。

调控模型：包括了从宏观约束演绎到中观分布最为重要的几个阶段，以及微观机制回溯到中观分布的一个反馈过程。这些阶段表现为从综合框架—空间结构—拟态分布—组分行为—界面生成—场所涌现等逐步演绎生成的过程（图6-8）。在跨越每个层级的过程中，尽管图式的逻辑是线性，但是，层级之间引导机制和反馈机制的作用常常是适时出现的，呈现迭代和非线性的关系，具有一种放大的效应。上述的反馈作用表明，从宏观约束演绎到中观分布演绎的过程中，仍不断地接纳新的信息，由此不得不重新进入已经结束了的阶段。因此，在一般情况下没有任何一个阶段可以彻底完成，而是在整个过程结束之前都还可以继续利用新的信息。为了适应这种动态的特征，中观分布中拟态布局多采用数据、文字、示意图等加以表示，它们比已经完成的图件更容易被修改。

特色调控过程：根据上述调控机制的工作原理，城市风貌特色的中观调控过程是两个交替进行的基本过程：多样性的产生和多样性的减少。为了解决特色的问题，至少找到不

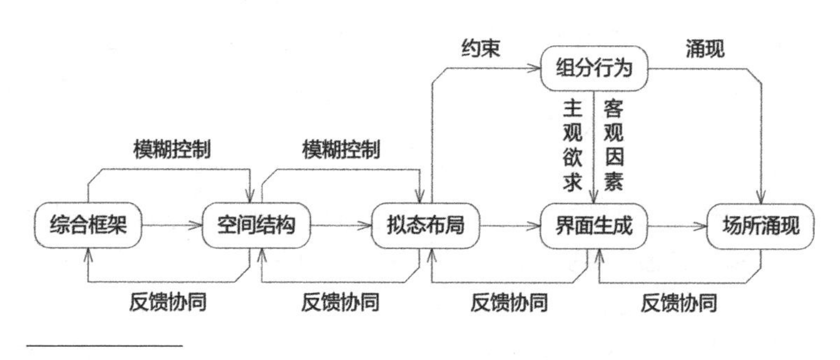


图6-8　调控模型

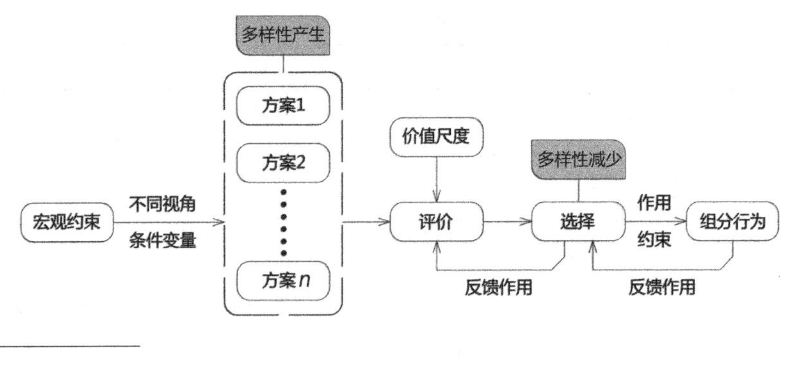


图6-9 调控过程

同变量使之形成多种拟态布局的变体，以备候选，这便是多样性的产生；针对多个备选方案，进行优缺点的讨论与评价，逐一比较与排除，最终选择最合理的一个方案，这便是多样性的减少（图6-9）。可以看到，随着实施的跟进，各项功能、周围环境和现存事物所提出的要求越来越多地决定着早期的拟态布局，在各方的诉求中，其自由度变得愈来愈小。风貌立意、城市结构、空间形态等层级较高的宏观约束，不再决定着微观层级建筑物的建筑风格和结构，而只是对其提供一个框架。这些框架在反馈协同的调控机制中，逐步缩小可能的自由度，直至最后生成一种现实态。

3. 新质涌现

特色中观分布的新质涌现是基于拟态布局的引导和组织规则的限定，城市风貌系统微观组分集聚过程中的非线性作用，所导致的组织信息增值的结果。这个结果表现为不同类型的场所、街道界面、异质系统边界的出现，并呈现群体组合特征。而无论是拟态布局，还是组合原则，都要受到自然、社会、政治、经济、文化等因素的制约。那么，作为城市风貌的特色拟态布局，在风貌立意、城市结构、空间形态等宏观约束的框架下，在微观组分——建筑的集聚过程中，通过介入调控机制，加强对这一“缘结”过程的限制，其目的是使所涌现出的界面和场所力图逼近宏观风貌意所预设的效果。那么，为了实现特色的新质涌现，针对界面和场所要进行预设性控制。

1）边界控制

水体河岸线：水体河岸通常是塑造城市风貌特色的重要资源，同时更是城市大众休闲的场所。那么，如何才能利用水域的生态环境，创建连续、健康、宜人的水岸空间呢？保护水质和水量、确保不同时期水流运行顺畅，才能维护水域系统的健康。因此，以不同时期不同强度洪水的自然淹没线，作为控制水体岸线建设的参照，是实现自然、健康为先导的理想之道。中等城市江河水体岸线通常按照50年一遇的洪水淹没线作为滨江地带宽度的基本控制线，以此为基准上下分解出200年、100年、20年、10年一遇水位控制支线，结合控制支线设置台地，消化与常水位的竖向落差，创造宜人的亲水性。滨水带状公园结合流线型的滨江绿带和步行走廊，将城市码头、亲水平台、公共活动区域联系成一个有机的整体。利用河曲凸岸，开辟大型的、文化性的公共活动区域，使带状空间在此节点上延续成了面的扩展。

山体边界线：山体边界的科学处理，也是城市风貌特色塑造的主要途径之一。为了更好地尊重原生地形地貌，布局上应充分体现大疏大密、优地优用，保留较陡山体。对

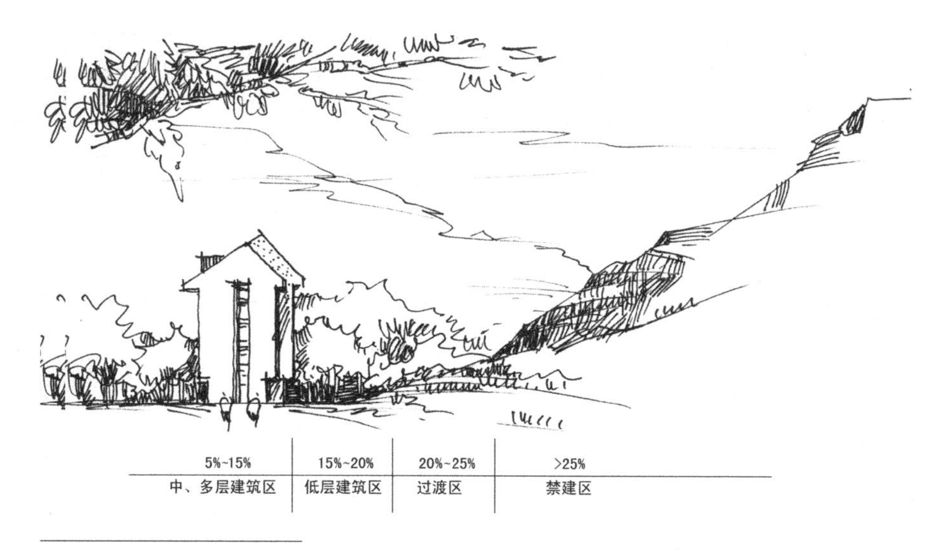


图6-10　山体边界开发控制引导

部分可以利用的山体，稍加处理，通过开发，可创造环境优美、适宜人居的低密度住宅区，并特别关注与原生地表的有机过渡，塑造良好的山形、绿化形象与建筑景观的伴生关系。为了更好地控制山体边界，对应不同的自然山体坡度设置相应的控制区域是有效的手段。山体边界以25%坡度点处的等高线为控制线；将高于25%的山地设定为禁建区，开辟为山地公园，使之成为永久性的生态绿地，避免城区建筑继续向上无序蔓延；坡度介于20%～25%之间的山地，设定为过渡区，允许建造少量小体量的景观建筑；坡度介于15%～20%之间的山地，规定为中高层、大体量、平屋面建筑的禁建区，多层建筑的限建区，底层建筑的建设区；坡度介于15%～20%之间的山地，设定为高层建筑的限建区，中、多层建筑的建设区；另外，顺应山体山脊线开设的纵向生态廊道，也是作为永久控制的禁建区，但允许步行通道的渗透（图6-10）。

滨水天际线：滨水地带是观赏城市建筑天际轮廓线的最佳场所。沿江河两岸，利用开阔的江面和滨水绿地，创造了深远的观景视距。建筑组群关系以及沿河廊道界面建筑的连续性、流动性、整体性将一览无余，因此，滨水地带是城市风貌最为敏感的区域。那么，如何才能塑造特色的滨水天际线呢？滨水建筑在视觉层面上，首先必须具有形象的整体性，才可能在大众的认知中体现其特色。整体性意味着对象具备了被人感知的某种特征——格式塔的“完形”，这是它作为独立对象的前提。其次，把握结构性、加强连续性是塑造整体性的重要手段。人们常常把优美的天际轮廓线与流动的音乐作比较，除了它们具有连续性和流动性等相同特质之外，更重要的原因是它们具有相似的构成规律。对于一条理想的天际线来说，其结构不外乎由以下几个部分组成：开篇（点题）—铺垫—高潮—过渡—结束。这种类似于文章和音乐的组织和构成方式，在城市建筑上则表现为高度与体量及空间上的变化。由此，可以引申到城市滨水两岸天际线整体结构的塑造上。

街路界面：街路不但是城市交通必不可少的连接线，而且也是人们生活活动的场所，同时还是城市意象的主导元素。它还承载着沿途各类用地不同的功能，因而，街路的风貌景观对于城市整体的景观塑造是至关重要的。关于城市街路的界面控制参照表6-11的建议。

主要街路界面控制 表6-11

| 街路名称 | 线型与断面 | 尺度与比例 | 街路界面控制 |
|---|---|---|---|
| 城市主干道 | 平直线型、三块板 | $D/H$=3 | 运用“类文章”和“类音乐”的结构的组织方式 |
| 城市次干道 | 平直线型、一块板4车道 | $D/H$=2 | 运用群集效应塑造整体效果，运用阶梯效应塑造层次感、节奏感、韵律感，运用核心效应塑造高潮与重点 |
| 城市支路 | 曲直结合线型、一块板 | $D/H$<1 | 关注空间的收放处理、建筑一、二层的整体连续性和建闭度，以及建筑细部处理 |
| 滨水景观路 | 曲直结合线型、一块板 | 单面开敞 | 属于休闲性的景观道，重在通过强化建筑轮廓线的连续性、流动性和结构性来塑造天际线的整体性，注重建筑立面的空间感和层次感来塑造界面的丰富性和完整性 |

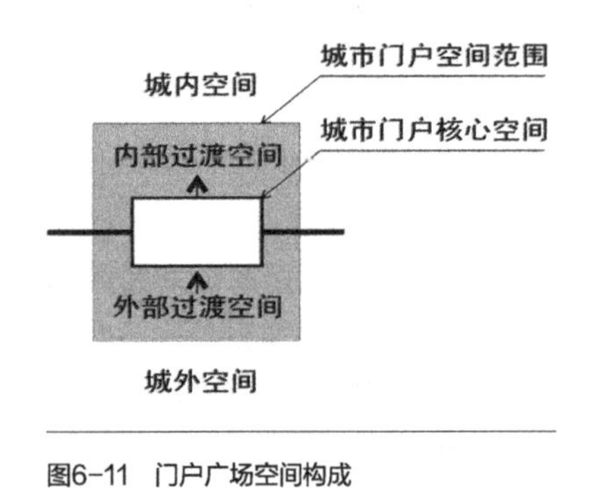


图6-11 门户广场空间构成

2）场所控制

（1）城市门户

城市门户作为城市整体空间体系的重要组成部分，与其他城市空间之间存在紧密的结构关联，这种关联预示着城市门户具有空间识别、方位引导、交通转换和城市形象等综合性的功能。

门户空间构成：包括外部引导空间、核心界定空间和内部过渡空间（图6-11）。外部引导空间是指城市门户与城市外部衔接的空间部分，向内收集物质、能量、信息等引导进入门户，对外进行疏散，并建立起与外部相关空间的联系。核心门户空间是指那些能够让人产生进出城市确切信息的空间，是入口标志和空间界定存在的空间。内部过渡空间是指城市门户与城市内部衔接的空间部分，向外收集物质、能量、信息等引导进入门户，对内进行疏散，并担负着整个城市空间体系的引导。

门户功能复合：由于城市门户具有交通的优势，往往带来人流、物流的集聚，从而形成相关城市功能的集中发展，特别是对商业、休闲功能来说，“人气”可谓是是否具备活力的生命线。因此，诸多城市门户应强调功能的复合化，不同程度上注入商业、休闲功能，塑造新型现代门户的形象。

（2）城市广场

城市广场空间以多功能、综合性为特点，构成了市民的公共活动中心和城市空间体系中的重要节点，广场往往与围合的建筑以及穿越的城市交通形成综合的空间组合体。广场不仅是群众休闲、娱乐、交往、集会的场所，而且对美化城市景观、繁荣商业、提升周围房地产价值、改善交通和绿化有着十分重要的意义。

等级规模结构：城市广场节点空间的塑造，首先需建立在搭建合理等级规模结构的基础上。按照规模分级，广场体系应由以下几个部分组成：市级、区级、街区级、小区。全市性的广场应该分布在全市中心，分区性的广场应该分布在分区中心，街区性的广场应该分布在街区中心。广场体系构建形成克里斯泰勒的中心地的图式，从全市广场到街区广场呈树枝网络状的结构。

可达性的塑造：广场作为公共空间的一项重要使用指标就是可达性，即人们从城市空间任一点到广场的难易程度，包括距离、时间的耗费。可达性的强弱与广场的区位以及与之邻接的道路数量与等级有紧密的关联；广场的区位越靠近城市中心，其所服务范围就越均衡，与它邻接的道路等级可能更高、数量可能更多，那么，它的通达性也就更强。可达性塑造的另一手段就是广场空间开放度的控制；开放度与广场界面围合度没有直接的关联，主要取决于出入口间距与数量；广场出入口除了可开向视线开放的边界处以外，亦可在封闭的界面底层设出行通道，两者均能保证进出的可达性。

人性化的设施：提供复合型的活动设施，满足使用者各种活动需求，以体现对人性的关怀。根据对现代广场活动的调研统计，坐、站、走动以及用餐、读书、观看和倾听等活动的组合占所有活动方式的90%以上。这些活动发生的共同前提条件是要有可供停留的综合设施。因此，为了引导可以预见的活动，设计中应配置座椅、石凳、凉亭、长廊等各种服务设施，这些设施小品既要考虑满足人体的尺度，又要注重其景观效果的表达，使之成为无人时段广场空间的角色主体。

主题化的空间：广场空间的主题化，既可塑造不同类型广场的特色，又可展示城市的人文内涵，实现文化性、艺术性与实用性的统一。具有独特的地域性以及特色传统文化、民族文化和边城文化，主题的来源也必然具有多样性。设计中，可通过对自然山水意象、历史遗存展现、传统文脉梳理、古代传说记录、民俗风情描摹、街区故事梗概来生成主题，以赋予城市广场空间以场所精神和灵魂。

（3）道路交叉口

广场的特点是能够吸引大量的人流、车流，是交通流量的集聚，而道路交叉口的作用则恰恰相反，其主要特点是疏导交通。二者从表面上来看，都是交通流量集聚的场所，但它们内在的功用却指向相反的方向。如果把交通岛做成广场，不仅不能疏导交通，反而会吸引大量的交通流量，产生交通问题。

交通组织设计：拟定交通组织的具体策略，从时间和空间上协调好交叉口各向交通流的运行。根据交叉口所处用地建设条件及交通流运行特点，采取交通控制和渠化的方法，限制、减少或消除交通流运行过程中所产生的冲突点，引导车辆安全顺畅地合流、分流和交织、交叉。

交叉口界面处理：一般来说，交叉口周边的各种建筑物是围合交叉口空间的垂直界面集合，其体量、体形、色彩、质感等特征是构成交叉口景观的重要因素，其在不同交通条件下的视觉特性塑造着不同的景观印象。同时，建筑平面和建筑空间的变换及其与街道的协调程度，也是衡量交叉口界面景观质量的重要因素之一。交通岛、分隔带等交通物理设施，往往与多层次的绿化相结合，丰富和美化环境，成为交叉口秩序建构与景观特色塑造的重要手段。路面上的交通标线因其同律性起到图案化的效果，而不同街道的路灯、信号灯等其他设施为空间感应尺度的参量，能给人提供不同的视觉体验和趣味性。

地标景观塑造：根据交叉口的交通组织及城市设计要求，拟定公共空间设计的具体策略。具有特殊城市形象意义的交叉口，通常塑造地标类景观元素，该元素增加了交叉口空间的标识性和凝聚力，同时赋予空间环境特殊的文化内涵。此类交叉口需根据相邻地段及城市整体意象特点、所处用地与建设条件，结合交叉口交通组织设计，综合考虑其地标性景观元素设置的位置、大小、形式与意义等。对于与广场等公共空间相邻接的交叉口，需明确交叉口在整体空间环境中的功能与作用，统一考虑其交通组织与环境景观设计。

### 6.2.3 微观机制创新化

微观机制创新化是指在宏观约束与中观分布的控制框架下，通过适应、调整与创新，实现对传统风貌表达方式的突破，从而涌现出新的特色。特色微观机制是由特色标识建立、特色积木选取和自主体适应三个步骤组成的。其中，特色标识建立的作用，就是通过它实现信息交流、划分边界及集聚成类；特色积木选取的作用，表现在通过它将风貌组分进行组织、迭代，涌现出下一层级的特色集聚体，最终形成特色风貌宏观样态；自主体适应不仅使特色宏观约束得到落地，同时，他们根据城市风貌发展中存在的问题，调整发展策略；而以开发商为代表的开发主体充当了效应器的角色，通过他们开发行为的回应，推动了城市风貌系统的演化。

1. 特色标识

特色标识是以相同文化为背景的、集体共同认知的一种建筑、空间、环境或功能的符号。这些符号能传达一种意义的信息，通过信息的交流和处理，主体依此进行识别、判断、选择和相互作用，从而，使接受信息的主体因相应的目的和行为集聚成类，并获得认同感和归属感。当然，特色标识也是一种限定，对于个体组分行为而言，它是自上而下的约束，其目的是企图实现城市风貌宏观态——风貌意的共同追求。宏观约束将对风貌意的追求演化为一种城市风貌的规划管理手段，为系统内部个体或组分划清了行为的边界，而这些边界即为设定标识的依据。具体而言，根据城市风貌聚集体规模的不同，标识表现为建筑的材料、色彩、风格、功能以及街区的功能、肌理、结构及其相应的活动特征等内容。那么，如何才能来确定和选择这些有特色的标识呢？下面，就特色的风貌形式标识的确定方法进行解析。

1）选择吸引子

所谓的风貌吸引子，是指使城市风貌系统趋于有序、呈现某种特色的主导形式，它的确定是建立标识的前提。尽管，特色标识设定依据来源于城市风貌意的总体信息，但是，如果考察城市风貌意创生的来源，依然可以发现，特色的、理想的风貌意的形成也是基于尊重历史与现状的城市发展脉络为前提的。因此，城市风貌系统生成原理的时间原则与文脉方法将是指导风貌形式吸引子选择和确定的重要原则与方法。当然，关注时间轴和空间域上各个组分之间、局部与整体之间的对话和内在关系，强调历史性和地方性，归根结底就是一种文化判断与价值取向。因为，以时间纵轴和空间横轴上关系的亲密度来限定新生组分或组分更新，其意义在于易于呈现城市风貌整体上历时性和地方性的特色。那么，从时间原则出发，风貌形式吸引子选择和确定的价值评判大约来源于以下四个方面的考量：其一，历史越悠久就越有价值；其二，事件越重大就越有价值；其三，区位越核心就越有价值；其四，质量越高、数量越多就越有价值。基于此，选择吸引子的前期工作是：判定建筑质量、划分风格类别、统计各类别数量、标记建筑年龄、划定协调区域、挖掘建筑故事；依据上述资料的分析与评价，最后在综合比较的基础上进行选定。

2）提取符号

在形式吸引子选定之后，可根据生成原理的信息原则，采用信息剔除法将复杂的建筑形式逐步剥离出简单明了的形式基础，进而通过反向逻辑，抽取可读的建筑风格特征——风格符号。这种逻辑可以从建筑和知觉的层面对作为人造物的建筑样态作出反应，并与建筑样态的特征在文脉上建立关联。形式基础表达的是一种建筑体块的组合关系，它反映了建筑的功能组织和技术逻辑，具有普遍性和一般性；而风格特征则是一种附加的信息，这种信息与使用主体的身份、地位、品味、修养相关，传递一份文化寓意和价值偏好的信息，因此，它具有独特性和个体性。那么，运用信息剔除法提取符号的具体步骤是：剥离材质—去除细部—删除部件—保留体块—反向归类—符号语言。上述的信息剔除法通过斯萨萨·马勒斯对约旦安曼市建筑分析所采用的研究方法[284]可以例证它的有效性（图6–12）。

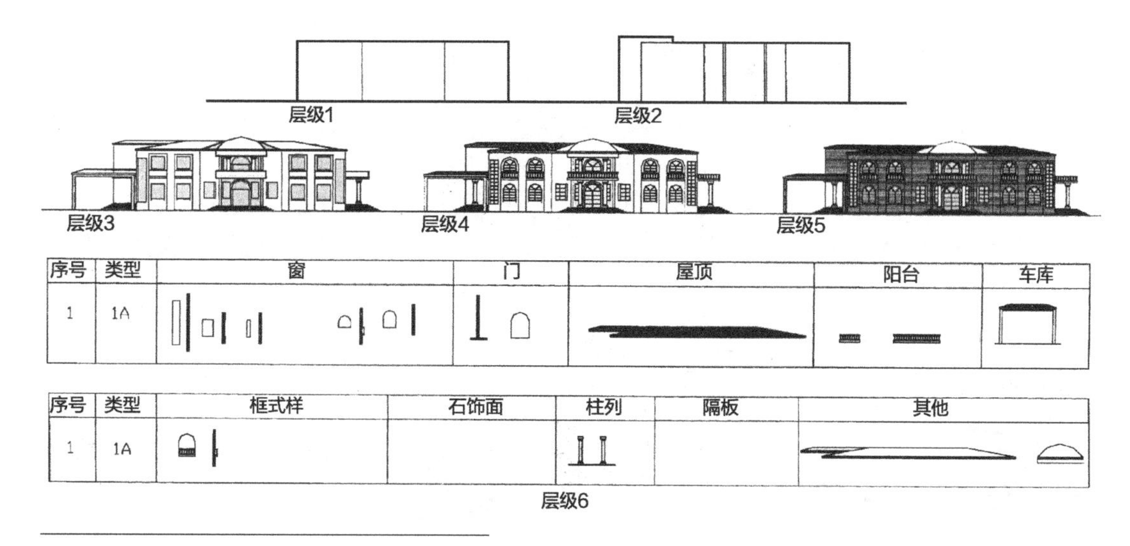


图6-12 建筑风格分析方法
（资料来源：斯萨萨·马勒斯对约旦安曼市建筑的分析）

2. 特色积木

根据城市风貌系统生成原理，特色风貌形的生成，一方面来源于特色风貌意和特色空间构架自上而下的引导和约束；另一方面，更是来源于特色积木不断地尝试着拼接、嵌套、叠合等集聚行为而自下而上整合后的涌现。正如霍兰认为的，宏观层面的规律是从微观层面的规律推导出来的。[115]因此，特色积木的发现是生成特色风貌形的前提。而所谓的城市风貌积木，相当于带有相应组织规则的组分。特色的风貌积木绝不是任意确定的，它是经过反复选择和检验过的、融入使用主体生活体验的、一种成功的空间模式和生活模式的综合。因此，从某种角度来说，它是经过时间考验的生活经验的累积。具体而言，城市风貌系统的积木，从物质空间样态来看，包括不同类型和形式风格的建筑单体，不同规模、不同功能、不同风貌特征的城市功能斑块，以及城市片区即城市子系统等。例如，美国发展了一套关于建筑形态的图则，是基于生成特色建筑风貌的控制方法，它不是以建筑功能或简单统计尺寸来描述建筑，而是以相似的建筑形体标准进行形态模拟和选址尝试，如图6-13所示是美国佛罗里达州等地区不同地段不同功能建筑形态的控制图则，它们是依据地域气候和地方文化进行选择、调整之后确定的。那么，相应的规则则包括建筑技术规则、空间组织规则、建筑和风貌艺术规则等；从城市事态来看，城市风貌系统的积木包括自主体个体、家庭、集体，而相应的规则包括家庭组合规则、集体组织规则等。

1）特色积木的发现

无疑，特色风貌形的生成途径来源于特色风貌积木块集聚整合后的涌现。那么，如何才能发掘特色的风貌积木：建筑类型、斑块类型、社会类型及相应的组织原则呢？事实上，特色的风貌积木是能真实反映使用主体个体或群体日常生活和生产活动的状态、表明使用主体身份和地位的空间模式或生活模式。日常生活和生产活动的状态总是以功能组织的方式影响着空间形式基础的生成，之后使用主体便会依据自我的偏好赋予空间形式基础不同的风格特征，并由此传递一份有意义的信息以宣告自我的存在。因此，特色积木的发现，重点在于研究不同使用主体日常生活和生产活动的特征；其次，要考察使用主体个体或群体的愿景和理想图式，并依此探究与之相适应的空间形式基础；最后，依据使用主体

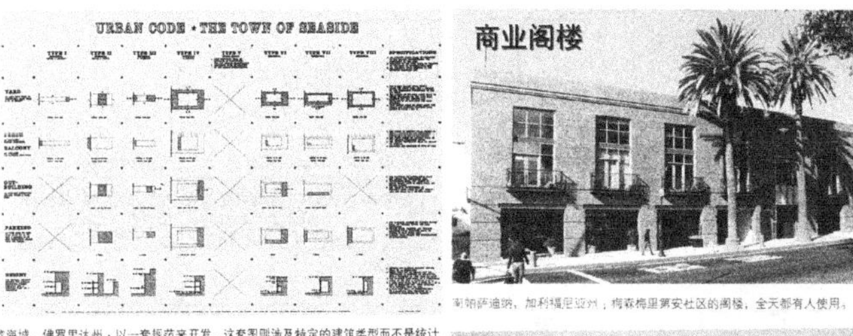

滨海城，佛罗里达州：以一套规范来开发，这套图则涉及特定的建筑类型而不是统计要求。

南帕萨迪纳，加利福尼亚州：梅森梅里第安社区的阁楼，全天都有人使用。

华盛顿特区：一座7层的混合功能建筑提供了和地铁站相适宜的密度。

皮克路，亚拉巴马州：在"水之社区"，侧院住宅在建筑之间提供了私有的门廊和院落。

盖瑟斯堡，马里兰州：在肯特兰，底层带餐馆、商店和办公的居住/办公建筑沿着主街布局。

博福特县，南卡罗来纳州：附属建筑物上部加建的家人公寓，为哈伯沙姆的一栋独户住宅增加了建筑密度和个人可承受能力。

圣查尔斯新城，密苏里州：平房庭院提供了一个可支付并且有吸引力的独户家庭生活选择。

博福特，南卡罗来纳州：在哈伯沙姆，公寓非常慎重地布局在主要是独栋住宅的邻里中。

卡明，佐治亚州：多亏了位于巷道上的停车库，这些位于维克里的联排住宅为向街道提供了一个有吸引力的临街面。

科利尔维尔，田纳西州：在木兰花广场，带后部车库的50英尺的地块提供了具有吸引力的街道景观。

图6-13 建筑形态图则
（资料来源：（美）安德烈斯·杜安伊等的《精明增长指南》）

个体或群体的价值取向再赋予其偏好的风格特征。无论是哪种类型的特色积木其风格特征都可以归类为三种形式：传统型、现代型及折中型。

2）特色积木的组合

积木的组合，即为组分集聚后按照相应的组织原则进行整合的过程。这个过程是寻求一个多种作用力的平衡点，这些作用力涉及技术、经济、文化等要素。当然，这个平衡点可以是一个，也可能是多个，其数量的多寡与自主体群体类别及其设定的选择标准相关。一般而言，不同文化会强调或使用不同的标准。"人们用到的标准、标准等级，标准背后的图式和理想，以及各种规则体系都可以用来识别和理解不同群体和环境中的文化差异。"[131]事实上，标准可能是实用的，如仅满足技术与经济的要求；也可能是文化的、美学的，与环境行为要求以及与社会地位相关。那么，基于环境行为特征即文化为前提的积木组合，才会体现出群体或集体性的特征。而环境行为即文化标准一经运行，就此决定了相应空间结构或风貌形特色的涌现，而后续的技术与经济标准遂成为制约而非决定性因素。拉普卜特在《文化特性与建筑设计》中比较了以文化为前提和以实用为前提两种不同组织原则所呈现的空间形态特征（图6-14），说明了运用技术与经济标准所导致的由道路和管线来决定的布局，是无法满足使用主体文化需求的，更体现不出特色。基于此，特色积木的组合，首先要追问于何时何地？其次回答使用主体是谁？有多少？进而了解谁当如何行事？为什么？最后，在技术与经济标准的制约下，选择以文化为主导的组织原则。

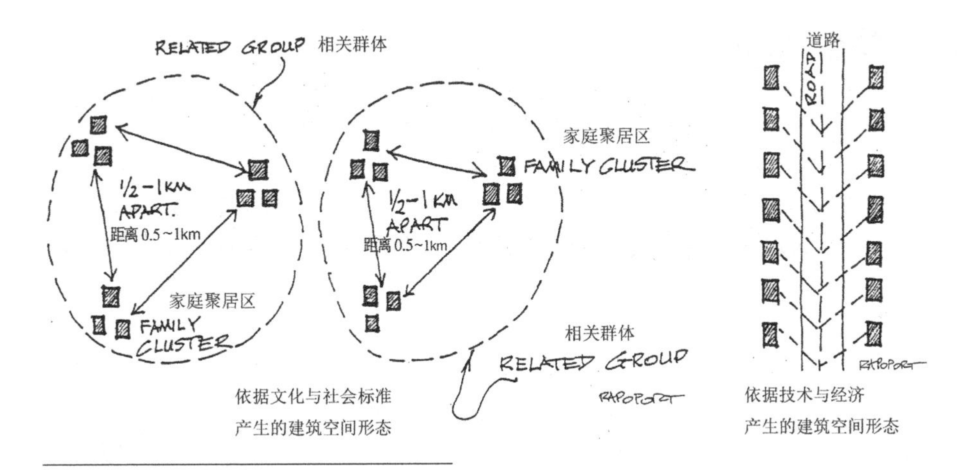


**图6-14 不同标准下建筑空间形态特征**
**（资料来源：拉普卜特的《文化特性与建筑设计》）**

3. 主体适应

城市风貌系统自主体的适应能力是由“刺激—反应”的内部模型赋予的。自主体的适应性意味着城市风貌开发主体和使用主体在实现个体目的性时，不仅仅一味地遵从特色宏观约束和特色中观分布的原则框架，同时，还能形成有效的反作用力，突破原则框架并触发其适时地调整，使最终呈现的现实态更能贴近个体的需求、充满生活的活力，从而使其所承载的地域精神和文化内涵更具现实的意义。

对于城市风貌系统整体而言，自主体个体内部模型的共同作用，在总体层面上统称为系统内部机制。在总体内部机制运行的过程中，以使用主体为代表的审美主体充当了探测器的角色，他们接收了环境和风貌的各种信息，并利用自身的日常生活经验进行评价与反馈。审美主体的复杂性在于，它是不同民族、不同阶层所形成的共同体，往往在日常生活方式上有所差异，这些细节在风貌总体构想中无法进行详细或准确的考量，因此，主体生活经验与总体风貌构想难免会出现相互背离的可能。倘若，过分追求集体主义的总体风貌和环境被认为是妨碍性和不适于居住生活的，从而导致微观人化组分——建筑物的适用性受到了损害，那么，建筑学和城市规划在外形上的要求就必须让位于日常生活、群体活动和城市事件的需要。从而，因审美主体的使用要求和使用逻辑所导致的宏观约束和中观分布的调整，是设计主体和管制主体所必须作出的适应性行为。从这个角度来看，设计主体和管制主体犹如信息处理器，他们根据城市风貌演化中存在的问题，不断地调整发展策略。

而关于以开发商为代表的开发主体的适应性特征，应通过分析业主的资本运作逻辑来理解。对业主来说，外观形式所扮演的角色往往与规划师和建筑师所设想的不同。在那些投资巨大并有巨大风险的建筑和规划项目中，虽然外观形式并非不重要，但它只是许多方面中的一点。像它一样重要的还有：保持建筑费用不突破预算、遵守工期、避免不必要的风险、毫不费力地得到批准的能力等。[180]相比较这些方面，只要方案能够顺利且快速地得到通过，外观形式似乎显得不那么重要，因为对于开发主体而言，外观形式是最不能促进经济效益的一点。所以，为了确保城市风貌特色的显现，在景观敏感地段外观形式应作为审核的重点，决定方案是否能够通过的刚性条件，只有这样开发主体才能作出适应和调整。

## 6.3 特色组织方式

从系统的角度出发，城市风貌的表现形式即风貌形是系统样态和事态的综合。特色能否呈现？关键在于系统空间样态和生活事态是否统一，系统的现实态能否真实反映自主体个体和集体的内在需求、符合受众的心理特征，并与自然环境相得益彰。而真正满足上述要求的表现形式，才能使城市文化性、地域性的基因得到传承，城市风貌整体特色亦能得到呈现。那么，从传播学和感知角度出发，城市风貌特色的显现方式，可以概括为：特色样态信息的组织、特色事态信息的整合（表6-12）及特色感知系统的部署。

特色样态信息组织和特色事态信息整合　　表6-12

| 内容 | 特色样态组织论 | 特色事态整合论 |
| --- | --- | --- |
| 追求目标 | 城市意旨 | 城市意趣 |
| 记忆层次 | 物—景—场 | 人—场—事 |
| 组成要素 | 路径、边界、区域、节点和标志物 | 人与物、时间与场合、活动内容和行为特征 |
| 感知方式 | 局外式的观赏 | 参与式的体验 |
| 生成方式 | 空间结构限定 | 流体动态运行 |
| 组织维度 | 空间主导（结构性） | 以时率空（关联性） |
| 相互关联 | 城市意旨+城市意趣=意境和意义 | |

### 6.3.1 特色样态信息组织

从城市意象感知角度出发，城市风貌系统的实体样态通常表现为场所、标志物、带状界面、组群体貌、整体形态等多种要素的综合。根据生成原理的信息原则，城市风貌实体样态的感知过程实际上就是信息传播的过程。而城市风貌特色样态信息，是那些在视觉上容易引起兴趣和注意的信息，这些信息以视觉刺激的方式，引起审美主体的注意，然后经过视觉分析和信息选择，其特色信息得到感知和呈现（图6-15）。那么，符合受众心理特征的城市风貌特色样态信息主要包括地标性建筑、历史性地段、生态敏感区域、边界天际线、环境色彩等，它们经过选择性注意之后，在审美主体认知地图中联结为一个整体的特色意象。

1．地标性建筑

显然，每一栋地标性建筑总是以清晰鲜明、简洁有力的形象突显于城市环境的背景中，成为一张城市的名片，它不仅强化了城市的特色及可识别性，而且增强了人们对城市的认知度，因此，它是城市风貌特色的重要标志物。而地标性建筑的生成，从城市意象感知角度出发，其必备的条件是：独特的区位和地理特征，清晰简明的整体形象，与尺度

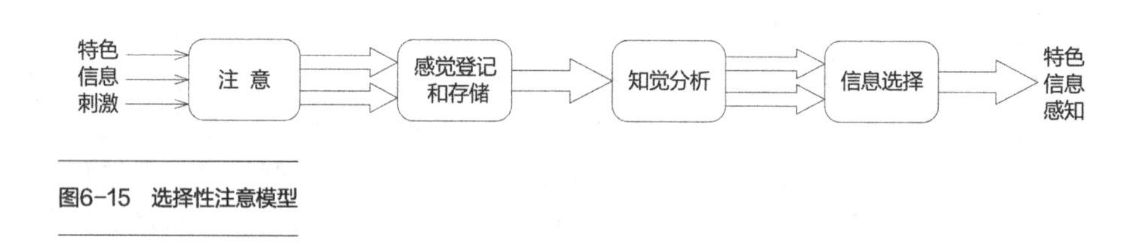


图6-15　选择性注意模型

（体量和高度）相匹配的场域，位于视线通廊的视觉焦点等。根据地标性建筑的基本条件，首先，对城市地标性建筑进行建议性选址；其次，把控地标性建筑的形式；其三，控制地标性建筑的规模尺度（高度和体量）。

那么，地标性建筑一般选址于视觉眺望效果良好的地段，多以城市中心广场、城市主干道交汇处、沿江两岸凸形开阔地带、山体制高点为主要的选址对象。而关于形式控制，城市地标性建筑特色形象，应通过遵循地域性、文脉性、时代性原则来实现约束性的生成。“一切建筑都是地区建筑”，吴良镛先生认为，建筑的地区性是客观存在。地区性主要是地理、经济发展和社会文化上的概念，所有这些条件均将综合地起作用。诚于中，而形于外。建筑的地区性也必然更反映在建筑形式与风格的变化上。[285]同时，建筑不仅是人类文化的载体，同时是城市文化的传播媒介。地标性建筑样态形式的生成，应是城市文脉传承的结果，有意识地保留这些传统文脉，不仅展现了城市风貌的相容性和延续性，而且，使得地标性建筑更具地方风味。城市是时代发展的产物，不同时代伴随着科技的进步将会孕育出不同类型和形式的建筑，因此，不同地标性建筑也反映了不同时代对形式美的需求。而关于尺度控制，地标性建筑规模尺度即体量和高度的控制，主要依据其在城市天际轮廓线中的角色和作用来决定。它往往是天际轮廓线的极点，形成高度上的峰值。通过对照国内外相关城市优美的天际线的比例关系，城市地标性建筑作为天际轮廓线的波峰上的极点，与周边建筑的高度的比例一般控制在2～4倍以内；如果超过5倍，易形成陡壁，波浪式的连续性则会受到阻隔；倘若比例关系接近1：1，那么地标性建筑就无法突显。

### 2. 历史性地段

历史性地段是保留遗存较为丰富，比较完整、真实地反映一定历史时期传统风貌、民族特色或地方特色，存有较多文物古迹、近现代史迹和历史建筑，并具有一定规模的地区。它最为真实地反映了岁月和时间遗留下来的痕迹，它富含历史的信息和记忆，是人物、时间和故事在场所上的堆叠，具有不可复制的独特性。因此，历史性地段是城市风貌特色样态信息的主要组成内容。为了突显城市历史性地段特色信息，运用动态和文脉的方法，进行总体风貌保护、空间肌理延续、建筑功能进化和标志符号恢复。

总体风貌保护：历史性街区总体风貌保护，重在风貌区范围的划定与控制，以及传统建筑的保护与修缮。风貌区范围的划定通常依据风貌完整性为原则，同一历史时期风格相近的建筑及其环境均可纳入某一历史性传统风貌区，风貌区以内的区域在建筑形式控制上称为风格均质区，均质区以外一定范围的区域称为环境协调区，即过渡区。那么，传统风貌区内的建筑按保护与更新的要求一般划分为三大类：重点保护建筑、一般传统建筑、改造或拆除的建筑。重点保护建筑修缮时要保存其原真性，即修旧如旧；一般历史建筑以控制总体风格为主导；其余的近期内修建的建筑应予以改造或拆除。

空间肌理延续：在空间处理方面，为保持传统风貌的延续性，应尊重原有的空间肌理及空间尺度，不应随意改变道路系统、道路宽度、街面高度、建筑物的体量大小等。建筑物的立面元素及材料应保持原有建筑形式，为改善传统风貌区的品质，可点缀适当的绿地、水池、小品、雕塑等。

建筑功能进化：破败的历史性街区，往往是建筑设备老化、基础设施滞后、建筑功能退化的外在表现。历史性街区的保护和发展应该是一种以未来为导向的，能够反映城市作为一个进化系统的持续性发展策略。历史性街区的复兴以柔性发展策略为指导，采用动态性的规划、适应式的改变和渐进式的调整得以实现。因此，历史性街区衰败的居住功能，在保护与更新过程中，可逐渐调整为休闲、商业、游乐等服务功能，实现风貌留存与活力回归二者的并举。

标志符号恢复：历史的记忆往往是以符号为载体得以存续，而建筑符号的形成是依赖于对城市典型空间的体验、感知和意象。作为历史风貌符号的环境要素，如“墙垣”“牌坊”“亭台”“石桥”“古井”“街巷”等，可以通过重建、再造、恢复等手段得以重现，以唤醒城市自主体的集体记忆，重塑历史的归属感。

### 3. 生态敏感区

城市的生态敏感区主要是指河流水系、滨水地带、山地丘陵、特殊或稀有植物群落、野生动物栖息地，以及沼泽、水岸湿地等重要生态系统，它构成了城市发展的生态基质，是城市的特色本底，这些区域如同有机体一样富有生命活力，并且对时间的更替极具敏感性，表现为季节性的景象变化。应运用生成原理的系统方法和动态方法，对生态敏感区域进行保护、整治和优化，使之成为城市风貌特色样态信息的主要组成部分。

生态敏感区的控制：生态敏感区是整个城市区域具有生态环境意义的生态要素或实体，抗外界干扰能力和自我恢复能力较差，且对城市生态环境产生重要影响，需要加以控制或保护的区域。[286]基于此，城市生态敏感区的控制主要涉及两方面的工作：其一，评估不同类型生态敏感区的生态敏感度；其二，限制城市风貌主体的活动强度和过度行为（图6-16）。生态敏感度一般包括两层含义，即稳定度和恢复度。稳定度是指系统自身的稳固程度，反映了生态敏感区的刚性特征，其考察的因子包括地形、地貌、气候和土壤等；而恢复度是指系统受到外界干扰时，在失稳前，所能承受的变化范围，反映了生态敏感区的弹性特征，其考察的因子包括地形、地貌、气候和土壤生物多样性、土壤脆弱性和生境敏感性等。[287]通过对生态敏感度的评估，将城市生态敏感区划分为高敏感区、中敏感区、低敏感区、不敏感区[288]等不同等级，可作为确定禁止开发区、限制开发区、优化开发区和重点开发区的依据，并分别提出建设途径和强度的建议。

生态敏感区的组织：在城市发展过程中，生态敏感区除了具有生态功能之外，还制约着城市的发展规模、发展方向，以及城市结构、用地布局和城市风貌的生成，并且对城市风貌的特色构架的形成也具有着重要的意义。因此，运用系统方法对城市生态敏感区进行有效组织，对于突显城市风貌特色样态信息是至关重要的。结合城市生态敏感区限制条件和生态敏感度的评估，在进行优化的基础上，将生态敏感区整合为一个网络系统，该系统由生态斑块、生态廊道、生态节点、生态网格共同组成。

### 4. 边界天际线

城市天际轮廓线是由不同阶段、不同街区的人工要素与自然要素共同整合和相互叠加，以天空为背景呈现出来的垂直空间上的整体剪影，也是城市不同发展阶段建筑风貌的

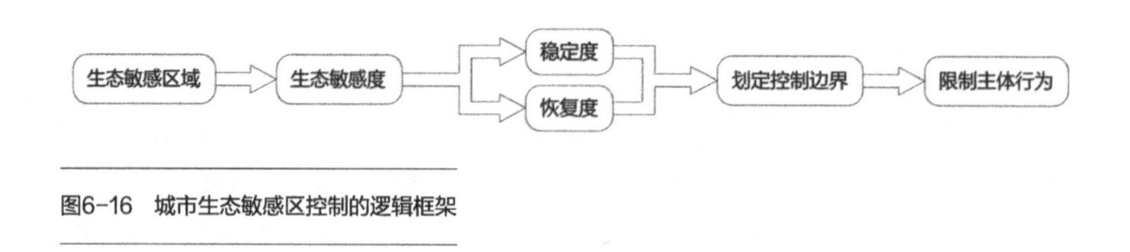


图6-16　城市生态敏感区控制的逻辑框架

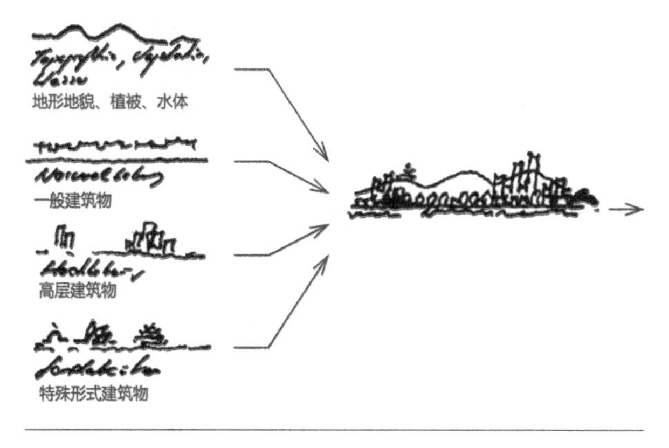


图6-17 天际线构成要素模型
（资料来源：Micheal Trieb的天际线研究理论）

累积。无疑，对于任何一个城市来说，天际轮廓线总是独一无二，其充分展现了城市的独特性，同时，也是“以时率空”的时空关系在城市风貌特色样态上的缩影。而城市天际轮廓线往往表现为江河两岸的滨水天际线，对于滨水天际线的组织和控制，是突显城市风貌特色样态信息的关键。Micheal Trieb认为，如果将城市天际线在观景界面按照前后关系将不同元素分解开来，那么，整个天际线可以被看做是由以下七个要素组成：其一，地形地势。大型山峰和小型山丘。其二，植被。覆盖在山体表面的森林、草地，城市内的大型公园绿地和树林。其三，水体。河流、溪流、湖泊、海及瀑布等大型水体景观以及雨水产生的间接影响。其四，光和风。环境因素如光照、温度和风向等产生的间接影响。其五，一般建筑群。建筑高度和体量不突出，是城市的构成主体。其六，高层建筑群。高度具有统领性的建筑群。其七，特殊形式建筑。城市标志性建筑（图6-17）。[246]

滨水天际线的特色塑造，在于以上述要素为质料，提取现代性、历史性与生态性等诸多的要素，使天际线更富有自然和人文内涵，并且，注重景深空间感和层次感。通过力场的作用以组织流体，创造天际线的连续性、流动性和结构性以加强整体性，同时，以连续性、流动性和结构性为原则，控制不同时期所生成的建筑高度、体量及空间尺度，才能促使富有特色的、优美的天际轮廓线得到呈现。

### 5. 环境的色彩

城市空间当中最重要的两大要素——“形”与“色”，可以作为甄别空间的重要标志。尽管，在佛学文化里，“色”甚至还包括了“物的一切表象”，即包括了“形态”和“色彩”两种概念，但是，在城市空间环境中的“色”主要是指色彩。色彩来源于自然界客体本身，也来源于人类主体的创造性活动。可以说，城市色彩综合反映了城市的特质，成为一个城市区别于其他城市的文化、外貌、风土等的综合价值判断。在视觉层面所能感知到的城市空间当中，城市可以理解为由“形”和“色”共同构成的场所。其中，形态是最基本的空间组合概念。[289]“而色彩则具有极强的空间识别、塑造和调节作用，能传达形体、形态要素所不能表达的情感。”[290]因此，在突显城市风貌特色的过程中，色彩也是重要的一环，它涉及色源提取和色彩控制。

色源提取：除了具有独具地域特色的传统建筑色彩基调之外，还有别样的民族特色色彩取向，主要体现在传统服饰和织锦，比如，重庆秀山城市较为有名的有土家族、苗族的传统服饰和具有悠久历史的“西兰卡普”等，其色彩呈现红、橙、黄、紫的暖色系列。这些富有特色的民族民俗文化体现了不同民族的审美情趣和价值观。

色彩控制：城市色彩总体上取材于自然，传统建筑多以材料的自然本色为主色调。城市风貌总体色彩控制多以斑块的功能进行划分，居住斑块是所有城市用地构成中权重最大的功能区，它几乎控制了城市色彩的基调，所以，限制采用鲜艳和沉重的色调，多以复合黑白灰、浅黄、淡褐色为宜；而公共空间区域特别是承载着不同民族集体活动的广场等，以具有鲜明民族性的红、橙、黄、紫色系作为重点突显的主色，而黑白灰等无彩色系及棕褐色系则作为点缀色和辅助色，从而生成城市色彩的多样性，分化出不同城市空间的性征。同时，应强化植物自然色在城市空间中的协调作用，提高绿视率，人工色与自然色交相辉映，和谐共存。

### 6.3.2 特色事态信息整合

从环境记忆心理学的角度出发，特色事态信息主要是由“人—场—事”三个记忆层面的信息整合而成，其具体内容表现为人与物、时间与场合、活动内容和行为特征之间的互动关系，通过各种流体动态地运行和传递，“以时率空”，实现对城市风貌意趣的创造。下面，将运用生成原理的传播方法、事件方法和融贯方法，通过对日常生活的部署、群体活动的组织和城市事件的筹划，实现对特色事态信息的整合。

1. 日常生活部署

日常生活与城市自主体的生存息息相关，它是城市自主体无时无刻不以某种方式从事的活动，这些活动将人的基本需求与城市空间联系起来，呈现出一幅幅生动而富有活力的城市生活场景，从生活事态层面上展现了城市风貌的特色。日常生活是以个人的家庭、天然共同体等直接环境为基本寓所，旨在维持个体生存和再生产的日常消费活动、日常交往活动和日常观念活动的总称。因此，《雅典宪章》中所提出的居住、工作、游憩与交通四大活动是城市自主体日常生活活动最基本的分类。那么，日常生活的部署，就是通过对城市功能斑块的合理布局，有效地组织因四大活动而导致的各种流体的流动、集聚和分布。根据城市现状质料特征及风貌意的构想，日常生活部署将趋于城市形态组团化、城市功能复合化、城市结构网络化。

城市形态组团化：融合现存的城市空间肌理、多元高效的交通系统、紧凑集约的土地利用，将功能斑块以组团化的形式作为城市的基本组成单元，倡导无中心（或多中心）、小组团、可生长的城市发展模式。这种模式使居住、工作、游憩等日常生活活动空间拉近了距离，减少了交通的负荷，流体的流动、集聚和分布更加高效便捷，方便于城市自主体日常生活。梳理现存的城市空间，分析未来扩展的态势，以利于组团化城市空间形态。顺应现存的空间格局，加强绿廊的布设，使城市地块合而有分，避免成片地蔓延，利用结构先行的方式，逐步引导出组团化的城市空间形态。

城市功能复合化：功能多样化和复合化，源自城市自主体日常生活需求的复杂性与矛盾性，聚居空间作为生存活动的物质载体，体现着人类最朴素的混合发展观。所有的城市空间都应该集工作、生活、生产、游玩、休憩等功能于一体，功能多元、空间复合、社群交叉，显现出一种混质活力；同时，功能上的巧妙混合，创造出一种出行距离最短、集聚效应充分、最具生活活力的城市（图6-18）。城市日常生活的部署，以居住、工作、供应和休闲设施相互平衡的共存模式取代工业化时期因功能分区所造成的空间隔离。同时，把握不同功能设施适宜的颗粒度（规模5～6$hm^2$）和广度（服务半径500～1000m），使城市空间不同功能既不相互干扰又充满了活力，流体的流动性得到充分的强化。

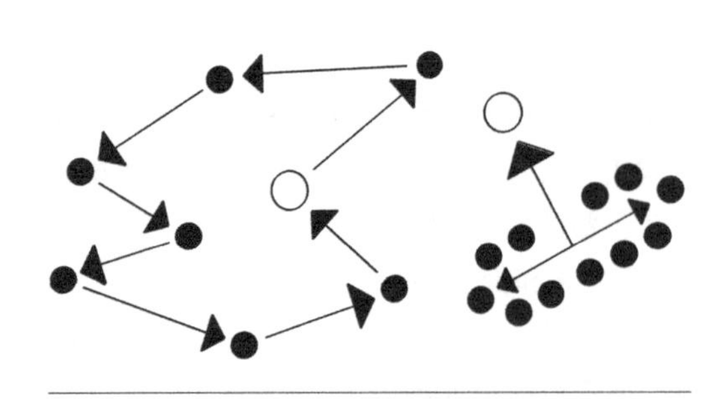

图6-18 分散和集中场所的路程耗费
（资料来源：格哈德·库德斯的《城市结构与城市造型设计》）

城市结构网络化：无中心的、多元并置的、生成性的网络空间结构，能够使日常生活的各种行为相互交融、激发，并随机形成一些极具活力的生活场景，创造出人化的城市、人化的街道、人化的广场。于是，街道、广场以及其他的城市空间成为上演城市日常生活这一戏剧的最好舞台。依托自然条件、城市文脉、民族文化，其未来城市的理想空间模型为网络化的城市结构，由节点—廊道—斑块等要素整合而成。由不同功能、不同等级、不等规模的公共空间，构成了廊道系统及功能斑块的集结交织的节点。承载信息流、交通流、生态流、文化流等传播、流动及活动的线性空间分化为不同功能类型的廊道，如交通廊道、生态廊道、文化廊道等，成为划分城市功能组团及功能斑块的网络状线性空间。具有一定规模和独立结构的功能区形成了相应类型的斑块，包括工业斑块、居住斑块、公建斑块、绿化斑块等。

### 2. 群体活动组织

群体活动属于非日常生活范畴的活动，它们是一种制度外自发性的行为，没有特定的参与规模，群体中的个体都是熟人社会的组成之一。群体活动是依赖共同克己的契约或规则而展开的，并且依赖文化礼俗的制约，具体表现为富有仪式感的民俗活动和节庆活动等，这些活动不仅丰富了人们的生活，还增强了民族凝聚力。城市群体活动的组织，涉及民俗和节庆活动的仪式建设、公共活动的空间部署（社区范围内）、民俗节庆的组织安排。

民俗节庆仪式建设：每一座城市除了除夕、春节、元宵节、清明节、端午节、中秋节之外，都具有自己独具特色的传统节事，如重庆秀山的花灯节、三月三、牛王节、太阳节等。这些民族性的传统节日，多源于古代农耕时期的祭祀典礼，于是，民俗节庆仪式往往包括祭天（祭地或祭祖）环节、庆典环节、展游环节、宴请环节等。祭天（祭地或祭祖）环节表达了人民对天地和祖宗的崇拜，庆典环节即祭奠之后人地和谐的欢庆活动，展游环节是把神灵的祝福带回家，宴请环节预示着来年风调雨顺带来的丰收。仪式的意义在于，通过程序化环节的推进，将个体带入一种内部力场和情境力场的相互作用之中，营造体验式的氛围感染他们的情绪。

社区公共空间部署：群体活动往往以社区为单元而展开，社区内的公共空间、半公共空间等直接环境成为了民俗节庆活动的基本寓所。结合民俗节庆仪式的祭天地祖先、庆典、展游、宴请等相应环节，在社区公共空间部署上，需布置祭拜性建筑或宗祠、展演舞台和集聚广场、展游巷道和路径、集体宴食的建筑和设施等，这些设施结合社区内的公共空间、半公共空间，进行有序化、系统化的布置，并符合民俗节庆仪式的程序。

民俗节庆组织安排：由于民俗节庆是自发性的行为，活动的组织一般由群体中德高望重的老者统帅或牵头。其主要内容涉及资金的筹措、人员的调配、仪式的开展等。由于民俗节庆活动是一种习俗的传承，其认同感通过节庆活动重复性地上演已经内化于个体的内心，并且表现出仪式和程序的相对稳定性，因而，民俗节庆组织和安排中的资金筹措、人员调配、仪式开展不同环节的推进，只是一种心照不宣的规矩而已。

### 3. 城市事件筹划

城市事件既是城市风貌系统事态的重要组成内容，又是城市风貌系统特色的生成机制。因此，它不仅是城市发展战略的组成部分，同时还是政府发展战略目标的具体执政措施，一种具有鲜明时代特征的战术手段，在城市发展战略之中占有越来越重要的地位。[291] 城市事件包含着诸多的要素，如时间、地点、人物、起因、经过、结果等，了解这些要素能使人更好地掌握城市事件的运行规律；而从认知心理学角度出发，上述事件要素可概括为：人与物、时间与场合、活动内容和行为特征。那么，城市事件的筹划，主要涉及事件主题功能的定位、时序安排与选址、流体（人与物）组织和疏导等。

主题功能的定位：城市事件往往趋于明确的目的性和组织性。政府作为城市和城市风貌的管制主体，其具体的行政行为，特别是重大城市事件的决策路线，总是与城市发展战略目标息息相关，因此，符合城市发展战略的城市事件必然成为其任期内执政目标的主要战术手段之一。在全球化和信息化的时代，通过吸引更多的外来资本，来促进城市经济和社会的发展，是城市管制主体的重大目标。于是，城市形象和城市风貌的塑造将是城市事件重要的主题之一，弘扬民族文化、地域文化、历史文脉、保护生态环境作为城市事件的功能定位，将是突现城市风貌特色的最佳途径。

时间部署与选址：在叙事学研究中，时间和空间都属于叙事的基本构成要素之一。时间用以描述事件情节发展的先后顺序，而空间则用以描述事件发生所处的位形和场景，它们是城市事件发展的舞台，以故事情节的曲折性来打动人和感染人。在城市事件筹划过程中，时间形成了一条轴线，将故事情节和场所串接为一个整体。因此，从某个层面来说，时间的部署就是事件情节链条的整体展现，并且与城市事件主题和功能相呼应；而选址或塑址，目的是为了城市事件的情节展开提供符合时宜的场所。

流体组织和疏导：城市事件往往善于调动城市资源、集聚流体，短期内人流剧增，给城市交通、环境及服务带来巨大的压力；同时，在事件展开过程中，其偶然性和随机性特征也会加大正反面效应的影响。城市流体的组织和疏导，就是通过创造便捷、安全的交通网络，以应付大量流体集聚可能引发的突发事件。比较合理状态和拥挤状态下的流体流量上的差异，利用江河两岸滨江地带和平行于城市主干道的上下复线开辟城市事件流体专用道，形成网络状安全疏导系统。

### 6.3.3 特色感知系统部署

城市风貌系统生成原理秉承的是复杂思维范式，其强调的是主客体统一原则，认为在认识事物的过程中，绝对的客观性是不存在的，如何看往往决定了事物如何地呈现。因此，从感知角度出发，城市风貌特色的显现，不仅仅在于作为客体的特色样态信息和特色事态信息的传播，而且，更关键的在于城市风貌自主体对特色信息的感知。而主体的感知必然依赖于城市感知系统的合理规划和部署，在空间层面上，其主要涉及感知场所分布和视线通廊布设两个方面的内容。

1．感知场所布局

一般而言，自主体对于城市风貌系统实有信息的感知包含两种形式：观赏和体验。其中，观赏是一种外部的观看，而体验是一个用身体去感受的过程，二者有动静之分、有层次之差别。那么，对城市风貌实体样态和现实事态的感知而言，前者侧重于观赏，后者侧重于体验。由于，观赏和体验在行为上呈现静与动不同的倾向，于是，观赏和体验所依赖的感知场所也有了“点”和“带”的区分，在此，称之为“眺望点”和“体验带”。因此，城市感知场所的布局实质上就是“眺望点”和“体验带”的规划和布置。

眺望点布置：城市眺望点布置，总是与眺望对象及景观视廊的布局息息相关（图6-19）。在城市风貌系统中，眺望对象主要由城市风貌特色样态信息组成，其包括地标性建筑、历史性地段、生态敏感区、边界天际线等。根据眺望点与景观点和景观视廊的关系

眺望点 景观视廊 景观点

图6-19 眺望点与景观点的关系模型

模型，城市眺望点选址于城市广场、城市主干道交汇处、沿江两岸凸形开阔地带、山体制高点等重要的区位。

体验带布置：城市体验带布置，总是与群体活动及城市事件的选址息息相关。城市群体活动往往以社区为单元而展开，社区内的公共空间、半公共空间等直接环境成为了民俗节庆活动的基本寓所；而城市事件的空间部署，主要选址于城市的江河为脉络的自然景观空间轴和人文景观空间轴。因此，社区内的公共空间、半公共空间，以及江河的两岸、城市主干道的人行步道将构成城市体验带的主要带状空间。人们将在街道两侧、水体两岸及功能斑块内的公共空间和半公共空间内，通过活动内容、人物情境、风貌气场、建筑形式、标志性景观来感受城市的民俗文化、人文气息和时代潮流。

## 2. 景观视廊布设

景观视廊布设总是与眺望点及眺望对象的布局息息相关，简单地说，眺望点和眺望对象位置的确定决定了景观视廊轴线初步的定线，二者之间连接线的两侧留出充足的通视空间便构成了视线通廊，它使眺望对象处于可视的状态。那么，城市风貌景观视廊的布设，主要涉及景观视廊的组织、景观协议区的控制、最佳视距的确定等诸多内容。

景观视廊的组织：城市风貌景观视廊的规划，是依据所要传播城市风貌特色样态信息的空间分布以及眺望点的位置选择来确定的，三者之间相生相成、互为条件、互为因果，在反复的整合中实现整体的协同。基于城市风貌特色景观和眺望点的分布，根据所依托的空间介质的不同，景观视廊可分为两种类型：其一，是以城市主次干道线性空间为依托的景观视廊；另一种是以生态廊道的带状空间为依托的景观视廊。

景观协议区的控制：所谓的景观协议区，是指因城市风貌整体协同的需要，选定眺望对象作为控制整体风貌的吸引子，在确定新增和更新建筑的形式、体量、尺度和布点时，需要通过公众参与进行决策的区域。城市的景观协议区包括轴向双边协议区和背景协议区。轴向双边协议区是指以眺望点为起点、以景观视廊为中轴向两侧展开的楔形视域，其视域范围一般控制为300～500m；控制、整治、优化轴向双边协议区范围内的景观，同时，利用地形的变化来调节观者的视线，亦可利用植物或其他设施来遮蔽影响视廊的劣质景观。而背景协议区是指从眺望点所看到的眺望对象背景的所在区域，距离背景的深度依各眺望景观有所不同，一般设定为2.5～4km。其目的在于，避免在地标景观后建造类似屏风一样的建筑，维持地标本身所构成的天际线（图6-20）。[292]

最佳视距的确定：一般而言，景观视廊从眺望者为起点向外呈楔形展开，因此，距离越远视域越开阔，城市风貌景观的整体感知效果也越好。然而，在视域开阔性增加的同时，随视域尺度增大，能够观察的景观斑块、植被条带和廊道等细节元素也逐渐减少。[293]因此，景观具有最佳的观赏距离。在最佳观赏距离内既能够从整体上感知景观，又能够清晰地观察景观结构元素，产生最佳感知效果。例如，对植被垂直分异、梯田景观等，距离太远则难以分辨斑块界线，距离太近则不能看到整个景观。[294]据有关实验心理数据及实地观察，300~400m为最佳的观赏距离。[295]

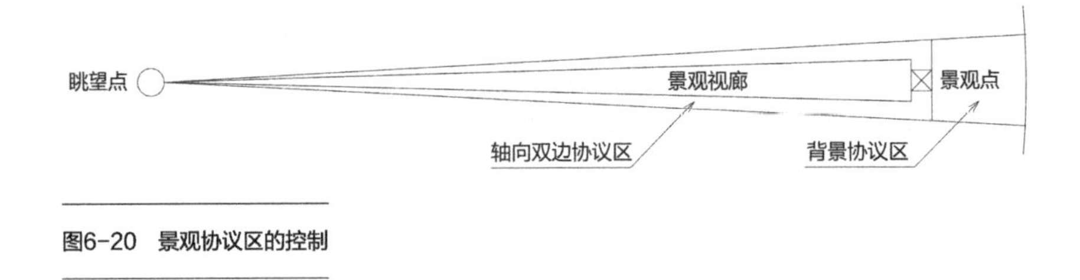


图6-20 景观协议区的控制

## 6.4 案例解析

基于生成与演变的视角，上文基本上揭示了城市风貌特色的生成路径和特色显现方式，本节将以福州城市风貌特色培育为例，具体分析上述生成原则、干预机制以及特色显现措施在个案城市中的应用。

福州，是福建省的省会城市，它位于海峡西岸、福建东部、闽江下游及沿海地带，是一座历时2200多年的历史文化名城。因此，无论是城市的中心性、地域性和历史性来说，都具有一定的代表性。而当下，在经济全球化影响下，快速城市化进程中，因资本转向了对建成环境的投资所造成的空间市场化的影响，福州与其他城市一样，面临着形象趋同、产业同构、特色失落、文脉断裂等诸多的问题，城市风貌系统趋于复杂化与多样化。于是，生成原理和生成模型将成为考察福州城市风貌复杂性、揭示城市特色衰微成因的重要理论工具和方法，而特色生成路径和特色显现方式的探索，将是重新培育福州城市风貌特色的重要规划手段。

基于此，下文在分析福州城市风貌演化特征的基础上，着重从宏观约束承继化、中观分布鲜明化、微观机制创新化三个方面，来解析福州城市风貌特色的培育路径。

### 6.4.1 福州城市风貌的演化特征

福州，作为中国的历史文化名城，自汉高祖五年（公元前202年）闽越王无诸择屏山东南麓冶山一带筑城建都以来，2200多年历为福建的郡城、州府、省会，始终占据着全闽的中心地位。它先后经历了汉冶城、西晋子城、唐罗城、后梁夹城、北宋外城、明清府城等几个重要的历史时期，汉冶城为福州城垣之始，也是历代古城核心区（图6-21）；西晋太康三年（公元282年）分置晋安郡，治所设于侯官县（即福州）；唐开元十三年（公元725年）升福州为都督府，福州自此得名；后梁开平三年（公元909年），王审知封为闽王，福州遂成闽越都城；宋雍熙二年（公元985年）置福建路，统辖六州二军，福州日益巩固了八闽首府的地位；明清时期，福州一直是福建行省驻地，称福州府，鸦片战争后，福州成为首批开放的五口通商口岸之一；民国二十二年（1933年），福州曾经成立中华人民共和国人民革命政府，民国三十五年（1946年），成立福州市，直属省辖；中华人民共和国成立后，福州始终是福建省的省会，全省的政治、经济、文化中心。[296]

#### 1. 古城城市风貌特征

福州自建城以来始终秉承着尊重自然、顺应自然的理念。历代城郭的边界基本上止于屏山、于山和乌山所界定的四围以内，其中，屏山位于古城中轴北端，是城市重要景观节

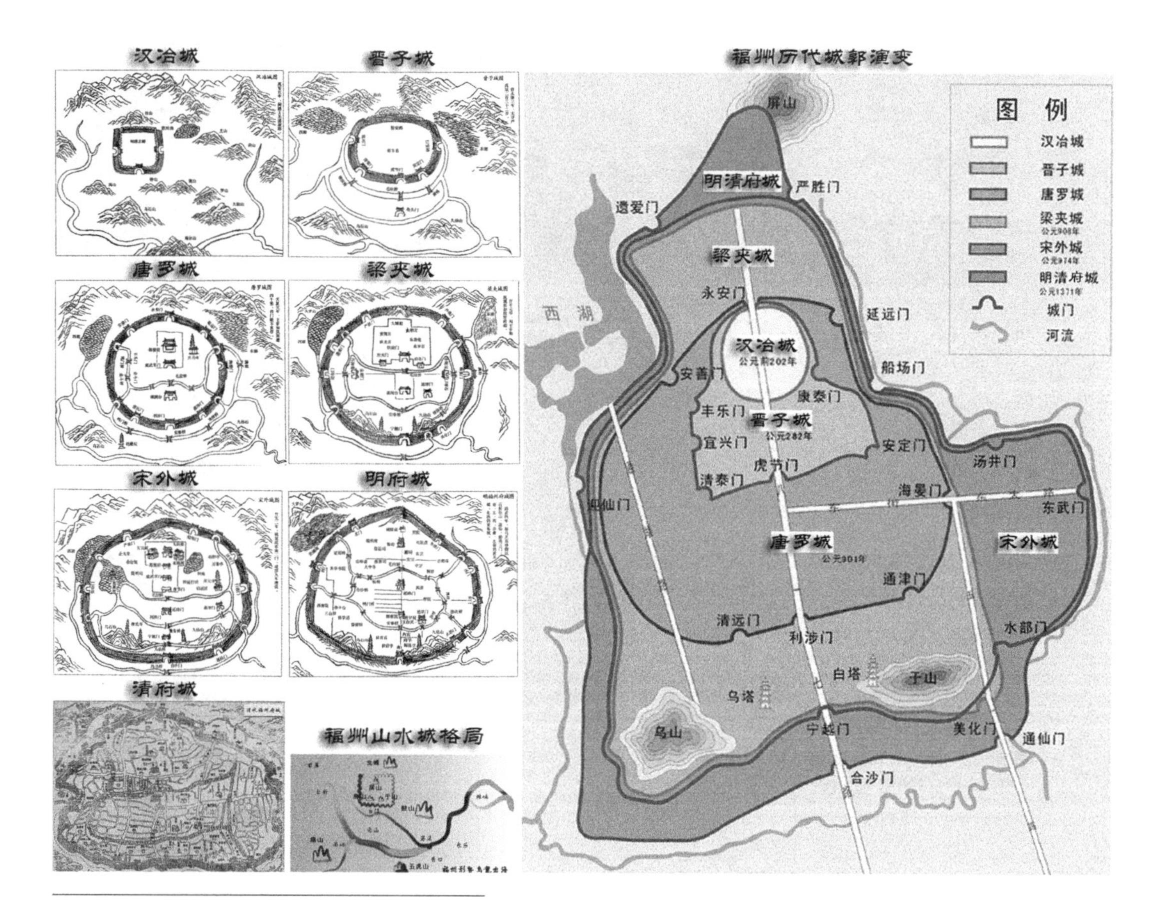


图6-21 福州历代古城演变
（资料来源：作者根据《福州城乡建设志》整理绘制）

点，而乌山、于山则位于城南，中轴对称、东西分立，于屏山、乌山和于山之顶修建的镇海楼、乌塔（坚牢塔）、白塔（定光塔）构成了城市中的三个制高点，形成诸山罗抱，北倚屏山，南以于山、乌山峙作双阙，中以南街（今八一七路）为主轴，呈现“三山两塔一条江”“三坊七巷一条街”的中正而不失灵动的空间结构和标志性的城市意象。“三坊七巷”传统建筑曲线优美的封火墙和鳞次栉比的坡屋顶，与高耸的鼓楼、城门楼形成对比，构成了高低起伏、错落有致的城市空间形态。福州古城随着子城、罗城、夹城、外城由北向南的逐步拓展，历代兴废遗留下来的城壕也逐步地演变为古城内河，这些河道、疏浚与西湖及闽江相连，形成了“城在水中、水在城中、水绕城过”的山水格局，凸现“千峰环立、三山鼎峙、襟江抱湖”的山水形胜（图6-21）。尽管，近代之后，福州城市空间拓展早已突破了老城的边界，并且增辟了许多新路，但是其主城风貌和空间格局依然延续着历史的态势。

## 2. 城市形态演化特征

自汉代建城以来，福州城市空间不断地向外持续扩展，总体趋势是沿中轴线自北向南，并向东西两翼延展。汉冶城择址于屏山东麓的冶山一带，此处四面环山，东面七星井一带土地肥沃，用以耕作，冶城北倚之屏山，闽越国明令禁止樵采，遂成风水宝地，有元

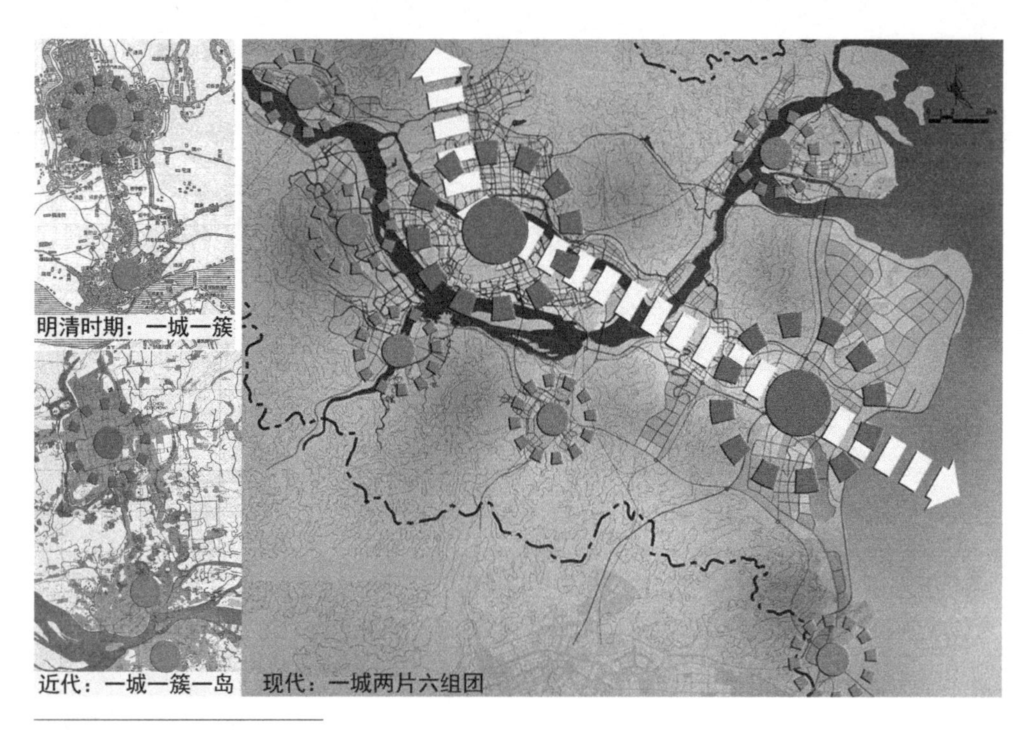


图6-22 福州城市形态演变
（资料来源：福州市规划设计研究院）

代萨天锡《越王山》诗为证："越王故国四围山，云气犹屯虎豹关。铜兽暗随秋露泣，海鸦多背夕阳还。"西晋时期，于冶城南面迁建子城，其北起鼓屏路小山阜，南抵南街虎节路口，西起鼓西路渡鸡口，东至湖东路丽文坊口；唐中和时期，城址南扩至鼓东路和鼓西路一带；唐末至清末，福州古城历经唐罗城、梁夹城、宋外城、明清府城的几度更迭，城垣持续南拓，遂将于山、乌山囊括于内，而城市形态始终保持沿中轴东西对称的几何方圆之状；后梁时期，夹城的扩建，因短期内城拓7倍于唐子城，故城内虚空，内涵填充式发展乃其主要模式；宋代之后，商业繁荣，城市功能突破了城垣的束缚，尤其是明清时期，于城南北江滨地带形成独立的场储簇群，城市形态呈"一城一簇"的格局；近代开埠之后，洋人洋务择址于福州南台岛（仓山），形成跨水（闽江）而据的外事中心，福州城市区域演化为"一城一簇一岛"的空间形态；而新中国成立至今，福州城市先后经历了战备时期计划性的建设抑制、改革开放时期的稳步推进、全球化时期的竞争式发展，城市完成了"东进南扩、跨江临海"的部署，城市由"串珠状的单核连片"演化为"一城、两片、六组团"的空间形态（图6–22）。

### 3. 城市风貌演化动力更迭

无疑，自然和战争因素是福州古城早期城市形态和风貌生成的强制性因素，然而，随着宗教、哲学、科学、技术、伦理等在文化系统中的确立与分化、竞争与协同，便生发了不同时期城市发展的主导动力。在这些动力驱动下，福州城市风貌特色逐步从鲜明走向衰微和趋同。那么，从城市风貌特色演化动力更替的角度出发，将福州城市发展划分为四个阶段：

（1）自然力限制下的权力组织阶段。从汉代到晚清，福州始终处于封建时期农耕社会的生产状态，受生产力的制约，人们的生存和生活主要依赖于自然，因此，城市营建过程中，无论从选址、规划、布局到建筑用材，都是以尊重自然、服从自然作为先导，以此为前提才得以表达权力主体的规划意愿和布局理念。基于此，自然力限制下的权力作用，促成了福州古城风貌的生成，它反映了生存价值至上以及对自然敬畏和对权力崇拜的主导信仰。

（2）外来政权干预下的文化侵染阶段。鸦片战争之后，福州被迫成为“五口通商”的口岸之一，即西方列强的商品倾销地。依赖于外来政权的干预，他们不仅实现了自由贸易，而且传播了西方宗教信仰、文化思想观念及制度规范，同时，引进了新技术、新材料和新的建筑形式。这一时期，沿闽江流域的台江、仓山和马尾一带，城市风貌发生了重大的演变，并且生成了一种中西合璧的建筑形式，以至于仓山甚至被誉为福州的“万国建筑博物馆”。

（3）技术力支持下的权力组织阶段。新中国成立之后，福州城市规划工作逐步展开，城市发展进入了工业化时期，城市建设大规模展开。20世纪60年代，受现代主义和功能主义城市设计思想的影响，加上钢筋混凝土技术与材料的熟练运用，标准化和大批量生产成为福州现代工业化的特征。这一时期，技术力成为权力主体突破自然束缚的一种强力支持，国际风成为城市风貌演化的主流方向。

（4）资本力驱动下的权力组织阶段。20世纪80年代中期开启了经济全球化的时代，信息技术和交通技术的发展带来的时空压缩，不仅改变了工业社会传统的生活方式和交往方式，而且促使世界资本冲破了地方壁垒，在全球范围内寻找增值的空间。那么，作为地方政府，为了应对全球化的竞争，总是乐意与资本为伍，以获得优先发展的机会。而资本总是对稀缺性资源具有特别的偏好，于是，这一时期，在资本力的驱动下，福州传统历史街区如三坊七巷、朱紫坊及上下杭等具有商业价值的地段受到了严重的蚕食，福州的城市空间结构也在按照资本运行的逻辑进行着解构和重构（表6-13），城市风貌在资本力和政治力的联姻下趋于同质化。

福州城市风貌阶段分期特征　　表6-13

| 历史分期 | 古代时期（汉代—清代） | 近代时期（鸦片战争—民国） | 现代时期 | |
|---|---|---|---|---|
| | | | （新中国成立—全球化） | （全球化—当今） |
| 发展阶段 | 第一阶段：自然力限制下的权力组织阶段 | 第二阶段：外来政权干预下的文化侵染阶段 | 第三阶段：技术力支持下的权力组织阶段 | 第四阶段：资本力驱动下的权力组织阶段 |
| 组织力量 | 自然力+政治力 | 政治力+文化力 | 政治力+技术力 | 资本力+政治力 |
| 主导信仰 | 自然敬畏+政权信仰 | 政权信仰+文化崇拜 | 政权信仰+规律信仰 | 资本信仰+政权信仰 |
| 价值取向 | 生存价值 | 道德价值 | 功利价值 | 竞争价值 |

### 6.4.2 城市风貌特色的宏观约束

基于上述对福州城市风貌演化特征的分析，倘若要扭转城市风貌同质化的趋势，那么，在宏观约束上，应秉承中国传统文化中的自然观和世界观，即建立和谐的人地关系和社会关系，而只有良性关系的建立，才能使作为物质载体的风貌形的特色得以呈现。那么，为了更好地培育福州城市风貌的特色，首先应设定合理的选择机制，其次要完成价值观的干预和植入，其三是构建生态安全的空间构架。

### 1. 选择机制的建立

2006年，福州市政府展开了《福州城市发展战略规划》的研究，作为战略性规划，其意义就是引领福州城市未来发展的走向；那么，如何才能探索出福州城市空间的特色之路呢？它不仅依赖于设计团队的选择，还需组建睿智的评审团队，进而确定城市的开发模式。首先，团队组建的策略是：高屋建瓴的与精通地域的相结合。其中，设计团队=本土顶尖+国内顶尖，即战略规划不仅邀请了福州市规划设计研究院参与，而且诚邀了中国城市规划设计研究院、上海同济城市规划设计研究院、深圳市城市规划设计研究院三家国内知名规划设计机构。而评审团队=国内著名专家+省内著名专家+五个省直部门+市直相关部门+各区县市的代表，同时，广泛征求、听取福州城市大众的意见和建议。其中，国内邀请了周一星、周日良、顾朝林、马武定等四位著名的专家，省内邀请了洪榕、王建萍、黄恕金、陈培健、严正等五位著名的专家。他们就四家设计机构规划成果进行了点评，并提出了城市开发模式的建议：综合模式，即从生态、社会、经济等方面作出综合的分析与评价后，然后模拟了一种城市风貌的预景。通过这一过程，将使决策者对未来的城市空间形态、城市风貌及其效益产生清晰的认识，从而作出更为科学、合理的决策。

### 2. 观念干预的介入

在近期相继编制的《福州城市发展战略规划（2006年）》《福州市总体规划（2010—2020年）》《福州历史文化名城保护规划（2012—2020年）》和《福州市中心城区景观风貌专项规划（2014—2020年）》等四项规划中，都是以倡导和谐的人地关系和社会关系作为核心的价值取向，旨在追求福州城市风貌特色的呈现。那么，宏观约束承继化主要表现在将上述价值观作为干预机制介入福州城市长远发展目标、特色定位和规划原则的确立中。于是，在《福州市总体规划（2010—2020年）》中，所追求的长远发展目标是：经济繁荣的中心城市，生活舒适的宜居城市，环境优美的山水城市，人文和谐的文化名城；福州的城市特色为：以山海、人文、生态为特色的宜居城市；而与之相适应的规划原则是：生态健康优先原则、促进经济发展原则、继承历史文脉原则、保障公共安全原则、区域统筹发展原则、城乡协调发展原则、优先改善民生原则、明晰规划事权原则、突出时序弹性原则等（表6-14）。那么，无论是福州的长远发展目标，还是特色定位，以及规划原则，都是意欲创造一个和谐健康的城市。

福州市总体规划的规划原则　　表6-14

| 规划原则 | 具体内容 |
|---|---|
| 生态健康优先 | 建设山水园林城市，必须以资源承载能力和生态环境容量为前提，注重保护和合理利用水资源、土地资源和能源，保护生态环境和基本农田，集约使用土地，控制人口规模，防止污染和其他公害，实现可持续发展的目标 |
| 促进经济发展 | 福州市仍然处于工业化、城镇化、市场化、信息化、国际化加速发展时期，经济发展仍然是福州城市总体规划的核心任务 |
| 继承历史文脉 | 具有2200多年历史的古城，名胜古迹众多，至今许多文物名胜古迹仍完好无损，已发现古遗址、古建筑、古墓群等各类文物点4497处。福州市的历史文化底蕴深厚，也是闽台文化的重要发源地 |

续表

| 规划原则 | 具体内容 |
| --- | --- |
| 保障公共安全 | 建设水利防洪工程、洪水预警系统、蓄水引水工程、沿海防护林、中尺度灾害天气预警等五大体系；同时，将水利工程除险保安、渔港防灾减灾、闽江敖江流域生态林保护、农林水产疫病防治、防震和地质灾害防治等五大体系纳入规划，建设农业、林业、渔业、水利、气象、地震等六大领域的公共安全防灾减灾体系 |
| 区域统筹发展 | 重视福州市域沿海与山区的统筹发展，通过沿海的功能辐射，带动西部山区的快速发展；加强福州市与周边区域合作关系，尤其是福州市与海峡经济区各个区域的协调合作关系 |
| 城乡协调发展 | 按照工业反哺农业、城市支持农村，建立以工促农、以城带乡的长效机制，合理配置城乡空间资源 |
| 优先改善民生 | 加快推进以改善民生为重点的社会基础设施规划布局，尤其是重点关注弱势群体、中低收入阶层、农民等居民的规划利益，规划优先安排公众文化教育、弱势群体就业、公共医疗、保障住房、社会福利等方面的空间资源配置，推动福州市和谐社会建设 |
| 明晰规划事权 | 福州中心城区的扩展突破了市区的行政界限，按照城乡规划法以及行政管理体制要求，规划管理应该加强市级政府的调控职能，打破各县（市、区）、镇（乡）行政区划限制，统一规划，协调各县（市、区）的社会经济发展目标、城镇空间结构、基础设施布局与环境保护措施 |
| 突出时序弹性 | “东扩南进、沿江向海”的发展思路，要求在开发时序上正确把握“市场与政府”的关系。既要对公共资源和战略性资源有效控制，又要坚持市场对资源配置的基础性作用 |

资料来源：《福州市总体规划（2010—2020年）》。

### 3. 空间构架的搭建

根据《福州市总体规划（2010—2020年）》，其城市风貌意可以概括为：“两江润城，碧山环城，水链织城，青峰缀城”的山海城市风貌。所谓“两江润城”，就是以闽江和乌龙江为城市重要的滨水空间，沿两江四岸布置滨江绿带及生态公园，构筑福州东西走向的滨江景观带；所谓“碧山环城”，意为城市四周青山环绕，东有鼓山，西有旗山风景区，北有莲花群峰，南有五虎盘踞，形成圈层状的生态屏障；所谓“水链织城”，是指城市内白马河、晋安河、凤坂河、光明港、大樟溪等水系纵横交织，形成密布的水网和沿河绿廊；所谓“青峰缀城”，意指环布于老城区的“三山两塔”，有高盖山、金鸡山、妙峰山、城门山、清凉山、五虎山、金牛山等翠峰耸立，点缀城池。

以上述福州风貌意主旨思想为依据，培育“一环八楔、两带一网、三山多园”的生态空间架构，以引导福州生态景观特色、历史文化景观特色、游憩景观特色、视觉景观特色的呈现。“一环八楔”：通过植树养林，保护中心城外的青山，培育绿色生态环；同时，依托生态环，利用绿环上的金牛山、莲花山、金鸡山、鼓山、清凉山、青芝山、旗山、五虎山等八座山峰培育八条楔状绿廊，渗透于中心城区内，以改善城区的生态环境。“两带一网”：保护闽江和乌龙江两条重要的水系，以200年一遇的洪水淹没线为基准，留出滨江两岸的绿带，形成贯穿于中心城区的两条重要的生态景观廊道；同时，保护与整治现存的福州内河：白马河、晋安河、凤坂河、光明港等，构建中心城内的绿色生态网络。“三山多园”：保护与维育中心城内的屏山、乌山、于山的生态环境，作为城市主要的山林公园；同时，以西湖公园、温泉公园、金鸡山公园、高盖山公园、金牛山公园等城市综合性公园作为城市公共绿地的主体，与城市绿廊和绿道相联结，搭建整体的生态空间架构（图6–23）。

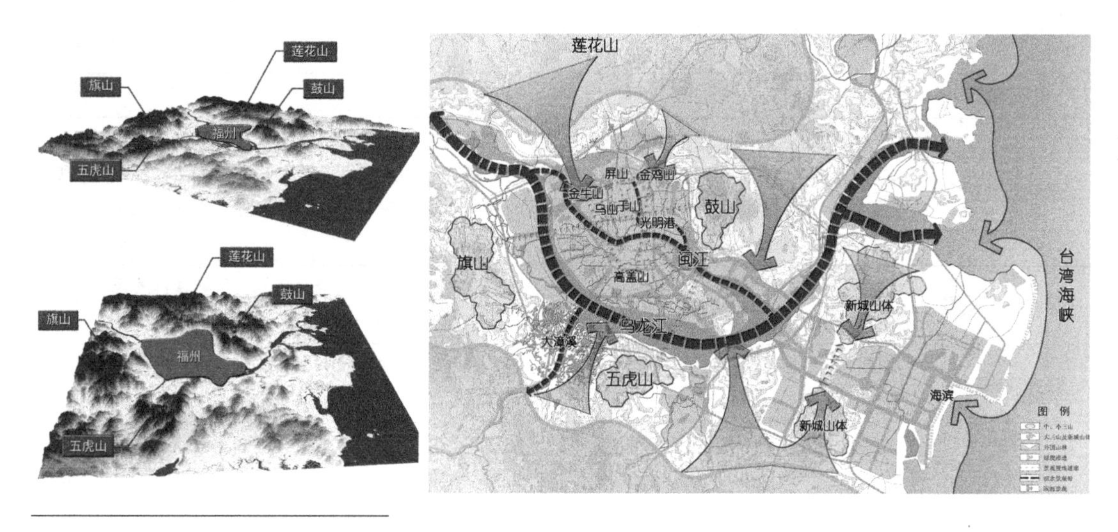


图6-23 福州城市生态空间架构
（资料来源：上海同济城市规划设计研究院）

## 6.4.3 城市风貌特色的中观分布

福州城市风貌特色的中观分布，就是忠实地承继和接收福州城市风貌意的信息，将宏观特色作尝试性的演绎，然后通过调控机制进行反复修正，得以成为设计、开发和使用主体个体行为的约束手段。在上述所设定的福州城市风貌宏观态的空间构架的基础上，福州城市地域因不连续的地理因素和特定的区域景观特征，自然地演化为不同特质的功能斑块、廊道和界面，这些中观层面的空间形态若能得以生成，则必须以制度干预的手段，如法规限定、技术规范、管控导则及奖惩政策等加以引导，以约束微观组分个体异化的行为，从而促发特色风貌敏感区的生成和涌现。那么，为了确保福州中观分布的鲜明化，首先，应选择景观敏感的功能斑块，精心设定限制条件；其次，应选择重要廊道和界面进行引导与控制；其三，应选择主要的景观节点进行管控。而一般性功能斑块、普通廊道和次要节点只作基本的底线控制（即满足生态安全和城市主体的基本需求），意欲给予弹性空间，激发自主体或微观组分的个体创造力。

景观敏感斑块：根据福州市的自然环境、历史条件、社会群体、城市文化等特征，结合城市风貌的立意，那么，体现福州特色的景观敏感斑块主要包括：历史文化风貌区、自然生态保护区、景观敏感功能区等（表6-15）。这些景观敏感斑块着重从生态建设要求、文化景观保护、空间组织意向和建筑形式选择等四个方面拟定引导原则和量化指标，作为约束和控制各个斑块组分行为的依据。其中，历史文化风貌区主要从文化景观保护角度拟定引导原则和量化指标；自然生态保护区主要从生态建设要求拟定引导原则和量化指标；景观敏感功能区主要从空间组织意向和建筑形式选择拟定引导原则和量化指标，如海峡会展中心、海峡奥体中心、义序商务中心、茶会核心区的平面布置、空间组织和建筑形态的把控（图6-24）。

福州城市景观敏感斑块　　表6-15

| 类型 | 风貌区名称 | 风貌区名称 | 风貌区名称 |
|---|---|---|---|
| 历史文化风貌区 | 乌山历史文化风貌区 | 西湖历史文化风貌区 | 闽安历史文化风貌区 |
| | 于山历史文化风貌区 | 马尾历史文化风貌区 | 南屿历史文化风貌区 |
| | 冶山历史文化风貌区 | 阳岐历史文化风貌区 | 林浦历史文化风貌区 |
| | 烟台山历史文化风貌区 | 螺洲历史文化风貌区 | |
| | 屏山历史文化风貌区 | 洪塘历史文化风貌区 | |
| 自然生态保护区 | 鼓山风景名胜区 | 城门山风景林地 | 西山风景林地 |
| | 福州国家森林公园 | 高盖山风景林地 | 淮安山风景林地 |
| | 旗山风景区 | 清凉山风景林地 | 乌龙江湿地 |
| | 旗山国家森林公园 | 大腹山风景林地 | 闽江口湿地 |
| | 五虎山国家森林公园 | 科蹄山风景林地 | 浦下湿地 |
| | 闽侯十八重溪风景区 | 五凤山风景林地 | 道庆洲湿地 |
| | 闽侯烟珑自然保护区 | 罗汉山风景林地 | 龙翔岛湿地 |
| | 闽侯三叠井森林公园 | 白鹭岭风景林地 | |
| 景观敏感功能区 | 福州火车北站站前区 | 海峡会展中心 | 高岐湖公园 |
| | 省体育中心 | 义序商务中心 | 南通商务中心 |
| | 东城区商务中心 | 三江口商务商贸区 | 青口中央商务区 |
| | 闽江北区商务区 | 龙祥岛生态保护区 | 茶会核心区 |
| | 海峡金融商务区 | 旗山湖公园 | 海峡奥体中心 |

资料来源:《福州市中心城区景观风貌专项规划(2014—2020年)》。

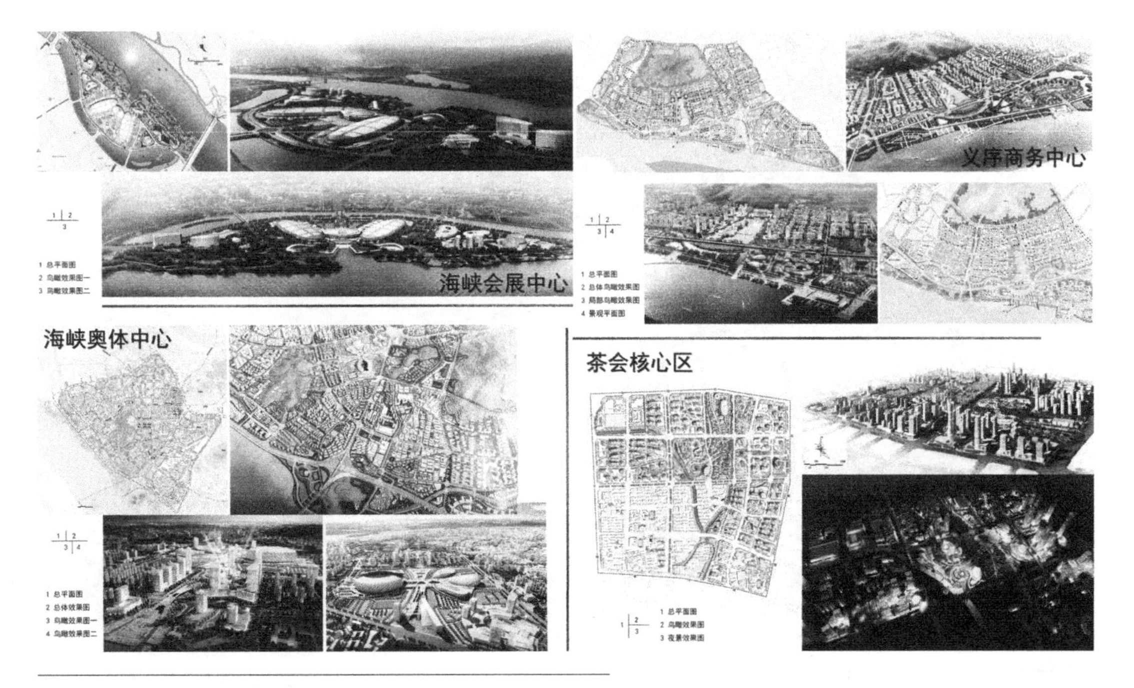


图6-24　福州主要景观敏感斑块
(资料来源:《福州市中心城区景观风貌专项规划(2014—2020年)》)

主要廊道和界面：根据福州城市面江向海的发展趋势，结合城市风貌特色要素的分布特征，为了能充分展现福州山海自然风貌特色以及新旧城区风貌特色，那么，所选择的重要廊道和界面可以概括为“两轴、两环、十二射”。其中，“两轴”是指历史风貌景观轴和两江四岸自然生态轴，即北起于森林公园，沿古城中轴线，经屏山、于山和乌山、烟台山，至五虎山的历史风貌景观轴，以及沿闽江、乌龙江两江四岸的自然生态轴；“两环十二射”是指沿福州“二环”和“三环”城市快速路两侧的环形景观界面以及福州主要城市道路两侧的景观界面（图6–25）。那么，上述福州主要的廊道和界面又可分类概括为：“三边”控制地带，即山边、水边、路边的景观地带。

山边景观带控制。保护福州山体的自然形态，划定山体周边的建设控制范围，严格限制山体控制线范围内的建设与开发行为，重点对沿山建筑界面、建筑濒山距离、建筑高度、屋顶形式、材料色彩、绿化景观等提出控制和引导要求；加强福州面城第一重山的治理，拆除影响风貌的一般性建筑，保护依山而建的寺庙等传统宗教建筑，以绿化、美化、彩化等森林景观手段修复裸露山体；加强城区绿地与周边山体森林的衔接，开辟城区重要节点通向山体的视线通廊，严格控制视线通廊内拟建建筑的高度和体量；建设山边慢行道及山体森林绿道式公园。

水边景观带控制。划定福州城市河道、湖泊、海滩、岛屿、人工湖、湿地等周边的建设控制范围，加强对滨水区域建设和开发行为的管控，重点对滨水建筑的高度、体量以及

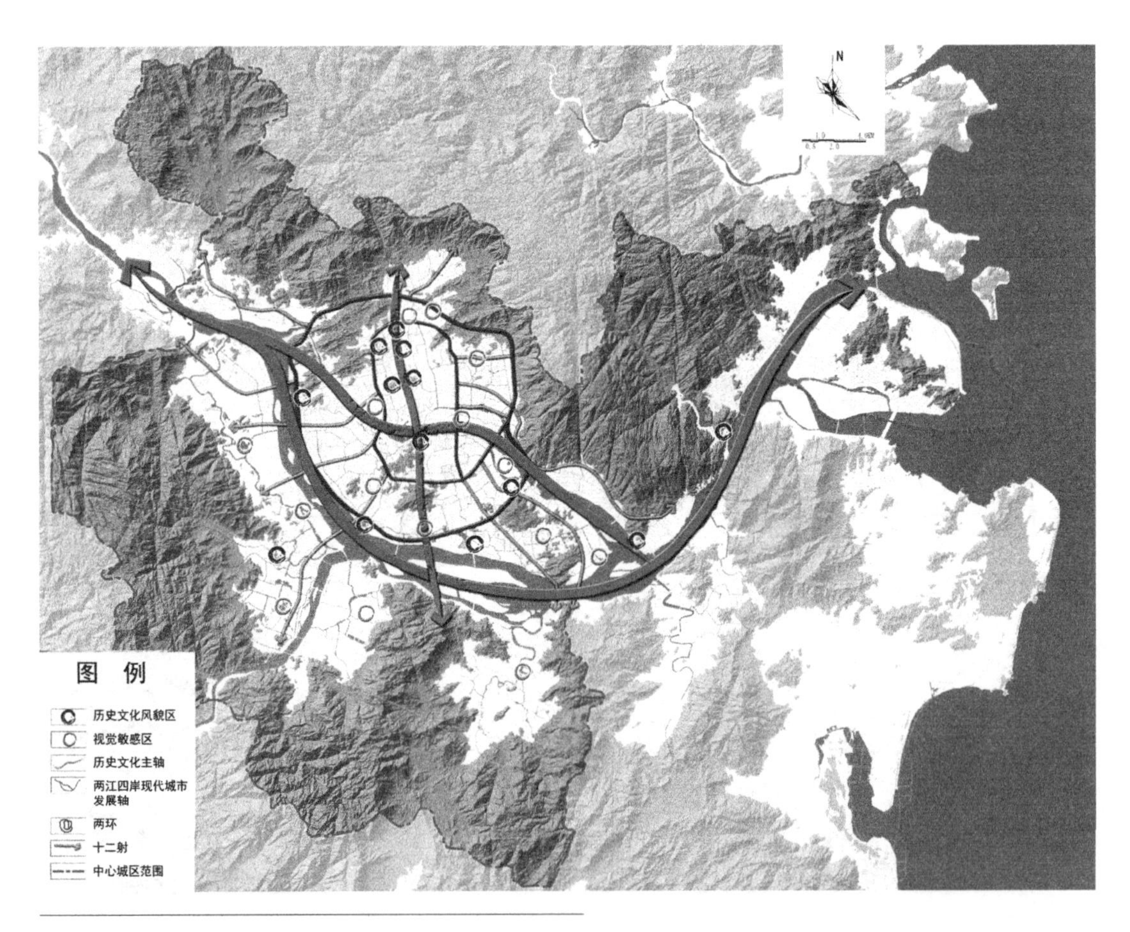


图6–25　福州主要廊道与界面
资料来源:《福州市中心城区景观风貌专项规划（2014—2020年）》

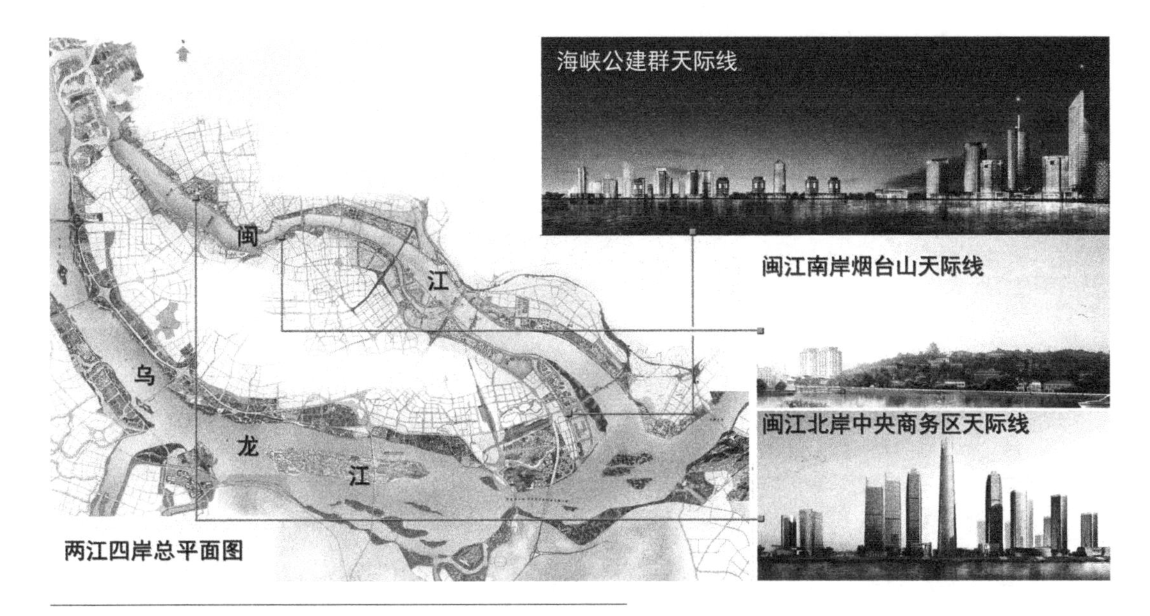


图6-26　福州“两江四岸”景观风貌的控制
（资料来源：《福州市中心城区景观风貌专项规划（2014—2020年）》）

绿化形态、河岸台地等亲水要素提出控制和引导的要求，对已经建成的、影响景观风貌的滨水建筑提出改造计划、措施和要求；优化滨水地带用地功能和布局，创造理想的滨水休闲空间，合理地划定滨水绿地控制线，把握岸线与道路或建筑的退距，充分结合现状地形开展坡岸生态化设计，改造遭受生态破坏的驳岸，结合防洪排涝等水利设施塑造水利生态景观；整治福州内河河道，增设引水和排涝泵站加强内河的水循环，采用截污、清淤、引水、补水、种植水生植物等措施改善内河水质；加强过江、跨河桥梁绿道与滨水绿道的连接，利用滨水绿道将亲水平台、眺台、栈道连为一体，同时，延伸支状绿道串联重要的公园、广场和公共服务设施，打造水清、河畅、路通、景美的滨水景观，如福州闽江和乌龙江“两江四岸”的景观风貌的控制（图6-26）。

路边景观带控制。加强福州城市主干道沿线景观的综合整治，全面清除道路两侧的违章建、构建物，增植街头绿化或片林；改造和提升沿街建筑的景观风貌，规范阳台、护栏、防盗网、空调外机的形式；实施“拆墙透绿”，推行通透式的围墙，历史街区的围墙形式与街区传统风貌相协调；清理整治不规范的店招店牌，拆除沿街各类户外广告；规范和清除擅自设置的各种指示牌、标志牌以及乱贴乱画；美化树池与各类窨井盖，倡导墙面立体绿化；规整或美化变配电箱、交通信号箱、邮政报刊亭、公交候车亭等城市家具；规范市容秩序，整治清理非法占道经营和乱堆乱放，强化城市保洁。

主要的景观节点：福州城市主要的景观节点分为三种类型：城市中心节点、市民活动节点和交通枢纽节点（图6-27）。其中，城市中心节点包括综合性公共中心、行政中心、文化中心、商业中心、体育中心、博览中心、教育科研基地；市民活动节点包括广场、公园、历史风貌区；交通枢纽节点包括汽车站、火车站和交通出入口（表6-16）。那么，这些景观节点主要从控制范围确定、形象定位、建筑风格、建筑色彩、建筑材料、建筑高度、市政要求、广场形式、广场功能、夜景设计等方面拟定引导原则和量化指标，如福州的城市综合公共中心：三江口景观风貌控制引导（图6-28）。

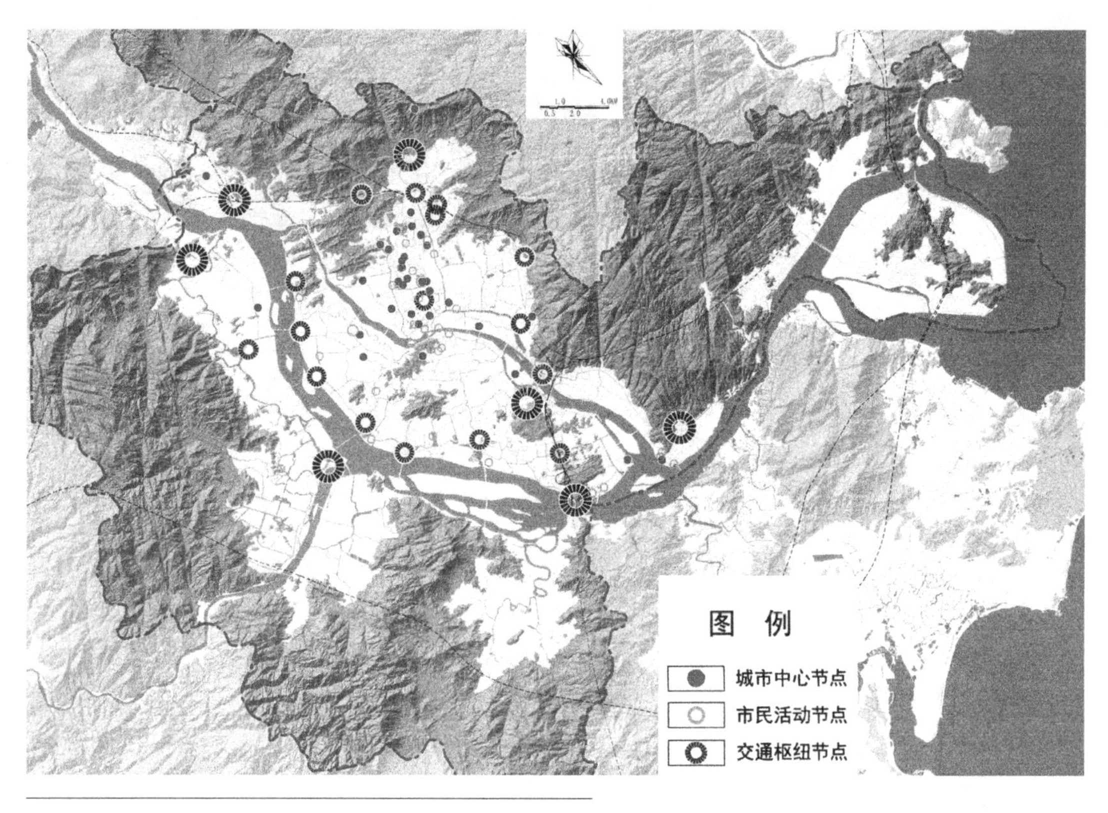


图6-27 福州主要景观节点的分布
（资料来源：《福州市中心城区景观风貌专项规划（2014—2020年）》）

1 总平面图
2 岛区鸟瞰效果图
3 港区鸟瞰效果图
4 总体鸟瞰效果图

图6-28 福州三江口景观风貌
（资料来源：《福州市中心城区景观风貌专项规划（2014—2020年）》）

**福州主要的景观节点** 表6-16

| 类型 | | 名称 | 类型 | 名称 | 类型 | 名称 |
|---|---|---|---|---|---|---|
| 城市中心节点 | 综合公共中心 | 五一广场 | 文化中心 | 古代建筑博物馆 | 商业中心 | 中亭街 |
| | | 西湖公园 | | 中国寿山石馆 | | 冠亚广场 |
| | | 三江口 | | 福建省博物馆 | | 学生街 |
| | 行政中心 | 省政府 | | 福建省儿童图书馆 | | 仓山万达 |
| | | 市政府 | | 福州市图书馆 | | 台江万达 |
| | | 福州行政服务中心 | | 福州市少儿图书馆 | 体育中心 | 福建省体育中心 |
| | 文化中心 | 福建省博物馆 | | 福建省群艺馆 | | 福州市体育馆 |
| | | 福建省昙石山博物馆 | | 福州市群艺馆 | 博览中心 | 海峡会展中心 |
| | | 福建省革命历史博物馆 | | 福州市工人文化宫 | | 福建经贸会展中心 |
| | | 福州市博物馆 | 商业中心 | 东街口 | 教育科研基地 | 高新科技园 |
| | | 福建省地质博物馆 | | 宝龙 | | 生物医药园 |
| | | 中国船政文化博物馆 | | 正大广场 | | |
| 市民活动节点 | 广场 | 五一广场 | 公园 | 屏山公园 | 历史风貌区 | 冶山风貌区 |
| | | 榕城广场 | | 城门山公园 | | 闽安古镇 |
| | 公园 | 金山公园 | | 光明港公园 | | 马尾古镇 |
| | | 森林公园 | | 晋安河公园 | | 林浦村 |
| | | 儿童公园 | | 白马河公园 | | 螺洲古镇 |
| | | 鼓山公园 | | 义序中央公园 | | 阳岐村 |
| | | 金鸡山公园 | | 华侨城 | | 洪塘村 |
| | | 金牛山公园 | | 罗星塔公园 | | 南屿 |
| | | 温泉公园 | | 天马山公园 | | 马场街 |
| | | 江心公园 | | 宋城 | | 公园路及跑马场 |
| | | 茶亭公园 | 历史风貌区 | 三坊七巷历史街区 | | 泛船浦 |
| | | 江滨公园 | | 朱紫坊历史街区 | | 禅臣花园 |
| | | 飞凤山公园 | | 上下杭历史街区 | | 苍霞及大桥头台风训 |
| | | 清凉山公园 | | 烟台山历史街区 | | 协和大学 |
| | | 高盖山公园 | | 新店古城遗址 | | |
| 交通枢纽节点 | 汽车站 | 汽车北站 | 交通出入口 | 福飞路出入口 | 交通出入口 | 君竹路口 |
| | | 汽车南站 | | 荆溪换乘高速出入口 | | 福峡路口 |
| | | 汽车西站 | | 316国道出入口 | | 福州连接线路口 |
| | 火车站 | 火车北站 | | 省道203出入口 | | |
| | | 火车南站 | | | | |

资料来源：《福州市中心城区景观风貌专项规划（2014—2020年）》。

### 6.4.4 城市风貌特色的微观机制

福州城市风貌特色的微观机制创新化，是指在福州城市风貌的宏观约束与中观分布的控制框架下，使用主体或设计主体为了满足日常生活和生产的需要，通过适应、调整与创新，实现对福州传统风貌表达方式的继承或突破，从而涌现出新的特色，这种特色代表着福州城市主体对历史时期传统生活空间的留存和更新，以及新时代新生主体对城市新空间的新需求。那么，福州城市风貌特色微观机制的创新化，其实现步骤可概括为：首先，进行特色标识的选择；其次，进行特色积木的组建；其三，由主体适应机制加以把握。

（1）特色标识的选择。根据福州城市自然条件、地理环境、地域文化、社会群体以及生活方式的特征，在长期改造大自然的过程中，形成一套人们共同接受和认同的可以传递意义信息的城市风貌符号系统，当然，这些符号来源于对物化空间的概括和提炼，它包括建筑材料标识、色彩标识、风格标识等内容。首先，建筑材料标识。由于福州四面环山，盛产木材，传统建筑用材多以木料为主，故有土木结构、砖木结构、石木结构的生成。良好的木料需要健康环境的滋养，“木”是生命力的象征，且在福州传统建筑结构中的作用如同人体的筋骨，因此，它的文化寓意是：活力、吉祥、昌隆、幸福。其次，建筑色彩标识。由于福州传统建筑多取材于大自然，且总是呈现材料的自然本色，那么，代表“榕城”市树的榕树枝叶和主干颜色——“榕绿”和“木黄”，以及作为福州独特的矿产资源的寿山石颜色——“赭石”，就是最受福州大众接受的建筑代表色；同时，由于福州盛产茉莉花与福橘，那么，在福州城市主体的心里，茉莉花的洁白和福橘的橙黄也就意味着典雅与繁荣（图6–29）。其三，建筑风格标识。福州传统建筑的特点可以归纳为：合院式、坡屋顶、厅廊遮阳、沿街骑楼、灰瓦青砖、弓形和鞍形马鞍墙等，这些特征构成了福州传统建筑风貌的符号系统，其中合院式、坡屋顶、厅廊遮阳、沿街骑楼是适应福州夏季炎热多雨气候而生成的形式，而灰瓦青砖、弓形和鞍形的马鞍墙则是为了应对木结构建筑集聚时的防火而生成的形式。那么，对于福州现代建筑风格的特色标识的提取，着重从新技术和新材料是如何应对福州气候条件（山江海）、强化福州地域文化特征（船政文化）、实现福州城市特色功能等角度去发现和选择的（图6–30）。

图6–29 福州城市代表色
（资料来源：《福州市中心城区景观风貌专项规划（2014—2020年）》）

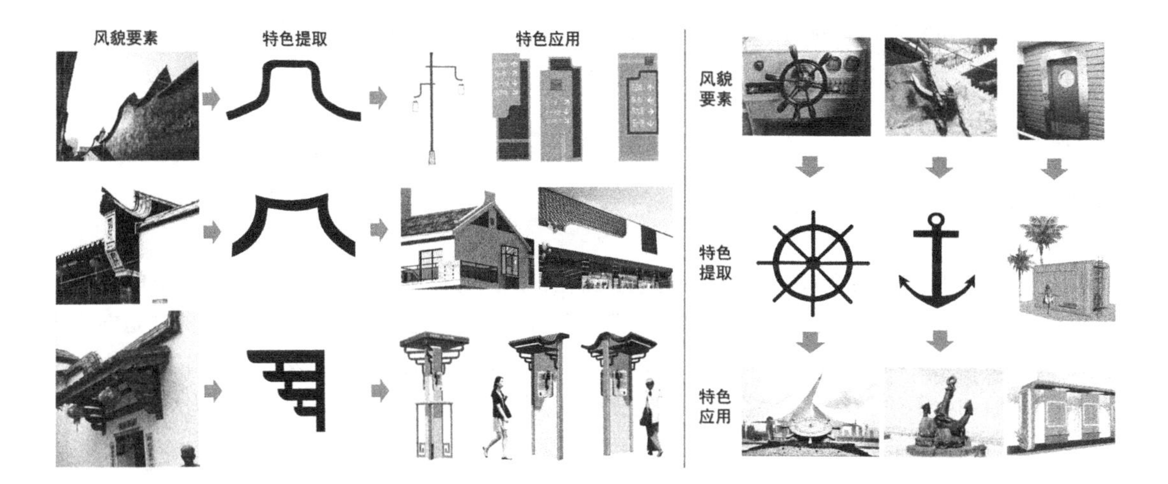


图6-30 福州特色要素演用
（资料来源：《福州市中心城区景观风貌专项规划（2014—2020年）》）

（2）特色积木的发现。特色标识的确定目的在于，通过深入认识福州传统建筑文化的特色要素，为更好地发现和创造福州新时代城市风貌特色积木和组织规则服务。那么，为了实现微观机制创新化，特色积木的发现过程，首先在于研究福州不同使用主体日常生活和生产活动的特征；其次，要考察使用主体个体或群体的内心愿景和理想图式，依此生成与之相适应的空间形式基础；最后，依据使用主体个体或群体的价值取向再赋予其偏好的风格特征，而这些风格特征就来源于上述对福州特色标识的认定和选择。那么，将福州不同功能类型的特色积木的风格特征加以分类，可概括为三种基本类型：传统型、折中型及现代型。传统型特色积木主要用于福州传统历史街区建设控制范围内建筑的保护和修复，如三坊七巷、朱紫坊、上下杭等建设控制核心区；折中型特色积木主要用于传统风貌协调区范围内建筑的改造与更新；而现代型特色积木主要用作福州城市新的特色功能斑块的空间组织。那么，由于新技术和新材料的应用，以及福州城市化进程促发的空间竖向集约化的趋势，传统型合院式的组织手段早已不适应当下福州空间生产的要求，福州传统建筑标识符号更需精心演绎才能与现代建筑功能和空间形式基础融为一体，因此，发挥个体创新性不仅可以维育空间活力，而且，可以生发新的特色积木块。

（3）主体适应机制。在上述福州特色标识选择和特色积木发现的过程中，始终贯穿着主体适应机制的作用，它表现为在日常生活、群体活动和城市事件发生过程中，使用主体和设计主体对既有空间进行体验后评判，以及新积木块尝试性使用的总结，这种基于使用目的而作出的认定，使被认可的空间模式充满了活力。例如，随着福州城区范围的拓展，功能复合化的城市综合体，如福州宝龙广场、万达广场，就显现出其复杂性和丰富性的优势，从而受到福州城市新生主体的青睐，其空间充满了朝气和活力，而传统单一功能商业模式必然受到强力的冲击，甚至出现衰败和消亡的迹象。同样，作为住宅积木块而言，往往一梯两户条形板式的住宅相较于一梯多户点式的住宅，更能适应福州气候条件，它表现出通风良好、日照充分且避免东西晒的优势。因此，充分发挥主体适应机制，是确保福州城市风貌特色创新活力及城市空间活力的一种有效手段。那么，在城市风貌特色生成模式中，通过群体活动和城市事件来组织和调动城市流体流动、集聚与分布，调动城市大众参与到城市特色空间或景观敏感空间体验中，是激发微观机制作用的一个重要手段，同时，也是一种传播空间意义和获得集体认同的有效手段。

## 6.5 小结

基于生成原理的城市风貌特色生成路径，试图通过城市集体人为干预和控制的方式，介入到城市风貌系统的生成模型中，是一种自下而上引导城市风貌特色显现的规划方法。本章首先从构建城市风貌特色的生成观念出发，在与构成路径的比较中，提出了特色的生成原则、干预机制；随后，从特色生成环节、特色组织方式两个方面入手，为城市风貌特色显现指明了方向和路径；最后，运用实例进行例证。

文章从特色概念界定、特色生成原则、特色生成机制及特色显现方式四个方面来建构城市风貌特色的生成路径。首先，认为从生成视角出发，特色可以理解为是生态、社会和空间三大子系统、组分及适应性主体之间一种良性关系或和谐关系的外在呈现，且形式总是多样或多变的；随后，文章以超越构成路径的全新视角建立特色的生成原则，其中多样性原则、脉络性原则用于指导自上而下的宏观约束，动力性原则、过程性原则和自主性原则用于激发自下而上的微观机制，而涌现性原则、适应性原则用以促成宏观与微观之间的互动与关联。同时，文章认为，只有干预机制才能避免引起不良的宏观效果，其途径是：以观念机制强化自主体文化意识与价值取向，以制度机制限定政府力和资本力的自由度，以节事机制来组织城市流体的流向和分布。进而，文章在特色显现路径引领下，提出了城市风貌特色生成环节的三部曲：特色宏观约束、特色中观分布及特色微观机制，认为这三个环节在相互控制、适应、反馈和调整的不断循环往复的过程中，触发城市风貌特色表现形式适时地更新和演化。其中，特色宏观约束环节借助特色中观分布环节具体而微地演绎，逐步实现对特色微观机制环节的控制和约束，以此有效地限定和引导城市风貌特色的生成方向。另外，从传播学和感知角度出发，文章提出了城市风貌特色显现方式，其概括为：特色样态信息的组织、特色事态信息的整合及特色感知系统的部署。最后，以福州城市风貌特色培育为例证，从福州城市风貌的演化特征、福州风貌特色的宏观约束、中观分布和微观机制四个方面，来解析城市风貌特色培育和生成。

综上，从城市风貌系统来看，其表现形式是系统样态和事态的综合。而特色能否显现，关键在于系统样态和事态是否统一，系统的现实态能否真实反映自主体个体和集体的内在需求、符合受众的心理特征，并与自然环境相得益彰。而真正满足上述要求的表现形式，才能使城市文化性、地域性的基因得到传承，城市风貌整体特色亦能得到显现。

# 7

# 研究结论

“人是万物的尺度，存在时万物存在，不存在时万物不存在。”[297]显然，无论是意象中的城市风貌，还是意义上的城市风貌，都离不开主体的感知和体验，并与主体的价值认同感息息相关。复杂思维范式的主客体统一原则，倡导将主体融入城市风貌系统中，于是，主体成为了城市风貌系统中的适应性主体。适应性主体不仅有自身的目的性，同时，还能够在多主体相互作用中，通过自组织、自适应、自学习触发城市风貌系统的生成和演化，并且在适应环境中获得经验，寻求自身的生存与发展，从而这种自主的个体行为造就了城市风貌系统整体的复杂状态。城市风貌系统适应性主体不仅指涉个体主体，更涉及群体主体或多主体，他们有生老病死的周期循环，在不同阶段总要完成适应性主体的新老更替，于是，城市风貌系统因此便与时间有了关联、与过程有了关联、与生成性有了关联、与复杂性也有了关联。

事实上，从系统论角度来看，城市风貌是依附于城市运转的一种样态和事态的表现，它的生成与发展过程也不可避免地受到城市整体的影响。无疑，城市本质上是最复杂、最宏大的人工与自然的复合物，是一个复杂的自适应系统；而作为城市的子系统之一，城市风貌融合了人、自然、社会、经济、文化等各种要素，它既是城市母系统的组分——适应性主体，同时，自身也是复杂的适应性系统。面对这样复杂的研究对象，作为经典科学的认识论，即简单思维范式的三个基本原则：普遍性原则、还原性原则和分离性原则，它们将把局部性或特殊性作为偶然性因素或残渣从认识对象中排除出去、把对总体或系统的认识还原成组分等简单部分或基本单元的认识、强调对象与知觉主体和认识主体应绝对分离等分析方法，越发显示出其内在的缺陷，在如何深入解释复杂现象特别是复杂适应系统行为上遭遇到前所未有的困难。兴起于20世纪80年代的复杂性科学，是系统科学发展的新阶段，也是当代科学发展的前沿领域之一，它揭示了复杂系统在时间演化中的生成规律。从机械论到机体论，从构成论到生成论，又从构成整体论到生成整体论，科学自然观的变革日益深刻。因此，运用复杂性思维范式，从生成论的角度对城市风貌加以审视必然是一个重要的转向。

本书正是以复杂思维范式主客体统一原则为前提，以生成论为视角，以复杂性科学为理论工具，以城市风貌特色为研究对象而展开的应用基础研究。在基础研究方面，主要回答三个问题，即城市风貌是什么？城市风貌系统是如何生成的？城市风貌作为复杂系统的生成和演化规律是什么？而在应用研究方面，试图回答，如何在全球化信息时代使城市风貌特色得以显现？并在理论与方法论建构的基础上，提出了当代城市风貌特色的生成范式和显现路径。针对上述研究的核心问题，得出了以下的结论。

## 7.1 研究结论

本书研究的目的是，试图在复杂思维范式下，采用跨学科的研究方法，通过理论嫁接、比较分析、实证考察，获取以下结论：城市风貌是一个复杂适应系统，它的形成是一个生成的过程，即从“潜存”、经由“缘结”再到“显现”的过程，其中“潜存”与“显现”是一种间接的关系，需要通过随机影响因子——“缘结”的作用才能实现从“潜存”到“显现”的转化。在全球化、信息化的背景下，城市风貌特色模糊、衰微的趋势，是源于“缘结”是以市场机制为主导，经济要素作为主要的有效因子，而城市风貌特色维育的途径是，通过政治“缘结”的介入，对经济“缘结”进行干预和控制，并且利用宏观控制、中观分布和微观机制的融贯作用，才能实现地方性、地域性、特殊性的回归。上述总体性的结论是通过以下四个步骤的研究结果予以陈述的。

### 7.1.1 城市风貌的定义与内涵

城市风貌是什么？这是本书研究回答的首要问题。

从马克思开始，西方哲学就已出现了由科学主义世界观向生活世界观、由本质主义向生成性思维的转向。生成性思维是现代哲学的基本精神和思维方式，其特征为："重过程而非本质，重关系而非实体，重创造而反预定，重个性、差异而反中心、同一，重非理性而反工具理性，重具体而反抽象主义。"[298]基于生成性思维，本书城市风貌的定义如下：

城市风貌是引发集体城市意象生成的富有特色意涵的物质与非物质等总体客观实在样态和事态的综合，其涵盖了城市物质信息、人文意蕴和生活内涵，是城市物质空间、社会生活、文化系统相互融合形成的城市整体的精神面貌，它既有物质属性、又有文化属性，同时还有社会属性。从系统理论的角度出发，城市风貌如同城市一样是一个拥有多主体的复杂适应系统（CAS），它是以生命有机系统的适应性主体统筹物质机器系统的复杂巨系统，与外部环境无时无刻不在进行着物质、能量交换和信息交流。因此，它具有时间性、过程性、耗散性、动态性、自选择性、自组织性、非线性、非平衡性等复杂性特征，这些特征的表现蕴含着一种自选择、自组织的生成逻辑，同时，在生长的不同阶段都伴随着涌现现象的出现。

进一步诠释城市风貌的内涵，其包含以下几种特性：首先，城市风貌是城市集体意象的来源，强调主客体同一性；其次，城市风貌是城市特色的资源，强调它的文化属性和个性；其三，城市风貌是总体性的客观形态，强调的是城市风貌的整体性；其四，城市风貌是各要素综合后的涌现，强调的是城市风貌生成的过程性。它的外延至少包括三个层面的组织关系，即城市客体的景观物质要素的宏观结构层次、城市主体的活动心理结构层次及被特指场所的视觉结构层次。

### 7.1.2 城市风貌系统生成原理

城市风貌系统生成原理的主要任务是，回答城市风貌系统是如何生成的？

上述问题可以具体描述为：城市风貌系统生成的起点何在？生成的过程、机制、规律如何？本书运用建构理论的逻辑，从生成观、生成原理、生成基本规律以及方法论原则等四个方面，展开对城市风貌系统生成论的研究，得出生成原理如下。

城市风貌系统生成原理表明：城市风貌系统的生成，是在一个风貌意即生成元的宏观约束和选择下，城市风貌系统的微观组分自下而上集聚、涌现的过程。这是一种由宏观约束和微观机制相互作用的生成方法，正是所谓的"条件促成法"。这些条件涉及自然、社会、政治、经济、文化、技术等多维因素。对于这些因素的深度考量，试图确保自主体个体和社会集体二者的实效性，并促成环境品质最优、建筑形式和生境最佳，以及异质系统各自的健康与完整。确切地说，城市风貌系统的生成是两股力量角逐的结果。一股力量来源于企图私有利益最大化的个体，称之为微观机制；而另一股力量则来源于企盼整体效益最佳的集体，称之为宏观约束。宏观约束由于欲以贯彻的是集体意志，所以受社会、文化和政治因素影响较深。两股力量交织于整个生成过程，表现出彼此强弱交替的状态；当宏观约束过于严苛之时，表现出来的城市风貌秩序井然却了无生机，而当微观机制独行其道之时，表现出来的城市风貌生机盎然却混乱无序。

宏观约束的过程是以信息交流的方式、以输入价值判断和制定选择规则为手段进行干预的过程。干预的目的是将风貌意的"潜存"状态导向风貌形的"显现"状态。因此，可以说，生成转换成了一种价值判断和选择机制的作用，这种价值判断和选择机制是文化基因赋予的。文化基因来源于集体生活和生产经验的总结和传承，它根植于自主体的集体思维中，表现为信念、习惯、价值观等。当然，在相同文化环境下，选择对于自主体个体来说还是有差异的，起决定作用的是个人偏好或者不同生态位的视角，因此，城市风貌形的多样性和个体性就源于此。但是，这种多样性和个体性似乎又统筹于某一地理文化的论域中，于是，由于文化基因的复制和延展，城市风貌特色才有了可能。

### 7.1.3 城市风貌系统生成与演化机制

对于城市风貌系统生成与演化机制的研究，试图解释造成城市风貌系统复杂现象的主要原因，以及与生成与演化机制之间的关联性。本书运用复杂适应性系统理论，从生成因子、生成机制、演化动因、演化机制等方面阐述了城市风貌生成系统的生成和演化规律，其结论如下。

城市风貌系统的生成来源于三个主导因子共同作用：基础性因子、个体驱动力和集体引导力，而贯穿整个生成过程的是三个微观机制的作用，即标识机制、积木机制和适应机制。城市风貌适应性主体通过标识机制进行集聚，利用积木机制进行组合，并以"流体"为媒介相互之间产生非线性的作用，同时，遵循适应性主体"刺激—反应"的内部模型，涌现出城市风貌系统的中观、宏观层次，以及新功能和新结构，从而导致城市风貌形复杂性和多样性的生成。换言之，城市风貌系统的组分在经历了人化、聚集、适应、涌现过程之后，形成了系统的微观、中观、宏观三个不同的层次，其中，在推进城市风貌系统从低层次向高层次跃迁的过程中，标识机制、积木机制及适应机制起着重要的作用。

同时，城市风貌系统演化的基本动因，来源于系统内外两种因素的变化与作用。这些变化和作用主要表现在，微观层面上自主体更替和进化、人化组分的更新，以及宏观层面上外部环境的变化。自主体和人化组分的更新，使它们之间固有关系发生了改变，并生成内部力场的张力，引导流体重新分布；而外部环境的变化，是触发城市风貌适应性主体自我调整的重要因素。因此，环境变化是城市风貌系统演化的外在促因，而内部力场的张力是最主要的决定因素。而演化机制则包括广义目的机制、竞争协同机制、信息分形机制、受限涌现机制和超循环更新机制，它们的共同作用，是触发城市风貌系统自下而上涌现出风貌形、新功能、新结构，从而导致城市风貌系统的演化过程呈现两个比较明显的趋势，即趋于复杂性的状态和趋于多样性的特征。

### 7.1.4 城市风貌特色生成路径

如何在全球化信息时代使城市风貌特色得以显现，是本书研究的主要目的。

针对上述目标，文章从特色概念界定、特色生成原则、特色生成机制及特色显现方式四个方面来建构城市风貌特色的生成路径，一种自下而上的规划方法。首先，从生成视角出发，将特色视为生态、社会和空间三大子系统、组分及适应性主体之间一种良性关系或和谐关系的外在呈现；随后，文章以超越构成路径的全新视角建立特色的生成原则，其中多样性原则、脉络性原则用于指导自上而下的宏观约束，动力性原则、过程性原则和自主性原则用于激发自下而上的微观机制，而涌现性原则、适应性原则用以促成宏观与微观之间的互动与关联。同时，通过干预生成模型避免出现不良的宏观效果，其途径是：以观念机制强化自主体文化意识与价值取向，以制度机制限定政府力和资本力的自由度，以节事机制来组织城市流体的流向和分布。

城市风貌特色生成环节包括三个步骤：宏观约束承继化、中观分布鲜明化及微观机制创新化。这三个步骤在相互控制、适应、反馈和调整的不断循环往复的过程中，触发城市风貌特色表现形式适时地更新和演化。其中，宏观约束借助中观分布具体而微地演绎，逐步实现对微观机制的控制和约束，以此有效地限定和引导城市风貌特色的生成方向。从城市风貌系统来看，其表现形式是系统样态和事态的综合。而特色能否呈现，关键在于系统样态和事态是否统一，系统的现实态能否真实反映自主体个体和集体的内在需求、符合受众的心理特征，并与自然环境相得益彰。而真正满足上述要求的表现形式，才能使城市文化性、地域性的基因得到传承，城市风貌整体特色亦能得到呈现。那么，从传播学和感知角度出发，城市风貌特色的显现方式，可以概括为特色样态信息的组织、特色事态信息的整合及特色感知系统的部署。

## 7.2 研究创新

本研究是基于城市风貌特色为研究对象，采用复杂性思维范式和生成性研究视角，运用复杂性科学的最新理论成果而进行的城市风貌领域的应用基础研究。全新的思维范式和独特的研究视角必然导致城市风貌研究方法的改变，从而获得了相应的创新性研究成果，其主要成果表现在以下三个方面：其一，解析了城市风貌系统的生成原理；其二，归纳了基于生成原理的研究方法；其三，发掘了城市风貌特色的显现路径。

### 7.2.1 解析了城市风貌系统的生成原理

关于“城市风貌系统是构成还是生成”的问题，学界并没有相关主题的探讨。可喜的是，诸多学者已经意识到，城市风貌是一种历史的累积、城市空间整体的体现，风貌特色更多地需要维育而非仅仅设计（马武定，2006、2009；吴伟，2007；王建国，2007；余柏椿，2008）。而对于上述问题的不同回答，直接导致对风貌现象复杂性和特色衰微问题的归因不同，前者归因于空间设计，而后者则归因于生成机制。

城市风貌系统生成原理就是基于归因生成机制的主张而提出的生成观。受复杂性范式主客体统一原则的启发，生成观创新性地将“城市主体”纳入到城市风貌系统中，使之成为系统的组成部分，称之为“适应性主体”，于是，城市风貌系统亦转化为自组织、自适应、自稳定的“复杂适应性系统”，而“适应性主体”作为城市风貌系统中各种力量的代表，是触发城市风貌系统生长与演化的动力，其“适应性”造就了城市风貌现象的复杂性，而复杂性是导致特色衰微的主要原因。同时，生成原理创新性地认为，城市风貌系统是从无到有、从小到大、从简单到复杂的生长和演化的过程；在这个过程中，信息选择是关键，它决定了阶段性结果的呈现，而各种力量参与其中，相互作用和相互角逐，影响着信息的选择和决策。于是，风貌的生成过程亦可视为信息的转化过程，其体现了信息转化、传播的运行规律。

这样的结论对于传统构成思维来说，是无法理解的，更谈不上运用；而传统构成思维对风貌组成要素所进行的“物质要素（貌）”和“非物质要素（风）”的分野，在生成原理看来，无非是信息载体的差异而已；而空间设计环节，也就相当于风貌生成过程中信息采集和集聚的重要环节。

### 7.2.2 归纳了基于生成原理的研究方法

建构城市风貌系统的生成理论，其目的在于找到更为科学的描述方法，来解释信息化时代城市风貌的复杂现象，并探索复杂现象背后的系统生成的简单规则以及生成与演化的机制。与传统构成理论相比较，生成理论主张城市风貌系统先有整体，然后才有部分，而非构成性思维所认为的风貌系统整体以部分或元素的存在为前提，只是最初的整体是以生成元即信息的形式存在；同时，构成性思维强调的是系统要素和系统的空间结构，而生成性思维则更关注时间的延续性与系统的动态性。

根据生成理论的描述，城市风貌首先是生成性系统，其次，还是一个复杂适应性系统，其最重要的特征包括整体性、过程性、时间性和信息性。关于上述特征的描述，传统构成论的还原方法存在着明显的缺陷，而基于生成原理研究方法的创新性就在于弥补了构成论的不足，其针对城市风貌系统的生成特征具体方法有：系统方法、动态方法、文脉方法、传播方法、节事方法、融贯方法。其中，系统方法是运用系统思维，从历时维度和共时维度考察城市风貌系统的整体性和结构性；动态方法以周期性、循环性的视角看待城市风貌的演化过程；文脉方法关注的是时间轴和空间域上各个元素之间、局部与整体之间的对话和内在关系，强调历史性和地方性；传播方法是基于信息原则的研究方法，关注的是信息创造与感知；节事方法是将群体活动和城市事件视为引导城市风貌特色生成的机制，并从记忆心理学视角，分析和处理人与物、时间场合、活动行为等节事要素之间的联结和作用；融贯方法关注的是城市风貌系统在生成过程中，层次间跃迁、转化、变换的涌现规律。上述研究方法更接近于城市风貌系统本体的规律，它是传统构成方法所不具备的。

### 7.2.3 发掘了城市风貌特色的生成路径

对于城市风貌系统是生成的而非构成的判断，直接导致将风貌复杂现象和特色衰微问题归因于生成机制，而非空间设计。从而，在城市风貌特色生成过程中，设计便演化为生成机制中信息采集一个环节，设计的目的是尽可能提供多样化的信息，以供自主体集体进行比对性的选择。由此，城市风貌特色的显现将更多地依赖选择机制和调控机制的创新。

本书的创新性在于，提出了一个符合城市风貌特色生成与演化规律的新的规划方法，即特色生成路径。首先，该路径的新意在于重新定义了城市风貌特色的概念，认为特色可以理解为是一种良性关系或和谐关系的外在呈现。而所谓的城市风貌特色，就是指城市风貌系统中生态、社会和空间三大子系统、组分及适应性主体之间的和谐良性关系的形式表现。这种良性关系表现为生态系统健康运行、社会系统充满活力、空间系统使用舒适，自然、社会、空间在一定时空条件下相互适应、相互协同，形成一种和谐的状态，为城市风貌自主体个体提供一个实现人生目标、获得存在意义的理想家园。这样的关系模式所对应的形式一定是多样的，且一定具有特色的。其次，该范式的新意在于提出了符合生成原理的特色生成原则，即多样性原则、脉络性原则、动力性原则、过程性原则、自主性原则、涌现性原则、适应性原则等，用以指导自上而下的宏观约束，激发自下而上的微观机制，协调宏观与微观之间的关系，以促成上述所期望的和谐状态。其三，该路径的新意在于提出采用观念机制、制度机制、节事机制来干预城市风貌系统生成模型，影响选择机制和调控机制，引导可接受“缘结”状态。最后，该路径的新意还在于提出了促发城市风貌特色生成的三个重要的环节，即宏观约束承继化、中观分布鲜明化及微观机制创新化。

## 7.3 后续研究

本书关于城市风貌及其特色的研究，在运用复杂思维范式和借鉴复杂性科学理论的过程中，基本上解决了一个认知问题，即城市风貌是一个复杂适应系统，其形成过程就是一个生成过程。而关于城市风貌特色如何塑造和显现的问题仍处于尝试性的研究阶段，其需要更深入的理论探索与实践检验。那么，从生成性思维出发，为了使城市风貌特色研究能落到实处，后续研究的着力点应落在以下三个方面，即立意生成机制研究、拟态布局量化研究、节事组织方法研究。

### 7.3.1 立意生成机制研究

立意即风貌意的生成，它是城市风貌的总体构想，是城市主体集体认同和共同追求的城市风貌特色意向，也是城市风貌系统的生成元，其涉及"意旨""意趣"和"意境"三个构思层级的跃迁和整生。风貌意以一种宏观约束的形式，构成了对个体欲求的约束，为微观异质要素和组分的协同整合指明了方向，引导着城市风貌系统往既定的方向生成，因此，立意是城市风貌系统生成的起点。而事实上，立意过程也充满了诸多的随机性和不确定性，由于受设计主体个体性和情感性的制约，必然造成立意有高低之分和层次之别，于是，如何将立意过程的随机性和不确定性降低到最小，便成了生成机制设计所考虑的问题。因此，立意生成机制研究将是后续研究的重要内容。

关于立意生成机制的设计，建议建立多主体参与机制、多意向协同机制和循环反馈机制。首先，多主体参与机制克服了立意过程中个体性所造成的不确定性。结合立意内涵的三个不同层次，即"意旨""意趣"和"意境"，相对应地建立不同的多主体参与机制，使三个层次各得其所。如制定"意旨"时宜采用设计主体为主导的多主体参与模式，营造"意趣"时宜采用普通大众为主导的多主体参与模式，而构想"意境"时则宜采用艺术大家为主导的多主体参与模式，在此基础上实现有机的协同和整合。其次，多意向协同机制克服了个体情感偏好所带来的不确定性。其所采用的是多设计主体共同参与的多方案优选的模式，由于不同设计主体的知识构成、情感偏好的不同，导致思维方式和研究视角会有所差异，多意向协同机制将个体情感取向的不确定性予以消除或降低到最小。其三，循环反馈机制克服了时间长轴上信息变化所带来的不确定性。在城市风貌特色生成和培育过程中，循环反馈机制通过使用主体、审美主体、管制主体不断地反馈信息，以及设计主体、开发主体反复地调整、修正和深化，最终实现对城市风貌格调、城市特色和城市品格的培育。

良好的风貌意应该具有可行、精炼、高远的立意，它不仅富含中国文化的哲理思维，而且能体现地域性生活方式的活力状态，同时又具有独具特色的城市个性。通过科学的立意生成机制的设定，力图逼近上述的结果。

### 7.3.2 拟态布局量化研究

拟态布局是中观分布的一个重要环节，在这一环节实现对城市风貌系统的宏观态的具体演绎，从而分化出子系统、部分的模糊框架，并生成诸多模拟的生态位，为组分的标识机制提供多样化的选择。拟态布局忠实地承继和接收风貌意的信息，用框架图示、极值量化等控制手段，实现对城市风貌系统人化组分自主行为的约束。它不仅仅在于传送约束信息，更重要的是形成一个缓冲地带，通过刺激—反馈—修正的作用机制，拟态布局可调整相应的控制边界，留出弹性空间，为城市风貌系统人化组分提供相对可选择的行为空间。因此，拟态布局量化研究将是宏观约束是否有效的重要一环，它既是后续研究重点，也是难点。

拟态布局的功用是以弹性为手段、以控制为根本，那么，拟态布局量化和指标阈值化便是研究的导向。首先，拟态布局的量化使宏观约束有了确定的依据，人化组分自主行为可以得到有效的控制和引导；其次，拟态布局的指标阈值化给予了人化组分可选择的弹性空间，使组分集聚和组合可能性变得多样化，并能有效地激发城市空间的活力。量化和阈值化后的拟态布局，以局部规则和控制指标的方式限定了建筑、组群、街块的位置、形式、尺度、色彩等方面的选择，它调控了建筑等不同等级人化组分之间的冲突性合作，从而形成了集矛盾冲突与和谐统一于一体的复杂的城市风貌系统。

拟态布局量化研究，不仅仅局限于指标确定，更重要的是把握一些权重系数和构成比例等，来诠释功能、结构之间的关联性。如涉及城市天际轮廓线的处理时，作为高度上峰值的地标性建筑，其规模、尺度、体量和高度的控制，主要依据与周边建筑的关系来进行确定，所以，通常选择倍数关系值来进行控制。因此，拟态布局的量化更要关注各种关系之间的协同性，其理想结果是将所有的人化组分都组织为城市风貌系统网中的一个活节点。

### 7.3.3 节事组织方法研究

节事不仅仅是城市风貌系统现实事态的主要组成内容，而且是推动城市风貌系统空间样态生成的动力机制。通过节事的组织，引导各种流体的运动和集聚，不仅提升了城市空间的品质，赋予空间活态的人文信息，而且，借助其内在的时空性和故事性，使之成为传播城市形象和风貌信息的重要媒介。因此，节事组织方法是属于城市风貌生成论的主要方法之一，它必然成为后续研究的主体内容。

事实上，节事总是以节日化、艺术化、瞬时化、戏剧化的形式与恒常的日常生活形成鲜明的对比。尽管，承载节事的城市空间也是因活动而生成的，但因其与日常生活脱节，节事之后的城市空间难免缺乏生活活力。基于此，节事空间符号化、节事空间生活化将是节事组织方法研究的导向。从记忆心理学角度出发，事件要素主要包括人与物、时间地点和活动内容，其中，人与物以流的方式在时间轴上展现着每个活动环节的具体内容和氛围，并随着时间流逝向前延展和适时变迁着，最终转化为集体记忆中的信息，“是这些时刻的活动，参与其中的人，以及特殊的情境，给我们的生活留下了记忆”，[135]而节事空间作为客观实存则成为事件的物证得以存留。因此，节事空间符号化就是将易逝的信息以符号的方式刻写于节事节点空间中，赋予空间以场所意义，呈现城市风貌特色。而节事空间生活化就是以布景的方式改造节事之后的空间，使之贴近生活、融入生活、服务于生活，这样，不但可以激活空间的活力，同时，可以克服节事模式化带来的空间的同质化。

亚历山大认为，“一个地方的特征则是由发生在那里的事件所赋予的”，因此，节事组织方法研究对于城市风貌特色的生成具有十分现实的意义。

关于《从“潜存”到“显现”——城市风貌特色的生成机制研究》，尽管获得了相关的富有价值的结论，但是对于城市风貌复杂性研究领域来说，仅仅只是在浩瀚知识海洋中荡起了一叶小舟，其意义无非是创造一个崭新视角，引起更多学者的关注，并加入其中。

# 参考文献


[1] 张为平，著．隐形逻辑：香港，亚洲式拥挤文化的典型［M］．南京：东南大学出版社，2009．

[2] Portugali J. Self-Organization and the City［M］. New York : Springer, 1999.

[3] Harvey D. The Condition of Postmodernity［M］. Oxford：Blackwell，1989，p240 ，p288

[4] 黄兴国．城市特色理论与应用研究［D］．上海：同济大学，2004：1．

[5] 江泓，张四维．生产、复制与特色消亡——“空间生产”视角下的城市特色危机［J］．城市规划学刊，2009（4）：40-45．

[6] 杜玉生．复杂性科学与翻译研究［J］．学术探索·理论研究，2011（3）：221-223．

[7]（法）埃德加·莫兰，著．复杂思想：自觉的科学［M］．陈一壮，译．北京：北京大学出版社，2001：201，266-270．

[8] 黄欣荣．复杂性科学的方法论研究［D］．北京：清华大学，2005：35-37，58-60，125．

[9] 金吾伦．生成哲学［M］．保定：河北大学出版社，2000：27-216．

[10] 李明，朱子瑜．城市风貌规划的技术解读与思考［A］．城市规划和科学发展2009中国城市规划年会论文集，2009．

[11] 中华人民共和国城乡规划法［S］，2008．

[12] 杨华文，蔡晓丰．城市风貌的系统构成与规划内容［J］．城市规划学刊，2006（2）：59-62．

[13] 吴伟．城市风貌学引论［A］．世界华人建筑师协会城市特色学术委员会2007年年会论文集，2007：12-14．

[14] 张继刚．城市景观风貌的研究对象、体系结构与方法浅谈——兼谈城市风貌特色［J］．规划师，2007（8）：14-18．

[15] Garnham H. L. Maintaining the Spirit of Place：A Process for the Preservation of Town Character［M］. Mesa，Ariz：PDA Publishers Corp，1985.

[16] 仇保兴．复杂科学与城市规划变革［J］．城市规划，2009，33（4）：11-26．

[17] 袁贵仁．马克思主义哲学原理［M］．北京：北京出版社，1999：46-49．

[18] 张继刚．城市风貌的评价与管治研究［D］．重庆：重庆大学，2001：5-7，22-30．

[19] 蔡晓丰．城市风貌解析与控制［D］．上海：同济大学，2005：4-5．

[20] 俞孔坚，奚雪松，王思思．基于生态基础设施的城市风貌规划——以山东省威海市城市景观风貌研究为例［J］．城市规划，2008（3）：87- 92．

[21] 尹潘．城市风貌规划方法及研究［M］．上海：同济大学出版社，2011：2-4．

[22] 王敏．20世纪80年代以来我国城市风貌研究综述[J]．华中建筑，2012，30(1)：1-5．
[23] Nigel Taylor. The Elements of Townscape and the Art of Urban [J]. Journal of Urban Design, 1999，4(2)：195-209.
[24] Norman T. Newton. Design on the Land: The Development of Landscape Architecture [M]. Cambridge: Belknap Press of Harvard University Press, 1971.
[25] William H. Wilson. The City Beautiful Movement [M]. Baltimore : Johns Hopkins University Press, 1989.
[26] 杨宇振．焦饰的欢颜——全球流动空间中的中国城市美化[J]．国际城市规划，2010，25(1)：33-43.
[27] Sitte C. The Art of Building Cities：Cities Building According to Its Artistic Fundamentals [M]. Translated by Stewart C. T. New York：Reinhold，1945.
[28] Gordon Cullen. The Concise Townscape [M]. New York: Van Nostrand Reinhold Co，1961.
[29] Paul D. Spreiregen. Urban Design: The Architecture of Towns and Cities [M]. New York: McGraw-Hill，1965.
[30] M. R. G. Conzen，Alnwick. Northumberland：A Study in Townplan Analysis [D]. London：Philip, 1960.
[31] 段进，邱国潮．国外城市形态学研究的兴起与发展[J]．城市规划学刊，2008(8)：34-42．
[32] Edward C. Tolman. Cognitive Maps in Rats and Men [M]. Washington: American Psychological Association，1948.
[33] Kenneth Boulding. The Image；Knowledge in Life and Society [M]. Ann Arbor: University of Michigan Press，1956.
[34] Kevin Lynch. The Image of the City [M]. Cambridge: MIT Press，1960.
[35] Kevin Lynch. A Theory of Good City Form [M]. Cambridge: MIT Press，1981.
[36] Hiroshi Ikezawa. City Score：Variation on a Theme [M]. Tokyo : Process Architecture Pub. Co, 1985.
[37] Christian Norberg-Schulz. Intention in Architecture [M]. Cambridge: M I T Press，1965.
[38] Christian Norberg-Schulz. Existence，Space and Architecture [M]. New York：Praeger，1971.
[39] Christian Norberg-Schulz. Meaning in Western Architecture [M]. New York：Praeger，1975.
[40] Christian Norberg-Schulz. Genius Loci: Towards a Phenomenology of Architecture [M]. New York : Rizzoli，1979.
[41] Amos Rapoport. Human Aspects of Urban Form [M]. Oxford；New York：Pergamon Press, 1977.
[42] Amos Rapoport. The Meaning of the Built Environment [M]. Beverly Hills：Sage Publications, 1982.
[43] Hummon D. Place Identity：Localities of the Self [C]. Carswell J. , Saile D. , Eds. Proceedings of the International Conference on Built Form and Culture Research. University of Kansas，1986: 34-37.
[44] Greene S. City Shape：Communicating and Evaluating Community Design [J]. J. Am. Planning Assoc，1992，58(2) : 177-189.
[45] W. J. V. Neil, D. Fitzsimmons, B. Murttagh. Reimaging the Pariah City：Urban Development in Belfast and Detroit [M]. Avebury Aldershot，1995: 43.
[46] Mohammed Abdullah Eben Saleh. , The Changing Image of Arriyadh City: The Role of Socio-

Cultural and Religious Traditions in Image Transformation [ J ]. Cities: The International Quarterly on Urban Policy, 2001: 315.

[ 47 ] Derya Oktay. The Quest for Urban Identity in the Changing Context of the City [ J ]. Cities, 2002, 19 ( 4 ) : 261-271.

[ 48 ] Cornelsen I. , Franz P. , Herlyn U. Changing Structures, Functions, and Townscape; The Transformation of a Middle-Sized City in Thuringia [ J ]. Netherlands Journal of Housing and the Built Environment, 1995 ( 6 ) : 107-126.

[ 49 ] Ahmed M. Salah Ouf. Authenticity and the Sense of Place in Urban Design [ J ]. Journal of Urban Design, 2001,6 ( 1 ) : 73-86.

[ 50 ] Taylor Francis. Sense of Place, Authenticity and Character: A Commentary [ J ]. Journal of Urban Design, 2003, 8 ( 1 ): 67-81.

[ 51 ] Niamh Moore-Cherry, Yvonne Whelan. Heritage, Memory and the Politics of Identity: New Perspectives on the Cultural Landscape [ M ] . Aldershot: Ashgate, 2007.

[ 52 ] 李芸. 都市计划与都市发展——中外都市计划比较 [ M ]. 南京：东南大学出版社，2002.

[ 53 ]（美）吉尔伯特·罗兹曼. 中国的现代化 [ M ]. 上海：上海人民出版社，1989：599.

[ 54 ] 王军，尚幼荣. 困惑与抉择——“适用、经济、美观”原则在建筑学专业教育中的意义 [ J ]. 新建筑，2005 ( 3 ): 29-30.

[ 55 ] 何子张. 我国城市空间规划的理论与研究进展 [ J ]. 规划师，2006，22 ( 7 ): 87-90.

[ 56 ] 唐学易. 城市风貌·建筑风格 [ J ]. 青岛建筑工程学院学报，1988 ( 2 ): 1-7.

[ 57 ] 俞孔坚，李迪华. 城市景观之路：与市长们交流 [ M ]. 北京：中国建筑工业出版社，2002: 61.

[ 58 ] 朱观海. 环境·形态·景观——刍议山水城市风貌构成环境与形态 [ J ]. 规划师，1995 ( 3 ): 18-22.

[ 59 ] 吴伟，代琦. 城市形象定位与城市风貌分类 [ J ]. 上海城市规划，2009 ( 1 ): 16-19.

[ 60 ] 侯正华. 城市特色危机与城市建筑风貌的自组织机制 [ D ]. 北京：清华大学，2003.

[ 61 ] 赵燕菁. 城市风貌的制度基因 [ J ]. 时代建筑，2011 ( 3 ): 10-13.

[ 62 ] 李晖，杨树华，李国彦，吴启焰. 基于景观设计原理的城市风貌规划——以景洪市澜沧江沿江风貌规划为例 [ J ]. 城市问题，2006 ( 5 ): 40-44.

[ 63 ] 金广君，张昌娟，戴冬晖. 深圳市龙岗区城市风貌特色研究框架初探 [ J ]. 城市建筑，2004 ( 2 ): 66-70.

[ 64 ] 马武定. 城市风貌与城市特色 [ A ]. 第二届“U+L新思维”全国学术研讨会论文集，2006 ( 4 ): 3-4.

[ 65 ] 马武定. 风貌特色：城市价值的一种显现 [ J ]. 规划师，2009 ( 11 ): 12-16.

[ 66 ] 王建国. 城市风貌特色的维护、弘扬、完善和塑造 [ J ]. 规划师，2007，23 ( 8 ): 5-9.

[ 67 ] 余柏椿. 景观·风貌·特色 [ J ]. 规划师，2008，24 ( 11 ): 94-96.

[ 68 ] 陈炳钊. 城市风貌与特色——从街道美学说起 [ J ]. 规划师，2009 ( 12 ): 8-11.

[ 69 ] 段德罡，孙曦. 城市特色、城市风貌概念辨析及实现途径 [ J ]. 建筑与文化，2010 ( 12 ): 79-81.

[ 70 ] 张剑涛. 城市形态学理论在历史风貌保护区规划中的应用 [ J ]. 城市规划汇刊，2004 ( 6 ): 58-66.

[ 71 ] 周俭，陈亚斌. 类型学思路在历史街区保护和更新中的运用 [ J ]. 城市规划学刊，2007 ( 1 ): 61-65.

[72] 王英姿，余柏椿．挖掘城市风貌的大众媒介特性 [J]．规划师，2007 (9)：42-46．
[73] Ibn Sina. Kitāb al-naj ā [M]．Beirut，1985: 282.
[74] 董光璧．当代新道家 [M]．北京：华夏出版社，1991：90-93．
[75] 金吾伦．物质可分性新论 [M]．北京：中国社会科学出版社，1988：118-120．
[76] (英) 怀特海，著．过程与实在 [M]．周邦宪，译．贵阳：贵州人民出版社，2000：39．
[77] 王强．老子道德经新研 [M]．北京：昆仑出版社，2002：231-232．
[78] (英) 史蒂芬·霍金，著．许明贤，吴忠超，译．时间简史 [M]．长沙：湖南科学技术出版社，1996：18．
[79] (美) 方励之，编．J·A·惠勒演讲集 [M]．合肥：安徽科学技术出版社，1982：18．
[80] 关洪．物理学史选讲 [M]．北京：高等教育出版社，1994：286-289．
[81] (美) 戴维·玻姆，著．整体性与隐缠序 [M]．洪定国，译．上海：上海科技教育出版社，2004．
[82] 成中英．知识与价值 [M]．台北：台湾联经出版社，1986：320．
[83] (英) 阿尔弗雷德·诺斯·怀特海，著．过程与实在——宇宙论研究 [M]．杨富斌，译．北京：中国城市出版社，2003：30-52．
[84] (日) 田中裕，著．怀特海——有机哲学 [M]．包国光，译．石家庄：河北教育出版社，2001：7-16．
[85] 杨富斌．怀特海过程哲学基本特征探析 [J]．求是学刊，2012 (9)：13-18．
[86] 杨芳，阳黔花．怀特海机体哲学的基本思想 [J]．重庆邮电大学学报（社会科学版），2012 (9)：45-50．
[87] 聂楚杉．论戴维·玻姆的整体论思想 [J]．淮阴师范学院学报（哲学社会科学版），2010 (3)：314-318．
[88] 金吾伦．复杂适应系统中的生成观念 [J]．江汉论坛，2007 (8)：18-236．
[89] 张桂权．玻姆自然哲学导论 [M]．台北：洪叶文化有限公司，2002：147-149．
[90] 金吾伦，蔡仑．对整体论的新认识 [J]．中国人民大学学报，2007 (2)：2-9．
[91] 麦永雄．德勒兹：生成论的魅力 [J]．文艺研究，2004 (3)：157-160．
[92] Deleuze，Guattari. A Thousand Plateaus: Capitalism and Schizophrenia, trans.，and Forward by Brian Massumi [M]．Minneapolis and London: University of Minnesota Press，1996.
[93] 戚广平，俞泳，孙澄宇．建筑生成学基础教程概论 [J/OL]．http://www．docin．com/p-661761021．html．
[94] 刘杨，林建群．德勒兹哲学生成论视阈下的生态建筑设计策略 [J]．哈尔滨工业大学学报（社会科学版），2011 (9)：42-48．
[95] A. N. Whitehead，D. R. Griffin，D. W. Sherburne. Process and Reality：An Essay in Cosmology [M]．New York：Free Press，1978: 21.
[96] 李曙华．生成论与“还元论”——生成科学的自然观与方法论原则 [J]．河池学院学报，2008 (2)：1-5．
[97] (美) 约翰·霍兰，著．涌现：从混沌到有序 [M]．陈禹，等译．上海：上海科学技术出版社，2006：79．
[98] (美) 米歇尔·沃尔德罗普，著．复杂——诞生于秩序与混沌边缘的科学 [M]．陈玲，译．北京：三联书店，1997：359，390．
[99] 黄欣荣．涌现生成方法：复杂组织的生成条件分析 [J]．河北师范大学学报（哲学社会科学版），2011 (9)：28-33．

[100] 张君弟．论复杂适应系统涌现的受限生成过程［J］．系统辩证学学报，2005（4）：44-48．
[101] 李曙华．关于中西科学会通的几点思考［J］．河池学院学报，2004（12）：1-7．
[102] 李曙华．系统科学——从构成论走向生成论［J］．系统辩证学学报，2004（4）：5-9．
[103] 李翔，陈关荣．局域世界演化网络模型［A］//徐福缘，王恒山，车宏安．复杂网络——系统结构研究文集（第三辑）．上海：上海理工大学管理学院，系统工程研究所，2004：71-81．
[104] 苗东升．有生于微：系统生成论的基本原理［J］．系统科学学报，2007（1）：1-6．
[105] 老子，著．道德经［M］．陈国庆，爱东，注译．西安：三秦出版社，1995：112．
[106] 苗东升．系统科学精要［M］．第三版．北京：中国人民大学出版社，2010：37．
[107] Wheeler J．A．Information，Physics，Quantum：The Search for Links［M］// Zurek W．H., ed．Complexity，Entropy，and the Physics of Information. Addision-Wesley Reading，Mass，1990: 5．
[108] 刘劲杨．构成与生成——方法论视野下的两种整体论路径［J］．中国人民大学学报，2009（4）：81-88．
[109] 林鸿益，李映雪，编著．分形论——奇异性探索［M］．北京：北京理工大学出版社，1992：21-28．
[110] 陈绍英，王启文．分形理论及其应用［J］．呼伦贝尔学院学报，2005（4）：59-63．
[111]（法）B· 曼德尔布洛特，著．分形对象——形、机遇和维数［M］．文志英，苏虹，译．北京：世界图书出版社，1999：7．
[112] 曾国屏．超循环自组织理论［J］．科学、技术与辩证法，1988（4）：63-68．
[113]（德）M· 艾根，P· 舒斯特尔，著．超循环论［M］．曾国屏，沈小峰，译．上海：上海译文出版社，1990：11-20，361．
[114] 沈小峰，曾国屏．超循环论的哲学问题［J］．中国社会科学，1989（4）：185-194．
[115]（美）约翰 ·H· 霍兰，著．隐秩序——适应性造就复杂性［M］．周晓牧，韩晖，译．上海：上海科技教育出版社，2000．
[116] 陈禹．复杂适应系统（CAS）理论及其应用——由来、内容与启示［J］．系统辩证学学报，2001（10）：35-39．
[117] T. De Wolf, T. Holvoet. Emergence Versus Self-Organisation: Different Concepts but Promising When Combined［M］// Brueckner S. , Di Marzo Serugendo G. , Karageorgos A. , Nagpal R. , eds. Engineering Self Organising Systems: Methodologies and Applications. Berlin: Springer-Verlag, 2005: 1-15.
[118] 葛永林，徐正春．论霍兰的CAS理论——复杂系统研究新视野［J］．系统辩证学学报，2002（7）：65-75．
[119]（德）莱布尼茨，著．神义论（单子论）［M］．朱雁冰，译．北京：生活 · 读书 · 新知三联书店，2007：492．
[120] 钱学森．论系统工程［M］．长沙：湖南科学技术出版社，1982：263-268．
[121] 吴彤，著．自组织方法论研究［M］．北京：清华大学出版社，2001：1-2．
[122] 李曙华．系统生成论体系与方法论初探［J］．系统科学学报，2007（7）：6-11．
[123]（英）比尔 · 希利尔．杨滔，张佶，王晓京，译．空间是机器——建筑组构理论［M］．原著第三版．北京：中国建筑工业出版社，2008：11，81，88，99，256．
[124] 杨滔．空间句法是建筑决定论的回归？——读《空间是机器》有感［J］．北京规划建设，2008（5）：88-93．
[125]（美）尼科斯 ·A· 萨林加罗斯，著．城市结构原理［M］．阳建强，等译．北京：中国建筑工业出版社，2011：11．

[126] N. A. Salingaros. Theory of the Urban Web [J]. Journal of Urban Design, 1998 (3) : 37-41.
[127] (美) 凯文·林奇，著. 城市意象 [M]. 方益萍，何晓军，译. 北京：华夏出版社，2001: 3, 35-64.
[128] (挪) 诺柏舒兹，著. 场所精神：迈向建筑现象学 [M]. 施植明，译. 武汉：华中科技大学出版社，2010：22.
[129] (美) 阿摩斯·拉普卜特，著. 宅形与文化 [M]. 常青，张昕，张鹏，译. 北京：中国建筑工业出版社，2004：46，82.
[130] (美) 阿摩斯·拉普卜特，著. 建筑环境的意义——非言语表达方法 [M]. 黄兰谷，等译. 北京：中国建筑工业出版社，1992：11，42.
[131] (美) 阿摩斯·拉普卜特，著. 文化特性与建筑设计 [M]. 常青，张昕，张鹏，译. 北京：中国建筑工业出版社，2004：21，34，42，64.
[132] 刘先觉. 现代建筑理论 [M]. 第二版. 北京：中国建筑工业出版社，2008：412-421.
[133] (美) 克里斯托夫·亚历山大，等著. 建筑模式语言 [M]. 王听度，周序鸿，译. 北京：知识产权出版社，2002：2，3.
[134] 郭肇立. 由模式语言到隐喻语言 [M] //模式语汇之再现. 台北：尚林出版社，1982：2-3.
[135] (美) C·亚历山大，著. 建筑的永恒之道 [M]. 赵冰，译. 北京：知识产权出版社，2002：42，88-91，283.
[136] (美) 克里斯托夫·亚历山大，著. 俄勒冈实验 [M]. 赵冰，刘小虎，译. 北京：知识产权出版社，2002：1-107.
[137] (美) 刘易斯·芒福德，著. 城市发展史：起源、演变和前景 [M]. 宋俊岭，等译. 北京：中国建筑工业出版社，2005：1，9.
[138] 金吾伦. 从系统整体论到生成整体论 [J]. 科学时报，2006 (11)：1-2.
[139] Andrew Ilachinski. Land Warfare and Complexity, Part I: Mathematical Background and Technical Sourcebook Center for Naval Analyses Memorandum [M]. Ft. Belvoir Defense Technical Information Center, 1996: 101-102.
[140] 马克思，恩格斯. 马克思恩格斯选集 (第4卷) [M]. 北京：人民出版社，1995：244.
[141] (英) 康泽恩，著. 城镇平面格局分析：诺森伯兰郡安尼克案例研究 [M]. 宋峰，等译. 北京：中国建筑工业出版社，2011：2-9.
[142] (美) A·赫勒. 日常生活是否会受到危害 [J]? 魏建平，译. 国外社会科学，1990 (2)：59-64.
[143] 段进. 城市空间发展论 [M]. 第二版. 南京：江苏科学技术出版社，2006：127.
[144] (德) 赫尔曼·哈肯，著. 协同学引论：物理学、化学和生物学中的非平衡相变和自组织 [M]. 徐锡申，等译. 北京：原子能出版社，1984：129-132.
[145] 陈彦光. 自组织与自组织城市 [J]. 城市规划，2003 (10)：17-22.
[146] 许国志. 系统科学 [M]. 上海：上海科技教育出版社，2000：20，255，257.
[147] 苗东升. 论系统思维 (六)：重在把握系统的整体涌现性 [J]. 系统科学学报，2006 (1)：1-6.
[148] 苗东升. 系统科学的难题与突破点 [J]. 科技导报，2002 (7)：21-24.
[149] (美) 约翰·霍根，著. 科学的终结 [M]. 孙雍君，等译. 北京：远方出版社，1997：117-119.
[150] Peter Senge, C. Otto Scharmer, Joseph Jaworshi, Betty Sue Flowers. Presence: Human Purpose and the Field of the Future [M]. Society for Organizational Learning (SOL), 2004.

[151] 苗东升．系统科学是关于整体涌现性的科学 [M] //许国志，主编．系统科学与工程研究．上海：上海科技教育出版社，2000：174．
[152]（美）N· 维纳．人有人的用处 [M]．陈步，译．北京：商务印书馆，1989：12．
[153] 李阎魁．城市风貌审美的价值取向 [J]．上海城市管理职业技术学院学报，2008（6）：33-36．
[154] 袁鼎生．生态视域中的比较美学 [M]．北京：人民出版社，2005：21．
[155]（法）吉尔・德勒兹，著．尼采与哲学 [M]．周颖，刘玉宇，译．北京：社会科学文献出版社，2001：66-69．
[156] 覃力．《黑川纪章城市设计的思想与手法》译后感 [J]．新建筑，2003（6）：68-70．
[157] 吴静．德勒兹的“块茎”与阿多诺的“星丛”概念之比较 [J]．南京社会科学，2012（2）：49-56．
[158] 陈永国．德勒兹思想要略 [J]．外国文学，2004（4）：25-33．
[159] Deleuze G.，Guattari F. A Thousand Plateaus：Capitalism and Schizophrenia（B. Massumi，Trans）[M]．Minneapolis : University of Minnesota Press，1987: 6.
[160] 郑时龄．黑川纪章共生思想的哲学基础 [J]．室内设计与装修，2003（10）：60．
[161]（日）黑川纪章，著．新共生思想 [M]．覃力，等译．北京：中国建筑工业出版社，2009：1-8．
[162] 苗东升．论信息载体 [J]．重庆教育学院学报，2006（1）：24-28．
[163] 李阎魁．城市规划与人的主体论 [M]．北京：清华大学出版社，2005：20-21，95．
[164]（古罗马）普罗提诺，著．论自然、凝思和太一 [M]．石敏敏，译．北京：中国社会科学出版社，2004：74．
[165] 王炳书．潜在价值探微 [J]．江汉论坛，1999（11）：39-41．
[166] 王伟凯．论潜在的哲学诠释 [J]．兰州学刊，2008（10）：11-20．
[167]（英）W·L·B· 贝弗里奇．发现的种子 [M]．金吾伦，等译．北京：科学出版社，1987：155．
[168] 罗嘉昌，著．关系实在论：纲要和研究纲领 [M] //罗嘉昌，等主编．场与有：中外哲学的比较与融通（一）．北京：东方出版社，1994：95．
[169] 童明．阅读城镇形态 [J]．时代建筑，2002（4）：28-33．
[170] Coline Rowe，Fred Koetter. Collage City [M]．Cambridge：MIT Press，1978: 6.
[171]（清）王夫之，著．周易外传 [M]．北京：中华书局，1977：37．
[172]（明）王夫之，撰著．船山全书（第二册）：尚书引义 [M]．长沙：岳麓书社，1988：306．
[173] 王立志．从莱布尼茨的单子到怀特海的实有——西方形而上学的一种创生模式 [J]．自然辩证法研究，2012（7）：7-12．
[174]（日）池译宽，著．城市风貌设计 [M]．郝慎钧，译．天津：天津大学出版社，1989：1．
[175] 周莉．尼采哲学反本体论的后现代主义倾向 [J]．合肥师范学院学报，2010（5）：26-29．
[176] 吴志强．城市规划原理 [M]．第四版．北京：中国建筑工业出版社，2010：26，65，77．
[177] G. Botero，P. J. Waley，D. P. Waley，R. Peterson. The Reason of State；The Greatness of Cities [M]．London：Routledge：Keagan Paul，1956: 227.
[178] 许国志，编．系统科学 [M]．上海：上海科技教育出版社，2000：254．
[179]（英）欧阳莹之，著．复杂系统理论基础 [M]．田宝国，周亚，樊英，译．上海：上海科技教育出版社，2002：69-70．
[180]（德）库德斯，著．城市形态结构设计 [M]．杨枫，译．北京：中国建筑工业出版社，2008：15，21，24，110．

[181] 杨昌新，龙彬．多样性的生成——破译藤本壮介建筑创作的复杂性思维［J］．新建筑，2013（2）：112-116．
[182] 徐匡迪，汪文庆，刘一丁．我所经历的上海世博会申办工作［J］．百年潮，2010（4）：4-12．
[183] 崔宁．重大城市事件对城市空间结构的影响——以上海世博会为例［M］．南京：东南大学出版社，2008：14-15，83，101-115．
[184] 薛晓雁．“城市人”与“城市美学”刍议——兼论上海世博会主题的拓展［J］．上海艺术家，2009（6）：10-15．
[185] 陈宇琳．“山—水—城”艺术骨架建构初探——以千年古县蓟县为例［J］．城市规划，2009（6）：33-40．
[186] 王建国．生态要素与城市整体空间特色的形成和塑造［J］．建筑学报，1999（9）：20-23．
[187] 郑力鹏．福州城市发展史研究［D］．广州：华南理工大学，1991：6-12．
[188] 范衍，陈柏阳，殷叶果．历史文化风貌区保护研究——以松江府城为例［J］．城市规划学刊，2008（zl）：144-146．
[189] 王景慧，阮仪三，王林，编著．历史文化名城保护理论与规划［M］．上海：同济大学出版社，1999：3．
[190] 潘敏文．福州历史文化街区“三坊七巷”保护改造研究［D］．天津：天津大学，2007：1．
[191] 杨俊宴，谭瑛，吴明伟．基于传统城市肌理的城市设计研究——南京南捕厅街区的实践与探索［J］．城市规划，2009（12）：87-92．
[192] 武进．中国城市形态：结构、特征及其演变［M］．南京：江苏科学技术出版社，1990：5-6．
[193] 田银生，谷凯，陶伟．城市形态研究与城市历史保护规划［J］．城市规划，2010（4）：21-26．
[194] 李旭，赵万民．历史形态对构建特色城市的影响与价值——以西南地区城市为例［J］．中国园林，2010（12）：77-80．
[195] Lane A．J．Urban Morphology and Urban Design：A Review［D］．Manchester：Dept. of Planning and Landscape，University of Manchester，1993.
[196] 霍耀中，谷凯．市镇规划分析：概念、方法与实践［J］．城市发展研究，2005（2）：27-32．
[197] C. S. Yadal. Morphology of Towns［M］．New Delhi：Concept Publishing Company，1986：56-79.
[198] A. B. Gallion. The Urban Pattern［M］.Van Nostrand：Van Nostrand Reinhold Company，1983：14-16.
[199] 陈占祥．马丘比丘宪章［J］．国际城市规划，1979（z1）：1-8．
[200]（美）伊利尔·沙里宁，著．城市：它的发展、衰败和未来［M］．顾启源，译．北京：中国建筑工业出版社，1986：18．
[201] 国际现代建筑学会，撰．雅典宪章［J］．清华大学营建学系，译．城市发展研究，2007（5）：123-126．
[202] 王富臣．论城市结构的复杂性［J］．城市规划汇刊，2002（4）：26-28．
[203] 刘艳芳．经济地理学［M］．北京：科学出版社，2006：126-127．
[204] 刘晨宇，李广慧．城市节点概念及其空间范畴探析［J］．工业建筑，2013（5）：157-161．
[205] 高祥生．现代城市空间的环境小品［J］．现代城市研究，2002（3）：72-73．
[206]（英）爱德华·泰勒，著．原始文化［M］．连树声，译．上海：上海文艺出版社，1992：1．
[207] 周俭．城市住宅区规划原理［M］．上海：同济大学出版社，1999：1-2，14．
[208] 曾真，李津逵．工业街区——城市多功能区发育的胎胚——深圳华强北片区的演进及几点启示［J］．城市规划，2007（4）：26-30．

[209] 殷洁，罗小龙．资本、权力与空间："空间的生产"解析［J］．人文地理，2012（2）：12-16．
[210]（美）斯皮罗·科斯托夫，著．城市的形成：历史进程中的城市模式和城市意义［M］．单皓，译．北京：中国建筑工业出版社，2005：279-281．
[211]（加）简·雅各布斯．美国大城市的死与生［M］．金衡山，译．南京：译林出版社，2005：15，159-165．
[212] 宁越敏．新城市化进程——90年代中国城市化动力机制和特点探讨［J］．地理学报，1998（5）：470-477．
[213] 张兵．城市规划实效论：城市规划实践的分析理论［M］．北京：中国人民大学出版社，1998：57．
[214] 张庭伟．1990年代中国城市空间结构及其动力机制［J］．城市规划，2001（7）：7-14．
[215]（德）马克思，恩格斯，著．马克思恩格斯选集（第一卷）［M］．中共中央编译局，译．北京：人民出版社，1995：84-85．
[216] 叶嘉安．21世纪城市形象的规划与管理［J］．城市规划，2003（4）：20-22．
[217] 何子张．规划师的职业主体性与职业道德［J］．城市规划，2004（2）：85-87．
[218] 吴可人，华晨．城市规划中四类利益主体剖析［J］．城市规划，2005（11）：80-85．
[219] 陈朋．城市美学研究的新视角——论城市审美主体的发展及城市美的表象［J］．现代城市研究，2006（7）：83-88．
[220] John Friedmann．世界城市之未来：都市与区域政策在亚大区域的角色［J］．杜韵颖，译．城市与设计学报，1997．
[221]（法）亨利·列斐伏尔，著．空间：社会产物与使用价值［M］//包亚明，主编．现代性与空间的生产．王志弘，译．上海：上海教育出版社，2003：47．
[222] 江泓，张四维．生产、复制与特色消亡——"空间生产"视角下的城市特色危机［J］．城市规划学刊，2009（4）：40-45．
[223]（美）戴维·哈维，著．地租的艺术：全球化、垄断与文化的商品化［J］．王志弘，译．城市与设计学报，2003（9）：1-19．
[224] Michel Foucault，Lawrence D. Kritzman. Politics，Philosophy，Culture：Interviews and Other Writings，1977-1984［M］. New York：Routledge，1988: 119.
[225] 肖铭，刘兰君．城市规划实施过程中的权力研究［J］．华中建筑，2008（8）：72-75．
[226] 吴良镛．北京宪章［J］．时代建筑，1999（3）：88-91．
[227] 刘松茯．建筑中技术的"建设力"与"破坏力"［J］．建筑学报，2001（3）：22-24．
[228]（美）肯尼思·弗兰姆普敦著．千年七题：一个不适时的宣言［J］．建筑学报，1999（8）：11-15．
[229]（法）勒·柯布西耶，著．光辉城市［M］．金秋野，等译．北京：中国建筑工业出版社，2011：14-35．
[230] 张锦秋．关于《北京宪章》的访谈录［J］．世界建筑，2000（1）：22．
[231] 谭跃进，邓宏钟．复杂适应系统理论及其应用研究［J］．系统工程，2001（9）：1-6．
[232]（丹麦）扬·盖尔，著．交往与空间［M］．何人可，译．北京：中国建筑工业出版社，1992：2.
[233] Ian Hacking. Representing and Intervening：Introductory Topics in the Philosophy of Natural Science［M］. Cambridge; New York：Cambridge University Press，1983: 220-232.
[234] 丁沃沃，刘青昊．城市物质空间形态的认知尺度解析［J］．现代城市研究，2007（8）：32-41．

[235] 张绪昌，丁俊发．流通经济学 [M]. 北京：人民出版社，1995：237.
[236] 汤宇卿．城市流通空间的发展趋势与规划布局研究 [M]. 上海：同济大学出版社，2007：19.
[237] 段爱媛，杨俊刚．城市物流交通资源空间布局演化机理及组织协调 [J]. 铁道运输与经济，2009（8）：65-67.
[238] 龙妍．基于物质流、能量流与信息流协同的大系统研究 [D]. 武汉：华中科技大学，2009：31-35.
[239] 龙妍，黄素逸，刘可．大系统中物质流、能量流与信息流的基本特征 [J]. 华中科技大学学报（自然科学版），2008（12）：87-90.
[240]（美）N·维纳，著．人有人的用处——控制论和社会 [M]. 陈步，译．北京：商务印书馆，1989：9.
[241] 周正楠．媒介·建筑：传播学对建筑设计的启示 [M]. 南京：东南大学出版社，2002：38.
[242]（挪）诺伯舒兹，著．场所精神——迈向建筑现象学 [M]. 施植明，译．武汉：华中科技大学出版社，2010：7.
[243] 杨昌新．基于细胞机能原理的佛山国际采购与区域物流中心概念性规划设计 [J]. 工业建筑，2013（12）：69-73.
[244] 荆其敏，张丽安，著．城市空间与建筑立面 [M]. 武汉：华中科技大学出版社，2011：160-161.
[245] 王富臣．形态完整：城市设计的意义 [M]. 北京：中国建筑工业出版社，2005：92.
[246] 泉州市城乡规划局，等编著．城市天际线塑造与管理控制方法研究——泉州城市特色天际线的延续与整体发展 [M]. 上海：同济大学出版社，2009：4，10-11.
[247] 董春方．密度与城市形态 [J]. 建筑学报，2012（7）：22-27.
[248]（美）罗杰·特兰西克，著．寻找失落空间——城市设计的理论 [M]. 朱子瑜，等译．北京：中国建筑工业出版社，2008：15-16.
[249] Henri Lefebvre. Everyday Life in the Modern World [M]. Translated by Sacha Rabinovitch. New York：Harper & Row，1971: 14.
[250] 汪原．亨利·列斐伏尔研究 [J]. 建筑师，2005（10）：42-50.
[251]（匈）阿格妮丝·赫勒，著．日常生活 [M]. 衣俊卿，译．重庆：重庆出版社，1990：3-8，13.
[252] 衣俊卿，著．现代化与日常生活批判：人自身现代化的文化透视 [M]. 北京：人民出版社，2005：18，100.
[253]（英）约翰·沙克拉，编著．设计——现代主义之后 [M]. 卢杰，等译．上海：上海人民美术出版社，1995：110-125.
[254] 费孝通，著．乡土中国 [M]. 北京：北京出版社，2005：29-40.
[255]（荷）米克·巴尔，著．叙述学：叙事理论导论 [M]. 谭君强，译．北京：中国社会科学出版社，2003：3.
[256] 谭长贵．复杂适应系统的主体性存在与实现 [J]. 学术研究，2007（4）：66-71.
[257] Jacobs Jane. The Death and Life of Great American Cities [M]. New York：Random House，1961.
[258] 魏宏森，曾国屏，著．系统论：系统科学哲学 [M]. 北京：清华大学出版社，1995：312.
[259]（美）冯·贝塔朗菲，著．一般系统论：基础发展和应用 [M]. 林康义，等译．北京：清华大学出版社，1987：51.
[260]（法）勒内·托姆，著．突变论：思想和应用 [M]. 周仲良，译．上海：上海译文出版社，

1989：19.
[261] 王敏．城市风貌协同优化理论与规划方法研究［D］．武汉：华中科技大学，2012：65-77.
[262]（美）约翰·布里格斯，F·戴维·皮特，著．湍鉴——混沌理论与整体性科学导引［M］．刘华杰，等译．北京：商务印书馆，1998：328-330.
[263] 哈肯·协同学——大自然构成的奥秘［M］．凌复华，译．上海：上海译文出版社，2001：221.
[264] 杨滔．分形的城市空间［J］．城市规划，2008（6）：61-64.
[265] 刘洋．混沌理论对建筑与城市设计领域的启示［J］．建筑学报，2004（6）：32-34.
[266] 唐瑞麟，廖维武，著．城市涌现——上海街道演变［J］．解霖，陈晓钦，译．时代建筑，2009（6）：36-41.
[267] 余柏椿．"人气场"：城市风貌特色评价参量［J］．规划师，2007（8）：10-13.
[268] 宗白华．美学散步［M］．上海：上海人民出版社，2005：120，179.
[269] 龙彬，童淑媛．以时率空——中国传统建筑中的时空融合特征研探［J］．新建筑，2011（3）：122-125.
[270] 李曙华．生成的逻辑与内涵价值的科学——超循环理论及其哲学启示［J］．哲学研究，2005（8）：75-81.
[271]（英）D·肯特，著．建筑心理学入门［M］．谢立新，译．北京：中国建筑工业出版社，1988：40.
[272] 周正楠．媒介·建筑：传播学对建筑设计的启示［M］．南京：东南大学出版社，2002：12.
[273]（英）伯特兰·罗素．我的哲学的发展［M］．温锡增，译．北京：商务印书馆，1985：8.
[274] 刘乃芳，张楠．多样性城市事件对城市空间特色的影响［J］．城市问题，2011（12）：36-40.
[275] 陈奎德，著．怀特海哲学演化概论［M］．上海：上海人民出版社，1988：54-55，59.
[276] 刘源，陈翀．节事与城市形象设计［J］．建筑学报，2006（7）：5-7.
[277] 杨小彦．城市镜像：一种物质—视觉—心理相互置换的过程［J］．博览群书，2005（3）：8-12.
[278] 徐苏宁，郭恩章．城市设计美学的研究框架［J］．新建筑，2002（3）：16-20.
[279] 王金江，戴淑虹．济南城市空间形态演变与影响要素分析［J］．规划师，2007（3）：62-63.
[280] 叶锺楠．2000年以来紧缩城市相关理论发展综述［J］．城市发展研究，2008（6）：155-158.
[281]（魏）王弼，著．周易略例：明象［M］//（晋）韩康伯，注．影印文渊阁四库全书第七册［M］．台北：台湾商务印书馆，1989：278.
[282] 翟辉．"斑块·边界·基质·廊道"与城市的断想［J］．华中建筑，2001（3）：59-60.
[283] Hans Christoph Rieger. Begriff und Logik der Planung，Versuch einer Allgemeinen Grundlegung unter Berücksichtigung Informationstheoretischer und Kybernetischer Gesichtspunkte［M］. Wiesbaden: Harrassowitz，1967: 35.
[284]（英）理查德·海沃德，主编．城市设计与城市更新［M］．王新军，等译．北京：中国建筑工业出版社，2009：311.
[285] 吴良镛．广义建筑学［M］．北京：清华大学出版社，1989：25-32.
[286] 汪军英，这良俊，由文辉．城镇生态敏感区的划分及建设途径［J］．城市问题，2007（1）：52-55.
[287] 沈清基，等．城市生态敏感区评价的新探索水——以常州市宋剑湖地区为例［J］．城市规划学刊，2011（1）：58-66.
[288] 张治华，徐建华，韩贵锋．生态敏感区划分指标体系研究［J］．生态科学，2007（1）：79-83.
[289] 吴伟．城市风貌规划——城市色彩专项规划［M］．南京：东南大学出版社，2009：2.

[290] 孙旭阳. 基于地域性的城市色彩规划研究 [D]. 上海：同济大学，2006：1.
[291] 崔宁. 重大城市事件对城市空间结构的影响——以上海世博会为例 [D]. 上海：同济大学，2007：5.
[292] (日) 西村幸夫，等主编. 城市风景规划——欧美景观控制方法与实务 [M]. 张松，等译. 上海：上海科技教育出版社，2005：22-23.
[293] Fry G., Tveit M. S., Ode Å., et al. The Ecology of Visual Landscapes：Exploring the Conceptual Common Ground of Visual and Ecological Landscape Indicators [J]. Ecological Indicators，2009，9 (5) : 933-947.
[294] 李仁杰，路紫，李继峰. 山岳型风景区观光线路景观感知敏感度计算方法——以武安国家地质公园奇峡谷景区为例 [J]. 地理学报，2011 (2)：244-256.
[295] 俞孔坚. 景观敏感度与景观阈值评价研究 [J]. 地理研究，1991 (2)：38-51.
[296] 刘润生，主编. 福州市城乡建设志 (上卷) [M]. 北京：中国建筑工业出版社，1994：73.
[297] 普罗泰戈拉，著. 古希腊罗马哲学 [M]. 北京大学哲学系，等编译. 北京：三联书店，1957：138.
[298] 李文阁. 生成性思维：现代哲学的思维方式 [J]. 中国社会科学，2000 (6)：45-53.

# 后记

本书是基于笔者2015年12月于重庆大学完成的同名博士论文修改而成的。回望六载的读博经历，感念人生原本就是一种限制性选择的累积，一种由内在心力与外在“缘力”的合力的生成和呈现。

这种“缘”首先表现在与龙彬教授相识的偶然性。由于长年的教学和设计工作，累积了许多的困惑与疑难，便萌发了求学深造的念头。偶然之间，与厦门大学戴志坚教授谈起了读博事宜，经戴教授的举荐，便有了与龙教授的相识之缘。后经两年的努力备考，终于走上了重庆大学的求学之路，与龙教授建立了师生之缘。其次，“缘力”的神奇还体现在选题的选择过程中。得益于龙教授古代山水城市研究的启发，以及城市风貌研究项目的支持，使本人获得了与城市风貌研究结缘的机会；在多次与导师的选题探讨中，综合考虑了各方面的因素，龙教授极力建议将城市风貌作为选题的研究对象；而关于选题“生成”研究视角的选取，机缘则来自与学友交流复杂性理论学习心得的结果。于是，在导师的引导、支持和鼓励下，便有了本选题的产生。

本研究是在龙彬教授悉心指导下得以顺利完成的。从选题到定稿的漫长过程中，导师倾注了大量的心血。他不仅为研究选题指明了方向，而且，为阶段性研究提供了实践机会，同时，在整个写作的过程中，提出了诸多宝贵意见，启发了我的写作思维，甚至于在我面对孩子成长困境时，还能给予我安慰、鼓舞和力量。我由衷地感谢上苍赐予的这个“缘”，导师渊博的知识、严谨的治学态度、执著的探索精神、豁达乐观的性格以及宽厚待人的胸怀，使我受益匪浅，没齿难忘，其典范也将引领我未来的为人与治学。

同时，读博期间，承蒙赵万民教授、李和平教授、胡纹教授、徐千里教授、谭少华教授、杨宇振教授、刑忠教授、杨培峰教授的学业指导和学术教诲，深表谢意！在渝学习和生活期间，得到了李静波、高伟、陈果、戴翔、雷隽娴、吴岩、梁树英、杜峰等博士以及师弟张峰、武仕晖、赖志颖同学的关心和帮助，在此表示感谢！

感谢一路上给予我支持和帮助的莆田学院院长李永苍教授、厦门大学戴志坚教授和福建工程学院刘丹教授，以及博能（福建）建筑规划设计有限公司设计总监方朝晖同学。

感谢母亲给予我生命中坚韧的力量，感谢岳父母、兄弟姐妹以及亲朋好友的理解、支持和鼓励！最后，我要感谢我的爱人叶秋敏和孩子星鋆，因为你们的坚守、不离不弃、宽容、关心和支持，我才得以顺利完成博士阶段的研究，孩子，因为你的成长使我更深地领悟到家人的责任和包容的力量。

尽管历经六年的研究才得以完成本书稿，但对于城市风貌系统的生成问题并未说透，仅仅是开启了一个认知的视角，这恰恰印证了本选题的复杂性，它需要后续更加系统、深入的研究。当下，城市风貌特色问题重新成为了新时代、新型城镇化的热点话题，但愿此书能为后续的相关研究打开一扇新的窗。

杨昌新

2019年7月11日于福州